普通高等教育"十一五"国家级规划教材

机械原理与机械设计

第4版 下册

○ 主　编　冯雪梅　李　波　燕松山
○ 副主编　郑银环　江连会　王　磊
○ 顾　问　彭文生　李志明

中国教育出版传媒集团

高等教育出版社·北京

内容提要

本书为普通高等教育"十一五"国家级规划教材、武汉理工大学"十四五"规划教材。

本书是根据教育部制订的高等学校机械类专业本科《机械原理课程教学基本要求》与《机械设计课程教学基本要求》,在前三版使用经验的基础上修订而成的。

本书分为上、下两册,上册是机械原理部分,下册是机械设计部分。

本册为机械设计部分,共15章,第1章机械设计基础,第2章齿轮传动设计,第3章蜗杆传动设计,第4章带传动设计,第5章链传动设计,第6章轴毂连接设计,第7章螺纹连接与螺旋传动设计,第8章轴的设计,第9章联轴器、离合器和制动器,第10章滑动轴承设计,第11章滚动轴承及其装置设计,第12章防振、缓冲零部件概述,第13章机械结构设计基础,第14章机械创新设计,第15章机械系统设计。 书后附有机械设计名词术语中英文对照表。

本书配套了机械设计课程全部知识点讲解视频,读者可扫描书中二维码观看、学习。

本书可作为高等工科学校机械类专业机械原理与机械设计课程分别开课或合并开课的教材,也可供有关专业师生和工程技术人员参考。

图书在版编目(CIP)数据

机械原理与机械设计. 下册/冯雪梅,李波,燕松山主编. --4 版. --北京:高等教育出版社,2023.7
ISBN 978 - 7 - 04 - 060619 - 5

Ⅰ.①机… Ⅱ.①冯… ②李… ③燕… Ⅲ.①机构学-高等学校-教材②机械设计-高等学校-教材 Ⅳ.①TH111②TH122

中国国家版本馆 CIP 数据核字(2023)第 098650 号

机械原理与机械设计

Jixie Yuanli yu Jixie Sheji

策划编辑	卢 广	责任编辑	卢 广	封面设计	张申申 贺雅馨	版式设计	李彩丽
责任绘图	黄云燕	责任校对	张 然	责任印制	高 峰		

出版发行	高等教育出版社	网 址	http://www.hep.edu.cn
社 址	北京市西城区德外大街4号		http://www.hep.com.cn
邮政编码	100120	网上订购	http://www.hepmall.com.cn
印 刷	北京市艺辉印刷有限公司		http://www.hepmall.com
开 本	787mm×1092mm 1/16		http://www.hepmall.cn
印 张	25.75	版 次	2002 年 8 月第 1 版
字 数	600 千字		2023 年 7 月第 4 版
购书热线	010 - 58581118	印 次	2023 年 7 月第 1 次印刷
咨询电话	400 - 810 - 0598	定 价	52.00 元

第4版前言

本书是依据教育部制订的高等学校机械类专业本科《机械原理课程教学基本要求》《机械设计课程教学基本要求》与《高等教育面向21世纪教学内容和课程体系改革计划》《教育部关于启动高等学校教学质量与教学改革工程精品课程建设工作的通知》等有关文件的精神,在总结前三版使用经验的基础上并结合当今科学发展的新技术成果修订而成的。

本书前两版原名为《机械设计》,由彭文生、李志明、黄华梁主编。为了方便教与学,适应不同学科与专业课程设置的特点,第3版改为《机械原理与机械设计》,分为上、下两册,上册为机械原理部分,下册为机械设计部分。第3版下册由冯雪梅、李波、韩少军主编。

本次修订的原则是:以继承为主,在保持前三版特色的基础上,引入新的教学理念,对部分内容进行了补充和更新;树立精品意识,紧握时代脉搏,不断提高教材质量,把本书锤炼成精品教材。具体进行了以下几项工作:

1. 对上一版次的编写疏漏与印刷错误进行了全面改正,并对部分内容进行了微调。

2. 本册所涉及的国家标准全部采用最新颁布的国家标准,并对每章所涉及的例题按新标准进行了全面核算与订正。

3. 为了帮助读者更好地理解概念与使用教材,滚动轴承及其装置设计一章节增加了常见各类轴承的三维图片;蜗杆传动设计、带传动设计、键连接设计与轴的设计等章节内容进行了更新。

4. 为了充分发挥多媒体技术的优势,帮助读者更好地学习本册内容,本次修订配套了机械设计课程全部知识点讲解视频,读者可扫描书中的二维码观看、学习。

5. 本书上册与配套的《机械设计课程设计》(第4版)已同步修订,由高等教育出版社出版,可供读者选用。

参加本次修订工作的有武汉理工大学冯雪梅、李波、燕松山、郑银环、江连会、王磊、王晓娟、罗齐汉、石绘、谢强、杨磊、朱超,武汉华夏理工学院夏会芳,武昌船舶重工集团有限公司谢伟华。本册由冯雪梅、李波、燕松山任主编,郑银环、江连会、王磊任副主编。

华中科技大学彭文生教授对全书进行了审阅,提出了宝贵的审阅意见,武汉理工大学李志明教授对本次修订工作给予了指导,在此谨表示衷心的感谢与敬意!

由于编者水平所限,疏漏之处在所难免,欢迎广大读者提出宝贵的改进意见,联系邮箱:feng_xuemei@163.com。

编者
2023年1月

第3版前言

本书是根据教育部制定的高等学校机械类专业本科《机械原理课程教学基本要求》和《机械设计课程教学基本要求》，在总结前两版使用经验的基础上修订而成的。

本书前两版原名《机械设计》，由彭文生、李志明、黄华梁教授主编。为便于教学，同时贯彻落实教育部"卓越工程师培养计划"，提高学生的综合素质，加强本科教育和教学改革，培养造就创新能力强、适应经济社会发展需要的高质量工程技术人才，对本书按精品教材建设的要求进行了修订，更名为《机械原理与机械设计》，并分上、下两册。

本次修订原则是：以继承为主，在保持第二版教材特色的基础上，从内容到形式进行了新的探索；树立精品意识，千方百计提高教材质量，把本书锤炼成为精品教材。具体进行了以下几项工作：

1. 把原来的一本教材分成了上、下两册，上册为机械原理部分，下册为机械设计部分，两册内容既相互独立，又有机融合，以方便教学。

2. 本书所涉及的国家标准尽可能使用最新颁布的国家标准。同时对有些公式按新国家标准规定的最新计算方法进行了订正，并对个别章节内容进行了适当的增删。

3. 下册把原来的第二十二章中的轮类零件的结构设计分别按类插入到相关设计章节中。

4. 与本书配套的《机械原理与机械设计习题集》《机械设计课程设计》《机械设计教学指南》《机械设计学习指导与典型题解》（以上各书均含机械原理和机械设计内容）已由高等教育出版社出版，更方便了教与学。

本书分上、下两册。上册为机械原理部分，共九章；下册为机械设计部分，共十五章。参加下册修订工作的有：武汉理工大学冯雪梅、李波、韩少军、郑银环、燕松山、罗齐汉、周廷美、王晓娟、郭柏林、张宏、江连会，武汉科技大学杨文堤、孙瑛、陶平，长江大学徐小兵，湖北工业大学王为，湖北汽车工业学院任爱华，河南科技大学舒寅清，江汉大学彭和平，武汉理工大学华夏学院夏会芳，广西大学龙有亮、黄华梁，华南理工大学朱文坚。下册由冯雪梅、李波、韩少军任主编，由周廷美、郑银环、燕松山任副主编。

武汉科技大学校长孔建益教授审阅了本册，并提出宝贵的意见。此外，本书顾问华中科技大学彭文生教授、武汉理工大学李志明教授、广西大学黄华梁教授对本书的修订工作进行了指导，在此谨表示衷心的感谢。

由于编者的水平有限，疏漏之处在所难免，欢迎广大读者提出批评和改进意见。

编者

2014 年 3 月

目　　录

第 **1** 章

机械设计基础

1.1 概述

1.1.1 机械设计的性质、内容与任务

机械设计是机械工程类专业学生必须学习的一门设计性质的重要技术基础课,是学习许多专业课程和从事机械设备设计的基础。

机械设计课程的内容主要是从工作能力、构造、工艺和维护等方面来研究通用零件,从而达到能正确设计和改进这些零件的目的,其中包括如何确定零件最适当的外形和尺寸,如何选择材料、公差等级、表面质量以及制造时需达到的技术条件等。为了适应21世纪中国高等工程教育培育人才的需要,机械设计课程内容增加了机械创新设计,较系统地介绍机械创新设计的基本原理、创新性思维、创新设计方法并进行了创新设计实例分析;增加了机械系统的现代设计方法概述,以反映现代机械设计方法和理论的新内容,并结合实例讲述了机械系统的构思设计方法和创造性设计方法。

本课程的主要任务:① 培养学生逐步树立正确的设计思想,了解和贯彻执行国家的技术经济政策;② 使学生掌握设计机械所必需的基本知识、基本理论和基本技能,具有初步设计机械传动装置和一般机械的能力;③ 培养学生具有应用标准、规范、手册及其他技术资料的能力,使学生获得实验技能的基本训练;④ 对于机械设计的新发展、现代设计方法(优化设计、可靠性设计、CAD 等)应有所了解,在条件允许时应尽可能在设计中加以应用。

1.1.2 机械设计的基本要求

尽管机械的类型很多,但其设计的基本要求都大体相同,主要有以下几方面。

1. 实现预定的功能,满足运动和动力性能的要求

所谓功能是指用户提出的需要满足的使用上的特性和能力,它是机械设计的最基本的出发点。在机械设计过程中,设计者一定要使所设计的机械实现用户要求的功能,为此

必须正确地选择机械的工作原理、机构的类型和拟定机械传动系统方案,并且所选择的机构类型和拟定的机械传动系统方案能满足运动和动力性能的要求。

运动要求是指所设计的机械应保证实现规定的运动速度和运动轨迹,满足工作平稳性、起动性、制动性等性能的要求。动力要求是指所设计的机械应具有足够的功率,以保证机械完成预定的功能。为此,要正确设计机械的零件,使其结构合理并满足强度、刚度、耐磨性和振动稳定性等方面的要求。

2. 可靠性和安全性的要求

机械的可靠性是指机械在规定的使用条件下,在规定的时间内完成规定功能的能力。安全可靠是机械的必备条件,为了满足这一要求,必须从机械系统的整体设计、零部件的结构设计、材料及热处理的选择、加工工艺的制订等方面加以保证。

3. 市场需要和经济性的要求

在产品设计中,产品设计、销售(市场需要)及制造三方面自始至终都应作为一个整体考虑。只有设计与市场信息密切结合,在市场、设计、生产中寻求最佳关系,才能以最快的速度回收投资,获得满意的经济效益。

4. 机械零部件结构设计的要求

机械设计的成果都是以一定的结构形式表现出来的,且各种计算都要以一定的结构为基础。所以设计机械时,往往要事先选定某种结构形式,再通过各种计算得出结构尺寸,将这些结构尺寸和确定的几何形状画成零件图,最后按设计的零件图进行制造、装配组成部件乃至整台机械,以满足机械的使用要求。

5. 工艺及标准化、系列化、通用化的要求

机械及其零部件应具有良好的工艺性,即零件要制造方便,加工精度及表面粗糙度适当,易于装拆。设计时,零部件参数应尽可能标准化、通用化、系列化,以提高设计质量,降低制造成本,并且使设计者将主要精力用在关键零件的设计上。

6. 其他特殊要求

有些机械由于使用环境的不同,而对设计提出某些特殊要求。例如,高级轿车的变速箱齿轮有低噪声的要求,机床有较长期的保持精度的要求,食品、纺织机械有不得污染产品的要求等。

1.1.3　机械设计的一般程序

设计一种新的机械系统(机械产品)是一项复杂细致的工作,要提供性能好、质量高、成本低、竞争能力强、受用户欢迎的机械产品,必须有一套科学的工作程序。机械产品的设计一般可按如下程序(见图1-1)进行:

1. 制定设计任务书

任务书可由主管部门指定性下达或由用户提出,也可由设计部门根据需要提出。不论设计任务书是谁提出的,都应由主管部门召开可行性论证会,通过专家评议审查,才能确定设计任务书。设计任务书中应明确规定:机械产品的名称(或代号)、功用、生产率、主要性能指标、可靠性和使用维护要求、工作条件、生产批量、预定的成本、设计和制造完成日期以及其他特殊要求等。

2. 方案设计

根据设计任务书规定的要求,应进行充分的调查研究,包括:收集类似机械产品的技术数据及有关图样资料;了解国内外的生产状况;了解制造单位的设备、材料供应情况等。然后根据机械产品的性能要求,提出若干个可行的方案,召开方案审查会,对方案进行对比分析、可行性分析,必要时还可以进行试验分析,最后选定一种较好的方案。方案设计包括机械产品的整体方案、传动系统方案及工作机构选择等,它是下一步技术设计的基础,是很重要的。方案设计得好,设计便成功了一半;如果方案设计得不好,将影响设计甚至导致设计工作失败。

3. 技术设计

方案确定之后,为实现设计方案就要进行技术设计,其中包括运动设计、结构设计、动力设计和主要零部件的工作能力(强度、刚度、寿命)设计。这一阶段要完成装配图、零件图及编写出设计计算说明书等技术文件。这一阶段工作很重要,它是把设计方案变成技术文件的过程。

4. 样机试制

用技术设计所提供的图样等技术文件进行样机试制。

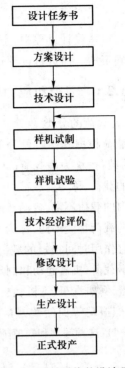

图 1-1 机械系统的设计程序

5. 样机试验

对试制的样机进行试验,检测样机是否达到设计要求,还存在什么问题,以便为进一步修改设计提供依据。

6. 技术经济评价

进行技术经济评价可以从多种设计方案的比较中找出理想的设计方案。遇到两个评价相近的方案时,若其中之一技术价值高,而另一个则经济价值高,最好选用技术价值高的设计方案。

7. 修改设计

针对样机试验和技术经济评价中暴露出来的问题,修改原来的设计方案,使设计更趋完善。

8. 生产设计

根据修改设计后所得的图样等技术文件,考虑生产的批量,进行工艺流程和工艺装备的设计,以确保机械产品的性能和质量。

9. 正式投产

按照修改后的技术文件确定的生产批量,正式组织生产合格的机械产品,投放市场交付用户使用,并不断总结使用中的经验,为将来改进设计提供依据。

1.2   机械设计中的强度、许用应力和安全系数

在机械设计过程中,主要零件的基本尺寸往往是通过强度计算、刚度计算并经结构化之后确定的。而进行设计计算时,应先确定该零件工作时所承受的载荷和应力的性质。

1.2.1   载荷和应力

1. 载荷的分类

载荷根据其性质可分为静载荷和变载荷。大小和方向不随时间变化(或变化极缓慢)的载荷,称为静载荷(static load),如自重、匀速转动时的离心力等;大小或方向随时间变化的载荷,称为变载荷(fluctuating load)。循环变化的载荷,称为循环变载荷。每个工作循环内的载荷不变,各循环的载荷又相同的,称为稳定循环载荷(图1-2)。若每一个工作循环内的载荷是变动的,称为不稳定循环载荷(图1-3)。突然作用且作用时间很短的载荷,称为动载荷(dynamic load),例如冲击载荷、机器起动和制动时的惯性载荷、振动载荷等。很多机械,例如汽车、飞机、农业机械等,由于受工作阻力、动载荷、剧烈振动等偶然性因素的影响,载荷随时间而随机变化(图1-4),这种频率和幅值随机变化的载荷,称为随机变载荷。

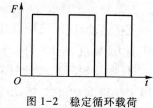

图1-2   稳定循环载荷

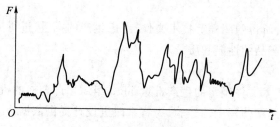

(a) 加速度=常数   (b) 加速度≠常数

图1-3   不稳定循环载荷

图1-4   随机变载荷

2. 工作载荷、名义载荷和计算载荷

机械零部件上所受的载荷可分为工作载荷、名义载荷和计算载荷。工作载荷是机械正常工作时所受的载荷。当缺乏工作载荷的载荷谱(载荷与时间的坐标图称为载荷谱,可用分析法或实测法得到)或难以确定工作载荷时,常由原动机的功率计算求得,这样求出的载荷称为名义载荷(nominal load),记为 F;若原动机的额定功率为 $P(\mathrm{kW})$,额定转速为 $n(\mathrm{r/min})$,则传动零件上的名义转矩 $T(\mathrm{N \cdot mm})$ 为

$$T = 9.55 \times 10^6 \frac{P}{n} \eta i \qquad (1-1)$$

式中:i——由原动机到所计算的零件之间的总传动比;

η——由原动机到所计算的零件之间的传动链的总效率。

为了可靠,计算中的载荷值,应计及零部件工作中受到的各种附加载荷,例如,由原动机、工作机或传动系统本身的振动而引起的附加载荷等。这些附加载荷可通过动力学分析或实测确定。如缺乏资料,可用一载荷系数 K 对名义载荷 F 或名义转矩 T 进行修正而得到近似的计算载荷(calculating load) F_c 或计算转矩(calculating moment) T_c 为

$$\left. \begin{array}{l} F_c = KF \\ T_c = KT \end{array} \right\} \qquad (1-2)$$

3. 计算应力

在计算载荷作用下,机械零件危险截面上产生的应力,称为计算应力(calculating stress)。按应力随时间变化的情况不同,应力可分为静应力和变应力两大类。不随时间而变的应力为静应力(图 1-5);不断地随时间而变的应力为变应力。大多数机械零部件都是处于变应力状态下工作的,较典型的变应力有非对称循环变应力(图 1-6)、对称循环变应力(图 1-7)和脉动循环变应力(图 1-8)。

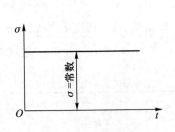

图 1-5　静应力

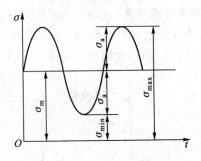

图 1-6　非对称循环变应力

如图 1-6 所示,稳定变应力的最大应力为 σ_{max}、最小应力为 σ_{min} 时,其平均应力 σ_m 和应力幅 σ_a 分别为

$$\sigma_m = \frac{\sigma_{max} + \sigma_{min}}{2} \qquad (1-3)$$

$$\sigma_a = \frac{\sigma_{max} - \sigma_{min}}{2} \qquad (1-4)$$

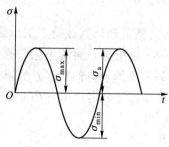

图 1-7 对称循环变应力

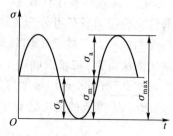

图 1-8 脉动循环变应力

最小应力 σ_{min} 与最大应力 σ_{max} 之比称为<u>循环特征 r </u>,即

$$r = \sigma_{min} / \sigma_{max} \tag{1-5}$$

由上述可知,<u>变应力参数共有五个</u>,即 σ_{max}、σ_{min}、σ_{m}、σ_{a} 和 r,<u>已知其中两个参数便可求出其余参数</u>。而循环特征 r 可以用来表示应力变化的情况(参见图 1-5 至图 1-8):对于对称循环变应力,$r = -1$;脉动循环变应力,$r = 0$;非对称循环变应力,r 随具体受力情况不同,在 $+1 \sim -1$ 之间变化;静应力则可看作变应力的一个特例,即 $r = +1$。

1.2.2 机械零件的疲劳强度

微视频:
疲劳曲线与零件极限应力曲线

满足强度是设计机械零件的最基本的要求。强度可分为静应力强度和变应力强度两种。前者可利用材料力学的知识进行零件的静应力强度设计,后者在材料力学中也作了基本的介绍,这里仅从工程设计的角度来加以延伸,只讨论机械零件的疲劳强度问题。

1. 疲劳极限

在任一给定循环特性 r 的条件下,经过 N 次循环后,材料不发生疲劳破坏时的最大应力,称为<u>疲劳极限</u>(fatigue limit),用 σ_{rN} 表示。

表示应力循环次数 N 与疲劳极限 σ_{rN} 间的关系曲线,称为<u>疲劳曲线</u>或 σ-N 曲线(图 1-9)。曲线的横坐标为循环次数 N(或 $\lg N$),纵坐标为疲劳极限 σ_{rN}(或 $\lg \sigma_{rN}$)。

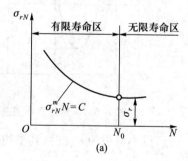

(a)

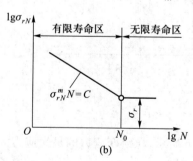

(b)

图 1-9 疲劳曲线

疲劳曲线的曲线部分(即图 1-9 中的有限寿命区)可用下列方程表示:

$$\sigma_{rN}^{m} N = C \tag{1-6}$$

式中:C——材料常数;

m——与应力状态有关的指数。

在进行材料试验时,常取一规定的应力循环次数 N_0(应力循环基数),将相应于 N_0 的疲劳极限称为材料的疲劳极限(也叫无限寿命疲劳极限),记为 σ_r。随着材料性质的不同,N_0 在很大范围内变动。在有限寿命区,疲劳曲线方程为

$$\sigma_{rN}^m N = \sigma_r^m N_0 = C \tag{1-7}$$

因此,材料的有限寿命(即寿命为 N)的疲劳极限为

$$\sigma_{rN} = \sigma_r \sqrt[m]{N_0/N} = k_N \sigma_r \tag{1-8}$$

式中,k_N 为寿命系数,$k_N = \sqrt[m]{N_0/N}$;N_0 一般为 $10^6 \sim 10^8$ 之间。m、N_0 值参阅本书有关章节。

2. 极限应力图

为了得到各种循环特征 r 下的疲劳极限值,需借助极限应力图。以平均应力 σ_m 为横坐标、应力幅 σ_a 为纵坐标,可作出任一材料的极限应力图,如图 1-10 所示。

在进行材料试验时,通常是求出对称循环和脉动循环时材料的疲劳极限 σ_{-1} 和 σ_0。将这两个极限应力标在 σ_m-σ_a 坐标上,可得到对称循环点 $A(0,\sigma_{-1})$ 和脉动循环点 $B(\sigma_0/2,\sigma_0/2)$。C 为静应力点$(\sigma_B,0)$。如果再在其他的循环特性下,对材料进行试验,则可求得相应的疲劳极限,因此在 σ_m-σ_a 坐标上又可描出几个点。将上述这些点描成一平滑的曲线,即该材料的疲劳极限应力图中的 ABC 曲线。

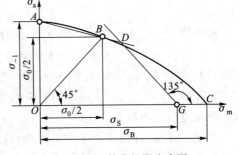

图 1-10　简化极限应力图

为了简化试验,常用两条直线 AD 和 DG 来代替疲劳曲线。用 AD 和 DG 两直线构成的疲劳曲线称为材料的简化极限应力曲线。它不但可用较少的试验数据$(\sigma_{-1}、\sigma_0、\sigma_s)$画出,而且也能满足设计的需要。

3. 影响机械零件疲劳强度的主要因素

影响机械零件疲劳强度的主要因素,除上面提到的材料性能、应力循环特征和循环次数之外,还有应力集中、绝对尺寸和表面状态等。

(1) 应力集中的影响

在零件截面的几何形状突然变化之处(如孔、圆角、键槽、螺纹等),局部应力要远远大于名义应力,这种现象称为应力集中(stress concentration)。最大局部应力与名义应力的比值 α,称为理论应力集中系数。理论应力集中系数不能直接判断因局部应力使零件的疲劳强度降低多少,因为它在不同材料制造的零件上,表现有所不同。实际上常用有效应力集中系数 K_σ、K_τ 来表示疲劳强度的真正降低程度。有效应力集中系数定义为:材料、尺寸和受载情况都相同的一个无应力集中试样与一个有应力集中试样的疲劳极限的比值,即

$$K_\sigma = \sigma_{-1}/(\sigma_{-1})_k, \quad K_\tau = \tau_{-1}/(\tau_{-1})_k$$

式中,σ_{-1}、τ_{-1}、$(\sigma_{-1})_k$、$(\tau_{-1})_k$ 分别为无应力集中试样和有应力集中试样的疲劳极限。

如果截面上有几个不同的应力集中源,则零件的疲劳强度由各个 $K_\sigma(K_\tau)$ 中的最大值

来决定。

（2）绝对尺寸的影响

当其他条件相同（包括截面上的应力大小）时，零件截面的绝对尺寸越大，其疲劳极限就越低。这是由于尺寸大时，材料晶粒粗，出现缺陷的概率大和机械加工后表面冷作硬化层（对提高疲劳强度有利）相对较薄。

截面绝对尺寸对疲劳极限的影响，可用绝对尺寸系数 ε_σ、ε_τ 表示。绝对尺寸系数定义为：直径为 d 的试样的疲劳极限 $(\sigma_{-1})_d$ 与直径 $d_0 = 6 \sim 10$ mm 的试样的疲劳极限 $(\sigma_{-1})_{d_0}$ 的比值，即

$$\varepsilon_\sigma = (\sigma_{-1})_d / (\sigma_{-1})_{d_0}, \quad \varepsilon_\tau = (\tau_{-1})_d / (\tau_{-1})_{d_0}$$

（3）表面状态的影响

当其他条件相同时，零件表面光滑或经过各种强化处理（如喷丸、表面热处理或表面化学处理等），可以提高零件的疲劳强度。表面状态对疲劳强度的影响，可用表面状态系数 β 表示，其定义为：试样在某种表面状态下的疲劳极限 $(\sigma_{-1})_\beta$ 与精抛光试样（未经强化处理）的疲劳极限 $(\sigma_{-1})_{\beta_0}$ 的比值，即

$$\beta = (\sigma_{-1})_\beta / (\sigma_{-1})_{\beta_0}$$

通常用 $(K_\sigma)_D$、$(K_\tau)_D$ 表示这些因素的综合影响：

$$(K_\sigma)_D = K_\sigma / (\varepsilon_\sigma \beta), \quad (K_\tau)_D = K_\tau / (\varepsilon_\tau \beta)$$

式中，$(K_\sigma)_D$、$(K_\tau)_D$ 为综合影响系数。当其他条件相同时，钢的强度越高，$(K_\sigma)_D$ 或 $(K_\tau)_D$ 值越大。所以，对于用高强度钢制造的零件，为了提高强度，必须特别注意减少应力集中和提高表面质量。

由试验得知，有效应力集中系数、绝对尺寸系数和表面状态系数，只对变应力的应力幅部分产生影响。因而，计算时可用综合影响系数对变应力的应力幅部分进行修正。

4. 考虑 $K_\sigma(K_\tau)$、$\varepsilon_\sigma(\varepsilon_\tau)$ 和 β 影响的零件极限应力图

对于有应力集中、绝对尺寸和表面状态影响的零件，在计算安全系数时，必须考虑应力集中系数 $K_\sigma(K_\tau)$、绝对尺寸系数 $\varepsilon_\sigma(\varepsilon_\tau)$ 及表面状态系数 β 的影响。考虑到 $K_\sigma(K_\tau)$、$\varepsilon_\sigma(\varepsilon_\tau)$ 及 β 只对应力幅部分有影响，因而在极限应力图（图1-10）的纵坐标上的 σ_{-1} 和 σ_0，须除以 $(K_\sigma)_D$ 进行修正。修正后的简化极限应力图为图1-11所示的 $A'B'D'G$ 折线图。

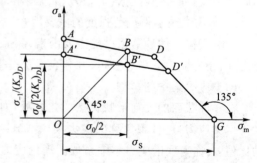

图 1-11　考虑 K_σ、ε_σ 和 β 影响的极限应力图

*1.2.3　稳定变应力状态下机械零件的疲劳强度计算

1. 单向应力状态下机械零件的疲劳强度计算

在进行机械零件的疲劳强度计算时，首先要求出零件危险截面上的最大应力 σ_{max} 及最小应力 σ_{min}，并据此计算出平均应力 σ_m 及应力幅 σ_a，然后在极限应力图的坐标上，标出相应于 σ_m 和 σ_a 的一个工作应力点 N 或 M。

强度计算时所用的极限应力应是零件的极限应力曲线($A'D'G$)上的某一点所代表的应力。用哪一点来表示极限应力才算合适,这要根据零件应力可能发生的变化规律来确定。通常典型的应力变化规律有三种:1) 变应力的循环特性不变,即 $r=C$(例如,绝大多数转轴中的应力状态);2) 变应力的平均应力不变,即 $\sigma_m = C$(例如,振动着的受载弹簧中的应力状态);3) 变应力的最小应力不变,即 $\sigma_{min} = C$(例如,紧螺栓连接中受轴向变载荷时的应力状态)。

(1) 当 $r=C$ 时,需找一个循环特性与零件工作应力的循环特性相同的极限应力值(图 1-12)。因为

$$\frac{\sigma_a}{\sigma_m} = \frac{\sigma_{max} - \sigma_{min}}{\sigma_{max} + \sigma_{min}} = \frac{1-r}{1+r} = C' \tag{1-9}$$

可以看出,C' 也是一个常数,所以图 1-12 中从坐标原点引射线通过工作应力点 N(或 M)与极限应力曲线交于 N_1'(或 M_1'),得到 ON_1'(或 OM_1'),则此射线上任意一点所代表的应力循环都具有相同的循环特性值。而 N_1'(或 M_1')所代表的应力值就是在计算中所要用的极限应力。

联立解 ON 及 $A'D'$ 两直线方程,可以求出 N_1' 点的坐标值 σ_{me}' 和 σ_{ae}',然后把它们加起来,就可以求出对应于 N 点的零件的极限应力(疲劳极限)σ_{max}':

$$\sigma_{max}' = \sigma_{ae}' + \sigma_{me}' = \frac{\sigma_{-1}(\sigma_m + \sigma_a)}{(K_\sigma)_D \sigma_a + \psi_\sigma \sigma_m} = \frac{\sigma_{-1}\sigma_{max}}{(K_\sigma)_D \sigma_a + \psi_\sigma \sigma_m} \tag{1-10}$$

因此,正应力的安全系数为

$$S_\sigma = \frac{\sigma_r}{\sigma} = \frac{\sigma_{max}'}{\sigma_{max}} = \frac{\sigma_{-1}}{(K_\sigma)_D \sigma_a + \psi_\sigma \sigma_m} \tag{1-11}$$

同理,切应力的安全系数为

$$S_\tau = \frac{\tau_r}{\tau} = \frac{\tau_{max}'}{\tau_{max}} = \frac{\tau_{-1}}{(K_\tau)_D \tau_a + \psi_\tau \tau_m} \tag{1-12}$$

式中,ψ_σ 为试验试件受循环正应力时的材料特性系数,ψ_τ 为试验试件受循环切应力时的材料特性系数。

$$\psi_\sigma = \frac{2\sigma_{-1} - \sigma_0}{\sigma_0} \tag{1-13}$$

$$\psi_\tau = \frac{2\tau_{-1} - \tau_0}{\tau_0} \tag{1-14}$$

(2) 当 $\sigma_m = C$ 时,如图 1-13 所示。NN_1' 线代表 $\sigma_m = C$ 的方程线。联立解 NN_1' 及 $A'D'$ 两直线方程,求出 N_1' 点的坐标值 σ_{me}' 和 σ_{ae}',然后把它们加起来,求得对应于 N 点的零件的极限应力值 σ_{max}':

$$\sigma_{max}' = \sigma_{ae}' + \sigma_{me}' = \frac{\sigma_{-1} - \psi_\sigma \sigma_m}{(K_\sigma)_D} + \sigma_m = \frac{\sigma_{-1} + [(K_\sigma)_D - \psi_\sigma]\sigma_m}{(K_\sigma)_D} \tag{1-15}$$

因此,正应力的安全系数为

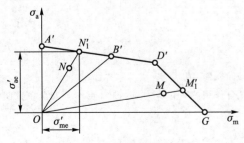

图 1-12 $r=C$ 时极限应力点

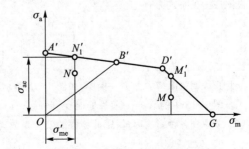

图 1-13 $\sigma_m = C$ 时极限应力点

$$S_\sigma = \frac{\sigma'_{\max}}{\sigma_{\max}} = \frac{\sigma_{-1} + [(K_\sigma)_D - \psi_\sigma]\sigma_m}{(K_\sigma)_D(\sigma_m + \sigma_a)} \tag{1-16}$$

同理,切应力的安全系数为

$$S_\tau = \frac{\tau'_{\max}}{\tau_{\max}} = \frac{\tau_{-1} + [(K_\tau)_D - \psi_\tau]\tau_m}{(K_\tau)_D(\tau_m + \tau_a)} \tag{1-17}$$

(3) 当 $\sigma_{\min} = C$ 时,如图 1-14 所示,NN'_1 线代表 $\sigma_{\min} = C$ 的方程线。联立解 NN'_1 及 $A'D'$ 两直线方程,求出 N'_1 点的坐标值 σ'_{me} 和 σ'_{ae},然后它们相加,求得对应于 N 点的零件的极限应力值 $\sigma'_{\max}$:

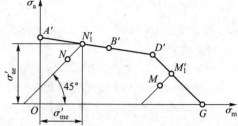

图 1-14 $\sigma_{\min} = C$ 时极限应力点

$$\sigma'_{\max} = \sigma'_{ae} + \sigma'_{me} = \frac{2\sigma_{-1} + [(K_\sigma)_D - \psi_\sigma](\sigma_m - \sigma_a)}{(K_\sigma)_D + \psi_\sigma} \tag{1-18}$$

因此,正应力的安全系数为

$$S_\sigma = \frac{\sigma'_{\max}}{\sigma_{\max}} = \frac{2\sigma_{-1} + [(K_\sigma)_D - \psi_\sigma](\sigma_m - \sigma_a)}{[(K_\sigma)_D + \psi_\sigma](\sigma_m + \sigma_a)} \tag{1-19}$$

同理,切应力的安全系数为

$$S_\tau = \frac{\tau'_{\max}}{\tau_{\max}} = \frac{2\tau_{-1} + [(K_\tau)_D - \psi_\tau](\tau_m - \tau_a)}{[(K_\tau)_D + \psi_\tau](\tau_m + \tau_a)} \tag{1-20}$$

在图 1-12、图 1-13、图 1-14 中对应于 M 点的极限应力点 M'_1 位于直线 $D'G$ 上。此时的极限应力为屈服极限 σ_S,只需进行静强度计算。其强度计算式为

$$S_\sigma = \frac{\sigma_S}{\sigma_{\max}} = \frac{\sigma_S}{\sigma_a + \sigma_m} \tag{1-21}$$

$$S_\tau = \frac{\tau_S}{\tau_{\max}} = \frac{\tau_S}{\tau_a + \tau_m} \tag{1-22}$$

2. 复合应力状态下机械零件的疲劳强度计算

很多零件(如轴),在工作中同时受有弯曲应力及扭转应力的复合作用。复合应力的变化是各种各样的。目前,经过理论分析和试验得到比较成熟而能实用的数据只有对称循环变应力,且两种应力应是同周期和同相位的。对于非对称循环的复合应力,研究工作还很不完善,只能借用对称循环的结果进行近似计算。

在零件上同时作用有同相位的法向及切向对称循环稳定变应力 σ_a 及 τ_a 时,对于钢材,经过试验得出极限应力关系式为

$$\left(\frac{\sigma'_a}{\frac{\beta\varepsilon_\sigma}{K_\sigma}\sigma_{-1}}\right)^2 + \left(\frac{\tau'_a}{\frac{\beta\varepsilon_\tau}{K_\tau}\tau_{-1}}\right)^2 = 1 \tag{1-23}$$

此式表明极限应力图为一椭圆,如图 1-15 所示的曲线弧 AB。

若图 1-15 中的 N 点为零件同时受到 σ_a 和 τ_a 复合作用的工作应力点,过 N 点作等安全系数曲线 $A'NB'$,考虑到各种影响因素,则此零件的安全系数为

$$S = \frac{OM}{ON} = \frac{\sigma'_a}{\sigma_a} = \frac{\tau'_a}{\tau_a}$$

将此式代入式(1-23),得

$$\left[\frac{S}{\frac{\sigma_{-1}}{(K_{\sigma})_{D}\sigma_{a}}}\right]^{2}+\left[\frac{S}{\frac{\tau_{-1}}{(K_{\tau})_{D}\tau_{a}}}\right]^{2}=1 \quad (1-24)$$

由式(1-11)、式(1-12)可知,当应力为对称循环单向应力($\sigma_{m}=0,\tau_{m}=0$)时的安全系数为

$$S_{\sigma}=\frac{\sigma_{-1}}{(K_{\sigma})_{D}\sigma_{a}},\quad S_{\tau}=\frac{\tau_{-1}}{(K_{\tau})_{D}\tau_{a}}$$

将此式代入式(1-24),化简后得受对称循环的复合变应力作用时,零件的安全系数计算式:

$$S=\frac{S_{\sigma}S_{\tau}}{\sqrt{S_{\sigma}^{2}+S_{\tau}^{2}}} \quad\quad (1-25)$$

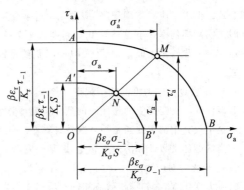

图 1-15　复合应力的极限应力图

*1.2.4　不稳定变应力状态下机械零件的疲劳强度计算

1. 不稳定变应力的种类

图 1-16 为不稳定变应力的应力谱。其中,图 a 为规律性的不稳定变应力,由多个循环相同的应力组成。每一循环有若干不同的应力组,各组的变应力完全相同。图 b 与图 a 相似,但每一循环内的变应力不等。图 c 为非规律性的随机变应力。这里主要介绍零件在规律性不稳定变应力作用下的疲劳强度的计算方法。

2. 疲劳损伤累积假说——曼耐尔(Miner)定理

在疲劳裂纹形成和扩展的过程中,零件或材料内部的损伤是逐渐积累的,累积到一定程度才发生断裂。根据这一概念,当零件或材料承受不稳定变应力时,其疲劳强度计算应以疲劳损伤累积假说为依据。

为了说明零件或材料在不稳定变应力作用下的疲劳损伤积累,考虑零件或材料在多级应力作用下的情况。设作用在试样上的第一级变应力为$\pm\sigma_{1}$,应力循环数为n_{1},在该应力水平下达到破坏的总寿命为N_{1},则应力$\pm\sigma_{1}$引起的损伤率为$D_{1}=n_{1}/N_{1}$;第二级变应力为$\pm\sigma_{2}$,应力循环数为n_{2},在该应力水平下达到破坏的总寿命为N_{2},则应力$\pm\sigma_{2}$引起的损伤率为$D_{2}=n_{2}/N_{2}$;其余类推。由此可知,零件或材料在多级不稳定变应力作用下的疲劳破坏与应力循环次数呈线性损伤积累关系,即有

$$\frac{n_{1}}{N_{1}}+\frac{n_{2}}{N_{2}}+\frac{n_{3}}{N_{3}}+\cdots=1$$

或

$$\sum\frac{n_{i}}{N_{i}}=1 \quad\quad (1-26)$$

此式称为疲劳损伤累积的线性方程式,又称曼耐尔定理(Miner's law)。

实践证明,式(1-26)是基本符合实际的简便近

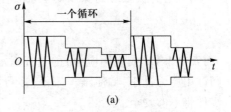

(a)

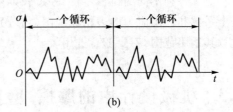

(b)

(c)

图 1-16　不稳定变应力的应力谱

似公式。但由于应力作用程序(应力先大后小或先小后大)对零件寿命的损伤有干扰作用,使得零件断裂时的实际损伤率并不总是等于 1(可能大于 1 或小于 1)。因此,不稳定变应力作用下零件寿命的计算尚需作进一步研究。但是,至今式(1-26)仍然是机械设计中粗略计算零件寿命及其安全性的常用计算公式。

3. 不稳定变应力下的疲劳强度计算

零件受不稳定变应力作用时的疲劳强度计算大致有两种方法:计算当量应力和计算当量循环次数。这里仅介绍常用的当量循环次数计算法。

当量循环次数计算法的实质是,取某一应力值 σ 作为计算的基准,将不稳定变应力中各应力的循环次数 n_i 转化为对应于应力 σ 的当量循环次数 N_v,使得零件在不稳定变应力下的损伤效应与在 σ 作用下的应力变化 N_v 次的损伤效应相同。根据损伤累积假说,两者的损伤效应相同时,有

$$\sigma^m N_v = \sum_{i=1}^{n} \sigma_i^m n_i \tag{1-27}$$

由此可得当量循环次数

$$N_v = \sum_{i=1}^{n} \left(\frac{\sigma_i}{\sigma} \right)^m n_i \tag{1-28}$$

和当量循环次数为 N_v 时的疲劳极限

$$\sigma_{rN_v} = \sigma_r \sqrt[m]{N_0/N_v} = k_N \sigma_r \tag{1-29}$$

式中,$k_N = \sqrt[m]{N_0/N_v}$ 为寿命系数。

对于受不稳定切应力的零件计算,只需将上述公式中的正应力 σ 换以切应力 τ 即可。

1.2.5　许用应力和安全系数

许用应力为极限应力除以安全系数,即

$$[\sigma] = \frac{\sigma_{\lim}}{S}, \quad [\tau] = \frac{\tau_{\lim}}{S_\tau} \tag{1-30}$$

而安全系数(或许用应力)的选择对零件的尺寸有较大的影响。若安全系数选得过大,则许用应力过小,将使结构笨重,浪费材料;反之,安全系数选得过小,则许用应力过大,零件将不够安全。

对于各种不同的机械零件,经过长期生产实践经验的积累,各部门(工厂)都制订了安全系数和许用应力的表格或线图(将分别在以后各章中介绍),可供设计时参考。但应注意其适用范围,不要随意选用。

1.3　机械设计中的摩擦、磨损和润滑

1.3.1　机械零部件中的摩擦

根据摩擦副表面之间状态的不同,摩擦可分为干摩擦、边界摩擦、混合摩擦和流体摩擦(图 1-17)。

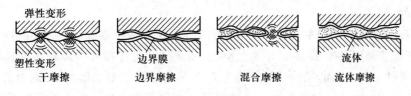

图 1-17 摩擦状态

1. 干摩擦

干摩擦(dry friction)是指表面间无任何润滑剂或保护膜的固体表面接触时的摩擦。在工程实际中,并不存在真正的干摩擦,因为任何零件的表面不仅会因氧化而形成氧化膜,而且多少也会被润滑油所湿润。在机械设计中,通常将不会出现明显湿润现象的摩擦,当作干摩擦处理。

两表面接触,有相对运动趋势时的摩擦力,称为静摩擦力。物体处在滑动过程中发生作用的摩擦力,称为动摩擦力。同一摩擦副,动摩擦系数小于静摩擦系数。

2. 边界摩擦(边界润滑)

机器开始运转时,两相对运动零件工作表面间不能形成液体润滑;运转后在尚未形成液体润滑以前,两工作表面的凸出部分不免有接触,此时摩擦界面上存在一层与介质的性质不同的膜起着润滑作用。这种摩擦状态称为边界摩擦(boundary friction)也称边界润滑。

边界润滑中起润滑作用的膜称为边界膜。边界膜按其结构形式分为吸附膜和反应膜两大类。

吸附膜又分为物理吸附膜和化学吸附膜。由润滑油中的极性分子吸附在金属表面上,形成定向排列的分子栅,称为物理吸附膜(图 1-18)。分子层吸附在零件表面上达到饱和状态时,极性分子紧密地排列,并牢固地吸附在金属的表面上。当摩擦界面滑动或滚动时,表面膜有能力阻止表面凸峰部分相接触而膜不破坏,起着良好的润滑作用。一种形象的模型如图 1-19 所示,表面极性分子像毛刷子一样互相滑动。这种边界膜的润滑性能通常称为润滑油的油性,在温度、速度和载荷不太高的情况下极易形成。

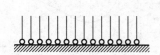

图 1-18 单分子层物理吸附模型

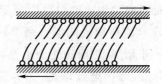

图 1-19 单分子层边界润滑模型

润滑油中的活性分子靠离子键吸附在金属表面上而形成的保护膜,称为化学吸附膜,例如硬脂酸与铁的氧化物反应形成硬脂酸铁的金属皂,可防止黏着和降低摩擦力。

反应膜有化学反应膜和氧化膜。化学反应膜是润滑剂中添加硫、氯、磷等与金属表面进行化学反应生成的膜。化学反应膜的强度远远超过吸附膜,它的承载能力高,极压性能好,适宜于中等的载荷、速度和温度条件下应用。

边界膜极薄,一个分子的长度约为 2 nm(1 nm = 0.001 μm),若边界膜为 10 个分子厚,其膜也仅为 0.02 μm,比两摩擦表面的表面粗糙度之和小得多,故边界摩擦时磨损是不可避免的。

边界润滑在机械工程中占有十分重要的地位。大多数机器滑动件的摩擦特性是由它决定的,例如普通滑动轴承、活塞环与气缸套、机床导轨等都是处于边界润滑状态下。一般没有润滑的金属表面的摩擦系数 f 约为 0.2,具有边界润滑油膜的表面,其摩擦系数 f 一般为 0.05~0.15,这与洁净表面上的摩擦系数相比是很小的。由于边界润滑油膜的存在,避免了部分表面金属的直接接触,可以大大减少磨损。

3. 混合摩擦(混合润滑)

随着摩擦面间油膜厚度的增大,表面微凸体直接接触的数量减少,油膜承载的比例增大。研究表明,在混合摩擦时,可用膜厚比 λ 来估计微凸体与油膜各自分担载荷的情况:

$$\lambda = \frac{h_{\min}}{\sqrt{R_{q1}^2 + R_{q2}^2}} \tag{1-31}$$

式中:$h_{\min}$——两表面间的最小公称油膜厚度,μm;

R_{q1}、R_{q2}——两表面的轮廓均方根偏差,μm,$R_q = (1.20 \sim 1.25)Ra$,Ra 为表面轮廓的算术平均偏差,μm。

当 $\lambda < 0.4$ 时,为边界摩擦,载荷完全由微凸体承担;当 $0.4 \leqslant \lambda \leqslant 3.0$ 时,为混合摩擦(mix friction);随着 λ 值的增大,油膜承担载荷的比例也增大,当 $\lambda = 1$ 时,微凸体所承担的载荷约为总载荷的 30%;当 $\lambda > 3 \sim 5$ 时,为液体摩擦。

很显然,在混合摩擦时,因仍然有微凸体的直接接触,所以不可避免地还有磨损存在,只是摩擦系数要比边界摩擦时小得多。

实践证明,对具有一定表面粗糙度的表面,随着油的黏度 η、单位宽度上的载荷 p 和相对滑动速度 v 等工况参数的改变,将导致润滑状态的转化。图 1-20 是从滑动轴承试验得到的润滑状态转化曲线,或称摩擦特性曲线,即摩擦系数 f 随着 $\eta v/p$ 的变化而改变。由图可知,摩擦系数能反映该轴承的润滑状态,若加大摩擦,润滑状态从流体润滑向混合润滑转化;随着载荷的进一步增加,进而转化为边界润滑,摩擦系数显著增大;摩擦继续增加,边界膜破裂,出现明显的黏着现象,磨损率增大,表面温度升高,最后可能出现黏着咬死。

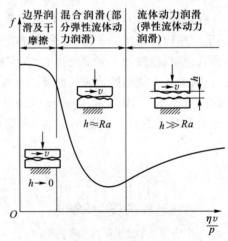

图 1-20　摩擦特性曲线

h—间隙;Ra—表面粗糙度

4. 流体摩擦(流体润滑)

当摩擦面间的油膜厚度大到足以将两工作表面的微凸体完全分开(即 $\lambda > 3 \sim 5$ 时),即形成了完全的流体摩擦(fluid friction)。此时的摩擦为流体内黏滞阻力或流变阻力引起的内摩擦,所以摩擦系数极小(油润滑时,$f = 0.001 \sim 0.008$),其摩擦规律与干摩擦完全不同。关于流体摩擦的问题将在滑动轴承一章中另作介绍。

1.3.2　机械零部件中的磨损

使摩擦表面的物质不断损失的现象称为磨损(wear)。除非采取特殊的措施(如静压润滑、电、磁悬浮等),机械中的磨损很难避免。但在规定的使用年限内,其磨损量不超过允许值,就属于正常磨损。磨损并非都有害,例如跑合、研磨就是有益的磨损,它可以提高零件表面质量、延长使用寿命。但是大多数的磨损是有害的,它将影响机械功能。

1. 典型磨损过程

生产实践表明,机械零件的正常磨损过程大致分为三个阶段,如图 1-21 所示。

(1)跑合磨损阶段(初期磨损阶段)　新的摩擦副表面较粗糙,真实接触面积较小,压强较大,在开始的较短时间内磨损量大。经跑合后,表面凸峰高度降低,接触面积增大,磨损速度减缓并趋向稳定。实践证明,初期跑合是一种有益的磨损,可利用它来改善表面性能,提高使用寿命。

(2)稳定磨损阶段(正常磨损阶段)　表面经跑合后,磨损速度减缓,处于稳定状态。

(3)剧烈磨损阶段(耗损磨损阶段)　经过较长时间的稳定磨损后,磨损速度急剧增加,磨损量增大,机械效率下降,表面温度迅速升高,精度丧失,产生异常的噪声及振动,最后导致零件失效。

上述三个阶段实际上并无明显的界限,若不经跑合,或压力过大、速度过高、润滑不良等,则很快进入剧烈磨损阶段,如图 1-21 中虚线所示。为了提高机械零件的使用寿命,应力求缩短跑合磨损阶段,尽量延长稳定磨损阶段,推迟剧烈磨损阶段的到来。

2. 磨损的基本类型

按磨损的机理不同,通常分为黏着磨损、磨料磨损、接触疲劳磨损、腐蚀磨损四种基本类型。

(1)黏着磨损

由于零件表面接触时,实际上只是少数凸起的峰顶在接触,可能因所受压力大而产生弹塑性变形,导致摩擦表面的吸附膜(包括污染膜、氧化膜)破裂;同时,因摩擦而产生高温,造成基体金属的“焊接”现象,使峰顶牢固地黏着在一起(图 1-22)。载荷愈大、温度愈高、材料愈软,黏着现象也就愈严重。当摩擦表面发生相对滑动时,切向力将黏着点切开,呈撕脱状态,被撕脱的金属黏在摩擦表面上,使表面凸起,它又将进一步促使表面磨

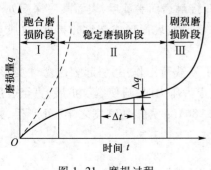

图 1-21　磨损过程

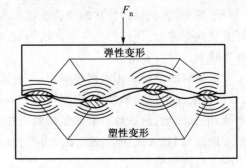

图 1-22　黏着

损。这种由于黏着作用,使摩擦表面的材料由一个表面转移到另一个表面所引起的磨损,称为**黏着磨损**(adhesive wear)。黏着磨损是机械中最为常见的一种磨损。

黏着磨损按破坏程度不同分为:1) 轻微磨损,剪切破坏发生在界面上,表面材料的转移极为轻微;2) 涂抹,剪切发生在软金属浅层,并转移到硬金属表面;3) 划伤,剪切发生在软金属表层,而硬金属表层也可能被划伤;4) 撕脱,剪切发生在摩擦副一方或双方基体金属较深的地方;5) 咬死,黏着严重,摩擦表面彼此咬住,相对运动停止。

通常把上述最后的两种磨损称为"胶合"。胶合是重载、高速摩擦副中常见的失效形式。这时,油膜破裂,由于干摩擦产生局部高温,从而使金属发生熔焊并迅速转移。

为了减轻黏着磨损,可以采取下列措施:1) 合理选择摩擦副材料,相同的金属互溶性强,比不同的金属黏着倾向性大;多相金属比单相金属黏着倾向性小;采用表面处理,如镀层、化学处理、喷丸等;2) 采用含有油性和极压添加剂的润滑剂;3) 控制接触表面的温度,采取合适的散热措施,防止油膜破裂及金属产生熔焊;4) 控制接触表面的压强,当压强超过材料硬度的 1/3 以上时,容易产生黏着。

（2）磨料磨损

由于硬质颗粒或摩擦表面上的硬质突出物的存在,在摩擦过程中引起材料脱落的现象,称为**磨料磨损**(abrasive wear)。

磨料磨损与零件工作表面材料及磨料的硬度有关,如图 1-23 所示。图中,q 为金属磨损量,H_a 为磨料硬度,H_m 为金属硬度。为保证工作表面有一定的使用寿命,金属材料的硬度应比磨料硬度大 30% 以上,即 $H_m \geqslant 1.3 H_a$。

为减轻磨料磨损,除注意润滑外,还可通过合理地选择摩擦副配对材料及降低表面粗糙度值来减少磨损;若是因为外界掺入磨料引起磨损,则可改进密封装置,注意经常过滤润滑油。

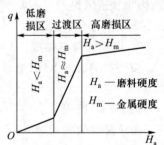

图 1-23 硬度对磨损的影响

（3）接触疲劳磨损

滚动轴承、齿轮等点、线接触的零件,在高接触应力及一定工作循环次数下可能在局部表面形成小块的甚至是片状的麻点或凹坑,进而导致零件失效。这种失效形式称为**接触疲劳磨损**(fatigue wear;contact fatigue wear)(点蚀)。

对于理想的匀质材料,接触疲劳磨损是由于两接触表面受载后,表面某一深度处产生循环变化的切应力,该应力达到破坏极限时,使表面或次表面形成裂纹并扩展,造成点状或细片状表层材料剥落。

产生疲劳磨损的原因有两种假说:一种是由于外载荷的作用,引起表层塑性变形、硬化,最后使表面出现初始裂纹,当润滑油楔入产生很大压力时,迫使裂纹扩展,直至表层材料剥落,形成凹坑;另一种是裂纹从接触表层下 0.786b（b 为接触宽度之半）处产生,并扩展到表面造成剥落,从而形成接触疲劳磨损。

（4）腐蚀磨损

在摩擦过程中,摩擦表面与周围介质发生化学反应或电化学反应的磨损,即腐蚀与磨损同时起作用的磨损称为**腐蚀磨损**(corrosion wear)。摩擦表面与环境中有腐蚀性的液体、气体或与润滑油中的某成分发生化学或电化学作用,生成腐蚀物,它一般黏附不牢固,在摩擦过程中被清除,接着表面又受到腐蚀,如此反复进行从而造成磨损。

腐蚀磨损是极为复杂的现象。介质、温度、滑动速度、载荷和润滑等有变化,就会使磨损发生很大变化。如钢、铁零件在含水蒸气的环境中,会使化学反应物由氧化物变为氢氧化物,更易引起腐蚀磨损。含铜的轴承,在高温时,易与润滑油中的硫生成 CuS,而 CuS 膜的性质硬而脆,容易剥落。

在生产实践中,磨损常常是许多现象的综合,即零件工作表面的磨损大都是复合形式的。如键连接、过盈配合、螺纹连接的接合面处,就常产生一种典型的复合磨损。

磨损量与滑动速度和载荷的关系如图 1-24 所示。

不同的材料、载荷、润滑、工作温度对磨损的影响如图 1-25 所示。

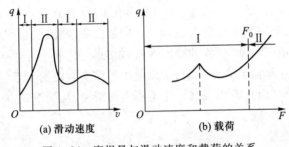

图 1-24 磨损量与滑动速度和载荷的关系

Ⅰ—氧化磨损;Ⅱ—黏着磨损

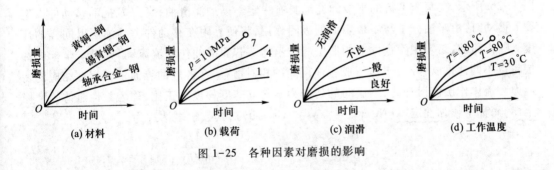

图 1-25 各种因素对磨损的影响

3. 防止或减少磨损的主要方法

(1) 选用合适的润滑剂和润滑方法,用液体摩擦取代边界摩擦。

(2) 按零部件的主要磨损类型合理选择材料。如,易产生黏着磨损时,不要选择互溶性强的材料作摩擦副的材料;易产生磨料磨损时,一般应选择硬度较高的材料。

(3) 合理选择热处理和表面处理方法,如表面淬火和表面化学处理(渗碳、渗氮等)及喷涂、镀层、变形强化等。

(4) 适当减小表面粗糙度值。

(5) 用滚动摩擦代替滑动摩擦。

(6) 正确进行结构设计,使压力均匀分布,有利于表面膜的形成和防止外界杂物(如磨粒、灰尘)进入摩擦面等。

（7）正确维护、使用,加强科学管理,采用先进的监控和测试技术。

1.3.3 机械零部件中的润滑

润滑剂的主要作用是减少摩擦和磨损,降低工作表面的温度。此外,润滑剂还有防锈、传递动力、清除污物、减振、密封等作用。

常用的润滑剂有液体(如水、油)、半固体(如润滑脂)、固体(如石墨、二硫化钼、聚四氟乙烯)和气体(如空气及其他气态介质)。其中,固体和气体润滑剂多在高温、高速及要求防止污染等特殊场合应用。对于橡胶、塑料制成的零件,宜用水润滑。绝大多数场合则采用润滑油或润滑脂润滑。

1. 润滑油

用作润滑剂的油类大致分为三类:第一类为有机油,通常是动、植物油;第二类为矿物油,主要是石油产品;第三类为化学合成油。矿物油因来源充足,成本较低,适用范围广而且稳定性好,故应用最广。动、植物油中因含有较多的硬脂酸,在边界润滑时有很好的润滑性能,但因其稳定性差而且来源有限,所以使用不多。合成油多系针对某种特定需要而研制的,不但适用面窄,而且费用极高。无论哪类润滑油,从润滑观点考虑,评判其优劣的主要性能指标如下。

（1）黏度

1）黏度的概念

流体的黏度(viscosity)即流体抵抗变形的能力,它表征流体内摩擦阻力的大小。如图 1-26a 所示,在两个平行的平板间充满具有一定黏度的润滑油,当力 F 拖动移动件以速度 v 移动时,由于油分子与平板表面的吸附作用,将使黏附在移动件上的油层以同样的速度 v 随板移动;黏附在静止件上的油层静止不动。若润滑油作层流流动,则沿 y 坐标的油层将以不同速度 u 移动,于是形成各油层间的相对滑移,在各层的界面上就存在相应的切应力。流体作层流运动时,油层间的切应力 τ 与其速度梯度成正比,称为**黏性流体的摩擦定律**,简称牛顿黏性定律(Newton's laws of viscosity),其数学表达式为

$$\tau = \frac{F}{A} = -\eta \frac{\partial u}{\partial y} \quad \text{或} \quad \eta = -\frac{F}{A} \frac{1}{\partial u / \partial y} \tag{1-32}$$

式中:A——移动板的面积;

τ——流体单位面积上的剪切阻力,即切应力;

$\partial u / \partial y$——流体沿垂直于运动方向的速度梯度,"-"号表示 u 随距离 y 的增大而减小;

η——比例常数,即流体的动力黏度。

摩擦学中把凡是服从这个黏性定律的液体都称为牛顿液体。

2）黏度的常用单位

① **动力黏度 η** 如图 1-26b 所示长、宽、高各为 1 m 的液体,如果使两平行面 a 和 b 发生 $u = 1$ m/s 的相对滑动速度,所需施加的力 F 为 1 N 时,则该液体的黏度为 1 个国际单位制的动力黏度,并以 Pa·s 表示,1 Pa·s = 1 N·s/m²。动力黏度又称绝对黏度。动力黏度的物理单位为P(Poise),中文称泊。P 的百分之一称为 cP(厘泊),其换算关系为

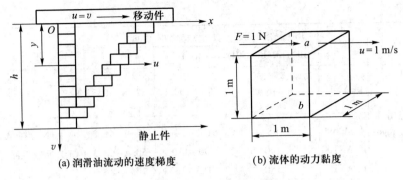

图 1-26 速度梯度和动力黏度

$$1 \text{ P} = 1 \text{ dyn} \cdot \text{s/cm}^2 = 100 \text{ cP} = 0.1 \text{ Pa} \cdot \text{s} \tag{1-33}$$

② 运动黏度 ν 工业上常用润滑油的动力黏度 η 与同温度下该流体密度 ρ 的比值，称为运动黏度 ν，即

$$\nu = \eta / \rho \tag{1-34}$$

在国际单位制中，运动黏度的单位是 m^2/s；在物理单位制中是 cm^2/s。cm^2/s 以往习惯称斯，用 St 表示。而实际应用中由于这一单位过大，故常用 cm^2/s 的百分之一（厘斯）来表示，即以 $\text{cSt}(\text{mm}^2/\text{s})$ 表示：

$$1 \text{ St} = 100 \text{ cSt} = 1 \text{ cm}^2/\text{s} = 10^{-4} \text{ m}^2/\text{s} \tag{1-35}$$

工业液体润滑油的牌号是指温度在 40 ℃时，运动黏度以 mm^2/s 为单位的平均值。黏度随温度上升而下降，称为润滑油的黏温特性。表 1-1 给出了常用润滑油的牌号、性能和应用。

表 1-1 常用润滑油的牌号、性能和应用

名 称	牌号	ISO 黏度等级 (GB/T 3141—1994)	运动黏度/(mm^2/s)		主要用途
			40 ℃	50 ℃	
全损耗系统用油 (GB/T 443—1989)	L-AN5	5	4.14~5.06	3.27~3.91	用于各种高速轻载机械轴承的润滑和冷却（循环式或油箱式），如转速在 10 000 r/min 以上的精密机械、机床及纺织纱锭的润滑和冷却
	L-AN7	7	6.12~7.48	4.63~5.52	
	L-AN	10	9.0~11.0	6.53~7.83	
	L-AN15	15	13.5~16.5	9.43~11.3	用于小型机床齿轮箱、传动装置轴承，中小型电动机，风动工具等
	L-AN22	22	19.8~24.2	13.3~16.0	
	L-AN32	32	28.8~35.2	18.6~22.2	主要用在一般机床齿轮变速箱、中小型机床导轨及 100 kW 以上电动机轴承

续表

名　　称	牌号	ISO 黏度等级 (GB/T 3141—1994)	运动黏度/(mm²/s)		主 要 用 途
			40 ℃	50 ℃	
全损耗系统用油 (GB/T 443—1989)	L-AN46	46	41.4~50.6	22.5~30.3	主要用在大型机床、大型刨床上
	L-AN68	68	61.2~74.8	35.9~42.8	主要用在低速重载的纺织机械及重型机床、锻压、铸工设备上
	L-AN100	100	90~110	50.4~60.3	
	L-AN150	150	135~165	72.5~86.9	
工业闭式齿轮油 (GB 5903—2011)	L-CKC68	68	61.2~74.8	35.9~42.8	适用于煤炭、水泥、冶金工业部门大型封闭式齿轮传动装置的润滑
	L-CKC100	100	90~110	50.4~60.3	
	L-CKC150	150	135~165	72.5~86.9	
	L-CKC220	220	198~242	102~123	
	L-CKC320	320	288~352	144~172	
	L-CKC460	460	414~506	199~239	

③ 相对黏度(条件黏度)　除了运动黏度以外,还经常用比较法测定黏度。我国用恩氏黏度作为相对黏度单位,即 200 cm³ 试验油在规定温度下(一般为 20 ℃、50 ℃、100 ℃)流过恩氏黏度计的小孔所需的时间(s)与同体积蒸馏水在 20 ℃ 流过同一小孔所需时间(s)的比值,以符号 °E_t 表示,其中脚注 t 表示测定时的温度。美国常用赛氏通用秒(符号 SUS),英国常用雷氏秒(符号为 R_1、R_2)作为条件黏度单位。

各种黏度在数值上的对应关系和换算公式可参阅有关手册和资料。

3) 影响润滑油黏度的主要因素

① 黏度与温度的关系　温度对黏度的影响十分显著,黏度随温度升高而降低。几种常用润滑油在不同温度下的黏度-温度曲线见图 1-27。表示黏温特性的方式及参数很多,其中用得最广的是黏度指数(具体数值见有关手册)。黏度指数高,表示油的黏温特性好,即黏度随温度的变化小;反之,则黏温特性差。

② 黏度与压力的关系　润滑油的黏度随压力升高而增大,通常用 Werball 经验式,即

$$\eta_p = \eta_0 e^{\alpha p} \tag{1-36}$$

式中:η_p——压力 p 作用下的动力黏度;

η_0——标准大气压下的动力黏度;

e——自然对数的底数,$e = 2.718$;

α——黏度压力指数(查手册);

p——润滑油所受的压力。

实践证明:当压力在 5 MPa 以下时,黏度随压力变化很小,可以忽略不计;而当压力在 100 MPa 以上时,黏度随压力变化很大。因此,分析滚动轴承、齿轮等高副接触零件的润滑状态时,不能忽视高压下润滑油黏度的变化。

在流体动力润滑和弹性流体动力润滑状态下,润滑油的黏度起重要作用,故黏压效应的影响也大。黏度高时易形成油膜,油膜承载能力强,但摩擦系数大,传动效率低。

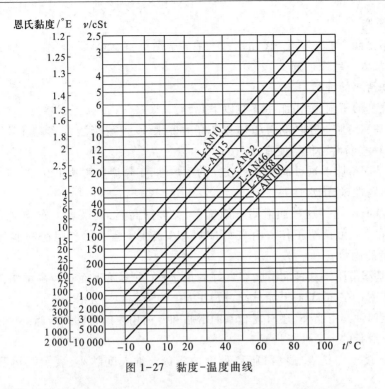

图 1-27　黏度-温度曲线

（2）油性

油性是指润滑油在金属表面上的吸附能力。吸附能力愈强，油性愈好。一般认为，动、植物油和脂肪酸的油性较好。

（3）极压性能

润滑油的极压性能是指在边界润滑状态下，处于高温、高压下的摩擦表面与润滑油中的某些成分发生化学反应，生成一种低熔点、低剪切强度的反应膜，使表面具有防止黏着和擦伤的性能。极压性能对高载荷条件下工作的齿轮、滚动轴承等有重要意义。

（4）氧化稳定性

从化学性能上讲，矿物油是很不活泼的，但当它们在高温气体中时，也会发生氧化，并生成硫、磷、氯的酸性化合物。这是一些胶状沉积物，不但腐蚀金属，而且加剧零件的磨损。

（5）闪点和燃点

当油在标准仪器中加热蒸发出的油气，一遇火焰即能发出闪光时的最低温度，称为油的闪点。如果闪光时间长达 5 s，则此油温称为燃点。闪点是衡量油的易燃性的一个指标。对于高温下工作的机器，闪点是一个十分重要的指标。通常应使工作温度比油的闪点低。

（6）凝固点

凝固点是指润滑油在规定条件下，不能自由流动时所达到的最高温度。它是润滑油在低温下工作的一个重要指标，直接影响机器在低温下的起动性能和磨损情况。

2. 润滑脂

润滑脂是润滑油与稠化剂(如钙、锂、钠的金属皂)的膏状混合物。有时,为了改善某些性能,还加入一些添加剂。

(1)润滑脂的种类

根据皂基的不同,润滑脂主要有以下几种:

1)钙基润滑脂　这种润滑脂具有良好的抗水性,但耐热能力差,工作温度不宜超过 55~65 ℃。钙基润滑脂价格便宜。

2)钠基润滑脂　这种润滑脂有较高的耐热性,工作温度可达 120 ℃。比钙基润滑脂有较好的防腐性,但抗水性差。

3)锂基润滑脂　这种润滑脂既能抗水,又能耐高温,其最高工作温度可达 145 ℃,在 100 ℃ 条件下可长期工作。有较好的机械安定性,是一种多用途的润滑脂,有取代钠基润滑脂的趋势。

4)铝基润滑脂　这种润滑脂有良好的抗水性,对金属表面有较高的吸附能力,有一定的防锈作用。在 70 ℃ 时开始软化,故只适用于 50 ℃ 以下工作。

除以上四种润滑脂外,还有复合基润滑脂和专门用途的特种润滑脂。

(2)润滑脂的主要性能指标

1)锥入度　它是表征润滑脂稀稠度的指标。锥入度越小,表示润滑脂越稠,反之越稀。

2)滴点　它是表示润滑脂受热后开始滴落时的温度。润滑脂能够使用的工作温度应低于滴点 20~30 ℃,甚至 40~60 ℃。

3)安定性　它反映润滑脂在储存和使用过程中维持润滑性能的能力,包括抗水性、抗氧化性和机械安定性等。

常用润滑脂的牌号、性能和应用见表 1-2。

表 1-2　常用润滑脂的牌号、性能和应用

名　称	牌　号	工作锥入度 (25 ℃) /(0.1 mm)	滴点不低于 /℃	使用温度 /℃	主要用途
钙基润滑脂 (GB/T 491 —2008)	1 号	310~340	80	<60	用于载荷轻和有自动给脂系统的轴承及小型机械润滑
	2 号	265~295	85	<60	用于轻载荷、中小型滚动轴承及轻载荷、高速机械的摩擦面润滑
	3 号	220~250	90	<60	用于中型电动机的滚动轴承、发电机及其他中等载荷、中转速摩擦部位润滑
	4 号	175~205	95	<60	用于重载荷、低速的机械与轴承润滑

续表

名　　　称	牌　　号	工作锥入度 （25 ℃） /（0.1 mm）	滴点不 低于 /℃	使用温度 /℃	主 要 用 途
钠基润滑脂 （GB/T 492 —1989）	2 号 3 号	265~295 220~250	160 160	<110 <110	耐高温，但不抗水，适用于各种类型的电动机、发电机、汽车、拖拉机和其他机械设备的高温轴承润滑
锂基润滑脂 （GB/T 7324 —2010）	1 号 2 号 3 号	310~340 265~295 220~250	170 175 180	<120	适用于−20~120 ℃范围内的各种机械设备的滚动和滑动摩擦部位的润滑

3. 固体润滑剂

用固体粉末代替润滑油膜的润滑，称为固体润滑。作为固体润滑剂的材料有无机化合物（如石墨、二硫化钼、氮化硼等）、有机化合物（如蜡、聚四氟乙烯、酚醛树脂等），还有金属（如 Pb、Zn、Sn 等）以及金属的化合物。

石墨和二硫化钼在固体润滑中应用最广，它们具有类似的层次分子结构。石墨的摩擦系数 $f = 0.05~0.15$，有良好的黏附性和高的导热、导电性，可用于低温和高温（在空气中可达 450 ℃）的条件下。二硫化钼（其摩擦系数 $f = 0.03~0.2$）有牢固的黏附性，在干燥时黏附性更好，可用于低温和高温（在空气中可达 350 ℃）的条件下，在真空中承载能力更强。

4. 添加剂

为了改善润滑剂的性能，加进润滑剂中的某些物质称为添加剂。添加剂种类很多，有极压添加剂、油性剂、黏度指数改进剂、抗蚀添加剂、消泡添加剂、降凝剂、防锈剂等。使用添加剂是现代改善润滑性能的重要手段，其品种和产量都发展得很快。

在重载接触副中常用的极压添加剂，能在高温下分解出活性元素与金属表面起化学反应，生成一种低剪切强度的金属化合物薄层，以增进抗黏着能力。极压添加剂有磷化物（如磷酸酯、二烷基二硫代磷酸锌）、硫化物（如硫化烯烃、硫化妥尔油脂肪酸酯）、氯化合物等。

5. 润滑剂的选用

在生产设备事故中，由于润滑不当而引起的事故占很大的比重，因润滑不良造成的设备精度降低也较严重。

（1）润滑剂的选择原则

1）类型选择　润滑油的润滑及散热效果好，应用最广。润滑脂易保持在润滑部位，润滑系统简单，密封性好。固体润滑剂的摩擦系数较高，散热性差，但使用寿命长，能在极高或极低温度、腐蚀、真空、辐射等特殊条件下工作。

2）工作条件　高温、重载、低速条件下选黏度高的润滑油或基础油黏度高的润滑脂，以利于形成油膜。当承受重载、间断或冲击载荷时,润滑油或润滑脂中要加入油性剂或极压添加剂,以提高边界膜和极压膜的承载能力。一般润滑油的工作温度最好不超过60 ℃,而润滑脂的工作温度应低于其滴点 20~30 ℃。

　　3)结构特点及环境条件　当被润滑物体为垂直润滑面的开式齿轮、链条等,应采用高黏度油、润滑脂或固体润滑剂以保持较好的附着性。多尘、潮湿环境下,宜采用抗水的钙基、锂基或铝基润滑脂。在酸碱化学介质环境及真空、辐射条件下,常选用固体润滑剂。

　　一台设备中用油种类应尽量少,且应首先满足主要件的需要。如精密机床主轴箱中需要润滑的部件有齿轮、滚动轴承、电磁离合器等,应统一选用全损耗系统用油润滑,且首先应满足主轴轴承的要求,选用 L-AN22 油。

　　(2)各种润滑剂特性的比较

　　表 1-3 所示为各种润滑剂特性的比较。表 1-4 为几种机械零件对润滑剂特性要求的重要程度分析表。这两个表均供选择润滑剂时参考。

表 1-3　润滑剂特性的比较

特　　　性	矿物油	合成油	润滑脂	固体润滑剂	气　　体
形成流体动力润滑性	A	A	D	不能	B
低摩擦性	B	B	C	C	A
边界润滑性	B	C	A	—	D
冷却性	A	A	D	D	A
使用温度范围	B	A	B	A	A
密封防污性	D	D	A	B	D
可燃性	D	A	C	A	与气体有关
价格便宜	A	D	C	D	与气体有关
影响寿命因素	变质,污染	变质,污染	变质	变质,杂质	与气体有关

注:A—很好;B—好;C—中等;D—差。

表 1-4　几种机械零件对润滑剂特性要求的重要程度分析表

润滑剂特性	滑动轴承	滚动轴承	齿轮传动、蜗杆传动(闭式)	齿轮传动、蜗杆传动(开式)、链传动	钟表、仪器支承
黏度	A	B	B	C	A
边界润滑性	C	B	A	B	B
低摩擦性	C	B	B	D	A
冷却性	B	B	A	D	D
密封性	D	B	D	C	A
工作温度范围	C	B	B	C	D
耐腐蚀性	C	C	D	B	D
抗挥发性	C	C	D	B	B

注:A—重要;B—次重要;C—中等;D—不重要。

1.4 机械零件的工作能力和计算准则

1.4.1 机械零件的工作能力

零件的工作能力是指在一定的运动、载荷和环境情况下,在预定的使用期限内,不发生失效的安全工作限度。衡量零件工作能力的指标称为零件的工作能力准则。主要准则有:强度、刚度、耐磨性、振动稳定性和耐热性。它们是计算并确定零件基本尺寸的主要依据,故又称为计算准则。对于具体的零件,应根据它们的主要失效形式,采用相应的计算准则。

1.4.2 机械零件的计算准则

1. 强度准则

强度是保证机械零件工作能力的最基本要求。若零件的强度不够,不仅因为零件的失效使机械不能正常工作,还可能导致安全事故。

零件的强度分为体积强度和表面接触强度。零件在载荷作用下,如果产生的应力在较大的体积内,则这种应力状态下的零件强度称为体积强度(通常简称强度)。若两零件在受载前、后由点接触或线接触变为小表面积接触,且其表面产生很大的局部应力(称为接触应力),这时零件的强度称为表面接触强度(简称接触强度)。

若零件的强度不够,就会出现整体断裂、表面接触疲劳或塑性变形等失效而丧失工作能力。所以,设计零件时必须满足强度要求,而强度的计算准则为

$$\sigma \leqslant [\sigma] \quad \text{或} \quad \tau \leqslant [\tau] \tag{1-37}$$

$$[\sigma] = \frac{\sigma_{\lim}}{S}; \quad [\tau] = \frac{\tau_{\lim}}{S_\tau} \tag{1-38}$$

式中:σ 和 τ——零件的工作正应力和切应力,MPa;

$[\sigma]$ 和 $[\tau]$——材料的许用正应力和许用切应力,MPa;

S 和 S_τ——正应力和切应力的安全系数;

$\sigma_{\lim}$ 和 $\tau_{\lim}$——材料的极限正应力和极限切应力。

有关接触强度的计算将在齿轮传动设计中叙述。

2. 刚度准则

刚度是指零件在载荷作用下,抵抗弹性变形的能力。当零件刚度不够时,弯曲挠度或扭转角超过允许限度后,将会影响机械的正常工作。例如,机床主轴或丝杠弹性变形过大,会影响加工精度;齿轮轴的弯曲挠度过大,会影响一对齿轮的正常啮合。有些零件,如机床主轴、电动机轴等,其基本尺寸是根据刚度要求确定的。刚度的计算准则为

$$y \leqslant [y], \quad \theta \leqslant [\theta], \quad \varphi \leqslant [\varphi]$$

式中：y、θ 和 φ——零件工作时的挠度、偏转角和扭转角；

$[y]$、$[\theta]$ 和 $[\varphi]$——零件的许用挠度、许用偏转角和许用扭转角。

实践证明，能满足刚度要求的零件，一般来说，其强度总是足够的。

提高刚度的有效措施是：适当增大或改变截面形状尺寸以增大其惯性矩；减小支承跨距；合理增添加强肋等。若仅将材料由普通钢换为合金钢，由于弹性模量 E（或切变模量 G）并未提高，故对提高刚度并无效果。

此外，也有一些零件要求有一定的柔性，如弹簧等。

3. 耐磨性准则

耐磨性是指作相对运动的零件的工作表面抵抗磨损的能力。当零件的磨损量超过允许值后，将改变其尺寸和形状，削弱其强度，降低机械的精度和效率。因此，机械设计中，总是力求提高零件的耐磨性，减少磨损。

关于磨损的计算，目前尚无可靠、定量的计算方法，常采用条件性计算：一是验算压强 p 不超过许用值，以保证工作表面不致由于油膜破坏而产生过度磨损；二是对于滑动速度 v 比较大的摩擦表面，为防止胶合破坏，要考虑 p、v 及摩擦系数 f 的影响，即限制单位接触表面上单位时间产生的摩擦功不能过大。当 f 为常数时，可验算 pv 值不超过许用值，其验算式为

$$p \leq [p] \tag{1-39}$$

$$pv \leq [pv] \tag{1-40}$$

式中：p——工作表面的压强，MPa；

$[p]$——材料的许用压强，MPa；

$[pv]$——pv 的许用值，MPa·m/s。

4. 振动和噪声准则

随着机械向高速发展和人们对环境舒适性要求的提高，对机械的振动和噪声的要求也愈来愈高。当机械或零件的固有振动频率 f 等于或趋近于受激振源作用引起的受迫振动频率 f_p 时，将产生共振。这不仅影响机械正常工作，甚至造成破坏性事故。而振动又是产生噪声的主要原因。因此，对于高速机械或对噪声有严格限制的机械，应进行振动分析和计算，即分析系统和零件的固有振动频率、受迫振动频率，研究系统的动力特性，分析其噪声源，并采取措施降低振动和噪声。

5. 可靠性准则

为了使机械在规定的工作条件和时间内，能够安全可靠地正常工作，必须从机械系统的整体设计、零部件结构设计、材料及热处理的选择和加工工艺的制订等方面加以保证。

具体到每一类型的零件，并不是都需要进行上述计算，而是从实际受载和工作条件出发，分析其主要失效形式，再确定其计算准则，必要时再按其他要求进行校核计算。例如机床主轴，首先根据刚度确定尺寸，再校核其强度和振动稳定性。

1.5 机械设计中常用材料的选用原则

机械设计中常用的材料有钢、铸铁、有色合金(如铝合金、铜合金等)和非金属材料(如尼龙、工程塑料、橡胶等)。常用材料的牌号、性能及热处理的基本知识,相关课程中已作介绍,本书在有关章节(如齿轮传动、蜗杆传动、轴和滑动轴承等)中,还将结合具体零件的设计分别介绍。下面仅介绍常用材料的选用原则。

1.5.1 满足使用要求

满足使用要求是选用材料的最基本原则和出发点。所谓使用要求,是指用所选材料做成的零件,在给定的工况条件下和预定的寿命期限内能正常工作。而不同的机械,其侧重点又有差别。例如,当零件受载荷大并要求重量轻、尺寸小时,可选强度较高的材料;滑动摩擦下工作的零件,应选用减摩性能好的材料;高温下工作的零件,应选用耐热材料;当承受静载荷时,可选用塑料或脆性材料;而承受冲击载荷时,必须选用冲击韧性较好的材料;等等。

1.5.2 符合工艺要求

工艺要求是指所选材料的冷、热加工性能好,热处理工艺性好。例如,结构复杂而大批生产的零件宜用铸件,单件生产宜用锻件或焊接件。简单盘状零件(齿轮或带轮),其毛坯是采用铸件、锻件还是焊接件,主要决定于它们的尺寸及批量。单件小批生产,宜用焊接件;尺寸小、批量大、结构简单,宜用模锻;结构复杂、大批生产,则宜用铸件。

1.5.3 综合经济效益要求

综合经济效益好是一切产品追求的最终目标,故在选择零件材料时,应尽可能选择能满足上述两项要求而价格低廉的材料。不能只考虑材料的价格,还应考虑加工成本及维修费用,即考虑综合经济效益。

分析与思考题

1-1 绘制钢制试件极限应力图的原始参数是哪些?

1-2 影响机械零件疲劳强度的主要因素是什么?

习题

1-1 已知某合金钢的对称循环疲劳极限 $\sigma_{-1} = 370$ MPa,屈服极限 $\sigma_s = 880$ MPa,脉

动循环疲劳极限 $\sigma_0 = 625$ MPa。1）试按比例绘制此材料试件的 σ_m-σ_a 简化极限应力图；2）设此试件受 $\sigma_{max} = 300$ MPa, $\sigma_{min} = -120$ MPa 的变应力作用,试用所绘制的极限应力图求出该试件在这种情况下的极限应力 σ_r。

1-2　一根受转矩 T 作用的单向旋转轴,材料为中碳钢,受切应力时的对称循环疲劳极限 $\tau_{-1} = 230$ MPa,受切应力时的屈服极限 $\sigma_S = 390$ MPa,受循环切应力时的材料特性系数 $\psi_\tau = 0.05$,现知该轴某危险截面处的直径 $d = 50$ mm,该截面处的疲劳强度综合影响系数 $(K_\tau)_D = \dfrac{K_\tau}{\varepsilon_\tau \beta_\tau} = 3.07$,轴的转速 $n = 955$ r/min,若要求安全系数 $S_\tau = 2.0$,试求此时该轴能传递的最大功率 P。

1-3　某受稳定弯曲变应力作用的轴类零件,已知其材料的对称循环疲劳极限 $\sigma_{-1} = 450$ MPa,脉动循环疲劳极限 $\sigma_0 = 700$ MPa,屈服极限 $\sigma_S = 800$ MPa。零件工作应力 $\sigma_{max} = 400$ MPa, $\sigma_{min} = -100$ MPa,综合影响系数 $(K_\sigma)_D = 1.42$。试：

1）绘出该零件的简化极限应力图；

2）在简化极限应力图上标明工作应力点 M；

3）用作图法求极限应力 σ_r 及安全系数（按 $r = C$ 加载和无限寿命考虑）；

4）说明该零件可能的失效形式（简单加载）。

1-4　某材料受弯曲变应力作用,其力学性能为:对称循环疲劳极限 $\sigma_{-1} = 350$ MPa,与应力状态有关的指数 $m = 9$,应力循环基数 $N_0 = 5 \times 10^6$。现用此材料的试件进行试验,以对称循环变应力 $\sigma_1 = 500$ MPa 作用 10^4 次, $\sigma_2 = 400$ MPa 作用 10^5 次, $\sigma_3 = 300$ MPa 作用 10^6 次。试确定：

1）该试件在此条件下的计算安全系数；

2）如果试件再作用 $\sigma = 450$ MPa 的应力,还能循环多少次试件才破坏？

第 2 章

齿轮传动设计

2.1　概述

　　齿轮传动(gearing)是机械传动中最重要的传动之一,也是应用最为广泛的一种传动形式。齿轮传动的质量直接影响和决定着机械产品的质量和性能。齿轮传动的功率可达数 10^5 kW,圆周速度可达 300 m/s,直径可达 10 m 以上。

　　齿轮传动的优点为:工作可靠,寿命长;传动比恒定;效率高,可达99%,在常用的机械传动中,其效率最高;结构紧凑;适用性广。但是齿轮传动的制造及安装精度要求高,使用成本高,且不适宜远距离传动。

　　齿轮传动分开式、闭式和半开式。重要齿轮传动大多封闭在密封良好的闭式齿轮箱中,以确保润滑良好。开式齿轮传动润滑条件最差,只用于简易装置。

　　按齿轮轴线相对位置分,齿轮传动有平行轴传动、相交轴传动和交错轴传动。按齿廓曲线分,齿轮有渐开线齿轮、摆线齿轮和圆弧齿轮等,本章主要介绍最为常见的渐开线齿轮传动。按齿向分,齿轮传动分直齿轮传动、斜齿轮传动和人字齿轮传动。按齿面硬度分,齿轮分软齿面齿轮(齿面硬度≤350 HBW)和硬齿面齿轮(齿面硬度>350 HBW 或38 HRC)。

2.2　齿轮传动的受力分析与计算载荷

　　为了计算齿轮的强度、设计轴和轴承,需先分析作用于轮齿上的力的大小、方向和性质。在受力分析时,均忽略齿面间的摩擦力,作用于齿面总压力 F_n(F_n 又称为法向力)将垂直作用于齿面。

　　在计算一对齿轮传动时,当已知小齿轮传递的名义功率(nominal power)P_1(kW)及转速(rotate speed)n_1(r/min)时,小齿轮的名义转矩 T_1(N·m)为

$$T_1 = 9\ 550\ \frac{P_1}{n_1} \tag{2-1}$$

2.2.1 直齿圆柱齿轮传动的受力分析

一对直齿圆柱齿轮(spur gear)啮合传动时,若忽略齿面间的摩擦力,则轮齿之间的总作用力 F_n 将沿着轮齿啮合点的公法线 $N_1 N_2$ 方向如图 2-1 所示,故也称法向力(normal force)。把法向力看成作用在齿宽中点的一个集中力,则法向力 F_n 可分解为两个分力即圆周力(tangential force)F_t 和径向力(radial force)F_r。

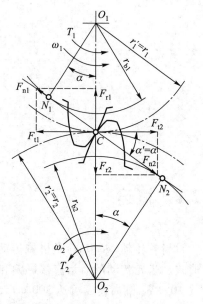

圆周力 $$F_{t1} = \frac{2\,000T_1}{d_1} \qquad (2\text{-}2)$$

径向力 $$F_{r1} = F_{t1}\tan\alpha \qquad (2\text{-}3)$$

法向力 $$F_{n1} = \frac{F_{t1}}{\cos\alpha} \qquad (2\text{-}4)$$

式中：d_1——小齿轮的分度圆直径,mm；

α——分度圆压力角。

作用在主、从动轮上的各力 F_{n1} 与 F_{n2}、F_{t1} 与 F_{t2}、F_{r1} 与 F_{r2} 分别等值相反。各分力方向如下判定：

圆周力 F_t 的方向,在主动轮上与圆周速度方向相反,在从动轮上与圆周速度方向相同。径向力 F_r 的方向对两轮都是由作用点指向轮心。

图 2-1 直齿圆柱齿轮受力分析

2.2.2 斜齿圆柱齿轮传动的受力分析

若忽略齿面间的摩擦力,斜齿圆柱齿轮(helical gear)的受力分析如图 2-2 所示,作用于齿面上的法向力 F_n 可分解为三个相互垂直的分力 F_t、F_r 和 F_a,即

圆周力 $F_{t1} = \dfrac{2\,000T_1}{d_1}$

径向力 $F_{r1} = F_{t1}\dfrac{\tan\alpha_n}{\cos\beta}$ $(2\text{-}5)$

轴向力 $F_{a1} = F_{t1}\tan\beta$

法向力 $F_{n1} = \dfrac{F_{t1}}{\cos\beta\cos\alpha_n}$

式中：β——分度圆螺旋角；

α_n——法面压力角。

作用在主动轮和从动轮上各力 F_{t1} 与 F_{t2}、F_{r1} 与 F_{r2}、F_{a1} 与 F_{a2} 分别等值反向。各分力的方向判定如下：

1)圆周力 F_t　在主动轮上是阻力,方向与力的作用点线速度方向相反；在从动轮上是驱动力,方向与力的作用点线速度方向相同；

2)径向力 F_r　分别指向各自轮心；

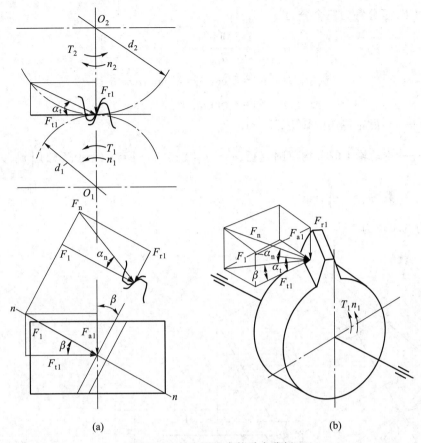

图 2-2 斜齿圆柱齿轮受力分析

3）轴向力（axial force）F_a 可利用"主动轮左、右手定则"来判断。对于主动右旋斜齿轮，以右手四指弯曲方向表示它的旋转方向，则大拇指的指向表示它所受轴向力的方向；对于主动左旋斜齿轮，则应用左手来判断，方法同上。从动轮上所受各力的方向与主动轮相反，但大小相等。在确定各力方向时，应先确定传动中主动轮的旋转方向和它的轮齿的螺旋线方向。任意改变上述一个条件时，F_a 的方向将改变。

判定各分力方向的口诀为：径向心，周相切——主反从同，轴向力按"主动轮左、右手定则"进行分析。

由式（2-5）可知，轴向力 F_{a1} 随螺旋角 β 的增大而增大。当 F_{a1} 过大时，给轴承部件设计带来困难。为消除过大轴向力的不利影响，可采用人字齿轮以抵消其轴向力。

2.2.3 直齿锥齿轮传动的受力分析

锥齿轮（bevel gear）的轮齿剖面是从大端到小端逐渐缩小的，各部位受力的分布也是从大端到小端逐渐缩小。为简化计算，通常假定载荷集中作用于齿宽中点处（图 2-3），并近似认为锥齿轮的强度相当于当量直齿圆柱齿轮的强度；该当量齿轮的半径为齿宽中点处背锥母线的长度；模数为齿宽中点处的模数 m_m。如图 2-3 所示，作用在主动轮齿上

的法向力 F_n 可分解为三个分力

$$\left.\begin{array}{ll} \text{圆周力} & F_{t1}=\dfrac{2\,000T_1}{d_{m1}} \\[3mm] \text{径向力} & F_{r1}=F'_{r1}\cos\delta_1=F_{t1}\tan\alpha\cos\delta_1 \\[3mm] \text{轴向力} & F_{a1}=F'_{r1}\sin\delta_1=F_{t1}\tan\alpha\sin\delta_1 \end{array}\right\} \qquad (2-6)$$

式中：T_1——小齿轮传递的转矩，N·m；

　　d_{m1}——主动轮 1 的平均节圆直径，$d_{m1}=d_1\left(1-0.5\dfrac{b}{R}\right)=d_1(1-0.5\psi_R)$ $\left(\psi_R\right.$ 为齿宽系

　　数，$\psi_R=\dfrac{b}{R}\bigg)$，mm；

式中各力的单位为 N。

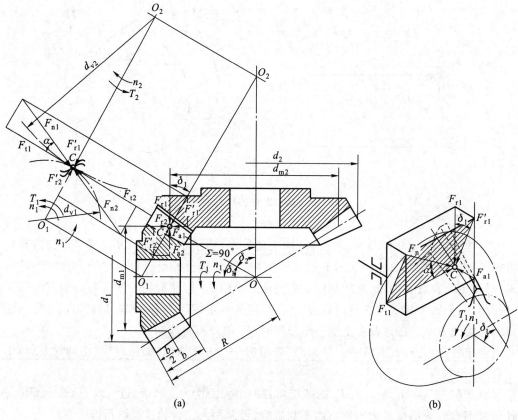

(a)　　　　　　　　　　　　(b)

图 2-3　直齿锥齿轮受力分析

　　各分力方向的判定：1）圆周力 F_t，在主动轮上是阻力，它与力作用点线速度的方向相反；在从动轮上是驱动力，它与力作用点线速度的方向相同。2）径向力 F_r，分别指向各自的轮心。3）轴向力 F_a，分别指向该轮的大端。

　　判定各分力方向的口诀为：径向心，周相切——主反从同，轴向力恒向大端。

对于 $\Sigma = \delta_1 + \delta_2 = 90°$ 的直齿锥齿轮传动,因 $\sin \delta_1 = \cos \delta_2$,$\cos \delta_1 = \sin \delta_2$,故两轮上所受各分力的相互关系为

$$F_{t1} = -F_{t2}, \quad F_{r1} = -F_{a2}, \quad F_{a1} = -F_{r2}$$

微视频:
齿轮传动设计
——计算载荷

2.2.4 计算载荷

在齿轮传动受力分析公式中,作用于齿轮上的法向力 F_n、圆周力 F_t、径向力 F_r、轴向力 F_a 均系作用于轮齿上的名义载荷(nominal load)。实际工作时还应考虑:原动机和工作机的性能;轮齿啮合过程中产生的动载荷;由于制造安装误差和受载后轮齿产生的弹性变形,而使得载荷沿齿宽方向分布不均,或同时啮合的各轮齿间载荷分布不均等因素的影响。考虑上述因素后,将名义载荷进行修正得计算载荷(calculation load) F_{nc}(N)

$$F_{nc} = KF_n = \frac{2\,000 T_1 K}{d_1 \cos \alpha_n \cos \beta} \tag{2-7}$$

$$K = K_A K_v K_\beta K_\alpha \tag{2-8}$$

式中:K——载荷系数(load factor);

K_A——使用系数(application factor);

K_v——动载系数(dynamic load factor);

K_β——齿向载荷分布系数(load distribution factor);

K_α——齿间载荷分配系数(load partition factor)。

1. 使用系数 K_A

K_A 是考虑齿轮啮合时外部因素引起的动力过载的影响系数。它与原动机及工作机的工作特性有关,可由表 2-1 选取。

表 2-1 使用系数 K_A

工作机的工作特性	原动机工作特性及示例			
	均匀平稳 (电动机等)	轻微冲击 (蒸汽机、各种泵等)	中等冲击 (多缸内燃机)	严重冲击 (单缸内燃机)
均匀平稳	1.00	1.10	1.25	1.50
轻微冲击	1.25	1.35	1.50	1.75
中等冲击	1.50	1.60	1.75	2.00

注:对于增速传动,根据经验建议取表中数值的 1.1 倍。

2. 动载系数 K_v

K_v 是考虑齿轮副本身的啮合误差(基圆齿距误差、齿形误差、轮齿受载变形等)引起齿轮在运转中产生角速度的变化,导致动载荷和啮合冲击而产生内部附加动载荷的影响系数。

若啮合时两轮齿的基圆齿距不等,如图 2-4a 所示,当 $p_{b2} > p_{b1}$ 时,使后一对轮齿在未进入啮合区就提前在 A' 点开始接触,使节点 C 变为 C',从而改变两齿轮的节圆半径,使瞬时传

动比发生变化。此时传动比 $i'=\dfrac{\omega_1}{\omega_2}=\dfrac{r_2-\Delta r}{r_1+\Delta r}<\dfrac{r_2}{r_1}$，导致从动轮的角速度突然增大而产生冲击。

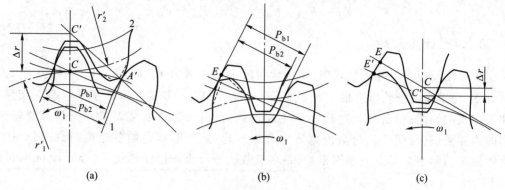

图 2-4　齿轮基圆齿距误差产生动载荷的分析

当 $p_{b2}<p_{b1}$（图 2-4b），前一对轮齿即将脱离啮合时，因后一对轮齿尚未进入接触，故该对轮齿在啮合线之外继续接触，直到后一对轮齿进入啮合，这时节点 C 变为 C'（图 2-4c），这同样改变了两齿轮的节圆半径，使瞬时传动比发生了变化。此时传动比 $i'=\dfrac{\omega_1}{\omega_2}=\dfrac{r_2+\Delta r}{r_1-\Delta r}>\dfrac{r_2}{r_1}$，从动轮角速度 ω_2 减小，到后一对轮齿进入啮合时，ω_2 又突然增大，也产生冲击。

此外，齿轮的速度、质量、轴和轴承的刚度、啮合阻尼等对 K_v 也有影响。

若提高齿轮的制造精度（相应减小基圆齿距误差）或对齿顶进行适当的修缘（也有称修形，如图 2-4b 中的虚线），则可减小啮合冲击和动载荷，这对改善齿轮传动的平稳性、降低齿轮的振动和噪声十分有效。高速齿轮传动和要求低噪声的齿轮传动则必须进行修缘。在工业发达国家，几乎都对齿轮进行齿顶修缘。

设计时，对于直齿圆柱齿轮传动，可取 $K_v=1.05\sim1.4$；对于斜齿圆柱齿轮传动，可取 $K_v=1.02\sim1.2$。齿轮精度低、速度高时，取大值；反之，取小值。

3. 齿向载荷分布系数 K_β

K_β 是考虑齿轮的制造和安装误差，以及轴、轴承和箱体的变形引起载荷在同一齿面上沿齿宽方向分布不均匀的影响系数。

如图 2-5 所示，当齿轮相对于轴承布置不对称时，轴的变形会使载荷沿齿宽方向分布不均匀（图 2-5b），这种现象称为偏载。轴因受转矩作用而产生的扭转变形，同样会使载荷沿齿宽不均匀分布。靠近转矩输入端的一侧，轮齿上的载荷最大，因此综合考虑上述两项变形对载荷集中的影响，应将齿轮布置在远离转矩输入端的位置。

提高齿轮的制造安装精度，提高支承系统的刚度，适当减小齿宽，采用齿向修形，如鼓形齿（图 2-6）等，均可改善载荷分布。

设计时，对于软齿面（或一齿轮为软齿面），可取 $K_\beta=1\sim1.2$；当两轮均为硬齿面时，取 $K_\beta=1.1\sim1.35$；当宽径比 b/d_1 较小、齿轮在两支承中间对称布置、支承系统的刚性大时，取小值；反之取大值。

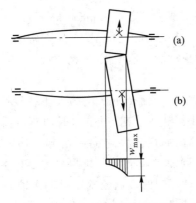

图 2-5　轴的变形造成齿向偏载

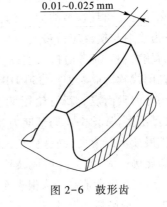

图 2-6　鼓形齿

4. 齿间载荷分配系数 K_α

K_α 是考虑同时啮合的齿对之间载荷分配不均匀的影响系数。齿轮工作时的弹性变形和制造误差都会使啮合齿对间的载荷分配不均。对于 $1 < \varepsilon_\alpha \leqslant 2$ 的直齿圆柱齿轮传动,在实际啮合线上存在单对齿啮合区 BD 和双对齿啮合区 AB 及 DE(图 2-7a)。齿间载荷分配情况如图 2-7b 所示。

此外,齿轮的重合度、齿面硬度、齿顶修缘情况对齿间载荷分配不均也有影响。

设计时,对于直齿圆柱齿轮传动,可取 $K_\alpha = 1 \sim 1.2$;对于斜齿圆柱齿轮传动,可取 $K_\alpha = 1 \sim 1.4$。当齿轮制造精度低且为硬齿面时取大值;反之取小值。

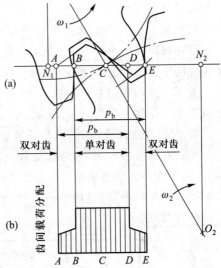

图 2-7　轮齿变形、误差和齿间载荷分配

2.3　齿轮传动的失效形式与设计准则

2.3.1　齿轮传动的主要失效形式

齿轮传动中轮齿的五种失效(损伤)形式为:齿面疲劳点蚀、齿根弯曲疲劳折断、齿面磨损、齿面胶合及齿面塑性变形。由于齿轮失效形式(types of failure)是强度计算的前提,因而对各种失效现象、损伤出现的部位、损伤的机理(基本原因)、防止和减轻各种失效的主要措施,以及采用的计算准则就成为分析的重点。

1. 齿面疲劳点蚀(简称齿面点蚀)

轮齿工作时齿面受脉动循环变化的接触应力,在接触应力的反复作用下,当最大接触应力 σ_{Hmax} 超过材料的许用接触应力 σ_{HP} 时,齿面就出现疲劳裂纹,并由于有润滑油进入裂纹,将产生很高的油压,促使裂纹扩展,最终形成疲劳点蚀(fatigue pitting)。

点蚀首先出现在节线附近的齿根表面上。其原因为:1)节线附近常为单齿对啮合区,轮齿受力与接触应力最大;2)节线处齿廓相对滑动速度低,润滑不良,不易形成油膜,摩擦力较大;3)润滑油挤入裂纹,使裂纹扩张。

在闭式软齿面(硬度<350 HBW)齿轮传动中,齿面产生凹坑的大小,视材料性能、载荷大小等因素而定。新齿轮短期工作后,有时会出现早期点蚀,这时出现的麻点一般较小,数目不多,常发生在局部应力过高的区域。齿面跑合后,接触应力趋向均匀,麻点不再继续扩展或反而消失,则这种点蚀称为收敛性点蚀。若早期点蚀的蚀坑面积在工作齿面上占的比例过大,就会发展成破坏性点蚀。这种点蚀的麻点通常比早期点蚀的大而深,一般首先出现在靠近节线的齿根表面上,并且不断扩展,最后导致轮齿失效。故这种点蚀称为扩展性点蚀或破坏性点蚀(图 2-8),它往往会引起强烈的振动和噪声,甚至导致轮齿断裂。

在开式齿轮传动中,由于灰砂、金属屑等的影响,齿面磨损较快,表面或次表面上产生的很薄的疲劳裂纹会被迅速磨掉,而不致发展为点蚀。

防止或减轻点蚀的主要措施:1)提高齿面硬度和降低表面粗糙度值;2)在许可范围内采用大的正变位系数和(即 $x=x_1+x_2$),以增大综合曲率半径;3)采用黏度较高的润滑油。

为了防止齿面过早产生疲劳点蚀,在强度计算时,应使齿面节线处的接触应力 σ_H 小于或等于许用接触应力 σ_{HP},即 $\sigma_H \leq \sigma_{HP}$。

2. 齿根弯曲疲劳折断(简称轮齿折断)

轮齿在变应力作用下,齿根受载大,又由于在齿根圆角处产生应力集中,轮齿长期工作后,当危险截面的弯曲应力 σ_F 超过材料的许用弯曲应力 σ_{FP} 时,齿根出现疲劳裂纹,裂纹扩展后产生齿根断裂(图 2-9)。由于轮齿材料对拉应力敏感,故疲劳裂纹往往从齿根受拉侧开始发生。

 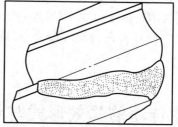

图 2-8 破坏性点蚀   图 2-9 疲劳折断

对于直齿圆柱齿轮,齿根裂纹一般从齿根沿齿向扩展,发生全齿折断;对于斜齿圆柱齿轮和人字齿轮,由于接触线为一斜线,因此裂纹往往从齿根沿着斜线向齿顶方向扩展,而发生轮齿的局部折断。

提高轮齿抗折断能力的主要措施:1)采用正变位齿轮,以增大齿根厚度;2)增大齿根圆角半径和降低表面粗糙度值;3)采用表面强化处理(如喷丸、碾压)等。

为了防止齿根产生弯曲疲劳折断,在强度计算时,应使齿根处的弯曲应力 σ_F 小于或等于许用弯曲应力 σ_{FP},即 $\sigma_F \leq \sigma_{FP}$。

3. 齿面磨料磨损

齿面磨损是指在啮合传动过程中,轮齿接触表面上材料因摩擦而发生损耗的现象。齿轮啮合过程中,落在工作齿面间的外部颗粒,起着磨料作用,引起磨料磨损(abrasive wear)(图 2-10)。磨料可以是齿轮和轴承等零件因损伤产生的颗粒、焊接飞溅物、氧化皮、锈蚀物、型砂和其他类似的金属物和非金属物。这种磨损常由于新齿轮装置跑合后未予清洗以及其他原因使润滑油污染而造成。对于开式齿轮,磨料磨损更为严重。磨料磨损使齿廓失去准确的渐开线形状,从而引起振动、冲击和噪声,当轮齿磨薄到一定程度时会导致轮齿断裂。

提高抗齿面磨料磨损的主要措施:1)改善润滑和密封条件,提高齿轮表面质量,注意装配时的清洁度;2)合理提高齿面硬度并选择合理的硬度匹配等,是提高抗磨料磨损能力的有效措施。

4. 齿面胶合

齿面胶合(tooth flank scuffing)是一种严重的黏着磨损现象。在高速重载齿轮传动中,由于相对运动速度高,齿面压力大,容易导致润滑油被挤出,使齿面油膜破裂,在啮合处产生很大的摩擦热,局部温升过高,使两齿面接触点处金属熔焊而黏着的现象称为热胶合(图 2-11)。在低速重载齿轮传动中,由于局部齿面啮合处压力大,且速度低不易形成油膜,使两接触齿面间的表面膜被刺破而产生黏着,因此一般没有很大的摩擦热,故称为冷胶合。

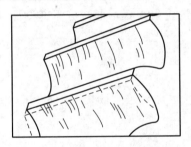

图 2-10 齿面磨损

图 2-11 齿面胶合

减缓齿面胶合的主要措施:1)减小模数,降低齿高,以减小齿面的相对滑动速度;2)降低齿面压力,采用良好的润滑方式及润滑剂以降低摩擦系数;3)提高接触精度,采用角变位齿轮或对齿轮进行修形,以减小啮入始点和啮出终点处的滑动系数;4)提高齿面硬度和降低齿面粗糙度值等,均可减缓和防止齿面产生胶合。

5. 齿面塑性变形

若轮齿材料较软,在过大的应力作用下,轮齿材料因屈服产生塑性流动而形成齿面或齿体的塑性变形(plastic deformation),产生塑性变形后,使齿面失去正确的齿形。由于主动轮齿面上所受摩擦力的方向是背离节线的,产生塑性变形后,齿面上节线附近会产生凹沟;而从动轮的齿面上所受摩擦力的方向则分别由齿顶及齿根指向节线,产生塑性变形后,齿面节线处产生凸棱(图 2-12)。

减轻或防止塑性变形的主要措施:1)提高齿面硬度;

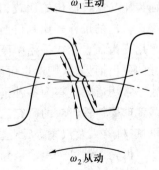

图 2-12 齿面塑性变形

2）采用黏度较高、油性较好或带减摩添加剂的润滑油润滑,有助于减轻或防止齿面塑性变形。

2.3.2　齿轮传动的设计准则

针对上述各种失效形式,为了保证齿轮传动满足工作要求,可以建立相应的计算准则。但是对于磨料磨损、塑性变形,目前尚无较成熟的计算方法。对于胶合,目前虽已制定了"渐开线圆柱齿轮胶合承载能力计算方法"国家标准(GB/T 6413.1—2003),但应用尚不普遍,一些问题尚待研究。因此,在工程实际中通常只进行齿根弯曲疲劳强度和齿面接触疲劳强度的计算。对于高速大功率齿轮(如航空发动机齿轮),应再按抗胶合承载能力进行计算。

对于闭式齿轮传动,当一对或一个齿轮轮齿为软齿面(≤350 HBW)时,轮齿的主要损伤形式是齿面疲劳点蚀,也可能发生轮齿折断和其他形式的失效,故应按接触疲劳强度的设计公式确定主要尺寸,然后校核弯曲疲劳强度。若一对齿轮均为硬齿面(>350 HBW)时,轮齿的主要失效形式可能是轮齿折断,也可能发生点蚀、胶合等失效,则应按弯曲疲劳强度的设计公式确定模数,然后校核接触疲劳强度。

对于开式齿轮传动,其主要失效形式是齿面磨损,但往往又因轮齿磨薄后而发生折断,而磨损计算尚无可靠的计算方法,故目前多按轮齿齿根弯曲疲劳强度设计,用适当降低许用应力的方法考虑磨损的影响。

2.4　齿轮材料与许用应力

2.4.1　齿轮材料

对齿轮材料的基本要求是:齿面有足够的硬度和耐磨性,轮齿有足够的抗弯曲强度及冲击韧性,易于加工达到所需要的精度;对于高速齿轮,还应有较好的抗胶合能力。通过热处理可以改善材料的力学性能,提高齿面硬度,发挥材料的潜力。

提高齿面硬度,既可提高接触强度,又可提高抗磨料磨损及抗塑性变形的能力。硬齿面齿轮与软齿面齿轮比较,其综合承载能力可提高2~3倍以上;或在相同承载能力下,硬齿面传动的尺寸要比软齿面的尺寸小得多。除非受生产技术条件的限制,一般应尽可能采用硬齿面齿轮或采用中硬齿面的齿轮。若受热处理工艺或加工条件所限不能制造大尺寸的硬齿面齿轮,则应尽可能将小齿轮做成硬齿面。

常用齿轮材料为各种钢、铸铁或非金属材料(塑料、夹布塑胶等)。对塑料齿轮和高强度球墨铸铁齿轮的研究已取得很大的进展,广泛应用于家电产品、办公机械、轻工食品机械、机器人及汽车等行业。

齿轮用钢可分为锻钢和铸钢两大类。锻钢比铸钢质量好,所以只在尺寸较大(例如$d>400~600$ mm),或结构形状复杂不易锻造时,才采用铸钢。

按齿面硬度(tooth flank hardness)不同,齿轮可分为两类:

（1）软齿面（mild face）齿轮　这类齿轮的最终热处理是调质或正火，热处理后进行切齿。常用材料为 45 钢、50 钢，正火处理；或 45 钢、40Cr、35SiMn、35CrMo，调质处理。由于工作时小齿轮的啮合次数较大齿轮多，所以小齿轮的齿面硬度一般应比大齿轮高 30~50 HBW，甚至更高[1]。

（2）硬齿面（hard face）齿轮　这类齿轮一般在齿形加工后进行热处理（表面淬火、渗碳淬火、渗氮），齿面硬度一般为 40~62 HRC。热处理后齿面将产生变形，一般都需要经过磨齿，否则不能保证齿轮要求的精度。随着硬齿面加工技术的发展，对于 7~8 级精度的齿轮，可用硬质合金滚刮刀进行精滚而不需要磨齿。这类齿轮齿面硬度高，承载能力强，耐磨性好，适用于尺寸和重量有限制及较重要的机械设备中。由于硬齿面齿轮与软齿面齿轮比较，无论是从节约材料、减小体积及综合经济效益考虑，均有其优点，故软齿面齿轮在许多行业将逐渐被硬齿面或中硬齿面齿轮所取代。

常用的齿轮材料及热处理后的力学性能如表 2-2 所示。

表 2-2　常用的齿轮材料及热处理后的力学性能

材料牌号	热处理方法	强度极限 σ_B/MPa	屈服极限 σ_S/MPa	硬　度	
				HBW	HRC（齿面）
45	正　火	588	294	169~217	
	调　质	650	373	229~286	
	表面淬火				40~50
35SiMn、42SiMn	调　质	785	510	229~286	
	表面淬火				45~55
40MnB	调　质	735	490	241~286	
38SiMnMo	调　质	735	588	229~286	
	表面淬火				45~55
35CrMo	调　质	735	539	241~286	
	表面淬火				45~55
40Cr	调　质	735	539	241~286	
	表面淬火				48~55
38CrMoAlA	调　质	1 000	850	229	
	渗　氮				>850 HV
20Cr	渗碳淬火	637	392		56~62
20CrMnTi	渗碳淬火	1 100	850		56~62
ZG310-570	正　火	570	310	163~197	

[1]　AGMA、ISO、JSMA 及 GB 的齿轮强度设计公式中，都考虑了齿面硬度组合和工作硬化问题；而 JSME、BC、DIN 的齿轮公式中不考虑齿面硬度的组合问题。

续表

材料牌号	热处理方法	强度极限 σ_{B}/MPa	屈服极限 σ_{S}/MPa	硬 度	
				HBW	HRC(齿面)
ZG340-640	正 火	640	340	197~207	
	调 质	700	380	241~269	
HT300		290		187~237	
HT350		343		238~357	
QT500-7	正 火	500	320	170~230	
QT600-3	正 火	600	370	190~270	
QT700-2	正 火	700	420	225~305	
夹布塑胶		100		25~35	

注:HBW—布氏硬度;HRC—洛氏硬度;HV—维氏硬度。

2.4.2 许用应力

微视频:
许用应力

齿轮强度计算中的许用应力(allowable stress)是根据试验齿轮的接触疲劳极限和弯曲疲劳极限(GB/T 3480.5—2021)确定的。齿轮极限应力的试验条件是:高精度直齿轮分度圆压力角 $\alpha = 20°$,中心距 $a = 100$ mm,模数 $m = 3 \sim 5$ mm。进行齿面接触疲劳试验时,齿面粗糙度 $Rz = 3$ μm,齿宽 $b = 10 \sim 20$ mm;进行轮齿弯曲疲劳试验时,齿根表面粗糙度 $Rz = 10$ μm,齿宽 $b = 10 \sim 50$ mm。当所设计齿轮的工作条件与试验条件不同时,需加以修正。

1. 许用弯曲应力(allowable bending stress)σ_{FP}

两齿轮的许用弯曲应力 σ_{FP1}、σ_{FP2}(MPa)分别按下式确定:

$$\sigma_{\mathrm{FP}} = \frac{\sigma_{\mathrm{Flim}} Y_{\mathrm{ST}}}{S_{\mathrm{Fmin}}} Y_N Y_{\mathrm{X}} \tag{2-9}$$

式中:σ_{Flim}——试验齿轮齿根的弯曲疲劳极限,查图 2-13;

Y_{ST}——试验齿轮的应力修正系数,本书采用国家标准给定的 σ_{Flim} 值计算时,$Y_{\mathrm{ST}} = 2$;

Y_N——弯曲疲劳强度计算的寿命系数,一般取 $Y_N = 1$;当考虑齿轮工作在有限寿命时,弯曲疲劳许用应力可以提高的系数,查图 2-15;

Y_{X}——弯曲疲劳强度计算的尺寸系数,对于铸铁、正火碳钢、整体硬化锻造特殊钢(合金钢或碳钢),当齿轮的法向模数 $m_{\mathrm{n}} \leqslant 5$ mm 时,$Y_{\mathrm{X}} = 1.0$;当 5 mm$< m_{\mathrm{n}} <$ 30 mm 时,$Y_{\mathrm{X}} = 1.03 - 0.006 \, m_{\mathrm{n}}$;当 $m_{\mathrm{n}} \geqslant 30$ mm 时,$Y_{\mathrm{X}} = 0.85$;其他材质参看相关国家标准(GB/T 3480.3—2021);

S_{Fmin}——弯曲强度的最小安全系数;一般传动取 $S_{\mathrm{Fmin}} = 1.3 \sim 1.5$;重要传动取 $S_{\mathrm{Fmin}} = 1.6 \sim 3.0$。

图 2-13 中给出了 σ_{Flim} 的变动范围。图中的线条 ML、MQ 和 ME 分别表示材料的质量等级。ML 表示对齿轮加工的材质及热处理工艺的一般要求时的质量等级;MQ 表示对有经验的制造者在一般成本控制下能够达到的质量等级;ME 表示应经过高可靠度的制

造过程控制才能达到的质量等级。图中疲劳极限线不允许外延。对于双向传动,即在对称循环变应力下工作的齿轮(如行星齿轮、中间齿轮等),其值应将图示值乘以系数 0.7。对于开式齿轮传动,用降低 20%左右的许用弯曲应力来考虑磨损的影响。

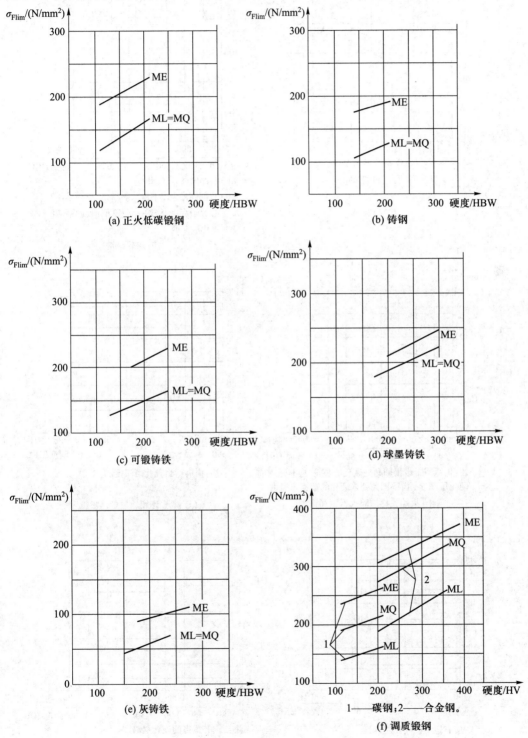

(a) 正火低碳锻钢

(b) 铸钢

(c) 可锻铸铁

(d) 球墨铸铁

(e) 灰铸铁

1——碳钢;2——合金钢。

(f) 调质锻钢

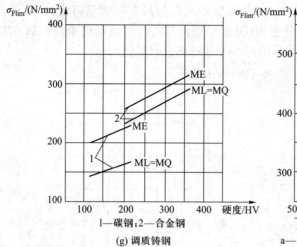

l—碳钢;2—合金钢

(g) 调质铸钢

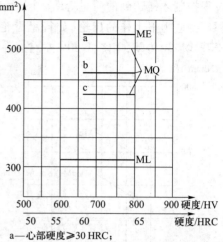

a—心部硬度≥30 HRC;

b—心部硬度≥25 HRC,J=12 mm处硬度≥28 HRC;

c—心部硬度≥25 HRC,J=12 mm处硬度<28 HRC;

J—硬化层深度

(h) 渗碳锻钢

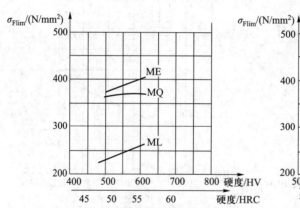

注:仅适用于齿根圆角处硬化的齿轮,应有适当的
硬化层深度。齿根圆角处未硬化的数据未提供

(i) 火焰或感应淬火锻钢和铸钢

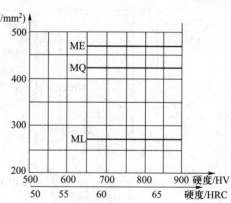

注:应有适当硬化层深度

(j) 渗氮钢:调质后气体渗氮

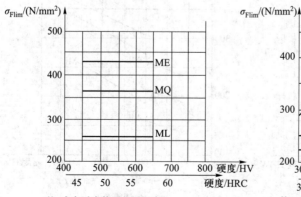

注:应有适当的硬化层深度

(k)调质钢:调质后气体渗氮

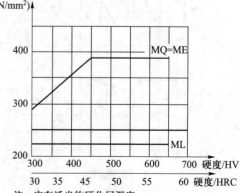

注:应有适当的硬化层深度

(l) 氮碳共渗锻钢

图 2-13   齿根弯曲疲劳极限 σ_{Flim}

2. 齿面许用接触应力 σ_{HP}(allowable contact stress)

两齿轮的许用接触应力 σ_{HP1}、σ_{HP2}(MPa)按下式确定：

$$\sigma_{HP} = \frac{\sigma_{Hlim}}{S_{Hmin}} Z_N Z_w \qquad (2-10)$$

式中：σ_{Hlim}——试验齿轮的接触疲劳极限,查图2-14;

S_{Hmin}——接触强度的最小安全系数,一般传动取 $S_{Hmin} = 1.0 \sim 1.2$,重要传动取

$\quad\quad S_{Hmin} = 1.3 \sim 1.6$;

Z_N——接触疲劳强度计算的寿命系数,一般 $Z_N = 1$,当考虑齿轮只要求有限寿命

$\quad\quad$时,接触疲劳许用应力可以提高的系数,查图2-16;

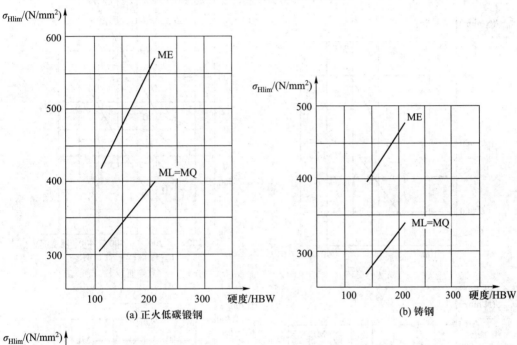

(a) 正火低碳锻钢　　　　　　　(b) 铸钢

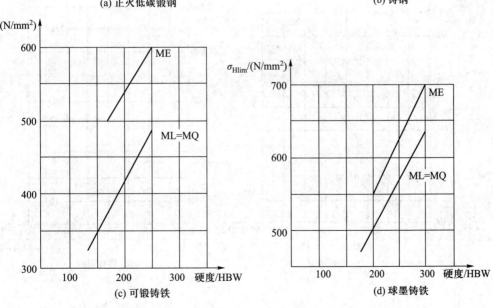

(c) 可锻铸铁　　　　　　　(d) 球墨铸铁

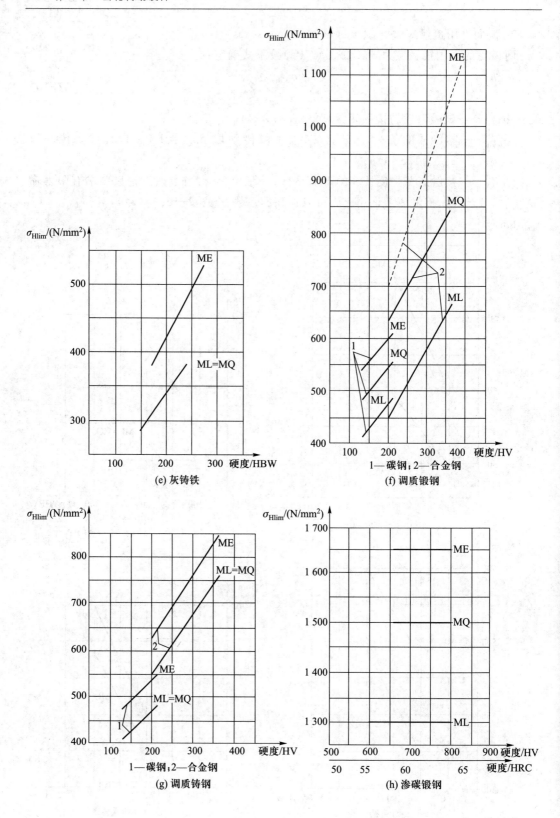

(e) 灰铸铁

1—碳钢；2—合金钢
(f) 调质锻钢

1—碳钢；2—合金钢
(g) 调质铸钢

(h) 渗碳锻钢

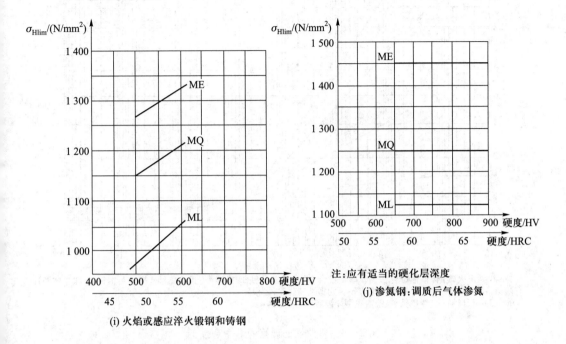

(i) 火焰或感应淬火锻钢和铸钢

注:应有适当的硬化层深度

(j) 渗氮钢:调质后气体渗氮

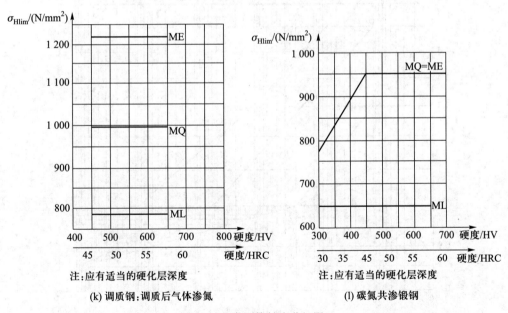

注:应有适当的硬化层深度

(k) 调质钢:调质后气体渗氮

注:应有适当的硬化层深度

(l) 碳氮共渗锻钢

图 2-14 齿面接触疲劳极限 σ_{Hlim}

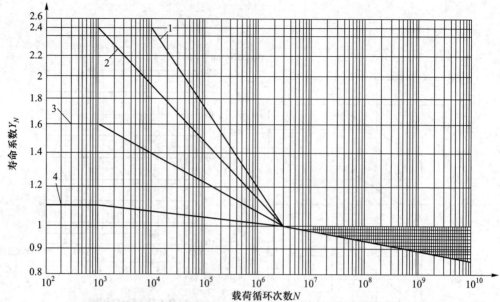

1—正火碳钢,整体硬化锻钢、碳钢或合金钢,球墨铸铁(珠光体型、贝氏体型),黑心可锻铸铁(珠光体型);
2—渗碳淬火锻钢,火焰或感应硬化的锻造特殊钢(齿根);
3—灰口铸铁,球墨铸铁(铁素体型),渗碳钢,渗氮钢;
4—碳氮共渗钢

图 2-15 弯曲强度计算的寿命系数 Y_N

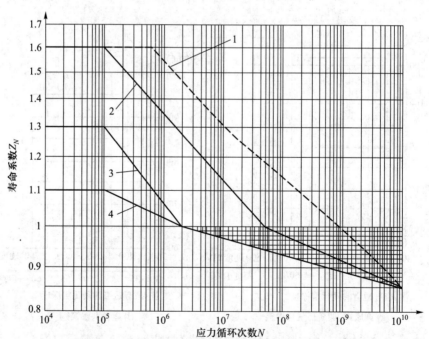

1—正火碳钢,整体硬化锻钢、碳钢或合金钢,球墨铸铁(珠光体型、贝氏体型),黑心可锻
铸铁(珠光体型),渗碳淬火锻钢,火焰或感应硬化的锻造特殊钢(允许有限点蚀);
2—正火碳钢,整体硬化锻钢、碳钢或合金钢,球墨铸铁(珠光体型、贝氏体型),黑心可锻
铸铁(珠光体型),渗碳淬火锻钢,火焰或感应硬化的锻造特殊钢(不允许有点蚀);
3—灰口铸铁,球墨铸铁(铁素体型),渗碳钢,渗氮钢;
4—碳氮共渗钢

图 2-16 接触强度计算的寿命系数 Z_N

Z_w——工作硬化系数,它是用以考虑经磨齿的硬齿面小齿轮与调质钢大齿轮相啮合时,对大齿轮齿面产生冷作硬化的作用,从而使大齿轮的 σ_{Hlim} 得到提高的系数,大齿轮的 Z_w 由图 2-17 查取,小齿轮的 Z_w 应略去,当两轮均为硬齿面或软齿面时,$Z_w = 1$。

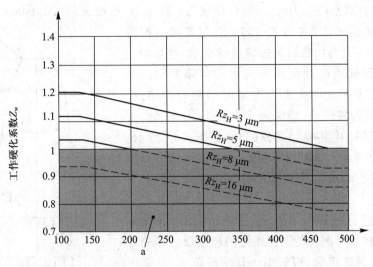

^a 阴影区域:$Z_w = 1$;

Rz_H 表示齿轮齿面当量粗糙度,一般按 $Rz_H = 3$ μm

图 2-17　大齿轮的工作硬化系数 Z_w

当要求按有限寿命计算时,齿轮的循环次数 N 的计算式如下:

$$N = 60nat$$

式中:n——齿轮转速,r/min;

a——齿轮每转一转时,轮齿同侧齿面啮合次数;

t——齿轮总工作时间,h。

2.5　齿轮传动的强度计算

由于齿轮工作情况和使用要求千差万别,影响齿轮强度的因素又十分复杂且不确定,世界各国或同一国家的不同行业使用的齿轮强度计算方法也不尽相同。因此,无论用哪种强度方法计算,只能得到相对准确的结果。尽管如此,各种方法中对于齿根弯曲强度计算均以刘易斯(W. Lewis)公式为基础,对于齿面接触强度计算均以赫兹(H. Hertz)公式为基础,同时考虑各种不同工作状况加以计算。

2.5.1   直齿圆柱齿轮传动的强度计算

1. 轮齿弯曲疲劳强度计算

如前所述，为防止轮齿过早发生疲劳折断，在强度计算时，应使 $\sigma_F \leqslant \sigma_{FP}$。若齿圈厚度足够，则在计算弯曲应力时，可将轮齿视为悬臂梁，并用霍菲尔(H. Hofer)30°切线法确定齿根危险截面的位置(图 2-18)。作与轮齿对称线成 30°角的两直线与齿根圆角过渡曲线相切，过两切点并平行于齿轮轴线的截面即为齿根的危险截面。此外，尚需确定齿根处产生最大弯矩时的载荷作用点。对于直齿圆柱齿轮传动，当端面重合度 $1 < \varepsilon_\alpha < 2$ 时，为单对齿啮合与双对齿啮合交替进行，如图 2-7 所示。啮合线上的 BD 段为单对齿啮合区，全部载荷由一对齿承担；而 AB 段和 DE 段为双对齿啮合区，载荷由两对齿分担。

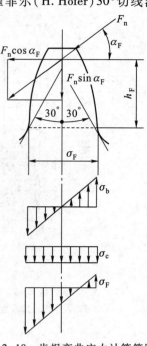

图 2-18   齿根弯曲应力计算简图

然而在进行轮齿弯曲疲劳强度(bending fatigue strength)计算时，考虑齿轮制造误差的影响及计算的方便，对于一般精度齿轮，可近似地认为载荷 F_n 全部作用于齿顶且由一个轮齿承受(图 2-18)。将 F_n 移至轮齿的对称线，并分解为使齿根受弯曲应力 σ_b 的分力 $F_n \cos \alpha_F$ 和使齿根受压缩应力 σ_c 的分力 $F_n \sin \alpha_F$。从图可看出，受拉侧的合成应力小于受压侧的合成应力。但由于材料的抗拉疲劳强度远低于抗压疲劳强度，故轮齿实际上在受拉侧的齿根圆角处开始产生裂纹。为简化计算，通常略去压缩应力，只考虑弯曲应力。设危险截面处的齿厚为 s_F，弯曲力臂为 h_F，则载荷作用于齿顶时危险截面处的齿根弯曲应力

$$\sigma_F = \frac{M}{W} = \frac{F_n \cos \alpha_F h_F}{b s_F^2 / 6} \tag{2-11}$$

将上式分子分母分别除以 m 后得

$$\sigma_F = \frac{F_{t1}}{bm} \frac{6(h_F/m)\cos \alpha_F}{(s_F/m)^2 \cos \alpha}$$

令

$$Y_{Fa} = \frac{6(h_F/m)\cos \alpha_F}{(s_F/m)^2 \cos \alpha}$$

Y_{Fa} 称为载荷作用于齿顶的齿形系数。则

$$\sigma_F = \frac{F_{t1}}{bm} Y_{Fa} \tag{2-12}$$

式中：M——齿根危险截面的弯矩，$M = F_n \cos \alpha_F h_F$，N·mm；

$\quad\quad W$——危险截面的抗弯截面系数，$W = b s_F^2 / 6$，mm^3；

b——轮齿宽度，mm；

α_F——齿顶法向载荷作用角；

h_F——载荷作用于齿顶时的弯曲力臂，mm；

m——模数，mm；

F_{t1}——作用于小齿轮上的圆周力，N。

考虑压应力、切应力和应力集中等对 σ_F 的影响，引入载荷作用于齿顶时的应力修正系数 Y_{Sa}，并令 $Y_{FS}=Y_{Fa}Y_{Sa}$，再考虑多对齿啮合的情况，引入重合度系数 Y_ε，将式（2-12）中 F_{t1} 乘以载荷系数 K，并代入 $F_{t1}=2\,000T_1/d_1$ 和 $d_1=mz_1$，则可得<u>齿根弯曲疲劳强度校核式</u>

$$\sigma_F=\frac{2\,000KT_1}{bmd_1}Y_{Fa}Y_{Sa}Y_\varepsilon=\frac{2\,000KT_1}{bm^2z_1}Y_{FS}Y_\varepsilon\leqslant\sigma_{FP} \tag{2-13}$$

$$Y_\varepsilon=0.25+\frac{0.75}{\varepsilon_\alpha}$$

式中，Y_{FS} 为载荷作用于齿顶时的复合齿形系数，其他参数的含义及单位同前。ε_α 为端面重合度，重合度的计算公式见上册。

复合齿形系数 Y_{FS} 是一个量纲为一的参数，$Y_{FS}=Y_{Fa}Y_{Sa}$。其中，<u>齿形系数</u>（form factor）Y_{Fa} 是考虑齿形对齿根弯曲应力影响的系数，与轮齿的模数 m 无关，它表示轮齿的几何形状对抗弯能力的影响，Y_{Fa} 愈小，轮齿的弯曲强度愈高。而模数 m 则反映轮齿的大小对抗弯曲能力的影响。

对于基本齿廓参数已确定的渐开线齿轮，其复合齿形系数 Y_{FS} 决定于<u>齿数 z（或当量齿数 z_v）、变位系数 x，而与模数 m 无关</u>。Y_{FS} 由图 2-19 查取，内啮合齿轮的齿形系数查阅相关手册。

载荷系数 $K=K_AK_vK_\beta K_\alpha$，当要求较精确设计时，可按相关设计资料选取。但通常可近似地取 $K=1.3\sim1.7$。当原动机为电动机、汽轮机、燃气轮机，工作机载荷平稳，且齿轮支承对称布置时应取小值；当齿轮制造精度高时，可以减小内部动载荷，K 可取较小值；当齿轮的速度大时，易产生振动、冲击和噪声，同时增大齿轮传动的动载荷，K 取较大值；开式齿轮由于齿面磨损严重，K 一般取较大值；斜齿轮由于传动较平稳，故 K 值应比直齿轮取小些；当用单缸内燃机驱动时，考虑到动载荷较大应将 K 值提高 20% 左右。

通常两啮合齿轮材料的 σ_{FP1} 和 σ_{FP2} 不同，复合齿形系数 Y_{FS1} 与 Y_{FS2} 也不相同，故应分别校核两啮合齿轮的齿根弯曲疲劳强度。也可以比较 Y_{FS1}/σ_{FP1} 与 Y_{FS2}/σ_{FP2}，其比值大者的齿根弯曲疲劳强度较弱，故须校核。但应注意：不论计算 σ_{F1} 或 σ_{F2}，都是用 T_1 和 z_1（或 d_1）代入式（2-13），因为计算圆周力 F_{t1} 时以小齿轮为依据的。

取齿宽系数 $\psi_d=b/d_1$，以 $b=\psi_dd_1$ 代入式（2-13）可得设计公式

$$m\geqslant\sqrt[3]{\frac{2\,000KT_1Y_{FS}Y_\varepsilon}{\psi_dz_1^2\sigma_{FP}}} \tag{2-14a}$$

或

$$m\geqslant12.6\sqrt[3]{\frac{KT_1Y_{FS}Y_\varepsilon}{\psi_dz_1^2\sigma_{FP}}} \tag{2-14b}$$

式中，m 的单位为 mm。

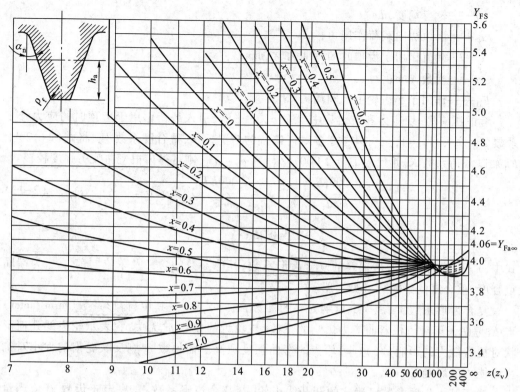

图 2-19   外齿轮的复合齿形系数 Y_{FS}

$\alpha(\alpha_n) = 20°, h_a = m, c = 0.25m, \rho_f = 0.38m$（图中 x 为径向变位系数）

对于开式齿轮传动,只按弯曲疲劳强度设计,但考虑到齿面磨损的影响,而将求得的模数增大 10%~15%,再圆整为标准模数。

提高轮齿弯曲疲劳强度的主要措施为:增大模数,适当增加齿宽,选用正变位($x>0$)传动,提高制造精度等以减小齿根弯曲应力;改善材质和热处理以提高许用弯曲应力 σ_{FP}。

微视频:
齿面接触强度
计算

2. 齿面接触疲劳强度计算

如前所述,为防止齿面过早产生疲劳点蚀,应使 $\sigma_H \leqslant \sigma_{HP}$。

图 2-20 所示为两圆柱体在承受载荷 F_n 时,接触区内将产生**齿面接触应力**(Hertz stress on tooth)。最大接触应力 σ_H 发生在接触区的中线上,根据弹性力学的赫兹公式(H. Hertz equation),可导出其最大接触应力

$$\sigma_H = \sqrt{\dfrac{1}{\pi\left(\dfrac{1-\mu_1^2}{E_1} + \dfrac{1-\mu_2^2}{E_2}\right)}\dfrac{F_n}{L\rho_\Sigma}} \qquad (2-15)$$

式中: F_n ——作用于两圆柱体上的法向力,N;

L ——两圆柱体接触长度,mm;

ρ_Σ ——综合曲率半径, $\rho_\Sigma = \dfrac{\rho_1\rho_2}{\rho_2\pm\rho_1}$,其中 ρ_1、ρ_2 分别为两圆柱体的曲率半径,"+"号用

于外啮合,"-"号用于内啮合,mm;

E_1、E_2——两圆柱体材料的弹性模量,MPa;

μ_1、μ_2——两圆柱体材料的泊松比。

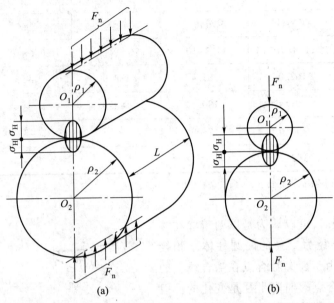

图 2-20 接触应力计算简图

对于钢和铸铁,其材料的弹性系数 Z_E 为

$$Z_E = \sqrt{\dfrac{1}{\pi\left(\dfrac{1-\mu_1^2}{E_1}+\dfrac{1-\mu_2^2}{E_2}\right)}}$$

当取 $\mu_1 = \mu_2 = 0.3$,并令综合弹性模量 $E' = \dfrac{2E_1E_2}{E_1+E_2}$,则上式为

$$Z_E = \sqrt{\dfrac{E'}{2\pi(1-0.3^2)}} = \sqrt{0.175E'} \tag{2-16}$$

故两圆柱体的接触应力计算公式为

$$\sigma_H = Z_E\sqrt{\dfrac{F_n}{L}\left(\dfrac{1}{\rho_1}\pm\dfrac{1}{\rho_2}\right)} \tag{2-17}$$

式中,弹性系数 Z_E 用以考虑材料弹性模量 E 和泊松比 μ 对赫兹应力的影响,Z_E 值列于表 2-3。

赫兹应力是影响齿面接触应力的主要因素,但不是唯一因素。例如齿面间滑动的方向和大、小齿面间润滑状态等对接触应力都有影响,即须将修正后的赫兹应力作为计算接触应力。

表 2-3　弹性系数 Z_E　　　　　　　　　　　　　　　　　　　$\sqrt{\text{MPa}}$

齿轮材料	配对齿轮材料				
	弹性模量 E/MPa				
	灰铸铁	球墨铸铁	铸钢	锻钢	夹布胶木
	11.8×10^4	17.3×10^4	20.2×10^4	20.6×10^4	0.785×10^4
锻　　钢	162.0	181.4	188.9	189.8	56.4
铸　　钢	161.4	180.5	188.0	—	—
球墨铸铁	156.6	173.9	—	—	—
灰　铸　铁	143.7	—	—	—	—

注:表中所列夹布胶木的泊松比 $\mu = 0.5$;其余材料的 $\mu = 0.3$。

　　两轮齿啮合时,可以认为是以两齿廓在接触点处的曲率半径为半径的两圆柱体互相接触(图 2-20)。由于齿廓啮合点在啮合线上的位置不同,各啮合点的曲率半径是变化的。但考虑到疲劳点蚀通常首先发生在节线附近的齿根部,故一般按节点处的接触应力进行条件性计算。图 2-21 所示为两标准齿轮并标准安装($\alpha' = \alpha$),此时两轮齿廓在节点 C 处的曲率半径分别为

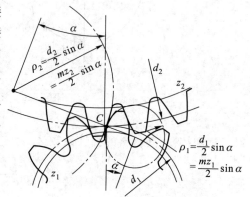

图 2-21　齿面接触应力计算简图

$$\rho_1 = \frac{d_1}{2}\sin \alpha, \quad \rho_2 = \frac{d_2}{2}\sin \alpha$$

　　设两轮的齿数比 $u = \dfrac{z_2}{z_1} = \dfrac{d_2}{d_1}$,又 $L = b$(齿宽),$F_n = F_{t1}/\cos \alpha$,将以上各式代入式(2-17)可得

$$\sigma_H = Z_E \sqrt{\frac{2}{\sin \alpha \cos \alpha}} \sqrt{\frac{F_{t1}}{bd_1} \cdot \frac{u \pm 1}{u}}$$

令

$$Z_H = \sqrt{\frac{2}{\sin \alpha \cos \alpha}} = \sqrt{\frac{4}{\sin 2\alpha}}$$

式中,Z_H 称为节点区域系数,用以考虑节点处齿廓曲率对接触应力的影响,并将分度圆上圆周力折算为节圆上的法向力的系数。

　　考虑到多对齿同时啮合时重合度的影响,故引入与齿数有关的重合度系数 Z_ε,

$$Z_\varepsilon = \sqrt{\frac{4 - \varepsilon_\alpha}{3}} \tag{2-18}$$

则
$$\sigma_H = Z_E Z_H Z_\varepsilon \sqrt{\frac{F_{t1}}{bd_1}\frac{u\pm1}{u}} \qquad (2\text{-}19)$$

上式为计算接触应力的基本公式。

在上式中引入载荷系数 K，并代入 $F_{t1}=\dfrac{2\,000T_1}{d_1}$ 和 $Z_H=\sqrt{\dfrac{4}{\sin40°}}\approx2.5$，取端面重合度 $\varepsilon_\alpha\approx1$ 可得齿面接触疲劳强度的校核公式

$$\sigma_H = 112Z_E\sqrt{\frac{KT_1(u\pm1)}{bd_1^2 u}} \leqslant \sigma_{HP} \qquad (2\text{-}20)$$

式中，σ_{HP} 为许用接触应力，MPa；σ_H 的单位为 MPa；其余各参数的意义和单位同前。Z_E 值按式(2-16)计算，其值列于表 2-3 中。

将 $\psi_d=\dfrac{b}{d_1}$ 代入上式，整理后即得按齿面接触疲劳强度计算小齿轮分度圆直径的设计公式为

$$d_1 \geqslant \sqrt[3]{\left(\frac{112Z_E}{\sigma_{HP}}\right)^2\frac{KT_1(u\pm1)}{\psi_d u}} \qquad (2\text{-}21)$$

式中，d_1 的单位为 mm。若一对齿轮均为钢制时，则上式中"$112Z_E$"可取为 21 260。

由上式可知，齿轮传动的接触疲劳强度取决于齿轮直径或中心距。在进行齿面接触强度计算时，两轮的齿面接触应力相等，但由于两齿轮的材料、齿面硬度等可能不同，故两轮的许用接触应力不一定相等，设计时 σ_{HP} 需代入其中较小的值(一般为 σ_{HP2})。算得 d_1 后，再按选取的 z_1 求出 m 后选标准模数。

3. 设计参数的选择

(1) 精度等级

国家标准(GB/T 10095.1—2022 与 GB/T 10095.2—2008)对"渐开线圆柱齿轮精度"规定为 13 个精度等级，0 级最高，12 级最低。齿轮精度等级的高低，直接影响内部动载荷、齿间载荷分配和齿向载荷分布、润滑油膜的形成，从而影响齿轮的振动和噪声。提高齿轮加工精度，可以有效地减少振动及噪声并可适当提高齿轮的强度，但制造成本将大为提高。一般按工作机的要求和齿轮的圆周速度确定精度等级。表 2-4 列出了齿轮的圆周速度与精度等级的关系及应用举例。

(2) 齿数比 u

一对齿轮的齿数比 u，不宜选得过大，否则大、小齿轮的尺寸相差悬殊，增大传动装置的结构尺寸。一般对于直齿圆柱齿轮，$u\leqslant5$；斜齿圆柱齿轮，$u\leqslant6\sim7$。当齿数比大时，可采用两级传动或多级传动。

对于开式传动或手动传动，必要时单级传动的 u 可取 $8\sim12$。

表 2-4   齿轮圆周速度与精度等级的关系及其应用举例

精度等级	圆周速度 $v/(\text{m/s})$			应用举例
	直齿圆柱齿轮	斜齿圆柱齿轮	直齿锥齿轮	
6	≤ 15	≤ 30	≤ 9	高速重载齿轮,如飞机齿轮,机床、汽车中的重要齿轮,分度机构的齿轮,高速减速器的齿轮
7	≤ 10	≤ 15	≤ 8	高速中载或中速重载齿轮,如机床、汽车变速箱齿轮,标准系列减速器齿轮
8	≤ 5	≤ 10	≤ 4	一般机械中的齿轮,如机床、汽车、拖拉机中的一般齿轮,农机齿轮,起重机中的齿轮
9	≤ 2	≤ 4	≤ 1.5	要求较低的工作机械中的齿轮

注:锥齿轮的圆周速度取齿宽中点处的平均速度。

（3）齿数和模数

当分度圆直径一定时,增大齿数能增大端面重合度 ε_α,以改善传动的平稳性并降低噪声。而齿数增加则模数相应减小,有利于节约材料和降低切齿成本,还可减小磨料磨损和提高抗胶合能力。因此,对于软齿面的闭式传动,在满足轮齿弯曲强度条件下,一般倾向于选较大的 z_1,推荐选取 $z_1 = 24 \sim 40$。但对于传递动力的齿轮,为防止意外断齿,一般应使模数 $m \geq 1.5 \sim 2$ mm。在硬齿面的闭式传动和铸铁齿轮的开式传动中,由于齿根弯曲强度弱,需适当减少齿数,以保证有较大的模数 m,推荐 $z_1 \geq 17$。

通用机械和重型机械用圆柱齿轮模数见表 2-5。

表 2-5   圆柱齿轮模数（GB/T 1357—2008）

第一系列	1,1.25,1.5,2,2.5,3,4,5,6,8,10,12,16,20,25,32,40,50
第二系列	1.125,1.375,1.75,2.25,2.75,3.5,4.5,5.5,(6.5),7,9,11,14,18,22,28,36,45

注:标准适用于通用机械和重型机械用直齿和斜齿圆柱齿轮,本标准不适用于汽车齿轮。

（4）齿宽系数 ψ_d

ψ_d 选大值时,可减小直径,从而减小传动的中心距,并在一定程度上减轻包括箱体在内的整个传动装置的重量,但是却增大了齿宽和轴向尺寸,增加了载荷分布的不均匀性。

ψ_d 的推荐值为:当为软齿面时,齿轮相对于轴承对称布置时,$\psi_d = 0.8 \sim 1.4$;非对称布置时,$\psi_d = 0.6 \sim 1.2$;悬臂布置或开式传动时,$\psi_d = 0.3 \sim 0.4$。当为硬齿面时,上述 ψ_d 值相应减小 50%。

（5）变位系数 x

采用变位齿轮除了配凑中心距外,主要是为了改善齿轮的传动性能。如上册所述:1）采用高度变位($x_\Sigma = 0$,且 $x_1 = -x_2 \neq 0$)齿轮传动,考虑等弯曲强度原则,小齿轮采用正变位,而大齿轮采用负变位,可提高两轮的承载能力和抗磨损能力;2）采用正变位($x_\Sigma = x_1 + x_2 > 0$)齿轮传动,可增大啮合角,提高接触强度和弯曲强度,但重合度有所降低;3）负变位齿轮传动($x_\Sigma = x_1 + x_1 < 0$),只有在 $a' < a$ 需要配凑中心距时才采用。关于变位系数的具体选择可参考有关专著。

2.5.2　斜齿圆柱齿轮的强度计算特点

1. 轮齿弯曲疲劳强度的计算

斜齿轮区别于直齿轮的最大特点,是由于存在螺旋角 β,而使轮齿在啮合受载时倾斜接触,有利于降低斜齿轮的弯曲应力和接触应力。由于斜齿轮的接触线与轴线不平行,受载后齿轮折断的形式多为局部折断,且危险截面形状复杂、位置不易确定,要精确计算齿根的弯曲应力较困难。现对比直齿圆柱齿轮弯曲强度的计算方法,按法面当量直齿轮进行计算,即在直齿圆柱齿轮的弯曲强度校核公式(2-13)中,引入考虑 β 等因素影响的系数,齿根弯曲疲劳强度校核公式为

$$\sigma_F = \frac{2\,000 K T_1}{b d_1 m_n} Y_{FS} Y_\varepsilon Y_\beta \leqslant \sigma_{FP} \tag{2-22}$$

式中,Y_β 为螺旋角系数,$Y_\beta = 1 - \dfrac{\beta}{120°}$。

取齿宽系数 $\psi_d = b/d_1$,重合度取中值,当螺旋角 $\beta = 8° \sim 15°$ 时,齿根弯曲疲劳强度的设计公式可简化为

$$m_n \geqslant \sqrt[3]{\frac{1\,900 K T_1 Y_{FS}}{\psi_d z_1^2 \sigma_{FP}}} \tag{2-23a}$$

或

$$m_n \geqslant 12.4 \sqrt[3]{\frac{K T_1 Y_{FS}}{\psi_d z_1^2 \sigma_{FP}}} \tag{2-23b}$$

式中:Y_{FS}——复合齿形系数,按当量齿数 z_v($z_v = z/\cos^3 \beta$)由图 2-19 中查取;

　　m_n——法向模数,mm。

σ_F 的单位为 MPa,m_n 的单位为 mm,其他参数的含义、单位及选取方法与直齿圆柱齿轮相同。

当螺旋角 $\beta > 15° \sim 30°$ 时,需将式(2-23a)中数字 1 900 改为 1 680,式(2-23b)中数字 12.4 改为 11.9。

应用式(2-23)时,取 Y_{FS1}/σ_{FP1} 和 Y_{FS2}/σ_{FP2} 中的大值代入;不论计算大齿轮还是小齿轮都用 z_1 和 T_1 值代入计算,并注意 T_1 的单位为 N·m。算得模数 m_n 后应按表 2-5 选标准值。

2. 齿面接触疲劳强度计算

如上所述,由于斜齿轮的齿面接触线倾斜,重合度较大,同时又由于当量曲率半径较大,齿廓曲率半径也较大。在式(2-19)中引入接触强度的重合度与螺旋角系数 $Z_{\varepsilon\beta}$,以考

虑上述因素对齿面接触应力降低的影响,得

$$\sigma_{\mathrm{H}} = Z_E Z_{\mathrm{H}}' Z_{\varepsilon\beta} \sqrt{\frac{F_{t1}}{bd_1}\frac{u\pm1}{u}} \leqslant \sigma_{\mathrm{HP}} \tag{2-24}$$

式中,Z_{H}'为斜齿轮节点区域系数。当螺旋角 $\beta = 8° \sim 15°$ 时,标准斜齿圆柱齿轮传动的齿面接触疲劳强度校核公式为

$$\sigma_{\mathrm{H}} = 109 Z_E \sqrt{\frac{KT_1}{bd_1^2}\frac{u\pm1}{u}} \leqslant \sigma_{\mathrm{HP}} \tag{2-25}$$

将 $b = \psi_d d_1$ 代入上式,整理得设计公式为

$$d_1 \geqslant \sqrt[3]{\left(\frac{109Z_E}{\sigma_{\mathrm{HP}}}\right)^2 \frac{KT_1}{\psi_d}\frac{u\pm1}{u}} \tag{2-26a}$$

当一对齿轮都为钢制,$Z_E = 189.8\sqrt{\mathrm{MPa}}$ 时,则

$$d_1 \geqslant 753 \sqrt[3]{\frac{KT_1}{\psi_d \sigma_{\mathrm{HP}}^2}\frac{u\pm1}{u}} \tag{2-26b}$$

式(2-25)和式(2-26)中各参数的意义及单位见前述。弹性系数 Z_E 查表 2-3;σ_{HP} 的确定方法同直齿圆柱齿轮;与直齿圆柱齿轮设计公式(2-21)比较,只是常数"112"改为"109"。可知在相同条件下,算得的 d_1 要比直齿轮小些。

一般制造精度的斜齿轮的螺旋角常用值为 $\beta = 8° \sim 15°$,当制造精度较高或对振动、噪声有要求的齿轮,可取 $\beta = 10° \sim 20°$ 或更大值,当 $\beta = 15° \sim 30°$ 时,应将式(2-25)及式(2-26a)中数字 109 改为 104,将式(2-26b)中数字 753 改为 730。

按式(2-26)算得 d_1 后,需选取 z_1 和 β 求出 m_n($m_n = d_1\cos\beta/z_1$),m_n 应圆整为标准值。

由于中心距为

$$a = \frac{d_1+d_2}{2} = \frac{m_t(z_1+z_2)}{2} = \frac{m_n(z_1+z_2)}{2\cos\beta}$$

故

$$m_n = \frac{2a\cos\beta}{z_1+z_2} \tag{2-27}$$

因为 z_1、z_2 应为整数,m_n 需符合标准,若中心距已预先决定或需要圆整,则必须利用下式调整螺旋角 β

$$\beta = \arccos\frac{m_n(z_1+z_2)}{2a} \tag{2-28}$$

β 确定后,即可计算其他几何尺寸。

3. 主要设计参数的选择

直齿圆柱齿轮设计中主要参数的选择原则基本上适用于斜齿圆柱齿轮,但后者又有其特点。

在选择螺旋角 β 时,应考虑增大螺旋角可提高传动平稳性和承载能力,故尽可能地将 β 选大些,但 β 过大,轴向力增大,从而使轴承及传动装置的尺寸也相应增大,同时传动效率降低。故 β 的大小,应视工作要求和加工精度而定。一般机械推荐 $\beta = 10° \sim 25°$,但从

减小齿轮传动振动和噪声的角度,可采用大螺旋角,普通乘用车齿轮有的已采用 $\beta = 35° \sim$ 37°。对于人字齿轮,因其轴向力能相互抵消,故 β 可取得大些($\beta = 25° \sim 40°$,常用 30°左右)。

斜齿圆柱齿轮的齿宽系数 ψ_d 可比直齿圆柱齿轮选得略大;齿数 z_1 可以选得略小。

2.5.3 直齿锥齿轮的强度计算特点

锥齿轮传动失效的主要形式与圆柱齿轮传动一样,因此强度计算也相似。其计算圆周力为

$$F_{tc} = KF_{t1}$$

一般取 $K = 1.3 \sim 1.6$。其选择原则与直齿圆柱齿轮相同。考虑到锥齿轮的设计误差与制造误差,在相同精度情况下,锥齿轮的 K 值可取得比直齿轮的 K 值大一些。

1. 直齿锥齿轮的弯曲疲劳强度计算

直齿锥齿轮的弯曲疲劳强度计算公式与式(2-13)类似,即认为锥齿轮的强度是与其当量直齿圆柱齿轮相当的。而实践表明,当量齿轮的齿根承载能力比相同条件的直齿圆柱齿轮约低 15%。考虑这一特点并将锥齿轮齿宽中点模数 m_m、当量齿轮的分度圆直径 $d_{v1}(d_{v1} = d_{m1}/\cos\delta_1)$ 和当量名义转矩 $T_{v1}(T_{v1} = T_1/\cos\delta_1)$ 代入公式(2-13),并取 $d_{m1} = (1 - 0.5\psi_R)d_1$,$m_m = (1 - 0.5\psi_R)m$,整理后即可得锥齿轮齿根弯曲疲劳强度的校核公式

$$\sigma_F = \frac{2\,000KT_1}{0.85bm_md_{m1}}Y_{FS} = \frac{2\,360KT_1}{bm^2z_1(1-0.5\psi_R)^2}Y_{FS} \leqslant \sigma_{FP} \tag{2-29}$$

式中各参数的意义和单位见前述。Y_{FS} 应根据当量齿数 $z_v(z_v = z/\cos\delta)$ 从图 2-19 查取。许用弯曲应力 σ_{FP} 的确定方法与圆柱齿轮相同。

将 $b = \psi_R R$、$R = \sqrt{(0.5d_2)^2 + (0.5d_1)^2} = 0.5d_1\sqrt{u^2+1}$ 和 $d_1 = mz_1$ 代入式(2-29),移项整理后得直齿锥齿轮的齿根弯曲疲劳强度的设计公式

$$m \geqslant \sqrt[3]{\left[\frac{69}{(1-0.5\psi_R)z_1}\right]^2 \frac{KT_1}{\psi_R\sqrt{u^2+1}} \frac{Y_{FS}}{\sigma_{FP}}} \tag{2-30a}$$

或

$$m \geqslant 16.82\sqrt[3]{\frac{KT_1}{(1-0.5\psi_R)^2z_1^2\psi_R\sqrt{u^2+1}} \frac{Y_{FS}}{\sigma_{FP}}} \tag{2-30b}$$

与圆柱齿轮传动相同,应将 Y_{FS1}/σ_{FP1} 和 Y_{FS2}/σ_{FP2} 中的大值代入,同时不论计算大齿轮还是计算小齿轮都用 T_1 和 z_1 代入。z_1 的选用原则同圆柱齿轮。式中 m 为大端模数。

2. 直齿锥齿轮的齿面接触疲劳强度计算

同理,直齿锥齿轮的齿面接触强度计算,可在公式(2-20)中代入:系数 0.85,$d_{v1}(d_{v1} = d_{m1}/\cos\delta_1)$,$T_{v1}(T_{v1} = T_1/\cos\delta_1)$,当量齿数比 $u_v(u_v = u^2)$,其中 $d_{m1} = (1 - 0.5\psi_R)d_1$,$\cos\delta_1 = u/\sqrt{u^2+1}$,整理后得直齿锥齿轮的齿面接触疲劳强度的校核公式

$$\sigma_H = 112Z_E\sqrt{\frac{KT_{v1}}{0.85bd_{v1}^2}\frac{u_v+1}{u_v}}$$

$$= 121 Z_E \sqrt{\frac{K T_1}{b d_1^2 (1 - 0.5 \psi_R)^2} \frac{\sqrt{u^2 + 1}}{u}} \leqslant \sigma_{HP} \tag{2-31}$$

上式中各参数的意义、单位见前述。材料弹性系数 Z_E 查表 2-3，σ_{HP} 的确定方法与圆柱齿轮相同。

将 $b = \psi_R R$、$R = 0.5 d_1 \sqrt{u^2 + 1}$ 代入式（2-31）中，整理后得小齿轮大端分度圆直径 d_1 的设计公式

$$d_1 \geqslant \sqrt[3]{\left[\frac{171 Z_E}{(1 - 0.5 \psi_R) \sigma_{HP}} \right]^2 \frac{K T_1}{\psi_R u}} \tag{2-32}$$

若一对齿轮均为钢制时，则上式中"$171 Z_E$"改为 32 460。

3. 参数的选择

直齿圆柱齿轮强度计算时参数的选择原则，基本上适用于锥齿轮传动，但仍需注意其特点：

1）对于单级直齿锥齿轮传动，一般取 $u = 1 \sim 5$；

2）Y_{FS} 按当量齿数 $z_v = z / \cos \delta$，由图 2-19 查取；

3）许用应力 σ_{FP} 和 σ_{HP} 的确定与圆柱齿轮相同；

4）齿宽系数 ψ_R 选得大时，齿宽就大。但齿宽选得过大时，齿面接触不均匀程度增加，易产生载荷集中，同时小端齿形太小，引起加工困难，故 ψ_R 不宜选取过大。一般推荐 $\psi_R = 0.2 (u = 6 \text{ 时}) \sim 0.35 (u = 1 \text{ 时})$，常取 $\psi_R = 0.25 \sim 0.3$。其余各参数的选择原则如前所述。

2.6 齿轮传动的润滑

齿轮在啮合传动时将产生摩擦和磨损，造成动力损耗，而使传动效率降低。因此，齿轮传动，特别是高速齿轮传动的润滑十分重要。润滑可以起到减小齿轮啮合处的摩擦发热，减少磨损，降低噪声、散热和防锈等作用。

2.6.1 齿轮传动的润滑方式

齿轮传动的润滑方式，主要由齿轮圆周速度的大小和特殊的工况要求决定。

对于开式及半开式齿轮传动，因为速度较低，通常采用人工定期润滑或润滑脂进行润滑。

对于闭式齿轮，当齿轮的圆周速度 $v < 10 \text{ m/s}$ 时，常采用大齿轮浸油润滑，运转时，大齿轮将油带入啮合齿面上进行润滑，同时可将油甩到箱壁上散热；当 $v \geqslant 10 \text{ m/s}$ 时，应采用喷油润滑，即以一定的压力将油喷射到轮齿的啮合面上进行润滑并散热。

2.6.2 齿轮润滑油的选择

齿轮润滑油的选择，由齿轮的类型、工况、载荷、速度和温升等条件决定，可参考表 2-6 进行选择。

表 2-6 齿轮润滑油的选择

名　称	代　号	主要用途
全损耗系统用油 （GB/T 443—1989）	L-AN32 L-AN46 L-AN68 L-AN100 L-AN150	适用于一般要求,齿面压力为 350~500 MPa 的工业设备齿轮的全损耗系统润滑
工业闭式齿轮油 （GB 5903—2011）	L-CKC68 L-CKC100 L-CKC150 L-CKC220 L-CKC320 L-CKC460 L-CKC680	适用于化工、陶瓷、水泥、造纸、煤炭、冶金、船舶、海港机械等工业部门大型闭式齿轮传动装置的润滑,齿面应力为 500~1 100 MPa
	L-CKD68 L-CKD100 L-CKD150 L-CKD220 L-CKD320 L-CKD460 L-CKD680	适用于冶金、采矿等工业部门机械设备的齿轮传动装置的润滑,齿面应力超过 1 100 MPa
普通开式齿轮油 （SH/T 0363—1992）	68 100 150 220 320	适用于一般开式齿轮传动装置的润滑
蜗杆蜗轮油 （SH/T 0094—1991）	CKE220,CKE/P220 CKE320,CKE/P320 CKE460,CKE/P460 CKE680,CKE/P680 CKE1000,CKE/P1000	适用于蜗杆传动装置的润滑

2.7　齿轮的结构设计

齿轮的结构设计与齿轮的几何尺寸、毛坯、材料、加工方法、使用要求及经济性等因素有关。进行齿轮的结构设计时,通常是先按齿轮的直径大小,选定合适的结构形式,再进行结构设计。

直径较小的钢质齿轮,当齿根圆直径与轴径较接近时,可以做成如图 2-22 所示的齿轮轴。

如果齿轮的直径比轴的直径大得多,因锻造毛坯制造较困难,则应把齿轮和轴分开制造。顶圆直径 $d_a \leqslant 500$ mm 的齿轮通常采用图 2-23 的腹板式结构;直径较小的齿轮也可做成如图 2-24 的实心式结构。齿轮毛坯可以是锻造的或铸造的。

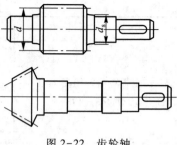

图 2-22 齿轮轴

顶圆直径 $d_a \geqslant 400$ mm 的齿轮可用图 2-25 的铸造轮辐式齿轮。

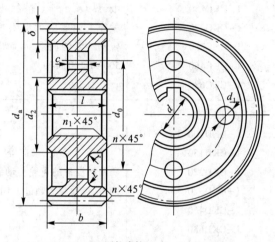

(a) 圆柱齿轮

$d_2 = 1.6d($钢$)$, $d_2 = 1.8d($铸铁$)$;

$l = (1.2 \sim 1.5)d \geqslant b$;

$\delta = (5 \sim 7)m_n$;

$d_0 = 0.55(d_a - 2\delta + d_2)$;

$d_1 = (0.1 \sim 0.2)d_a$;

$c = (0.2 \sim 0.3)b$;

n、$n_1 = 0.5m_n$;

$r = 5$ mm

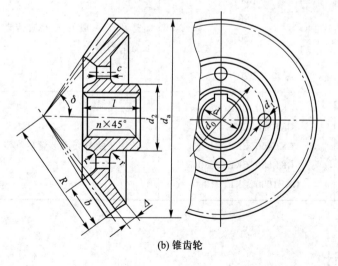

(b) 锥齿轮

$d_2 = 1.6d($钢$)$;

$d_2 = 1.8d($铸铁$)$;

$l = (1 \sim 1.2)d$;

$\Delta = (3 \sim 4)m \geqslant 10$ mm;

$c = (0.1 \sim 0.17)R \geqslant 10$ mm;

d_0、d_1、n、r 由结构定;

m 为大端模数

图 2-23 腹板式齿轮

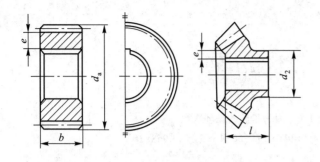

$d_a \leqslant 200$ mm

圆柱齿轮:

$e > 2.5m$(不淬火或渗氮)

$e > 3.5m$(渗碳、火焰或感应淬火)

锥齿轮:

$e > (1.6 \sim 2)m$(m 为大端模数)

l、d_2 参考腹板式结构

图 2-24 实心式齿轮

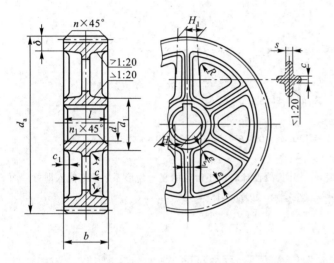

$d_1 = 1.6d$(铸钢), $d_1 = 1.8d$(铸铁);

$l = (1.2 \sim 1.5)d \geqslant b$;

$\delta = (5 \sim 6)m$;

$H = 0.8d$;

$H_1 = 0.8H$;

$c = 0.2H \geqslant 10$ mm;

$c_1 = 0.8C$;

$s = H/6 \geqslant 10$ mm;

$e = 0.5\delta$;

$R = 0.5H$;

$r \approx 5$ mm;

$n = 0.5m$;

n_1 由结构定

图 2-25 铸造轮辐式齿轮

2.8 齿轮传动设计的实例分析及设计时应注意的事项

2.8.1 斜齿圆柱齿轮传动设计实例分析

例 2-1 试设计某厂装配线上用的由电动机驱动的两级斜齿圆柱齿轮减速器中的高速级齿轮传动。已知电动机为 Y 系列三相异步电动机,型号为 Y180L-6,额定功率 $P = 15$ kW,满载转速 $n_1 = 970$ r/min。设计高速级齿轮时按额定功率计算,并已知传动比 $i = 4.5$。该减速器工作状况为:两班制工作,要求工作寿命为 5 年,单向连续运转,载荷较平稳。要求齿轮工作可靠,体积尽可能小些,齿轮按 7 级精度加工。

解 根据题意,该高速级齿轮应选用硬齿面,先按轮齿弯曲疲劳强度设计,再校核齿面接触强度,其设计步骤如下。

1. 选择齿轮材料,确定许用应力

根据题设条件,大、小齿轮均选用 20CrMnTi 钢渗碳淬火(表 2-2),硬度为 56~62 HRC。由图 2-13h 查得弯曲疲劳极限应力 $\sigma_{\text{Flim}} = 430$ MPa;由图 2-14h 查得接触疲劳极限应力 $\sigma_{\text{Hlim}} = 1\,500$ MPa。

2. 按轮齿弯曲疲劳强度设计

由式（2-23b）知

$$m_n \geqslant 12.4 \sqrt[3]{\frac{KT_1 Y_{FS}}{\psi_d z_1^2 \sigma_{FP}}}$$

（1）确定许用弯曲应力 σ_{FP}

按式（2-9）计算，取 $Y_{ST}=2, S_{Fmin}=1.6$。因为齿轮的循环次数

$$N = 60nat = 60 \times 970 \times 1 \times (300 \times 16 \times 5) = 13.968 \times 10^8$$

取寿命系数 $Y_N=1$，取 $Y_X=1$。则

$$\sigma_{FP1} = \frac{\sigma_{Flim} Y_{ST}}{S_{Fmin}} Y_N Y_X = \frac{430 \times 2}{1.6} \times 1 \times 1 \text{ MPa} = 538 \text{ MPa}$$

（2）计算小齿轮的名义转矩 T_1

$$T_1 = 9\,550 \frac{P_1}{n_1} = 9\,550 \times \frac{15}{970} \text{ N} \cdot \text{m} = 147.68 \text{ N} \cdot \text{m}$$

（3）选取载荷系数 K

因是斜齿轮传动，且加工精度为 7 级，故 K 可选小些，取 $K=1.3$。

（4）初步选定齿轮参数

$z_1=29, z_2=iz_1=4.5 \times 29=130.5$，取 $z_2=130, \psi_d=0.5, \beta=15°, u=130/29=4.483$。

（5）确定复合齿形系数 Y_{FS}

因两轮所选材料及热处理相同，则 σ_{FP} 相同，故设计时按小齿轮的复合齿形系数 Y_{FS1} 代入即可。而

$$z_{v1} = z_1/\cos^3 \beta = 29/\cos^3 15° = 32$$

由图 2-19 查得 $Y_{FS1}=4.06$。

将上述参数代入，得

$$m_n = 12.4 \sqrt[3]{\frac{KT_1 Y_{FS1}}{\psi_d z_1^2 \sigma_{FP1}}} = 12.4 \sqrt[3]{\frac{1.3 \times 147.68 \times 4.06}{0.5 \times 29^2 \times 538}} \text{ mm} = 1.87 \text{ mm}$$

按表 2-5 取标准模数 $m_n=2$ mm。则中心距

$$a = \frac{m_n(z_1+z_2)}{2\cos \beta} = \frac{2 \times (29+130)}{2 \times \cos 15°} \text{ mm} = 164.6 \text{ mm}$$

为便于箱体孔加工和校验，取 $a=165$ mm，则

$$\cos \beta = \frac{m_n(z_1+z_2)}{2a} = \frac{2 \times (29+130)}{2 \times 165} = 0.963\,636, \quad \beta = 15°29'55''$$

（6）计算几何尺寸

$$d_1 = \frac{m_n z_1}{\cos \beta} = \frac{2 \times 29}{0.963\,636} \text{ mm} = 60.189 \text{ mm}$$

$$d_2 = \frac{m_n z_2}{\cos \beta} = \frac{2 \times 130}{0.963\,636} \text{ mm} = 269.811 \text{ mm}$$

$$b_2 = \psi_d d_1 = 0.5 \times 60.189 \text{ mm} = 30.09 \text{ mm}, \quad \text{取} \ b_2 = 32 \text{ mm}$$

$$b_1 = b_2 + (5 \sim 10) \text{ mm} = 37 \sim 42 \text{ mm}, \quad \text{取} \ b_1 = 40 \text{ mm}。$$

3. 校核齿面的接触强度

由式（2-25）可知

$$\sigma_H = 109 Z_E \sqrt{\frac{KT_1}{bd_1^2}\frac{u+1}{u}} \leqslant \sigma_{HP}$$

如前所述,若一对齿轮均为钢制,可取弹性系数 $Z_E = 189.8\sqrt{\text{MPa}}$,则

$$\sigma_H = 109\times189.8\sqrt{\frac{1.3\times147.68}{32\times60.189^2}\times\frac{4.483+1}{4.483}}\ \text{MPa} = 931\ \text{MPa}$$

齿面许用接触应力 σ_{HP} 按式(2-10)计算,因为较重要传动,取最小安全系数 $S_{Hmin} = 1.4, Z_N = 1, Z_w = 1$,则

$$\sigma_{HP} = \frac{\sigma_{Hlim}}{S_{Hmin}}Z_N Z_w = \frac{1\,500}{1.4}\times1\times1\ \text{MPa} = 1\,071\ \text{MPa}$$

因为 $\sigma_H < \sigma_{HP}$,故接触疲劳强度也足够。

4. 绘制齿轮零件工作图(略)

2.8.2 直齿锥齿轮传动设计实例分析

例 2-2 试设计搅拌机第一级减速闭式单级直齿锥齿轮传动。已知连接锥齿轮用电动机的额定功率 $P = 7.5\ \text{kW}$,满载转速 $n_1 = 970\ \text{r/min}$,锥齿轮传动比 $i = 2.5$,搅拌机单向连续运转,满载工作,载荷较平稳,小批生产。

解 根据题意,选用软齿面,其失效形式为齿面疲劳点蚀。先按齿面接触疲劳强度设计,再校核齿根弯曲疲劳强度,其设计步骤如下。

1. 选择齿轮材料,确定许用应力

小、大齿轮均选用 45 钢,小齿轮调质,由表 2-2 查得硬度为 229~286 HBW;大齿轮正火,硬度为 169~217 HBW,由图 2-13c 查得 $\sigma_{Flim1} = 220\ \text{MPa}, \sigma_{Flim2} = 210\ \text{MPa}$;由图 2-14c 查得 $\sigma_{Hlim1} = 600\ \text{MPa}, \sigma_{Hlim2} = 555\ \text{MPa}$。

由式(2-9)、式(2-10)分别求得

$$\sigma_{FP1} = \frac{\sigma_{Flim1}Y_{ST}}{S_{Fmin}}Y_N Y_X = \frac{220\times2}{1.3}\times1\times1\ \text{MPa} = 338\ \text{MPa}$$

$$\sigma_{FP2} = \frac{\sigma_{Flim2}Y_{ST}}{S_{Fmin}}Y_N Y_X = \frac{210\times2}{1.3}\times1\times1\ \text{MPa} = 323\ \text{MPa}$$

$$\sigma_{HP1} = \frac{\sigma_{Hlim1}}{S_{Hmin}}Z_N Z_w = \frac{600}{1}\times1\times1\ \text{MPa} = 600\ \text{MPa}$$

$$\sigma_{HP2} = \frac{\sigma_{Hlim2}}{S_{Hmin}}Z_N Z_w = \frac{555}{1}\times1\times1\ \text{MPa} = 555\ \text{MPa}$$

取 $$\sigma_{HP} = \sigma_{HP2}$$

2. 按接触疲劳强度设计

由式(2-32),并当一对齿轮为钢制时,有

$$d_1 \geqslant \sqrt[3]{\left[\frac{32\,460}{(1-0.5\psi_R)\sigma_{HP}}\right]^2\frac{KT_1}{\psi_R u}}$$

(1)计算小齿轮的名义转矩

$$T_1 = 9\,550\frac{P_1}{n_1} = 9\,550\times\frac{7.5}{970}\ \text{N}\cdot\text{m} = 73.84\ \text{N}\cdot\text{m}$$

（2）选取齿宽系数　选取 $\psi_R = 0.3$。

（3）选取载荷系数　因小齿轮悬臂布置，取 $K = 1.5$。

（4）初算小齿轮大端分度圆直径

$$d_1 \geqslant \sqrt[3]{\left[\frac{32\ 460}{(1-0.5\times0.3)\times555}\right]^2 \times \frac{1.5\times73.84}{0.3\times2.5}}\ \text{mm} = 88.76\ \text{mm}$$

（5）确定齿轮齿数和模数　选取 $z_1 = 26$，则 $z_2 = iz_1 = 2.5\times26 = 65$。大端模数

$$m = \frac{d_1}{z_1} = \frac{88.76}{26}\ \text{mm} = 3.41\ \text{mm}$$

查相关标准，取 $m = 3.5\ \text{mm}$。

（6）计算主要几何尺寸

$$d_1 = mz_1 = 3.5\times26\ \text{mm} = 91.0\ \text{mm}$$
$$d_2 = mz_2 = 3.5\times65\ \text{mm} = 227.5\ \text{mm}$$

锥距　$R = \sqrt{(0.5d_1)^2 + (0.5d_2)^2} = \sqrt{(0.5\times91)^2 + (0.5\times227.5)^2}\ \text{mm} = 122.5\ \text{mm}$

$$b = \psi_R R = 0.3\times122.5\ \text{mm} = 36.75\ \text{mm}$$

3. 校核齿根弯曲疲劳强度

由式（2-29）可知

$$\sigma_F = \frac{2\ 360KT_1}{bm^2 z_1 (1-0.5\psi_R)^2} Y_{FS} \leqslant \sigma_{FP}$$

（1）确定 Y_{FS}/σ_{FP} 的大值

$$\delta_1 = \arctan\frac{1}{u} = \arctan\frac{z_1}{z_2} = \arctan\frac{26}{65} = 21°48'5''$$

$$\delta_2 = 90° - \delta_1 = 68°11'55''$$

$$z_{v1} = \frac{z_1}{\cos\delta_1} = \frac{26}{\cos 21°48'5''} = 28$$

$$z_{v2} = \frac{z_2}{\cos\delta_2} = \frac{65}{\cos 68°11'55''} = 174$$

由图 2-19 查得 $Y_{FS1} = 4.15$，$Y_{FS2} = 3.90$

$$\frac{Y_{FS1}}{\sigma_{FP1}} = \frac{4.15}{338} = 0.012\ 3$$

$$\frac{Y_{FS2}}{\sigma_{FP2}} = \frac{3.90}{323} = 0.012\ 1$$

因为 $\dfrac{Y_{FS1}}{\sigma_{FP1}} > \dfrac{Y_{FS2}}{\sigma_{FP2}}$，所以校核小齿轮即可。

（2）校核小齿轮的齿根弯曲强度

$$\sigma_{F1} = \frac{2\ 360\times1.5\times73.84}{36.75\times3.5^2\times26\times(1-0.5\times0.3)^2} \times 4.15\ \text{MPa} = 128.27\ \text{MPa} < \sigma_{FP1}$$

故齿根弯曲疲劳强度足够。

4. 绘制齿轮零件工作图（略）

2.8.3　齿轮传动设计时应注意的事项

齿轮设计时应注意的事项，有些在本章有关部分已作过介绍，有些则属于新的内容，

择其要点介绍如下。

1. 设计的关键问题

在很多情况下,齿轮设计的关键问题并不是强度计算方法,而是在确定尺寸时如何综合考虑使用条件、失效、材料、热处理、加工方法等对它的影响,不断反复、协调、比较、修正。例如高速齿轮,必须注意齿轮的参数选择并进行胶合计算;对于大功率硬齿面齿轮,必须进行热平衡计算;对于尺寸无特别限制的齿轮,按一般的简化方法就已足够;对于许用应力的选择,必须考虑材料的熔炼方法、热处理方法及设备、材质、机床类型及精度等,不能随意取值;对于最后计算结果,必须根据使用条件、生产批量、可靠性、经济性等予以综合评估。

2. 合理选用齿轮的材料及热处理

材料的选用,主要应适合齿轮传动的工况,满足强度要求并注意其经济性原则;热处理的确定一定注意与材料的性能相对应,以充分发挥材料的潜力,提高其力学性能。

一般说来,大型齿轮只能用铸钢,有时也可用球墨铸铁,如为单件生产,则腹板可用钢板焊接;对于大量生产并要求尺寸紧凑、重量轻的齿轮,如汽车齿轮,则一般都用渗碳钢,在渗碳前剃齿,而不采用生产率低的磨齿;对于以传递运动为主,对尺寸和重量无严格限制的齿轮,则材料的选择主要以价格低廉、易于供应为原则;对于交货期较紧的齿轮,一般不用铸件;对于生产批量大、功率小、要求噪声低的齿轮,一般都用有色金属或塑料;对于单件生产的、在尺寸和重量上无严格限制的中小型中低速齿轮,一般以低合金钢、结构钢的锻件为主;等等。

3. 合理选择主要参数

设计之初,所有参量均为未知,要先预选主要参数(如 z_1、z_2、β、x_1、x_2、ψ_d 或 ψ_R)。然后,根据强度条件初步计算齿轮的分度圆直径或模数,再进一步计算齿轮的主要尺寸。而所有参数根据不同工况,又推荐在一定范围内选用。因此满足同一数据的设计题目,会出现多个方案。设计者通过评价决策从中择优作为最终的设计方案。

4. 斜齿轮传动设计中的参数协调和圆整

(1) 按齿面接触强度确定 d_1 后,计算 $m_n = \dfrac{d_1 \cos \beta}{z_1}$,取标准模数。若计算值与标准值相差较大时,为使尺寸不增加太大,可由标准的 m_n 与 d_1 反求 z_1,再反算 d_1,使标准的 m_n 略大于计算值。

(2) 对于中心距 $a = m_n(z_1+z_2)/(2\cos \beta)$,为制造、检测方便,需将 a 圆整为整数。

(3) 圆整后,a 发生变化,故需要调整螺旋角 $\beta = \arccos \dfrac{m_n(z_1+z_2)}{2a}$,$\beta$ 的取值要求精确到度、分、秒($\times\times°\times\times'\times\times''$)。

(4) d_1、d_2 要用调整后的 β 计算,$d_1 = z_1 m_n / \cos \beta$,$d_2 = z_2 m_n / \cos \beta$。$d_1$、$d_2$ 的有效数据应保留小数点后三位,并使 d_1、d_2 小数点后两值之和为零。例如:

$$d_1 = \frac{z_1 m_n}{\cos \beta} = \frac{39\times 4}{\cos 9°22'} \text{ mm} = 158.108 \text{ mm}$$

$$d_2 = \frac{z_2 m_n}{\cos \beta} = \frac{109 \times 4}{\cos 9°22'} \text{ mm} = 441.892 \text{ mm}$$

5. 多方案设计及评价

任何设计实质上都是多方案设计,通过对多方案的分析、比较和评价,可得出可行方案或最优方案。关于评价和决策有关内容,参见第 15 章。

6. 齿轮装置安装、使用方面应注意的事项

(1) 一对直齿轮的理论中心距为 a,实际工作时,由于要求齿轮有一定侧隙以储油润滑,故安装中心距 a' 应严格保证在传动中心距极限偏差(f_a)范围之内,即满足 $a' = a \pm f_a$。

(2) 通常动力传动用齿轮装置的浸油深度,以大齿轮浸入油中约 25 mm 为宜。

(3) 对于一对人字齿轮,设计时除轴承部件设计成两端游动式(参见滚动轴承组合部件设计)外,还必须考虑能进行轴向的精密调整,否则将使全部载荷由部分齿承担。

(4) 锥齿轮设计中,为保证良好的接触、精确的啮合,在装配时要严格保证锥顶重合。而欲达到这一要求,除保证齿轮的公差外,还必须严格控制角度公差和精确的轴向定位。又由于锥齿轮所受轴向力恒指向大端,使两锥齿轮有分离的趋势,故轴及轴承部件应设计成刚性大并能承受轴向力的结构。

分析与思考题

2-1 为什么一对软齿面齿轮的材料与热处理硬度不应完全相同?这时大、小齿轮硬度差值多少才合适?一对硬齿面齿轮是否也要有硬度差?

2-2 一对直齿圆柱齿轮的齿面接触应力的大小与齿轮的哪些几何参数有关?在哪一点啮合的接触应力最大?通常接触强度计算时又是计算哪一点的接触应力?为什么?

2-3 采用变位齿轮为什么可以提高轮齿的强度?试问采用什么变位传动可以提高齿面接触强度?采用什么变位才能提高齿根弯曲强度?

2-4 一对斜齿圆柱齿轮若其分度圆直径、齿宽、法向模数及许用应力与另一对直齿圆柱齿轮分别相等,问接触疲劳强度计算公式中哪几个参数与系数有变化?哪一对齿轮的接触应力大?哪一对齿轮的接触强度高?由此可得出什么结论?(要点提示:a. 直齿轮与斜齿轮的接触应力公式有何异同点;b. 接触应力与接触强度有何关系)

2-5 一对圆柱齿轮的实际齿宽为什么做成不相等?哪个齿轮的齿宽大?在强度计算公式中的齿宽 b 应以哪个齿轮的代入?为什么?锥齿轮的齿宽是否也是这样?(要点提示:a. 考虑圆柱齿轮的安装要求和两齿轮沿齿宽的接触长度;b. 考虑锥齿轮的有效齿宽)

2-6 在直齿圆柱齿轮传动设计中,保持传动比 i、中心距 a、齿宽 b 及许用应力不变的情况下,如减少模数 m,并相应地增加齿数 z_1 与 z_2,试问对齿面接触强度和齿根弯曲强度有何影响?在软齿面闭式齿轮传动中,如齿根弯曲强度允许,采用减小模数与增加齿数的方法有何益处?(要点提示:a. 齿轮的齿面接触强度和齿根弯曲强度各取决于齿轮的哪些尺寸;b. 减小模数对齿轮的加工有何影响)

2-7 试述齿形系数 Y_{Fa} 的物理意义。它与哪些因素有关？为什么 Y_{Fa} 与模数无关？同一齿数的直齿圆柱齿轮、斜齿圆柱齿轮与锥齿轮的 Y_{Fa} 值是否相同？（要点提示：a. Y_{Fa} 对齿轮弯曲强度的影响如何；b. Y_{Fa} 与齿轮齿数的关系）

习题

2-1 在图示的直齿圆柱齿轮传动中，齿轮 1 为主动轮，齿轮 2 为中间齿轮，齿轮 3 为从动轮。已知齿轮 3 所受的转矩 $T_3 = 98\ 000$ N·mm，其转速 $n_3 = 180$ r/min，$z_3 = 45$，$z_2 = 25$，$z_1 = 22$，$m = 4$ mm。假设齿轮啮合效率及轴承效率均为 1，试：

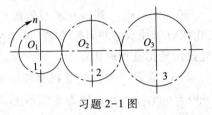

习题 2-1 图

1）求啮合传动时，作用在各齿轮上的圆周力 F_t 和径向力 F_r 的大小并将各力的方向及齿轮转向标于图上；

2）说明中间齿轮 2 在啮合时的应力性质和强度计算时应注意的问题；

3）说明若把齿轮 2 作为主动轮，则在啮合传动时其应力性质有何变化？其强度计算与前面有何不同？

2-2 图示为二级斜齿圆柱齿轮减速器，第一级斜齿轮的螺旋角 β_1 的旋向已给出。

1）为使轴 II 上的轴承所受轴向力较小，试确定第二级斜齿轮螺旋角 β 的旋向，并画出各轮轴向力、径向力及圆周力的方向。

2）若已知第一级齿轮的参数为 $z_1 = 19$，$z_2 = 85$，$m_n = 5$ mm，$\alpha = 20°$，$a = 265$ mm，轮 1 的传动功率 $P = 6.25$ kW，$n_1 = 275$ r/min。试求轮 1 上所受各力的大小。

2-3 图示为直齿锥齿轮-斜齿圆柱齿轮减速器，为使轴 II 上的轴向力抵消一部分，试确定一对斜齿圆柱齿轮螺旋线的方向，并画出各齿轮轴向力、径向力及圆周力的方向。

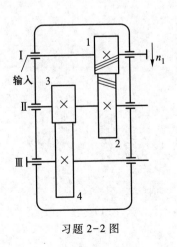

习题 2-2 图

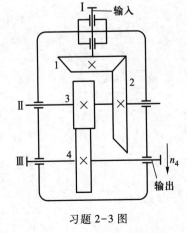

习题 2-3 图

2-4 在习题 2-3 图所示的减速器中,已知在高速级传动中, $z_1 = 19$, $z_2 = 38$, $m = 3$ mm, $d_{m2} = 99$ mm, $\alpha = 20°$;在低速级传动中, $z_3 = 19$, $z_4 = 76$, $m_n = 5$ mm, $\alpha_n = 20°$。若 $T_1 = 100$ N·m, $n_1 = 800$ r/min,齿轮与轴承效率近似取 1,轴Ⅲ转向如图所示。

1)试计算各轴的转矩与转速,并标出轴Ⅰ、Ⅱ的转向;

2)当斜齿圆柱齿轮 z_3 的螺旋角 β_3 为多少时,方能使大锥齿轮和小斜齿轮的轴向力完全抵消;若要求斜齿圆柱齿轮传动的中心距达到圆整值时, β_3 的精确值应是多少?

2-5 设计一冶金机械上用的电动机驱动的闭式斜齿圆柱齿轮传动,已知 $P = 15$ kW, $n_1 = 730$ r/min, $n_2 = 130$ r/min,齿轮按 8 级精度加工,载荷有严重冲击,工作时间 $t = 10\,000$ h,齿轮相对于轴承为非对称布置,但轴的刚度较大,设备可靠度要求较高,体积要求较小。(建议两轮都选用硬齿面)

2-6 设计一对由电动机驱动的闭式直齿锥齿轮传动($\Sigma = 90°$),已知 $P_1 = 4$ kW, $n_1 = 1\,440$ r/min, $i = 3.5$,齿轮为 8 级精度,载荷有不大的冲击,单向转动工作,单班制,要求使用 10 年,可靠度要求一般。(小齿轮一般为悬臂布置)

第 **3** 章

蜗杆传动设计

3.1 蜗杆传动的类型及特点

蜗杆传动(worm drive)是传递空间两交错轴之间运动和转矩的一种机构,两交错轴之间的夹角可以是任意的,但最常用的是两交错轴相互垂直的形式。

3.1.1 蜗杆传动的特点

蜗杆传动具有结构紧凑,传动比大(动力传动中,一般单级传动比 $i=8\sim80$;在分度传动中,i 可达 1 000),传动平稳,振动、冲击和噪声均很小,在一定的条件下具有自锁性等优点。其缺点是在制造精度和传动比相同的情况下,蜗杆传动的摩擦发热大,效率比齿轮传动低,只宜用于中、小功率的场合。

3.1.2 蜗杆传动的类型

按蜗杆分度曲面的形状不同,蜗杆传动可分为圆柱蜗杆传动(图 3-1a)、环面蜗杆传动(图3-1b)和锥面蜗杆传动(图 3-1c)三大类。

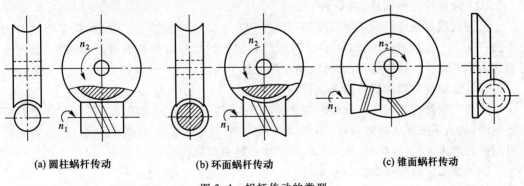

(a) 圆柱蜗杆传动   (b) 环面蜗杆传动   (c) 锥面蜗杆传动

图 3-1　蜗杆传动的类型

　　圆柱蜗杆传动包括普通圆柱蜗杆传动和圆弧圆柱蜗杆(hollow flank worm)传动(后者详见 3.5 节)两类。

　　1. 普通圆柱蜗杆传动

　　普通圆柱蜗杆的齿面一般是在车床上用直线刀刃的车刀车制的(ZK 型蜗杆除外)。车刀安装位置不同,所加工出的蜗杆齿面在不同截面中的齿廓曲线也不同。根据不同的齿廓曲线,普通圆柱蜗杆可分为阿基米德圆柱蜗杆(Archimedean worm,ZA 蜗杆)、渐开线圆柱蜗杆(involute helicoids worm,ZI 蜗杆)、法向直廓圆柱蜗杆(convolute worm,ZN 蜗杆)和锥面包络圆柱蜗杆(milled helicoids worm,ZK 蜗杆)等四种。GB/T 10085—2018 推荐采用 ZI 蜗杆和 ZK 蜗杆。

　　(1) 阿基米德圆柱蜗杆(ZA 蜗杆)

　　如图 3-2 所示,阿基米德圆柱蜗杆在加工时,梯形车刀切削刃的顶面通过蜗杆轴线,在轴向截面 I—I 上具有直线齿廓,法向截面 N—N 上齿廓为外凸曲线,端面上的齿廓为阿基米德螺旋线。这种蜗杆车制简单,但难以用砂轮磨削出精确齿形,精度较低。对于蜗轮,在中间平面(通过蜗杆轴线且垂直于蜗轮轴线的平面)中,其齿形为渐开线。故在中间平面内,蜗轮与蜗杆的啮合,相当于渐开线齿轮与齿条的啮合。

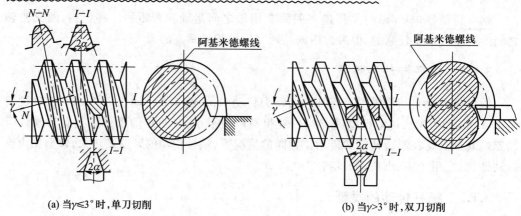

(a) 当 $\gamma \leqslant 3°$ 时,单刀切削　　　　　　　　(b) 当 $\gamma > 3°$ 时,双刀切削

图 3-2　阿基米德圆柱蜗杆(ZA 蜗杆)

　　(2) 渐开线圆柱蜗杆(ZI 蜗杆)

　　渐开线圆柱蜗杆可用两把直线刀刃的车刀在车床上车制。加工时,两把车刀的刀刃平面一上一下与基圆相切,如图 3-3 所示。被切出的蜗杆齿面是渐开线螺旋面,端面的齿廓为渐开线。这种蜗杆可以磨削,易于保证加工精度。

　　(3) 法向直廓圆柱蜗杆(ZN 蜗杆)

　　法向直廓圆柱蜗杆又称延伸渐开线蜗杆,如图 3-4 所示。车制时刀刃顶面置于螺旋线的法面上,蜗杆在法向截面 N—N 中为直线齿廓,故称为法向直廓圆柱蜗杆。这种蜗杆可用砂轮磨齿,加工较简单,常用作机床的多头精密蜗杆传动。

　　(4) 锥面包络圆柱蜗杆(ZK 蜗杆)

　　如图 3-5 所示,锥面包络圆柱蜗杆是一种非线性螺旋齿面蜗杆。它是用盘状锥面铣刀或盘状锥面砂轮加工而成的。加工时,工件作螺旋运动,刀具绕其自身轴线作回转运动,刀具的轴线相对蜗杆的轴线倾斜一个蜗杆的导程角,刀具回转曲面的包络面即为蜗杆的螺旋齿面,它在任何截面上的齿廓均为曲线齿形。这种蜗杆便于磨削,蜗杆的精度较高。

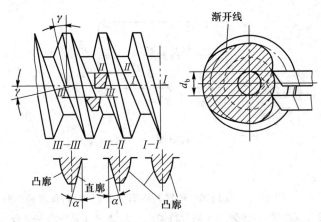

图 3-3　渐开线圆柱蜗杆(ZI 蜗杆)

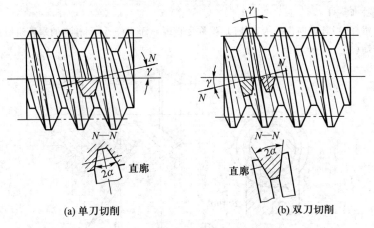

(a) 单刀切削　　　　　　　　(b) 双刀切削

图 3-4　法向直廓圆柱蜗杆(ZN 蜗杆)

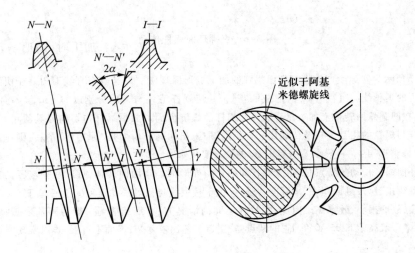

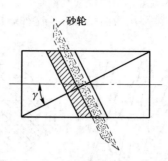

图 3-5 锥面包络圆柱蜗杆(ZK 蜗杆)

*2. 环面蜗杆传动

蜗杆分度曲面是由一段凹圆弧曲线绕蜗杆轴线回转而成的圆环面,这样的蜗杆称为环面蜗杆。环面蜗杆和相应的蜗轮组成的传动,称为环面蜗杆传动。它又分为直廓环面蜗杆传动(俗称球面蜗杆传动)、平面包络环面蜗杆传动(又分一、二次包络)、渐开面包络环面蜗杆传动(又分一、二次包络)和锥面包络环面蜗杆传动。这里仅介绍直廓环面蜗杆和平面包络环面蜗杆。

(1)直廓环面蜗杆

一个环面蜗杆,当其轴向齿廓为直线时,就称为直廓环面蜗杆,而和相应的蜗轮组成的传动,称为直廓环面蜗杆传动(图 3-6)。

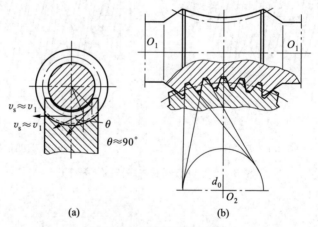

(a)   (b)

图 3-6 直廓环面蜗杆传动

图 3-7 所示为实际生产中直廓环面蜗杆的加工成形原理图。刀具具有直线刀刃。在切制过程中,刀具切削刃的延长线与直径为 d_0 的形成圆相切,并使蜗杆毛坯与刀座分别以 ω_1、ω_2 绕各自的轴线回转,则刀具在凹圆弧回转体上加工出直廓环面蜗杆的螺旋齿面。如果蜗杆与切削刀具的相互位置及传动比和蜗杆与蜗轮的相互位置及传动比完全相同,加工出的蜗杆齿面是"原始形"的;否则,加工出的蜗杆齿面是"修整形"的。一般多采用变化 ω_2 的值来实现修形。

直廓环面蜗杆传动的特点是:由于蜗杆和蜗轮的外形都是环面回转体,可以互相包容,实现多齿啮合和双接触线接触,接触面积大,承载能力强;又由于接触线与相对滑动速度 v_s 近乎垂直(图 3-6a),易于形成油膜,故磨损小,效率高。因此,在尺寸相同的情况下,其承载能力一般为阿基米德蜗杆传动的 2~4 倍,效率一般高达 0.85~0.9。它的缺点是:制造工艺比较复杂,齿面不可展,难以实现磨削,故不易获得精度很高的传动。所以只有在批量生产时,才能充分发挥其优越性。

（2）平面包络环面蜗杆

在环面蜗杆(toroid worm)传动中,如果蜗轮的齿平面 $\Sigma^{(2)}$ (图3-8)平行于蜗轮轴线 O_2,与基圆相切。如果用砂轮代替齿平面 $\Sigma^{(2)}$ 与蜗杆毛坯作相对转动,则在相对运动中可把环面蜗杆 $\Sigma^{(1)}$ 包络出来(图3-9)。这种具有特定齿面的蜗轮和它包络的环面蜗杆组成的传动副称为一次包络环面蜗杆传动。若做一把与一次包络形成的蜗杆齿面相当的环面滚刀,用该滚刀再展成一个蜗轮,这个过程称为二次包络。包络环面蜗杆与由它展成的蜗轮组成的传动,称为二次包络环面蜗杆传动。

平面包络环面蜗杆传动为多齿接触,故齿面强度高,承载能力强,接触线的分布有利于油膜形成,容易保证制造精度。

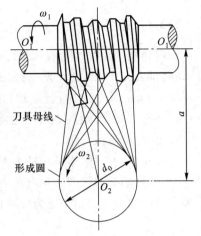

图 3-7　直廓环面蜗杆的加工成形原理图

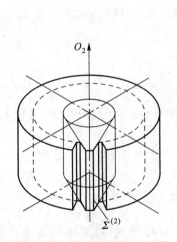

图 3-8　直齿平面包络环面蜗轮

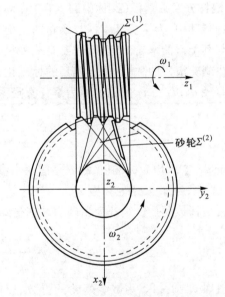

图 3-9　直齿平面一次包络环面蜗杆传动

3.2　普通圆柱蜗杆传动的主要参数及几何尺寸计算

微视频:
蜗杆传动基本
参数及其选择

由于阿基米德圆柱蜗杆传动在中间平面内相当于齿条与齿轮的啮合,因而在设计时取此平面内的参数和尺寸作为计算基准,并沿用齿轮传动的计算公式。

3.2.1　蜗杆传动的主要参数及其选择

蜗杆传动的主要参数有模数(module)m、压力角(pressure angle)α、蜗杆头数(number of worm threads)z_1、蜗轮齿数(number of worm gears)z_2、蜗杆分度圆直径(diameter of worm reference circle)d_1、蜗杆直径系数(diameter factor)q、蜗杆分度圆柱导程角(lead angle)γ 等。在蜗杆传动设计时,必须首先合理地选择这些参数。

1. 模数 m 与压力角 α

与齿轮传动一样,蜗杆传动也以模数作为主要计算参数。蜗杆和蜗轮啮合时,在中间平面上,蜗杆的轴向模数和轴向压力角分别与蜗轮的端面模数和端面压力角相等,并将此平面内的模数和压力角规定为标准值。即

$$m_{x1} = m_{t2} = m$$

$$\alpha_{x1} = \alpha_{t2} = \alpha$$

标准模数 m 按表 3-1 选用,而标准压力角 $\alpha = 20°$。

2. 蜗杆分度圆直径(又称中圆直径)d_1 和直径系数 q

蜗杆传动中,为了保证蜗杆与蜗轮的正确啮合,常用与蜗杆具有同样参数的蜗轮滚刀来加工与其配对的蜗轮。这样,只要有一种尺寸的蜗杆,就必须有一种对应的蜗轮滚刀。为了减少蜗轮滚刀的数目,便于刀具的标准化,就对每一标准模数规定了一定数量的蜗杆分度圆直径 d_1,d_1 与 m 的比值称为蜗杆直径系数 q,即

$$q = \frac{d_1}{m} \tag{3-1}$$

由于 d_1 与 m 均为标准值,故 q 是前两个参数的导出值,不一定是整数(见表 3-1)。

3. 蜗杆头数 z_1 及蜗轮齿数 z_2

通常蜗杆传动是以蜗杆为主动的减速传动,故传动比 i 与齿数比 u 相等,即

$$i = \frac{n_1}{n_2} = \frac{z_2}{z_1} = u \tag{3-2}$$

一般取 $z_1 = 1 \sim 4$。为减少蜗轮的齿数,以限制其直径过大,对要求实现大传动比或反行程要求自锁的蜗杆传动,取 $z_1 = 1$。若希望得到较高的效率,则应增加蜗杆的头数,但头数过多,导程加大,又会给制造带来困难。常见的蜗杆头数可根据传动比按表 3-2 选取。

为避免蜗轮在加工时产生根切,与单头蜗杆啮合的蜗轮,其齿数 $z_{2min} \geq 17$。但当 $z_2 < 26$ 时,啮合区会显著减小,将影响传动的平稳性;而在 $z_2 \geq 30$ 时,则可始终保持两对以上的齿啮合,故通常规定 $z_2 > 28$。对于动力传动,为防止蜗轮尺寸过大,造成相配蜗杆的跨距增大,降低蜗杆的弯曲刚度,故 z_2 一般不大于 80。z_1、z_2 的荐用值见表 3-2(具体选择时,还应考虑表 3-1 中的匹配关系)。

表 3-1 普通圆柱蜗杆传动的基本参数（Σ＝90°）（摘自 GB/T 10085—2018）

模数 m/mm	分度圆直径 d_1/mm	蜗杆头数 z_1	直径系数 q	m^2d_1/mm³	模数 m/mm	分度圆直径 d_1/mm	蜗杆头数 z_1	直径系数 q	m^2d_1/mm³
1.25	20	1	16.000	31.25	6.3	(80)	1,2,4	12.698	3 175
	22.4	1	17.920	35		112	1	17.778	4 445
1.6	20	1,2,4	12.500	51.2	8	(63)	1,2,4	7.875	4 032
	28	1	17.500	71.68		80	1,2,4,6	10.000	5 120
2	(18)	1,2,4	9.000	72		(100)	1,2,4	12.500	6 400
	22.4	1,2,4	11.200	89.6		140	1	17.500	8 960
	(28)	1,2,4	14.000	112	10	(71)	1,2,4	7.100	7 100
	35.5	1	17.750	142		90	1,2,4,6	9.000	9 000
2.5	(22.4)	1,2,4	8.960	140		(112)	1,2,4	11.200	11 200
	28	1,2,4,6	11.200	175		160	1	16.000	16 000
	(35.5)	1,2,4	14.200	211.88	12.5	(90)	1,2,4	7.200	14 062
	45	1	18.000	281.25		112	1,2,4	8.960	17 500
3.15	(28)	1,2,4	8.889	277.83		(140)	1,2,4	11.200	21 875
	35.5	1,2,4,6	11.270	352.25		200	1	16.000	31 250
	(45)	1,2,4	14.286	446.51	16	(112)	1,2,4	7.000	28 672
	56	1	17.778	555.66		140	1,2,4	8.750	35 840
4	(31.5)	1,2,4	7.875	504		(180)	1,2,4	11.250	46 080
	40	1,2,4,6	10.000	640		250	1	15.625	64 000
	(50)	1,2,4	12.500	800	20	(140)	1,2,4	7.000	56 000
	71	1	17.750	1 136		160	1,2,4	8.000	64 000
5	(40)	1,2,4	8.000	1 000		(224)	1,2,4	11.200	89 600
	50	1,2,4,6	10.000	1 250		315	1	15.750	126 000
	(63)	1,2,4	12.600	1 575	25	(180)	1,2,4	7.200	112 500
	90	1	18.000	2 250		200	1,2,4	8.000	125 000
6.3	(50)	1,2,4	7.936	1 984.5		(280)	1,2,4	11.200	175 000
	63	1,2,4,6	10.000	2 500.5		400	1	16.000	250 000

注：① 表中模数均系第 1 系列，$m \leqslant 1$ mm 的未列入，$m>25$ mm 的还有 31.5 mm、40 mm 两种。属于第 2 系列的模数（单位为 mm）有：1.5、3、3.5、4.5、5.5、6、7、12、14。
② 表中蜗杆分度圆直径 d_1 属于第 1 系列，$d_1 \leqslant 18$ mm 的未列入，此外还有 355 mm。属于第 2 系列的分度圆直径（单位为 mm）有：30、38、48、53、60、67、75、85、95、106、118、132、144、170、190、300。
③ 模数和分度圆直径均应优先选用第 1 系列。
④ 表中有括号的数据尽量不用。

表 3-2 蜗杆头数 z_1 与蜗轮齿数 z_2 的荐用值

传动比 i	5~8	7~16	15~32	30~83
蜗杆头数 z_1	6	4	2	1
蜗轮齿数 z_2	29~31	29~61	29~61	29~82

4. 蜗杆分度圆柱导程角 γ

在蜗杆直径系数 q 及头数 z_1 选定以后,蜗杆分度圆柱导程角就确定了。从图3-10可知

$$\tan\gamma = \frac{p_z}{\pi d_1} = \frac{z_1 p_x}{\pi d_1} = \frac{z_1 \pi m}{\pi d_1} = \frac{z_1}{q} \tag{3-3}$$

式中:p_x——蜗杆轴向齿距;

$\quad\quad p_z$——蜗杆的导程。

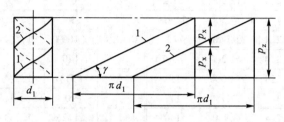

图3-10　导程角与导程的关系

导程角大,传动效率高。一般情况下,导程角 $\gamma \leqslant 3°30'$ 的蜗杆传动具有自锁性。由蜗杆传动的正确啮合条件可知,当两轴线交错角 $\Sigma = 90°$ 时,<u>导程角 γ 与蜗轮分度圆柱螺旋角</u>(helix angle at reference cylinder)β <u>应大小相等且螺旋方向相同</u>。

3.2.2　蜗杆传动变位的特点

蜗杆传动的变位方法与齿轮传动的变位方法相似,也是利用刀具相对于蜗轮毛坯的径向位移来实现的,但由于加工蜗轮的滚刀形状和尺寸要与蜗杆的齿廓形状和尺寸相同,为了保持刀具的尺寸不变,故只对蜗轮进行变位,而蜗杆的尺寸保持不变。但变位以后,蜗杆的节圆有所改变,不再与分度圆相重合,而蜗轮的节圆却始终与分度圆相重合。蜗杆传动变位的主要目的是凑中心距或凑传动比,使之符合标准值或推荐值,强度方面的考虑是次要的。

蜗杆传动装置的中心距,一般应按 GB/T 10085—2018 推荐的下列数值选取(单位为mm):

40　50　63　80　100　125　160　(180)　200　(225)　250　(280)　315　(355)　400　(450)　500

括号内的数字尽可能不用。大于 500 mm 时,可按标准尺寸 R20(公比级数为 $\sqrt[20]{10}$)优先数系选用。

蜗杆传动减速装置的传动比 i 的公称值为:

5　7.5　10　12.5　15　20　25　30　40　50　60　70　80

其中,10、20、40、80 为基本传动比,应优先选用。

根据使用场合不同,常用如下两种变位传动。

1. 凑中心距

变位前后,蜗轮的齿数保持不变,即变位前的齿数 z_2 与变位后的齿数 z_2' 相等,仅改变传动的中心距。设变位前的中心距为 a,变位后的中心距为 a',则

$$a = \frac{m}{2}(q + z_2) \tag{3-4}$$

$$a' = \frac{m}{2}(q + z_2 + 2x_2) \tag{3-5}$$

由此可求得变位系数

$$x_2 = \frac{a'}{m} - \frac{1}{2}(q + z_2) = \frac{a' - a}{m} \tag{3-6}$$

蜗轮变位系数常取 $-0.5 \leqslant x_2 \leqslant 0.5$。为了有利于蜗轮轮齿强度的提高,最好取 x_2 为正值。

2. 凑传动比

变位前后,传动的中心距不变,即 $a = a'$。用改变蜗轮的齿数 z_2 来达到传动比略作调整的目的,则变位后的蜗轮齿数 z_2' 与变位系数 x_2 的关系如下:

$$a' = \frac{m}{2}(q + z_2' + 2x_2) = \frac{m}{2}(q + z_2) = a$$

故

$$z_2' = z_2 - 2x_2$$

得变位系数

$$x_2 = \frac{z_2 - z_2'}{2} \tag{3-7}$$

3.2.3 普通圆柱蜗杆传动的几何尺寸计算

普通圆柱蜗杆传动的几何尺寸及计算公式见图 3-11 及表 3-3、表 3-4。

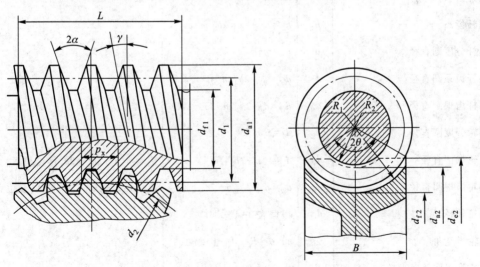

图 3-11 普通圆柱蜗杆传动的几何尺寸

表 3-3　阿基米德蜗杆传动主要几何尺寸的计算公式

名　　称	符号	计　算　公　式	备　　注
中心距	a	$a = 0.5m(q+z_2)$	$a' = 0.5m(a+z_2+2x_2)$（变位后）
蜗轮轮缘宽度	B	根据表 3-4 选择	
蜗杆的螺纹部分长度	L	根据表 3-4 中公式计算	
蜗杆轴向模数或蜗轮端面模数	m	按表 3-1 取为标准值	
蜗杆头数	z_1	设计时按表 3-2 选定	
蜗轮齿数	z_2	$z_2 = iz_1$	
传动比	i	$i = z_2/z_1$	
蜗杆直径系数	q	$q = d_1/m$	
齿顶高系数	h_a^*	$h_a^* = 1$	
蜗杆轴向齿距	p_x	$p_x = \pi m$	
蜗杆导程	p_z	$p_z = z_1 p_x$	
蜗杆轴截面齿廓压力角	α	$\alpha = 20°$	
蜗杆分度圆柱导程角	γ	$\tan\gamma = z_1/q$	
顶隙	c	$c = (0.2 \sim 0.3)m$	
蜗杆齿顶高	h_{a1}	$h_{a1} = h_a^* m$	
蜗杆齿根高	h_{f1}	$h_{f1} = h_a^* m + c$	一般 $h_{f1} = 1.2m$
蜗杆齿高	h_1	$h_1 = h_{a1} + h_{f1} = 2h_a^* m + c$	
蜗杆分度圆直径	d_1	$d_1 = qm$	
蜗杆齿顶圆直径	d_{a1}	$d_{a1} = d_1 + 2h_a^* m$	
蜗杆齿根圆直径	d_{f1}	$d_{f1} = d_1 - 2h_a^* m - 2c$	
蜗轮分度圆直径	d_2	$d_2 = z_2 m$	
蜗轮喉圆直径	d_{a2}	$d_{a2} = (z_2 + 2h_a^*)m$	$d_{a2} = m(z_2 + 2h_a^* + 2x_2)$（变位后）
蜗轮齿根圆直径	d_{f2}	$d_{f2} = d_2 - 2h_a^* m - 2c$	$d_{f2} = m(z_2 - 2h_a^* + 2x_2 - 2c)$（变位后）
蜗轮外径	d_{e2}	根据表 3-4 选取	
蜗轮齿宽角	2θ	$\sin\theta \approx B/(d_{a1} - 0.5m)$	
蜗轮齿根圆弧面半径	R_1	$R_1 = 0.5d_{a1} + c$	
蜗轮齿顶圆弧面半径	R_2	$R_2 = 0.5d_{f1} + c$	

表 3-4 蜗轮宽度 B、外径 d_{e2} 及蜗杆螺纹长度 L 的计算公式

z_1	B	d_{e2}	x_2	L	
1	≤ $0.75d_{a1}$	≤ $d_{a2}+2m$	0	≥ $(11+0.06z_2)m$	当变位系数 x_2 为中间值时，L 取 x_2 邻近两公式所求值的较大者； 经磨削的蜗杆，按左式所求的长度应再增加下列值： 当 $m<10$ mm 时，增加 25 mm； 当 $m=10\sim16$ mm 时，增加 $35\sim40$ mm； 当 $m>16$ mm 时，增加 50 mm
			−0.5	≥ $(8+0.06z_2)m$	
			−1.0	≥ $(10.5+z_1)m$	
2		≤ $d_{a2}+1.5m$	0.5	≥ $(11+0.1z_2)m$	
			1.0	≥ $(12+0.1z_2)m$	
4	≤ $0.67d_{a1}$	≤ $d_{a2}+m$	0	≥ $(12.5+0.09z_2)m$	
			−0.5	≥ $(9.5+0.09z_2)m$	
			−1.0	≥ $(10.5+z_1)m$	
			0.5	≥ $(12.5+0.1z_2)m$	
			1.0	≥ $(13+0.1z_2)m$	

3.3 蜗杆传动的受力分析、失效形式及材料选择

3.3.1 蜗杆传动的受力分析

蜗杆传动的受力分析和斜齿圆柱齿轮传动相似。为简化起见，通常不考虑摩擦力的影响。

假定作用在蜗杆齿面上的法向力 F_n 集中在点 C（图 3-12），F_n 可分解为三个相互垂直的分力：圆周力 F_t、径向力 F_r 和轴向力 F_a。由于蜗杆轴和蜗轮轴在空间交错成 $90°$，所以作用在蜗杆上的轴向力与蜗轮上的圆周力、蜗杆上的圆周力与蜗轮上的轴向力、蜗杆上的径向力与蜗轮上的径向力，分别大小相等而方向相反。

各力的大小分别为

$$F_{a1}=F_{t2}=\frac{2T_2}{d_2} \tag{3-8}$$

$$F_{t1}=\frac{2T_1}{d_1}=F_{a2} \tag{3-9}$$

$$F_{r1}=F_{r2}=F_{t2}\tan\alpha \tag{3-10}$$

$$F_n=\frac{F_{a1}}{\cos\alpha_n\cos\gamma}=\frac{F_{t2}}{\cos\alpha_n\cos\gamma}=\frac{2T_2}{d_2\cos\alpha_n\cos\gamma} \tag{3-11}$$

式中：T_1、T_2——蜗杆、蜗轮上的工作转矩（$T_2=T_1 i\eta$，i 为传动比，η 为传动效率）；

d_1、d_2——蜗杆、蜗轮的分度圆直径，mm；

α_n——蜗杆法面压力角；

γ——蜗杆分度圆柱导程角。

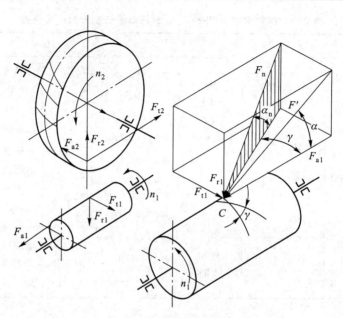

图 3-12 蜗杆传动的受力分析

在进行蜗杆传动的受力分析时,应特别注意其受力方向的判定。一般先确定蜗杆的受力方向。因为蜗杆是主动件,所以蜗杆所受的圆周力的方向总是与它的力作用点的速度方向相反;径向力的方向总是沿半径指向轴心;轴向力的方向由左(右)手定则来确定。蜗轮所受的三个分力的方向可由图3-12所示的关系确定。

3.3.2 蜗杆传动的失效形式

蜗杆传动的失效形式主要是胶合、点蚀和磨损。由于材料和结构上的原因,在一般情况下,失效多发生在蜗轮上。在闭式传动中,由于蜗杆蜗轮齿面间的相对滑动速度较高,效率低,发热量大,使润滑油黏度因温度升高而下降,润滑条件变差,容易发生胶合或点蚀。在开式传动或润滑油不清洁的闭式传动中,蜗轮轮齿的磨损是主要的失效形式。

3.3.3 材料选择

蜗杆、蜗轮材料的选择首先应满足强度要求,同时针对蜗杆传动的主要失效形式,蜗杆、蜗轮的材料组合应具有良好的减摩和耐磨性能。对于闭式传动,蜗杆、蜗轮材料还要注意抗胶合性能。

蜗杆材料一般选用碳素钢或合金钢,并采用适当的热处理。对高速重载的蜗杆传动,蜗杆材料常用 20Cr、20CrMnTi、12CrNi3A(渗碳淬火到 58~63 HRC);也可用 40、45 钢和40Cr、40CrNi、42SiMn(表面淬火到 45~55 HRC)。淬火后磨削,表面粗糙度 Ra 值为1.6 μm、0.8 μm 或更小。一般不太重要的低速中载蜗杆,多采用 45、40 等碳素钢调质处理,其硬度为 220~300 HBW。

在高速或重要的蜗杆传动中,蜗轮材料常用铸锡磷青铜(ZCuSn10P1)。这种材料的特点是减摩和耐磨性好,抗胶合能力强;但其强度较低,价格较贵。一般其允许滑动速度 $v_s \leqslant 25$ m/s。在滑动速度 $v_s < 12$ m/s 时的蜗杆传动中,可采用含锡量低的铸锡锌铅青铜(ZCuSn5Pb5Zn5)。另外,还有铸铝铁青铜(ZCuAl10Fe3),它的抗胶合能力远比锡青铜差,但强度较高,价格便宜,一般用于 $v_s \leqslant 4$ m/s 的传动中。在低速轻载、滑动速度 $v_s \leqslant 2$ m/s 时,蜗轮可用灰铸铁(HT150 或 HT200)制造。为了防止变形,常对蜗轮进行时效处理。

3.4 普通圆柱蜗杆传动的设计计算

因为蜗杆传动的失效一般发生在蜗轮上,所以只需进行蜗轮轮齿的强度计算。蜗杆的强度可按轴的强度计算方法进行,必要时还要进行蜗杆的刚度校核。

实践证明,一般情况下,蜗轮轮齿很少发生弯曲疲劳折断,只有当蜗轮齿数 $z_2 > 80 \sim 100$ 时,才进行弯曲疲劳强度计算。因此对闭式蜗杆传动,仅按齿面接触疲劳强度进行设计,而无须校核蜗轮轮齿的弯曲强度。

3.4.1 蜗轮齿面接触疲劳强度计算

由于阿基米德圆柱蜗杆传动可近似地看作齿条和齿轮的啮合传动,因此一般普通圆柱蜗杆传动的蜗轮齿面的接触疲劳强度计算与斜齿圆柱齿轮传动相似,仍以赫兹公式为原始公式,并按节点啮合的条件进行计算。即

$$\sigma_H = \sqrt{\frac{1}{\pi\left(\frac{1-\mu_1^2}{E_1}+\frac{1-\mu_2^2}{E_2}\right)}\frac{KF_n}{L\rho_\Sigma}} = Z_E\sqrt{\frac{P_c}{\rho_\Sigma}} \tag{3-12}$$

式中:P_c——齿面接触线单位长度上的计算载荷,N/mm;

ρ_Σ——综合曲率半径,mm;

Z_E——弹性系数,$\sqrt{\text{MPa}}$,对于青铜或铸铁蜗轮与钢蜗杆配对时,取 $Z_E = 160\sqrt{\text{MPa}}$。

其余符号意义同齿轮传动设计一章。

1. 齿面接触线单位长度上的计算载荷

$$P_c = \frac{KF_n}{L}$$

式中:K——载荷系数,因蜗杆传动平稳,故设计时可取 $K = K_A$,K_A 为使用系数,同齿轮传动,见表 2-1;

L——接触线长度,mm。

由于蜗轮轮齿是沿齿宽做成弧形包在蜗杆上的,并考虑重合度和接触线长度的变化,因而其最小接触线长度为

$$L_{min} = \xi\varepsilon_\alpha\frac{2\pi d_1\theta}{360°\cos\gamma}$$

式中:ξ——接触线长度变化系数;

ε_α——端面重合度,$\varepsilon_\alpha = 1.8 \sim 2.2$;

2θ——蜗轮齿宽角。

现取平均值,使 $\xi = 0.75$,$\varepsilon_\alpha = 2$,$2\theta = 100°$,则最小接触线长度为

$$L_{\min} = \frac{1.31 d_1}{\cos \gamma}$$

$$P_c = \frac{2 K_A T_2}{d_2 \cos \gamma \cos \alpha_n} \frac{\cos \gamma}{1.31 d_1} = \frac{1.62 K_A T_2}{d_1 d_2} \tag{3-13}$$

2. 综合曲率半径 ρ_Σ

由于蜗杆的齿形在中间平面为直齿齿条,故 $\rho_1 = \infty$,并取 $\sin \alpha_n \approx \sin \alpha \cos \gamma$,则

$$\rho_\Sigma = \frac{d_2 \sin \alpha}{2 \cos \gamma}$$

蜗杆分度圆柱导程角 γ 一般取 $3.5° \sim 27°$,则 $\cos \gamma = 0.998 \sim 0.891$,取平均值,使 $\cos \gamma = 0.95$,则节点处的综合曲率半径为

$$\rho_\Sigma = 0.526 d_2 \sin \alpha \tag{3-14}$$

3. 齿面接触疲劳强度的校核及设计公式

将式(3-13)、式(3-14)代入式(3-12),并取 $\alpha = 20°$,得蜗杆传动齿面接触疲劳强度的校核公式为

$$\sigma_H = Z_E \sqrt{\frac{9 K_A T_2}{m^2 d_1 z_2^2}} \leqslant \sigma_{HP} \tag{3-15}$$

将上式整理后,得蜗杆传动齿面接触疲劳强度的设计公式为

$$m^2 d_1 \geqslant 9 K_A T_2 \left(\frac{Z_E}{z_2 \sigma_{HP}} \right)^2 \tag{3-16}$$

设计时,由上式求出 $m^2 d_1$ 后,按表3-1查出相应的 m、d_1 及 q 值,作为蜗杆传动的设计参数。

4. 许用接触应力

(1)当蜗轮材料为强度极限 $\sigma_B < 300$ MPa 的青铜,而蜗杆材料为钢时,传动的承载能力常取决于蜗轮的接触疲劳强度。表3-5为应力循环次数 $N = 10^7$ 时,材料的基本许用接触应力为 σ'_{HP}。当应力循环次数 $N \neq 10^7$ 时,表3-5中的 σ'_{HP} 应乘以寿命系数 Z_N,即 $\sigma_{HP} = Z_N \sigma'_{HP}$。若 t_h 为工作时间(h),n 为蜗轮的转速(r/min),则寿命系数 Z_N 由下式确定:

$$Z_N = \sqrt[8]{\frac{10^7}{N}}, \quad N = 60 n_2 t_h \tag{3-17}$$

若 $N > 25 \times 10^7$,则取 $N = 25 \times 10^7$。

表 3-5　蜗轮常用材料 $N=10^7$ 时的基本许用接触应力 σ'_{HP}　　MPa

蜗轮材料	铸造方法	适用的滑动速度 $v_s/(m/s)$	力学性能		σ'_{HP} 蜗杆齿面硬度		应用范围
			$\sigma_{0.2}$	σ_B	≤350 HBW	>45 HRC	
铸锡磷青铜 ZCuSn10P1	砂模 金属模	≤12 ≤25	130 170	220 310	180 200	200 220	重载 长期 连续 工作
铸锡锌铅青铜 ZCuSn5Pb5Zn5	砂模 金属模	≤10 ≤12	90 100	200 250	110 135	125 150	
铸铝铁青铜 ZCuAl10Fe3	砂模 金属模	≤10	180 200	490 540	见表 3-6		速度 较低时
铸铝铁锰青铜 ZCuAl10Fe3Mn2	砂模 金属模	≤10	—	490 540			
HT150	砂模	≤2	—	150			载荷小 而直径 大的传动
HT200	砂模	≤2~2.5	—	200			
HT250	砂模	≤2~5	—	250			

（2）当蜗轮的材料为铸铁或强度极限 $\sigma_B>300$ MPa 的青铜时，传动的承载能力常取决于蜗轮的抗胶合能力。目前尚无成熟的胶合计算方法，但胶合的产生与接触应力的大小密切相关，所以仍按接触疲劳强度的计算公式设计，但许用应力的大小与应力循环次数无关，而与齿面间的相对滑动速度 v_s 有关，其许用接触应力 σ_{HP} 可按表 3-6 选取。

表 3-6 中的 σ_{HP} 值是在良好跑合与润滑的条件下给出的，若不满足此条件，表中的数据应降低 30% 左右。

表 3-6　铸铁或铸锡青铜（$\sigma_B>300$ MPa）蜗轮的许用接触应力 σ_{HP}　　MPa

材　料		滑动速度 $v_s/(m/s)$							
蜗　轮	蜗　杆	0.25	0.5	1	2	3	4	6	8
ZCuAl9Fe4 ZCuAl10Fe3	钢（淬火）*	—	250	230	210	180	160	120	90
ZCuZn38Mn2Pb2	钢（淬火）*	—	215	200	180	150	135	95	75
HT200 HT150 （120~150 HBW）	渗碳钢	160	130	115	90	—	—	—	—
HT150 （120~150 HBW）	钢（调质或正火）	140	110	90	70	—	—	—	—

注：带 * 蜗杆未经淬火时，表中值需降低 20%。

3.4.2　蜗杆的刚度计算

蜗杆受力后，若变形过大，将引起蜗杆牙齿上的载荷集中，影响蜗杆与蜗轮的正确啮合,因此蜗杆需要进行刚度校核。通常将蜗杆的螺旋部分,看作以齿根圆直径为直径的轴段,主要是校核弯曲刚度。其最大弯曲挠度 y 可按下式作近似计算:

$$y=\frac{\sqrt{F_{t1}^2+F_{r1}^2}}{48EI}L'^3\leqslant[y] \tag{3-18}$$

式中: F_{t1}、F_{r1}——蜗杆所受的圆周力和径向力,N;

　　　E——蜗杆材料的弹性模量,MPa;

　　　I——蜗杆危险截面的惯性矩, $I=\pi d_{f1}^4/64$,mm^4,其中 d_{f1} 为蜗杆的齿根圆直径,mm;

　　　L'——蜗杆两端支承间的跨距,mm,初步计算时可取 $L'\approx0.9d_2$,其中 d_2 为蜗轮分度圆直径,mm;

　　　$[y]$——最大许用挠度,mm,一般取 $[y]=d_1/1\ 000$,其中 d_1 为蜗杆分度圆直径,mm。

* 3.5　圆弧圆柱蜗杆传动的设计计算

3.5.1　概述

　　圆弧圆柱蜗杆(ZC 蜗杆)传动是一种非直纹面圆柱蜗杆,在中间平面上蜗杆的齿廓为凹圆弧,与之相配的蜗轮齿廓为凸圆弧,如图 3-13 所示。

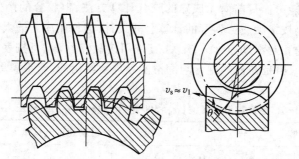

图 3-13　圆弧圆柱蜗杆传动

　　ZC 蜗杆传动分为圆环面包络圆柱蜗杆传动和轴向圆弧齿圆柱蜗杆传动两种类型。前者又分为 ZC$_1$ 和 ZC$_2$ 蜗杆传动两种形式;后者称为 ZC$_3$ 蜗杆传动。本节介绍 ZC$_3$ 蜗杆传动,若不特别指明圆弧圆柱蜗杆传动的种类,即为 ZC$_3$ 蜗杆传动。这种传动已广泛应用于冶金、矿山、化工、建筑、起重等机械设备的减速机构中。

　　1. ZC$_3$ 蜗杆的加工原理

　　如图 3-14 所示,蜗杆齿面是由蜗杆轴向平面内一段凹圆弧绕蜗杆轴线作螺旋运动时形成的,也就是将凸圆弧车刀置于蜗杆轴向平面内,车刀绕蜗杆轴线作相对螺旋运动时形成的轨迹曲面。

　　2. ZC$_3$ 蜗杆传动的特点

　　(1) 蜗杆与蜗轮两共轭齿面是凹凸啮合,增大了综合曲率半径,因而单位齿面接触应力减小,接触强度得以提高。

　　(2) 瞬时啮合时的接触线方向与相对滑动方向的夹角(润滑角)大,易于形成和保持共轭齿面间的动压油膜,使摩擦系数小、齿面磨损少,传动效率可达 90% 以上。

　　(3) 在蜗杆强度不削弱的情况下,能增大蜗轮的齿根厚度(图 3-15),提高蜗轮的弯曲强度。

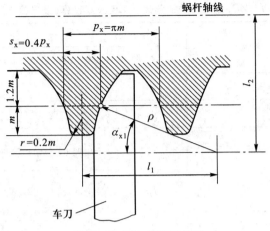

图 3-14 ZC₃ 蜗杆的加工

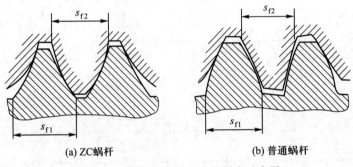

图 3-15 蜗杆与蜗轮的齿根厚度示意图

（4）传动比范围大（$i_{max} = 100$），制造工艺简单，结构与普通圆柱蜗杆相似，且重量轻。

（5）传动中心距难以调整，对中心距误差的敏感性较强。

3.5.2 ZC₃ 蜗杆传动的参数及几何尺寸计算

ZC₃ 蜗杆的基准齿形如图 3-16 所示，其齿形参数及几何尺寸见表 3-7。主要参数有 ρ、x_2 和 α_{x1}，可按下述推荐的范围选取。

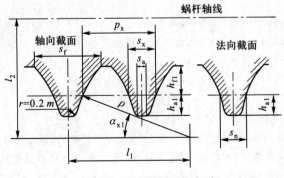

图 3-16 ZC₃ 蜗杆基准齿形

表 3-7 ZC₃蜗杆传动的参数及几何尺寸计算(参见图 3-16)

名　称	代号	公　式
蜗杆轴向齿厚	s_x	$s_x = 0.4\pi m$,这里 m 为模数,下同
蜗杆法向齿厚	s_n	$s_n = s_x \cos \gamma$
蜗杆轴向齿距	p_x	$p_x = \pi m$
圆弧中心坐标值	l_1	$l_1 = \rho \cos \alpha_{x1} + \dfrac{1}{2} s_x = \rho \cos \alpha_{x1} + 0.2\pi m$
	l_2	$l_2 = \rho \sin \alpha_{x1} + \dfrac{1}{2} d_1$
蜗杆轴向齿顶厚	s_a	$s_a = 2\left[l_1 - \sqrt{\rho^2 - \left(l_2 - \dfrac{1}{2} d_{a1} \right)^2} \right]$
蜗杆轴向齿根厚	s_f	$s_f = 2\left[l_1 - \sqrt{\rho^2 - \left(l_2 - \dfrac{1}{2} d_{f1} \right)^2} \right]$
齿顶高	h_a	$h_a = m$
齿根高	h_f	$h_f = 1.2m$
齿全高	h	$h = 2.2m$
顶隙	c	$c = 0.2m$
蜗杆分度圆柱导程角	γ	$\gamma = \arctan(z_1/q)$
蜗杆法向模数	m_n	$m_n = m \cos \gamma$
中心距	a	$a = \dfrac{1}{2} m(z_2 + q + 2x_2)$
齿廓圆弧半径最小界限值	ρ_{min}	$\rho_{min} \geqslant \dfrac{h_a}{\sin \alpha_{x1}}$

注:曲率半径 ρ、变位系数 x_2 及轴向齿形角 α_{x1} 的取值在正文中作介绍。

(1) 蜗杆轴向齿廓(axial tooth profile)曲率半径 ρ

ρ 值的大小直接影响接触线的形状、当量曲率半径的大小、啮合区的大小和齿廓的形状。其推荐值为

$$\rho = (5 \sim 5.5)m \quad (m \text{ 为模数})$$

ρ 值随蜗杆头数 z_1 的增大而增大。当 $z_1 = 1 \sim 2$ 时,$\rho = 5m$;当 $z_1 = 3$ 时,$\rho = 5.3m$;当 $z_1 = 4$ 时,$\rho = 5.5m$。

(2) 变位系数 x_2

变位系数的大小显著影响承载能力。x_2 增大,当量曲率半径增大,接触线与相对滑动速度之间的夹角增大,避免根切,提高弯曲强度,改善润滑条件,但使啮合区和最小接触长度减小,蜗轮齿顶变尖。为避免根切,应使 $x_{2min} \geqslant 0.5$;为避免蜗轮齿顶变尖,应使 $x_{2min} \leqslant 1.5$。所以 x_2 的推荐范围为 $0.5 \sim 1.5$。通常 $z_1 > 2$ 时,取 $x_2 = 0.7 \sim 1.2$;$z_1 \leqslant 2$ 时,取 $x_2 = 1 \sim 1.5$。

x_2 的取值,还应根据设备的具体要求和工作状况来确定。转速较高和蜗轮齿数大于 50 时,取 x_2 = 1~1.5;转速较低、蜗轮齿数少于 50、负荷率小、起动次数多、冲击载荷较大时,取 $x_2 = 0.5 \sim 1$。

（3）轴向齿形角 α_{x1}

根据啮合分析,推荐 $\alpha_{x1} = 20° \sim 24°$,通常取 $\alpha_{x1} = 23°$。

3.5.3　圆弧圆柱蜗杆传动的强度计算

圆弧圆柱蜗杆传动的受力状态与普通圆柱蜗杆传动相同,故其主要失效形式及计算准则也大体相同。由于蜗轮的强度相对较弱,故主要对蜗轮进行强度计算;又由于蜗轮轮齿的弯曲强度远高于齿面接触强度,故通常只计算齿面接触强度;当箱体结构设计合理时,通常也不必进行热平衡计算。

在进行接触强度计算前,若已知蜗杆传递功率 P_1（kW）、转速 n_1（r/min）、传动比 i（或输出轴转速）及载荷的变化规律等,则可按图 3-17 初步确定传动的中心距 a（mm）。

图 3-17 是按磨削的淬火钢蜗杆与锡青铜蜗轮绘制的曲线,在其他情况下,可传递的功率 P_1 随 σ_{Hlim} 的增减而增减。

按图 3-17 查得中心距之后,还应满足表 3-8 蜗杆蜗轮啮合参数搭配关系。ZC 蜗杆传动基本几何尺寸计算关系式见表 3-9。

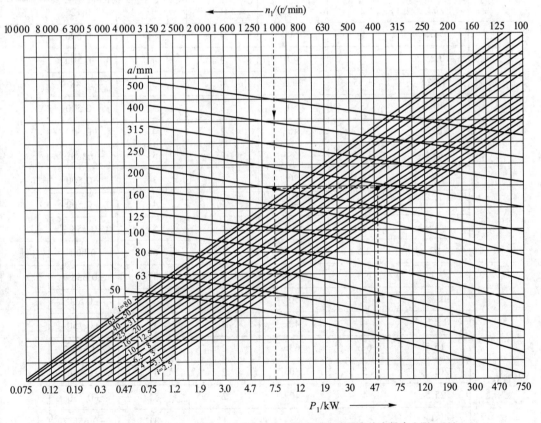

用法举例:已知 P_1=53 kW,i=10,n_1=1 000 r/min,可按箭头方向沿虚线查得中心距 a=200 mm。

图 3-17　齿面接触疲劳强度计算线图

表 3-8 蜗杆蜗轮啮合参数搭配(摘自 GB/T 10085—2018)

中心距 a/mm	传动比 i	模数 m/mm	蜗杆分度圆直径 d_1/mm	蜗杆头数 z_1	蜗轮齿数 z_2	蜗轮变位系数 x_2	说明
80	7.75	4	40	4	31	−0.500	
	9.75*	3.15	35.5	4	39	+0.261 9	
	13.25	2.5	28	4	53	−0.100	
	15.5	4	40	2	31	−0.500	
	19.5*	3.15	35.5	2	39	+0.261 9	
	26.5	2.5	28	2	53	−0.100	
	31	4	40	1	31	−0.500	
	39*	3.15	35.5	1	39	+0.261 9	
	53	2.5	28	1	53	−0.100	
	62	2	35.5	1	62	+0.125	自锁
100	7.75	5	50	4	31	−0.500	
	10.25*	4	40	4	41	−0.500	
	13.25	3.15	35.5	4	53	−0.388 9	
	15.5	5	50	2	31	−0.500	
	20.5*	4	40	2	41	−0.500	
	26.5	3.15	35.5	2	53	−0.388 9	
	31	5	50	1	31	−0.500	
	41*	4	40	1	41	−0.500	
	53	3.15	35.5	1	53	−0.388 9	
	62	2.5	45	1	62	0.000	自锁
125	7.75	6.3	63	4	31	−0.658 7	
	10.25*	5	50	4	41	−0.500	
	12.75	4	40	4	51	+0.750	
	15.5	6.3	63	2	31	−0.658 7	
	20.5*	5	50	2	41	−0.500	
	25.5	4	40	2	51	+0.750	
	31	6.3	63	1	31	−0.658 7	
	41*	5	50	1	41	−0.500	
	51	4	40	1	51	+0.750	
	62	3.15	56	1	62	−0.206 3	自锁

续表

中心距 a/mm	传动比 i	模数 m/mm	蜗杆分度圆直径 d_1/mm	蜗杆头数 z_1	蜗轮齿数 z_2	蜗轮变位系数 x_2	说明
160	7.75	8	80	4	31	−0.500	
	10.25*	6.3	63	4	41	−0.103 2	
	13.25	5	50	4	53	+0.500	
	15.5	8	80	2	31	−0.500	
	20.5*	6.3	63	2	41	−0.103 2	
	26.5	5	50	2	53	+0.500	
	31	8	80	1	31	−0.500	
	41*	6.3	63	1	41	−0.103 2	
	53	5	50	1	53	+0.500	
	62	4	71	1	62	+0.125	自锁
200	7.75	10	90	4	31	0.000	
	10.25*	8	80	4	41	−0.500	
	13.25	6.3	63	4	53	+0.246	
	15.5	10	90	2	31	0.000	
	20.5*	8	80	2	41	−0.500	
	26.5	6.3	63	2	53	+0.246	
	31	10	90	1	31	0.000	
	41*	8	80	1	41	−0.500	
	53	6.3	63	1	53	+0.246	
	62	5	90	1	62	0.000	自锁
250	7.75	12.5	112	4	31	+0.020	
	10.25*	10	90	4	41	0.000	
	13	8	80	4	52	+0.250	
	15.5	12.5	112	2	31	+0.020	
	20.5*	10	90	2	41	0.000	
	26	8	80	2	52	+0.250	
	31	12.5	112	1	31	+0.020	
	41*	10	90	1	41	0.000	

注:① 本表中所指的自锁,只有在静止状态和无振动时才能保证;

②带 * 的传动比为基本传动比,应优先采用。

表 3-9   ZC 蜗杆传动基本几何参数计算关系表

名　称	代号	公式及说明
中心距	a	$a=\dfrac{1}{2}m(z_2+q+2x_2)$，满足强度要求，按表 3-8 选取
传动比	i	$i=n_1/n_2=z_2/z_1$
模数	m	m 按表 3-8 选取
蜗杆直径系数	q	$q=d_1/m$
蜗轮变位系数	x_2	$x_2=\dfrac{a}{m}-\dfrac{q+z_2}{2}$
蜗杆分度圆直径	d_1	$d_1=qm$，按表 3-8 选取，与 m 搭配
蜗轮分度圆直径	d_2	$d_2=mz_2$，变位后 $d_2=2a-d_1-2x_2m$
蜗杆节圆直径	d_1'	$d_1'=d_1+2mx_2=m(q+2x_2)$
蜗杆齿顶圆直径	d_{a1}	$d_{a1}=d_1+2m$
蜗杆齿根圆直径	d_{f1}	$d_{f1}=d_1-2.4m$
蜗轮齿顶圆直径	d_{a2}	$d_{a2}=d_2+2m+2x_2m$
蜗轮齿根圆直径	d_{f2}	$d_{f2}=d_2-2.4m+2x_2m$
蜗轮外圆直径	d_{e2}	$d_{e2}\leqslant d_{a2}+(0.8\sim1)m$，取整数值
蜗轮齿宽	B	$B=(0.67\sim0.7)d_{a1}$，取整数值
蜗杆螺纹长度	L	$z_1=1\sim2$：$x_2<1$ 时，$L\geqslant(12.5+0.1z_2)m$；$x_2\geqslant1$ 时，$L\geqslant(13+0.1z_2)m$；$z_1=3\sim4$：$x_2<1$ 时，$L=(13.5+0.1z_2)m$；$x_2\geqslant1$ 时，$L\geqslant(14+0.1z_2)m$。对磨削蜗杆 b_1 的加长量：$m\leqslant6$，加长 20 mm；$m=7\sim9$，加长 30 mm；$m=10\sim14$，加长 40 mm；$m=16\sim55$，加长 50 mm

3.6   蜗杆传动的效率、润滑及热平衡计算

3.6.1   蜗杆传动的效率

闭式蜗杆传动的总效率（total efficiency）η 包括：轮齿啮合的效率 η_1、轴承的效率 η_2 和浸入油中零件的搅油损耗的效率 η_3，即

$$\eta = \eta_1\eta_2\eta_3 \tag{3-19}$$

当蜗杆主动时，η_1 可近似地按螺旋副的效率计算，即

$$\eta_1 = \frac{\tan \gamma}{\tan (\gamma+\rho_v)} \tag{3-20}$$

式中：ρ_v——当量摩擦角（equivalent friction angle）。

当量摩擦角 $\rho_v = \arctan f_v$，根据相对滑动速度 v_s（m/s）由表 3-10 选取。相对滑动速度 v_s 由图 3-18 可得

$$v_s = \frac{v_1}{\cos \gamma} = \frac{\pi d_1 n_1}{60\times 1\,000\cos \gamma} \tag{3-21}$$

式中：d_1——蜗杆分度圆直径，mm；

　　　n_1——蜗杆的转速，r/min。

表 3-10　普通圆柱蜗杆传动的 v_s、f_v、ρ_v 值

蜗轮齿圈材料	锡青铜				无锡青铜		灰铸铁			
蜗杆齿面硬度	≥45 HRC		其他		≥45 HRC		≥45 HRC		其他	
滑动速度 $v_s^{①}$/(m/s)	$f_v^{②}$	$\rho_v^{②}$	f_v	ρ_v	$f_v^{②}$	$\rho_v^{②}$	$f_v^{②}$	$\rho_v^{②}$	f_v	ρ_v
0.01	0.110	6°17′	0.120	6°51′	0.180	10°12′	0.180	10°12′	0.190	10°45′
0.05	0.090	5°09′	0.100	5°43′	0.140	7°58′	0.140	7°58′	0.160	9°05′
0.10	0.080	4°34′	0.090	5°09′	0.130	7°24′	0.130	7°24′	0.140	7°58′
0.25	0.065	3°43′	0.075	4°17′	0.100	5°43′	0.100	5°43′	0.120	6°51′
0.50	0.055	3°09′	0.065	3°43′	0.090	5°09′	0.090	5°09′	0.100	5°43′
1.0	0.045	2°35′	0.055	3°09′	0.070	4°00′	0.070	4°00′	0.090	5°09′
1.5	0.040	2°17′	0.050	2°52′	0.065	3°43′	0.065	3°43′	0.080	4°34′
2.0	0.035	2°00′	0.045	2°35′	0.055	3°09′	0.055	3°09′	0.070	4°00′
2.5	0.030	1°43′	0.040	2°17′	0.050	2°52′				
3.0	0.028	1°36′	0.035	2°00′	0.045	2°35′				
4	0.024	1°22′	0.031	1°47′	0.040	2°17′				
5	0.022	1°16′	0.029	1°40′	0.035	2°00′				
8	0.018	1°02′	0.026	1°29′	0.030	1°43′				
10	0.016	0°55′	0.024	1°22′						
15	0.014	0°48′	0.020	1°09′						
24	0.013	0°45′								

① 如滑动速度与表中数值不一致时，可用插入法求得 f_v 和 ρ_v 的值。

② 当蜗杆齿面粗糙度 Ra 值为 0.8~0.2 μm，经过仔细跑合，正确安装，并采用黏度合适的润滑油进行充分润滑时的值。

导程角 γ 是影响蜗杆传动啮合效率最主要的参数之一，从图 3-19 可以看出，η_1 随 γ 增大而提高，但到一定值后即下降。若 $\gamma>28°$，η_1 随 γ 的变化就比较缓慢，而大导程角的蜗杆制造也比较困难，所以一般选取 $\gamma<28°$。

由于轴承摩擦及浸入油中零件搅油所损耗的功率不大，一般 $\eta_2\eta_3 = 0.95~0.96$，故其总效率为

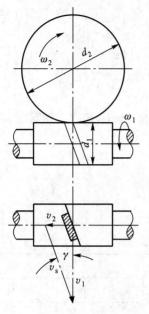

图 3-18 蜗杆传动的相对滑动速度

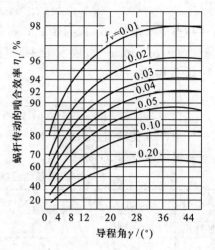

图 3-19 蜗杆传动的效率与蜗杆导程角的关系

$$\eta = (0.95 \sim 0.96) \frac{\tan \gamma}{\tan(\gamma + \rho_v)} \tag{3-22}$$

设计之初,为求出蜗轮轴上的转矩 T_2,可根据蜗杆头数 z_1 对效率作如下估取:当 $z_1 = 1$ 时,$\eta = 0.7$;当 $z_1 = 2$ 时,$\eta = 0.8$;当 $z_1 = 3$ 时,$\eta = 0.85$;当 $z_1 = 4$ 时,$\eta = 0.9$。

3.6.2 蜗杆传动的润滑

润滑对蜗杆传动十分重要,为减少磨损和防止产生胶合,往往用黏度大的矿物油进行良好的润滑,在润滑油中常加入添加剂,使其提高抗胶合能力。

闭式蜗杆传动使用的润滑油黏度和润滑方法,主要根据相对滑动速度和工作条件来选择,见表 3-11。开式蜗杆传动常采用黏度较高的齿轮油或润滑脂。

表 3-11 蜗杆传动的润滑油黏度荐用值及供油方法

蜗杆传动的滑动速度 v_s/(m/s)	0~1	0~2.5	0~5	>5~10	>10~15	>15~25	>25
工作条件	重载	重载	中载	—	—	—	—
运动黏度 ν_{40}/(mm²/s)	900	500	350	220	150	100	80
给油方法	浸油润滑			喷油润滑或浸油润滑	喷油润滑时的喷油压力/MPa		
					0.7	2	3

闭式蜗杆传动采用浸油润滑时,蜗杆宜布置在下方,浸入油中的深度至少为蜗杆的一个齿高,且油面不应超过滚动轴承最低滚动体的中心。只有当受结构布局的限制及其他

一些特殊情况时,才采用蜗杆布置在上方的结构。这时,浸入油池的蜗轮深度允许达到蜗轮半径的三分之一。如果采用喷油润滑,油嘴要对准蜗杆啮入端;蜗杆正反转时,两边都要装喷油嘴。

3.6.3　蜗杆传动的热平衡计算

由于蜗杆传动的效率低,工作时会产生大量的热。在闭式蜗杆传动中,若散热不良,会因油温不断升高,使润滑失效而导致齿面胶合。所以,对闭式蜗杆传动要进行热平衡(heat balance)计算,以保证油温能稳定在规定的范围内。

由摩擦损耗的功率 $= P_1(1-\eta)$,在单位时间内的发热量为

$$Q_1 = 1\ 000P_1(1-\eta)$$

式中:P_1——蜗杆传递的功率,kW;

η——蜗杆传动的总效率。

若为自然冷却方式,则热量从箱体外壁散发到周围空气中,其单位时间内的散热量(heat emission)为

$$Q_2 = \alpha_s A(t_1 - t_0)$$

式中:α_s——箱体的表面传热系数,$\alpha_s = 12 \sim 18\ \mathrm{W/(m^2 \cdot ℃)}$,通风条件良好时取大值;

A——散热面积(radiation area),$\mathrm{m^2}$,即箱体内表面被油浸着或油能溅到且外表面又被空气所冷却的箱体表面积,凸缘及散热片的散热面积按其表面积的 50% 计算;

t_0——环境温度,℃,在常温下可取 $t_0 = 20℃$;

t_1——达到热平衡时的油温,℃。

热平衡的条件是 $Q_1 = Q_2$,由此可求得达到热平衡时的油温为

$$t_1 = \frac{1\ 000P_1(1-\eta)}{\alpha_s A} + t_0 \qquad (3-23)$$

一般可限制 $t_1 = 60 \sim 70℃$,最高不超过 80℃。若 t_1 超过允许值,可采取以下措施,以增加传动的散热能力。

(1)在箱体外壁增加散热片,以增大散热面积 A,加散热片时,还应注意散热片配置的方向要有利于热传导。

(2)在蜗杆轴端设置风扇(图 3-20a),进行人工通风,以增大表面传热系数 α_s,此时 $\alpha_s = 20 \sim 28\ \mathrm{W/(m^2 \cdot ℃)}$。

(3)若采用上述办法后还不能满足散热要求,可在箱体油池中装设蛇形冷却管(图 3-20b)。

(4)采用压力喷油循环润滑(图 3-20c)。

初步计算时,箱体有较好散热片时,可用下式估算其散热面积:

$$A = 9 \times 10^{-5} a^{1.88} \qquad (3-24)$$

式中:A——散热面积,$\mathrm{m^2}$;

a——中心距,mm。

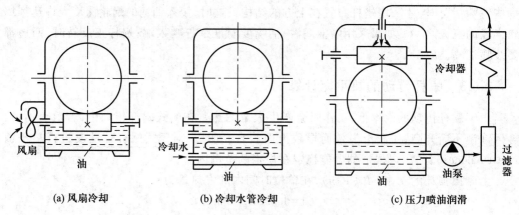

(a) 风扇冷却　　　　　(b) 冷却水管冷却　　　　　(c) 压力喷油润滑

图 3-20　蜗杆减速器的冷却方法

3.7　蜗杆和蜗轮的结构设计

1. 蜗杆的结构设计

蜗杆通常与轴制成一体,称为蜗杆轴,如图 3-21 所示。图 3-21a 所示的结构无退刀槽,加工螺旋部分时只能用铣制的办法;图 3-21b 所示的结构有退刀槽,螺旋部分可以用车削或铣削加工,但其刚度比图 3-21a 所示结构稍差。

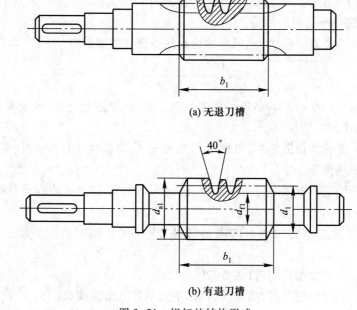

(a) 无退刀槽

(b) 有退刀槽

图 3-21　蜗杆的结构形式

2. 蜗轮的结构设计

蜗轮可以制成整体式结构(图 3-22a),但为了节省铜合金,对直径较大的蜗轮通常采用组合式结构,即齿圈用铜合金,而轮芯用钢或铸铁制成(图 3-22b)。采用组合式结构时,齿圈和轮芯间可用过盈配合连接,并沿接合面圆周装 4~8 个螺钉;齿圈和轮芯也可用铰制孔用螺栓连接(图 3-22c),这种结构常用于尺寸较大或磨损后需更换齿圈的场合。对于成批造的蜗轮,常在铸铁轮芯上浇铸出青铜齿圈(图 3-22d)。

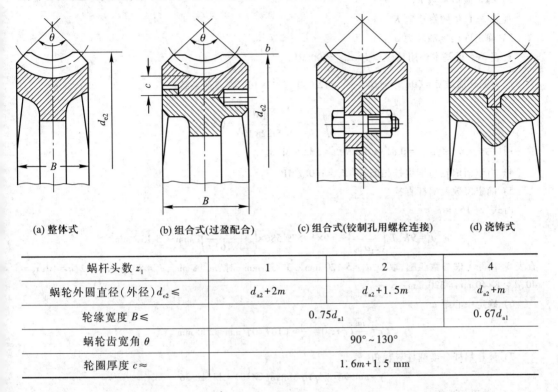

(a) 整体式　　　　(b) 组合式(过盈配合)　　　(c) 组合式(铰制孔用螺栓连接)　　　(d) 浇铸式

蜗杆头数 z_1	1	2	4
蜗轮外圆直径(外径) $d_{e2} \leqslant$	$d_{a2}+2m$	$d_{a2}+1.5m$	$d_{a2}+m$
轮缘宽度 $B \leqslant$	0.75d_{a1}		0.67d_{a1}
蜗轮齿宽角 θ	90°~130°		
轮圈厚度 $c \approx$	1.6m+1.5 mm		

图 3-22　蜗轮的结构

3.8　蜗杆传动设计的实例分析及设计时应注意的事项

3.8.1　蜗杆传动设计的实例分析

例 3-1　试设计一混料机用的闭式蜗杆传动。已知:蜗杆的输入功率 $P=5.5$ kW,转速 $n=1\,450$ r/min,传动比 $i=20$,载荷稳定无冲击,预计使用寿命为 $t_h=12\,000$ h。

解　(1) 选择材料

蜗杆采用 45 钢,表面高频淬火,硬度为 45~55 HRC,蜗轮材料采用 ZCuSn10P1,砂模铸造。

(2) 确定主要参数 z_1、z_2

查表 3-2,取 $z_1=2$,则 $z_2=iz_1=20\times2=40$。

(3) 按齿面接触强度设计

1) 作用在蜗轮上的转矩 T_2

按 $z_1=2$ 估取 $\eta=0.8$,则

$$T_2 = T_1 i\eta = 9.55 \times 10^6 \frac{P_1}{n_1} i\eta$$

$$= 9.55 \times 10^6 \times \frac{5.5}{1\,450} \times 20 \times 0.8 \text{ N} \cdot \text{mm} = 579\,586 \text{ N} \cdot \text{mm}$$

2）确定载荷系数 K_A

查表 2-1，依题意选取 $K_A = 1$。

3）确定许用接触应力 σ_{HP}

查表 3-5 得基本许用接触应力 $\sigma'_{HP} = 200$ MPa。

应力循环次数 $N = 60 n_2 t_h = 60 \times \dfrac{1\,450}{20} \times 12\,000 = 5.22 \times 10^7$，则寿命系数

$$Z_N = \sqrt[8]{\frac{10^7}{N}} = \sqrt[8]{\frac{10^7}{5.22 \times 10^7}} = 0.813$$

故许用应力 $\sigma_{HP} = Z_N \sigma'_{HP} = 0.813 \times 200$ MPa $= 162.6$ MPa。

4）由于铜蜗轮与钢蜗杆相配，得 $Z_E = 160 \sqrt{\text{MPa}}$

5）确定模数及蜗杆直径

由式（3-16）得

$$m^2 d_1 = 9 K_A T_2 \left(\frac{Z_E}{z_2 \sigma_{HP}}\right)^2 = 9 \times 1 \times 579\,586 \times \left(\frac{160}{40 \times 162.6}\right)^2 \text{ mm}^3 = 3\,157 \text{ mm}^3$$

查表 3-1，并考虑参数匹配，取 $m^2 d_1 = 5\,120$ mm^3 > $3\,157$ mm^3 时，$m = 8$ mm，$d_1 = 80$ mm，$z_1 = 2$，$q = 10$，$z_2 = 40$，$d_2 = 8 \times 40$ mm $= 320$ mm。

6）确定中心距 a

$$a = \frac{m}{2}(q + z_2) = \frac{8}{2} \times (10 + 40) \text{ mm} = 200 \text{ mm}$$

7）计算蜗杆分度圆柱导程角

$$\gamma = \arctan(z_1/q) = \arctan(2/10) = 11°18'36''$$

（4）热平衡计算

1）滑动速度

$$v_s = \frac{\pi d_1 n_1}{60 \times 1\,000 \cos \gamma} = \frac{\pi \times 8 \times 10 \times 1\,450}{60 \times 1\,000 \times \cos 11°18'36''} \text{ m/s} = 6.19 \text{ m/s}$$

2）当量摩擦角 ρ_v

查表 3-10 得

$$\rho_v = 1°16' - \frac{1°16' - 1°2'}{8 - 5} \times (6.19 - 5) \approx 1°10'$$

3）总效率 η

由式（3-22）得

$$\eta = 0.95 \frac{\tan \gamma}{\tan(\gamma + \rho_v)} = 0.95 \frac{\tan 11°18'36''}{\tan(11°18'36'' + 1°10')} = 0.86$$

4）箱体散热面积估算

$$A = 9 \times 10^{-5} a^{1.88} = 9 \times 10^{-5} \times 200^{1.88} \text{ m}^2 = 1.906 \text{ m}^2$$

5）工作油温

取 $t_0 = 20$°C，$\alpha_s = 15$ W/(m$^2 \cdot$°C)。按式（3-23）计算达到热平衡时的工作油温为

$$t_1 = \frac{1\,000 P_1 (1 - \eta)}{\alpha_s A} + t_0 = \frac{1\,000 \times 5.5 \times (1 - 0.86)}{15 \times 1.906} \text{°C} + 20\text{°C} = 47\text{°C}$$

t_1 在 60~70 ℃范围内,满足散热要求。

(5) 蜗杆、蜗轮的结构设计及工作图(略)

3.8.2　蜗杆传动设计注意事项

(1) 重视各种类型蜗杆传动的比较与选用。由于阿基米德蜗杆具有加工简便等优点,故在机械中应用最广。圆弧圆柱蜗杆传动是一种凸凹齿廓相啮合的传动,具有效率高(90%以上)、承载能力强(比普通圆柱蜗杆传动高 50%~150%)、体积小、结构紧凑等特点,它已制定了系列标准,并广泛应用于冶金、矿山、化工、建筑、起重等设备的减速机构中。

环面蜗杆传动具有效率高(85%~90%)、承载能力强(为普通蜗杆传动的 2~4 倍)的特点,但制造工艺复杂,国内应用还不广泛。在美国等工业发达国家,它已成为动力蜗杆传动的主要形式。

锥蜗杆传动具有重合度大、传动比范围大、承载能力和效率较高、侧隙便于控制和调整、能作离合器使用、制造安装简便以及工艺性好等优点;但由于结构上的原因,传动具有不对称性,因而正、反转时受力不同,承载能力和效率也不同。国内有一定应用,发达国家应用较多。

(2) 为了提高蜗轮副的耐磨性及降低成本,对尺寸较大的蜗轮,其齿圈采用铜合金材料,轮芯采用铸铁或钢。

(3) 保证蜗杆轴具有足够的刚度,以避免与蜗轮啮合时,蜗杆轴产生过大的变形。

(4) 为了保证蜗杆传动的正确啮合,要求蜗轮的中间平面通过蜗杆轴线。因此,在设计蜗轮轴的轴承部件组合结构时,一定要使轴能够进行轴向调整。

(5) 一般情况下,可以利用蜗杆自锁来阻止某些机构的运动。但是,对于一些自锁失效会产生严重事故的场合(例如电梯、起重机等),不能单靠蜗杆自锁把重物停止在空中,还需要另外采取更可靠的止动方式(如棘轮机构等)确保安全。

(6) 蜗杆减速器外壳散热片的方向与冷却方式有关。当没有风扇仅靠自然通风冷却时,由于空气受热后向上方流动,故散热片应取上下方向布置;当有风扇时,散热片应取风扇强制风流方向布置。

分析与思考题

3-1　蜗轮的旋转方向应如何确定?

3-2　蜗杆(主动)与蜗轮啮合点处各作用力的方向如何确定?

3-3　为什么闭式蜗杆传动的工作能力主要取决于蜗轮齿面接触强度而不取决于蜗杆?

习题

3-1　有一阿基米德蜗杆传动,已知传动比 $i=18$,蜗杆头数 $z_1=2$,直径系数 $q=10$,分

度圆直径 $d_1 = 80$ mm。试求:

1）模数 m、蜗杆分度圆柱导程角 γ、蜗轮齿数 z_2 及分度圆柱螺旋角 β;

2）蜗轮的分度圆直径 d_2 和蜗杆传动中心距 a。

3-2 图中蜗杆主动,试标出未注明的蜗杆(或蜗轮)的螺旋线方向及转向,并在图中绘出蜗杆、蜗轮啮合点处作用力的方向(用三个分力:圆周力 F_t、径向力 F_r、轴向力 F_a 表示)。

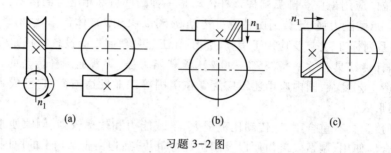

习题 3-2 图

3-3 图示为蜗杆-锥齿轮传动,已知输出轴的转向 n_{III},为使中间轴 II 上的轴向力相互抵消一部分,试确定:

1）蜗杆、蜗轮的轮齿螺旋线方向;

2）蜗杆的转向 n_1;

3）轴 II 上蜗轮和锥齿轮在啮合点所受各力的方向。

3-4 在图示传动系统中,1 为蜗杆,2 为蜗轮,3 和 4 为斜齿圆柱齿轮,5 和 6 为直齿锥齿轮。若蜗杆主动,要求输出齿轮 6 的回转方向如图所示。试确定:

1）若要使 II、III 轴上所受轴向力互相抵消一部分,蜗杆、蜗轮、斜齿轮 3 和 4 的螺旋线方向及 I、II、III 轴的回转方向(在图中标示);

2）II、III 轴上各轮啮合点处受力方向(F_t、F_r、F_a。在图中画出)。

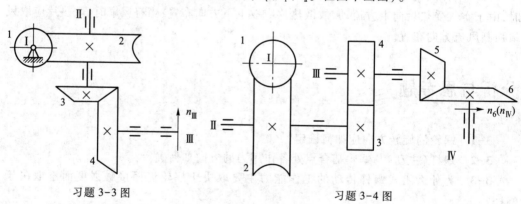

习题 3-3 图   习题 3-4 图

3-5 图示为用于起重设备中的斜齿轮-蜗杆减速传动装置。已知蜗杆 3 螺旋线方向为右旋,各轮齿数为:$z_1 = 21$,$z_2 = 63$,$z_3 = 1$,$z_4 = 40$。若取卷筒直径 $D = 260$ mm,工作时的效率 $\eta_{联轴器} = 0.99$,$\eta_{一对轴承} = 0.99$,$\eta_{齿轮} = 0.98$,$\eta_{蜗杆} = 0.78$。试确定:

1）电动机的转动方向及所需转速 n_1 的大小;

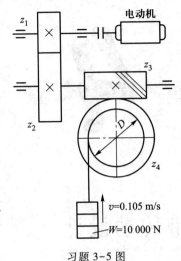

2）起吊重物时，电动机所需功率 P_1；

3）蜗轮 4 的螺旋线方向，若要求轴 Ⅱ 轴向力尽可能小，齿轮 1、2 的螺旋线方向。

3-6 图示为由斜齿圆柱齿轮与蜗杆传动组成的两级传动，小齿轮 1 由电动机驱动。已知蜗轮螺旋线方向为右旋，转向 $n_Ⅲ$ 如图示。要求：

1）确定轴 Ⅰ、Ⅱ 的转动方向（直接绘于图上）；

2）若要使齿轮 2 与蜗杆 3 所受轴向力 F_{a2}、F_{a3} 互相抵消一部分，确定齿轮 1、2 和蜗杆 3 的轮齿螺旋线方向；

3）蜗杆、蜗轮分度圆直径分别为 d_3，d_4，传递的转矩为 T_3、T_4（N·mm），压力角为 α，求蜗杆啮合点处所受各力 F_{t3}、F_{r3}、F_{a3} 的大小（用公式表示，忽略齿面间的摩擦力）；

4）在图中用箭头画出轴 Ⅱ 上齿轮 2 与蜗杆 3 所受各力 F_t、F_r、F_a 的方向。

3-7 已知一闭式单级普通蜗杆传动，蜗杆的转速 $n_1 = 1\,440$ r/min，传动比 $i = 24$，$z_1 = 2$，$m = 8$ mm，$q = 10$，蜗杆材料为 45 钢表面淬火，齿面硬度为 50 HRC，蜗轮材料为 ZCuSn10P1，砂模铸造。若工作条件为单向运转，载荷平稳，使用寿命为 24 000 h。试求蜗杆能够传递的最大功率 P_1。（要点提示：因蜗杆传动的承载能力主要取决于蜗轮齿面接触强度，故可按 $\sigma_H \leqslant \sigma_{HP}$ 求解 P_1。即首先根据 $\sigma_H = Z_E \sqrt{\dfrac{9K_A T_2}{m^2 d_1 z_2^2}} \leqslant \sigma_{HP}$ 求出 $T_2 \leqslant \dfrac{m^2 d_1 z_2^2}{9K_A} \times$

$\left(\dfrac{\sigma_{HP}}{Z_E}\right)^2$；再由 $T_1 = \dfrac{T_2}{i\eta}$ 求 T_1；然后由 $P_1 = \dfrac{T_1 n_1}{9.55 \times 10^6}$ 求得 P_1）

3-8 图示为带式输送机中单级蜗杆减速器。已知电动机功率 $P = 7.5$ kW，转速 $n_1 = 1\,440$ r/min，传动比 $i = 15$，载荷有轻微冲击，单向连续运转，每天工作 8 h，每年工作 300 天，使用寿命为 5 年。设计该蜗杆传动。

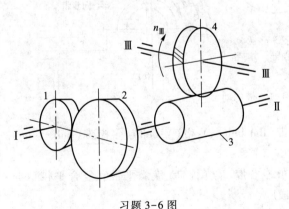

习题 3-6 图

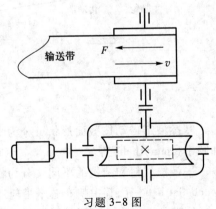

习题 3-8 图

第 **4** 章

带传动设计

4.1 概述

4.1.1 带传动的类型和种类

带传动(belt drive)是一种应用很广的挠性机械传动,它分为摩擦型带传动和啮合型带传动两类,前者利用带与带轮之间的摩擦力进行传动(图 4-1a),后者利用带上凸齿与带轮齿槽的啮合进行传动(图 4-1b)。

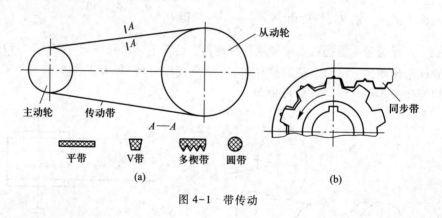

图 4-1 带传动

摩擦型带传动按截面形状可分为平带(flat belt)、V 带(V belt)、多楔带(poly V belt)和圆带(round belt)等。

平带按材料和结构的不同又分为帆布芯平带、皮革平带、编织平带和复合平带(compound flat belt)等,其中帆布芯平带应用最广。

V 带是无接头的环形带,结构如图 4-2 所示,它由四部分组成:用多层橡胶制成的伸张层、由粗绳或帘布构成的强力层、用橡胶填充成的压缩层、由几层橡胶帆布构成的包布层。绳芯 V 带挠曲性好,帘布芯 V 带容易制造。

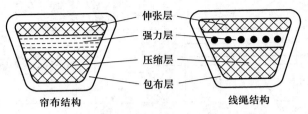

图 4-2 普通 V 带的结构

V 带的种类有普通 V 带、切边普通 V 带、窄 V 带（narrow V belt）、宽 V 带、大楔角 V 带、齿形 V 带、联组 V 带（built-up V belt）和接头 V 带等。其中普通 V 带应用最广。

普通 V 带按截面的大小分为七个型号，切边普通 V 带有 AX、BX、CX 三个型号，窄 V 带则有 SPZ、SPA、SPB、SPC 和 9N（3V）、15N（5V）、25N（8V）两种系列型号。普通 V 带、切边普通 V 带和窄 V 带 SPZ、SPA、SPB、SPC 的截面尺寸见表 4-1。

表 4-1 普通 V 带、切边普通 V 带、窄 V 带的截面尺寸和单位长度质量（GB/T 13575.1—2022）

带型		节宽 b_p/mm	顶宽 b/mm	高度 h/mm	单位长度质量 q/(kg/m)
普通 V 带	窄 V 带				
Y		5.3	6	4	0.023
Z		8.5	10	6	0.06
	SPZ			8	0.072
A、AX		11.0	13	8	0.105
	SPA			10	0.112
B、BX		14.0	17	11	0.17
	SPB			14	0.192
C、CX		19.0	22	14	0.30
	SPC			18	0.37
D		27.0	32	19	0.63
E		32.0	38	23	0.97

注：节宽 b_p 为带的节面宽度。当带垂直其底边弯曲时，在带中保持原长度不变的任意一条周线称为节线，由全部节线构成的面称为节面。

啮合型传动带通常称为同步带（synchronous belt）（亦称同步齿形带，见图 4-1b），一般以细钢丝绳、玻璃纤维绳或芳纶纤维绳为强力层，以聚氨酯或氯丁橡胶为基体，在工作表面上制成凸齿的无接头环形带。同步带分为仅在一面有齿的单面同步带和两面都有齿的双面同步带，齿的形状有梯形齿和弧齿等。

标准同步带按节距的大小分为七种带型，各种带型的齿形尺寸见表 4-2，带宽系列见表 4-3。

表 4-2 标准同步带的齿形尺寸   mm

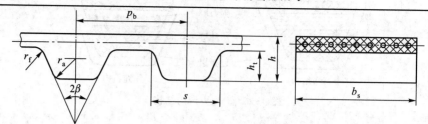

带　型 （节距代号）	节距 p_b	齿形角 $2\beta/(°)$	齿根厚 s	齿　高 h_t	带　高 h	齿根圆角 半径 r_f	齿顶圆角 半径 r_a
MXL（最轻型）	2.032	40	1.14	0.51	1.14	0.13	0.13
XXL（超轻型）	3.175	50	1.73	0.76	1.52	0.20	0.30
XL（特轻型）	5.080	50	2.57	1.27	2.3	0.38	0.38
L（轻型）	9.525	40	4.65	1.91	3.6	0.51	0.51
H（重型）	12.700	40	6.12	2.29	4.3	1.02	1.02
XH（特重型）	22.225	40	12.57	6.35	11.2	1.57	1.19
XXH（超重型）	31.750	40	19.05	9.53	15.7	2.29	1.52

注：节距 p_b 是同步带的基本参数。

表 4-3 标准同步带的带宽系列

带宽代号		012	019	025	030	037	050	075	100	150	200	300	400	500
带宽 b_s/mm		3.2	4.8	6.4	7.9	9.5	12.7	19.1	25.4	38.1	50.8	76.2	101.6	127.0
宽度 系列	MXL	✓	✓	✓										
	XXL	✓	✓	✓										
	XL			✓	✓	✓								
	L						✓	✓	✓					
	H							✓	✓	✓	✓	✓		
	XH										✓	✓	✓	
	XXH										✓	✓	✓	✓

4.1.2　带传动的传动形式

常用的带传动形式有开口传动、交叉传动和半交叉传动，如表 4-4 所示。

表 4-4 带传动的传动形式

传动形式	简图	工作特点
开口传动		两轴平行，转向相同，可双向传动。带只受单向弯曲，寿命长

续表

传动形式	简图	工作特点
交叉传动	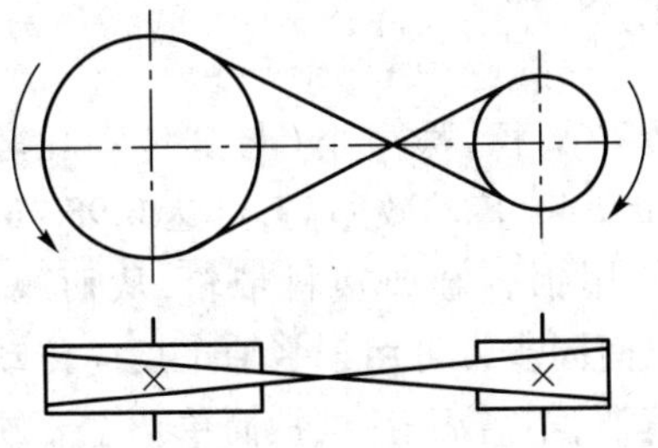	两轴平行,转向相反,可双向传动。带受附加扭转,且在交叉处磨损严重
半交叉传动	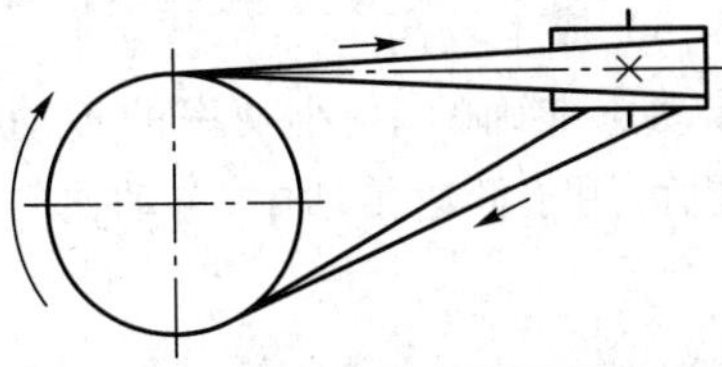	两轴交错,只能单向传动。带受附加扭转,带轮要有足够的宽度

　　开口传动是结构最简单的常用结构形式,特别适用于旋转方向交变和圆周速度较大的工作条件。交叉传动仅适用于轴间距很大的特殊场合,因交叉处传动带的摩擦和扭转,传动带的寿命较短。半交叉传动带的从动边与带轮平面有一定的夹角,传动方向不可改变。交叉传动和半交叉传动只适合平带传动和圆带传动。

4.1.3　带传动的特点和应用

　　1. 摩擦型带传动

　　摩擦型带传动的优点是:1) 带有弹性,能缓冲减振,故传动平稳,噪声小;2) 过载时,带在带轮上打滑,可防止其他零件损坏;3) 适用于两轴中心距较大的传动;4) 结构简单,易于制造和安装,故成本低。主要缺点是:1) 由于弹性滑动(elasticity sliding motion)和打滑(slip),传动比不恒定;2) 传动效率较低;3) 带的寿命较短;4) 由于需要施加张紧力(tension),轴和轴承受力较大;5) 外廓尺寸较大。

　　平带以其内面为工作面,带轮结构简单,容易制造,在传动中心距较大的场合应用较多。

　　V 带以其两侧面为工作面,由于楔形效应,在相同的张紧力下,比平带传动能产生更大的摩擦力,从而具有较大的传动能力。

　　窄 V 带是用聚酯(涤纶)等合成纤维作强力层材料的新型 V 带,在结构及截面形状方面比普通 V 带有所改进,在传动尺寸相同时,窄 V 带传动的功率比普通 V 带大0.5~1.5 倍,它适用于传递动力大而又要求结构紧凑的场合。

　　多楔带传动兼有 V 带传动和平带传动的优点,不但摩擦力大,而且带的挠曲性好、载荷沿带宽分布较均匀。近年来,多楔带传动的应用得到迅速发展。

　　圆带传动便于快速装拆,但只能传递很小的功率,一般用于轻型机械,如缝纫机等。

摩擦型带传动在多级传动系统中通常用于高速级传动。传递的功率不大于 50 kW;带的工作速度通常为 5~25 m/s,特种高速带可达 60 m/s 以上;常用的传动比为 2~4,平带可到 5,V 带可到 7,有张紧轮时可到 10。

2. 啮合型带传动

啮合型带传动的优点是:1) 传动平稳,噪声小(与链传动比较);2) 传动比准确;3) 适用于高速传动,带速可达 80 m/s;4) 传动效率高,可达 0.98~0.99;5) 传动比大(可达 12~20),而且结构紧凑;6) 可使用铝合金或塑料带轮,从而减轻传动机构的重量;7) 适合于中心距较大的场合;8) 双面同步带可用于多轴正反向传动;9) 带的张紧力小,作用在轴和轴承上的压力小;10) 清洁,不需润滑,维护简单。主要缺点是:1) 制造、安装精度要求较高;2) 中心距要求较严格;3) 成本较高。

同步带传动现已广泛用于要求传动比准确的中、小功率的传动中。传动功率一般不大于300 kW;带速通常小于 50 m/s,也可用于低速传动中,传动比一般小于 10。

4.2 带传动的理论基础

4.2.1 带传动的几何计算

带传动的主要几何参数有中心距 a、带轮直径 d、带长 L 和包角 α 等,如图 4-3 所示。

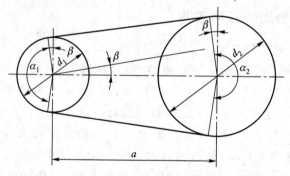

图 4-3 带传动的几何计算

中心距 a 为当带处于规定张紧力时,两带轮轴线间的距离。带轮直径 d_1、d_2 对 V 带传动分别指小、大带轮的基准直径。带长 L 对 V 带是基准长度(L_d)。包角 α_1、α_2 分别指带与小、大带轮接触弧所对的圆心角。

由图 4-3 可知,当 β 较小时,可取 $\beta \approx \sin\beta = \frac{d_2-d_1}{2a}$,则

$$L_d = 2a\cos\beta + (\pi-2\beta)\frac{d_1}{2} + (\pi+2\beta)\frac{d_2}{2} \approx 2a + \frac{\pi}{2}(d_1+d_2) + \frac{(d_2-d_1)^2}{4a} \tag{4-1}$$

$$a \approx \frac{1}{8}\left\{2L_d - \pi(d_1+d_2) + \sqrt{[2L_d-\pi(d_1+d_2)]^2 - 8(d_2-d_1)^2}\right\} \tag{4-2}$$

$$\alpha_1 = 180° - 2\beta \frac{180°}{\pi} \approx 180° - \frac{d_2 - d_1}{a} \times 57.3° \tag{4-3}$$

微视频:
带传动的受力
分析

4.2.2 带传动的受力分析

1. 带传动的有效拉力

摩擦型带传动在安装时,带必须张紧地套在两个带轮上。在工作前,带中各处均受到一定的初拉力 F_0,带与带轮接触面间的正压力均匀分布(图4-4a)。带传动工作时,主、从动轮分别受驱动力矩 T_1 和工作力矩 T_2 的作用,带与主、从动轮接触面间便同时产生摩擦力,主动轮以摩擦力 $\sum F_f$ 驱动带运动;带以摩擦力 $\sum F'_f$ 驱动从动轮转动。所以主动边被进一步拉紧,拉力由 F_0 增大到 F_1,称为紧边(tight side);另一边拉力减少到 F_2,称为松边(slack side)(图4-4b)。

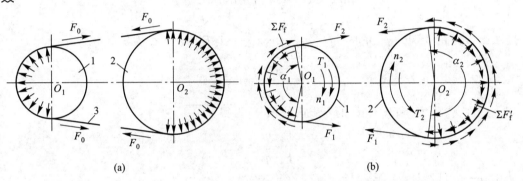

(a)   (b)

图4-4 带传动的受力分析

紧边拉力与松边拉力的差值称为带传动的有效拉力(effective tension)F_e。有效拉力就是带传动传递的圆周力。F_e 不是集中力,而是分布在带和带轮接触面上的摩擦力的总和 $\sum F_f$,即

$$F_e = \sum F_f = F_1 - F_2 \tag{4-4}$$

2. 离心拉力

在图4-5中取一微段带 $\mathrm{d}l$,所对应的包角为 $\mathrm{d}\alpha$,若每米带的质量为 $q(\mathrm{kg/m})$,当微段带以速度为 $v(\mathrm{m/s})$ 绕带轮(半径为 r)作圆周运动时,具有向心加速度 $a_n(=v^2/r)$。带上每一质点都受离心惯性力 $F'_c = q(r\mathrm{d}\alpha)\dfrac{v^2}{r}$ 的作用,而 F'_c 与离心拉力 F_c 相平衡,则有

$$q(r\mathrm{d}\alpha)\frac{v^2}{r} = 2F_c \sin\frac{\mathrm{d}\alpha}{2}$$

在上式中,因 $\mathrm{d}\alpha$ 很小,故可取 $\sin\dfrac{\mathrm{d}\alpha}{2} \approx \dfrac{\mathrm{d}\alpha}{2}$,得离心拉力 F_c

$$F_c = qv^2 \tag{4-5}$$

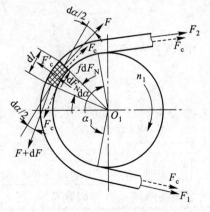

图4-5 带的松、紧边拉力关系计算简图

由于带为封闭环形,因此离心拉力 F_c 作用于带的全长。对紧边和松边而言,F_c 包含在 F_1 与 F_2 之中。

3. 带传动的极限有效拉力及其影响因素

带传动中,当其他条件不变且初拉力 F_0 一定时,带和带轮之间的摩擦力有一极限值,该极限值就限制着带传动的传动能力。下面来分析极限有效拉力的计算方法和影响因素。

在图 4-5 中取一微段带 $\mathrm{d}l$,其受力情况为上、下端分别受拉力 F 和 $F+\mathrm{d}F$,带轮对带的正压力为 $\mathrm{d}F_N$,摩擦力为 $f\mathrm{d}F_N$,离心力为 $\mathrm{d}F_c'$。按动静法可得微段带在带轮径向和切向的力平衡方程

$$\mathrm{d}F_N + F_c' - F\sin\frac{\mathrm{d}\alpha}{2} - (F+\mathrm{d}F)\sin\frac{\mathrm{d}\alpha}{2} = 0$$

$$f\mathrm{d}F_N + F\cos\frac{\mathrm{d}\alpha}{2} - (F+\mathrm{d}F)\cos\frac{\mathrm{d}\alpha}{2} = 0$$

略去二次微量 $\mathrm{d}F\sin\dfrac{\mathrm{d}\alpha}{2}$,并取 $\sin\dfrac{\mathrm{d}\alpha}{2}\approx\dfrac{\mathrm{d}\alpha}{2}$,$\cos\dfrac{\mathrm{d}\alpha}{2}\approx 1$,$F_c' = qv^2\mathrm{d}\alpha$,可得

$$\frac{\mathrm{d}F}{F - qv^2} = f\mathrm{d}\alpha$$

求上式在 F_2 到 F_1 和 0 到 α_1 的界限内的积分,可得

$$\frac{F_1 - qv^2}{F_2 - qv^2} = e^{f\alpha_1} \tag{4-6}$$

式中:e——自然对数的底;

　f——摩擦系数;

α_1——带在小带轮上的包角(include angle),rad。

对于 V 带传动,式(4-6)中,f 应代入当量摩擦系数 f_v。

若带速很低,可忽略离心力,则带在带轮上即将打滑时有 $F_1/F_2 = e^{f\alpha_1}$,此即著名的欧拉(Euler)公式。

如果认为工作时带的总长不变,且认为带是弹性体,符合胡克定律,则带的紧边拉力的增加量等于松边拉力的减少量,即

$$F_1 - F_0 = F_0 - F_2$$

或
$$2F_0 = F_1 + F_2 \tag{4-7}$$

由式(4-4)式(4-7)得

$$F_1 = F_0 + \frac{F_e}{2}, \quad F_2 = F_0 - \frac{F_e}{2} \tag{4-8}$$

将式(4-8)代入式(4-6),可得带与带轮之间的极限摩擦力,即带传动的极限有效拉力为

$$F_{elim} = 2(F_0 - qv^2)\left(1 - \frac{2}{e^{f\alpha_1} + 1}\right) \tag{4-9}$$

上式表明,有效拉力的极限值与初拉力、带的单位长度质量、带速、小轮包角以及带与带轮之间的摩擦系数等因素有关,当 F_0 大、α_1 大、f(V 带传动为 f_v)大、q 小、v 小时,极限摩擦力也大,能传递的有效拉力就大。

4.2.3　带传动的运动分析

1. 带传动的弹性滑动和打滑

带是弹性体，受力后会产生弹性变形，受力愈大弹性变形愈大；反之愈小。工作时由于紧边拉力 F_1 大于松边拉力 F_2，则带在紧边的伸长量将大于松边的伸长量，如图 4-6 所示(图中用相邻横向间隔线的距离大小表示带的相对伸长程度)。带绕过主动轮时，由于带伸长量逐渐缩短而使带在带轮上产生微量向后滑动，使带速 v 低于主动轮圆周速度 v_1；带绕过从动轮时，由于带逐渐伸长也将在带轮上产生微量滑动，使带速 v 高于从动轮圆周速度 v_2。上述因带的弹性变形量的变化而引起带与带轮之间微量相对滑动的现象，称为带传动的弹性滑动。

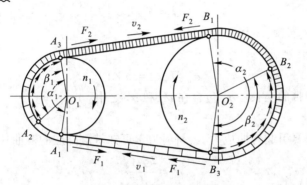

图 4-6　带传动的弹性滑动

弹性滑动导致从动轮的圆周速度低于主动轮的圆周速度，降低了传动效率，使带与带轮磨损增加和温度升高。弹性滑动是摩擦型带传动正常工作时不可避免的固有特性。

试验结果表明，弹性滑动只发生在带离开带轮前的称为滑动弧的那部分接触弧 $\overset{\frown}{A_2A_3}$ 和 $\overset{\frown}{B_2B_3}$ 上(图 4-6)，$\overset{\frown}{A_1A_2}$ 和 $\overset{\frown}{B_1B_2}$ 则称为静弧。滑动弧和静弧所对应的中心角分别称为滑动角(β_1、β_2)与静角。滑动弧随着载荷的增大而增大，当传递的有效拉力达到极限值 F_{elim} 时，小带轮上的滑动弧增至全部接触弧，即 $\beta_1 = \alpha_1$。如果载荷继续增大，则带与小带轮接触面间将发生显著的相对滑动，这种现象称为打滑。打滑将使带严重磨损和发热、从动轮转速急剧下降、带传动失效，所以打滑是必须避免的。但在传动突然超载时，打滑却可以起到过载保护的作用，避免其他零件发生损坏。

2. 滑动率和传动比

由带的弹性滑动引起的从动轮相对于主动轮圆周速度的降低率 ε 称为滑动率(sliding ratio)，即

$$\varepsilon = \frac{v_1 - v_2}{v_1} = \frac{\pi d_1 n_1 - \pi d_2 n_2}{\pi d_1 n_1} = 1 - \frac{d_2 n_2}{d_1 n_1} \qquad (4-10)$$

式中：n_1、n_2——主、从动轮转速，r/min；

$\qquad d_1$、d_2——主、从动轮直径，mm。

由式(4-10)可得传动比 i 或从动轮直径 d_2 为

$$i = \frac{n_1}{n_2} = \frac{d_2}{(1-\varepsilon)\, d_1}$$

$$d_2 = (1-\varepsilon)\frac{d_1 n_1}{n_2} = (1-\varepsilon)\, d_1 i \tag{4-11}$$

　　带传动正常工作时,滑动率 ε 随所传递的有效拉力的变化而成正比地变化,因此带传动不能保持恒定的传动比。一般 ε 为 $1\% \sim 2\%$,可以忽略不计。

4.2.4　带的应力分析

微视频:
传动带的应力
分析

　　1. 拉应力

紧边拉应力　　　　　　　　　　　$\sigma_1 = F_1/A$ 　　　　　　　　　　(4-12)

松边拉应力　　　　　　　　　　　$\sigma_2 = F_2/A$ 　　　　　　　　　　(4-13)

式中:A 为带的横截面积,mm^2。

　　2. 离心拉应力

$$\sigma_c = F_c/A = qv^2/A \tag{4-14}$$

离心拉应力作用于带的全长。σ_c 包含在 σ_1 和 σ_2 之中。

　　3. 弯曲应力

　　带绕过带轮时要引起弯曲应力,由材料力学可知带最外层的弯曲应力为

$$\sigma_b = \frac{2E_b y_0}{d_p} \tag{4-15}$$

式中:E_b——带的当量弯曲弹性模量,MPa;

　　y_0——带的最外层到中性层的距离,mm;

　　d_p[①]——带轮节圆直径,mm。

由上式可知,带越厚、轮径越小,弯曲应力就越大。所以,带轮直径不宜太小。

　　带工作时,带最外层的应力分布情况如图 4-7 所示。<u>最大应力发生在紧边开始绕上小轮处(A 点)</u>,即

$$\sigma_{max} = \sigma_1 + \sigma_{b1} \tag{4-16}$$

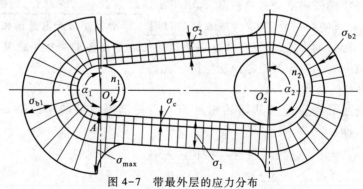

图 4-7　带最外层的应力分布

———————————

① 　V 带轮在轮槽节宽($=b_p$)处的直径称为节圆直径,$d_p(\approx$ 基准直径 d)。

4.2.5　带传动的失效形式和计算准则

微视频：
带传动的失效
形式与设计准
则

带传动的主要失效形式为打滑和带的疲劳破坏(脱层和疲劳断裂)。所以,带传动的计算准则是:在保证带传动不打滑的前提下,充分发挥带的传动能力,并使传动带具有足够的疲劳强度和寿命。

由式(4-4)、式(4-6)、式(4-12)、式(4-14),可得带传动不出现打滑的极限有效拉力为

$$F_{\mathrm{elim}} = (F_1 - qv^2)\left(1 - \frac{1}{e^{f\alpha_1}}\right) = (\sigma_1 - \sigma_c)A\left(1 - \frac{1}{e^{f\alpha_1}}\right) \tag{4-17}$$

根据带的应力分析,带具有一定寿命的疲劳强度条件为

$$\sigma_{\max} = \sigma_1 + \sigma_{b1} \leqslant [\sigma]$$

或

$$\sigma_1 \leqslant [\sigma] - \sigma_{b1} \tag{4-18}$$

式中,$[\sigma]$ 为由带的疲劳寿命决定的许用拉应力。

由式(4-17)、式(4-18)和带传动传递功率的计算式 $P = F_e v/1\ 000$(P、F_e、v 的单位分别为 kW、N 和 m/s),可得带传动的许用功率为

$$[P_0] = \frac{F_{\mathrm{elim}}v}{1\ 000} = ([\sigma] - \sigma_{b1} - \sigma_c)\left(1 - \frac{1}{e^{f\alpha_1}}\right)\frac{Av}{1\ 000} \tag{4-19}$$

4.3　V带传动设计

4.3.1　单根V带的许用功率

由实验得出,在 $10^8 \sim 10^9$ 次应力循环下,V带的许用应力为

$$[\sigma] = \sqrt[m]{\frac{CL_d}{3\ 600 j_n t_h v}} \tag{4-20}$$

式中:C——由V带的材质和结构决定的实验常数;

　　L_d——V带的基准长度,mm;

　　j_n——V带绕行一周时绕过带轮的数目;

　　t_h——V带的预期寿命,h;

　　m——指数,对普通V带,$m = 11.1$。

将式(4-14)、式(4-15)、式(4-20)代入式(4-19),并取 $f_v = 0.51$ 并将 d_{p1} 用 d_1(小V带轮基准直径)替代,可得单根V带许用功率的计算公式

$$[P_0] = \left[\sqrt[11.1]{\frac{CL_d}{7\ 200 t_h v}} - \frac{2E_b y_0}{d_1} - \frac{qv^2}{A}\right]\left(1 - \frac{1}{e^{0.51\alpha_1}}\right)\frac{Av}{1\ 000} \tag{4-21}$$

表4-5列出了根据式(4-21)确定的普通V带和切边普通V带在特定条件(载荷平稳,

L_d 为特定长度，$i=1$，即 $\alpha_1=180°$）下所能传递的基本额定功率 P_0，以便于设计时直接查用。

当使用条件与特定条件不符时，需引入附加项和修正系数。经过修正后的单根 V 带许用功率的计算公式为

$$[P_0]=(P_0+\Delta P_0)K_L K_\alpha \tag{4-22}$$

式中：ΔP_0——额定功率增量。考虑 $i\neq1$ 时，带在大轮上的弯曲应力较小，对带的疲劳强度有利；在相同寿命的条件下，额定功率可比 $i=1$ 时的传递功率大（查表 4-6）。

K_L——长度系数，考虑带长不为特定长度时对传动能力的影响，见表 4-8 或表4-9。

K_α——包角系数，考虑 $\alpha\neq180°$ 时对传动能力的影响，见表 4-10。

对于窄 V 带，式（4-22）应以 P_N 代替（$P_0+\Delta P_0$），P_N 值见表 4-7。

表 4-5　单根 V 带的基本额定功率 P_0（摘自 GB/T 13575.1—2022）

（包角为 180°，$i=1$，特定基准长度，载荷平稳）　　　　　　　　　　kW

带型	$n_1/$ (r/min)	d_1/mm					
		50	56	63	71	80	90
		P_0/kW					
Z	200	0.04	0.04	0.05	0.06	0.10	0.10
	400	0.06	0.06	0.08	0.09	0.14	0.14
	700	0.09	0.11	0.13	0.17	0.20	0.22
	800	0.10	0.12	0.15	0.20	0.22	0.24
	950	0.12	0.14	0.18	0.23	0.26	0.28
	1 200	0.14	0.17	0.22	0.27	0.30	0.33
	1 450	0.16	0.18	0.25	0.30	0.35	0.36
	1 600	0.17	0.20	0.27	0.33	0.39	0.40
	2 000	0.20	0.25	0.32	0.39	0.44	0.48
	2 400	0.22	0.30	0.37	0.46	0.50	0.54
	2 800	0.26	0.33	0.41	0.50	0.56	0.60
	3 200	0.28	0.35	0.45	0.54	0.61	0.64
	3 600	0.30	0.37	0.47	0.58	0.64	0.68
	4 000	0.32	0.39	0.49	0.61	0.67	0.72
	4 500	0.33	0.40	0.50	0.62	0.67	0.73
	5 000	0.34	0.41	0.50	0.62	0.66	0.73
	5 500	0.33	0.41	0.49	0.61	0.61	0.65
	6 000	0.31	0.40	0.48	0.56	0.61	0.56

带型	$n_1/$ (r/min)	$d_1/$mm							
		75	90	100	112	125	140	160	180
		$P_0/$kW							
A	200	0.22	0.30	0.36	0.42	0.49	0.57	0.68	0.78
	400	0.38	0.53	0.64	0.76	0.89	1.04	1.23	1.42
	700	0.58	0.84	1.01	1.21	1.42	1.66	1.98	2.29
	800	0.64	0.93	1.12	1.34	1.58	1.86	2.21	2.56
	950	0.73	1.06	1.28	1.54	1.82	2.14	2.55	2.95
	1 200	0.86	1.27	1.54	1.86	2.20	2.58	3.08	3.56
	1 450	0.98	1.47	1.78	2.15	2.55	2.99	3.57	4.13
	1 600	1.05	1.58	1.92	2.32	2.75	3.23	3.85	4.45
	2 000	1.21	1.85	2.26	2.74	3.25	3.81	4.54	5.23
	2 400	1.35	2.09	2.56	3.11	3.69	4.33	5.14	5.89
	2 800	1.47	2.30	2.83	3.44	4.08	4.77	5.64	6.42
	3 200	1.57	2.48	3.06	3.73	4.41	5.14	6.04	6.82
	3 600	1.65	2.64	3.26	3.97	4.68	5.44	6.32	7.06
	4 000	1.72	2.77	3.42	4.16	4.89	5.65	6.49	7.14
	4 500	1.77	2.89	3.57	4.33	5.06	5.78	6.52	6.99
	5 000	1.79	2.96	3.66	4.41	5.12	5.77	6.33	6.53
	5 500	1.77	2.98	3.68	4.41	5.05	5.59	5.91	—
	6 000	1.72	2.94	3.63	4.31	4.86	5.23	—	—

带型	$n_1/$ (r/min)	$d_1/$mm							
		125	140	160	180	200	224	250	280
		$P_0/$kW							
B	200	0.65	0.79	0.97	1.16	1.34	1.55	1.79	2.05
	400	1.13	1.40	1.74	2.08	2.42	2.81	3.24	3.72
	700	1.75	2.18	2.74	3.29	3.84	4.48	5.16	5.92
	800	1.93	2.41	3.04	3.66	4.27	4.99	5.74	6.59
	950	2.19	2.75	3.48	4.19	4.89	5.71	6.57	7.54
	1 200	2.59	3.27	4.15	5.01	5.84	6.82	7.84	8.96
	1 450	2.94	3.73	4.75	5.74	6.70	7.80	8.94	10.17
	1 600	3.13	3.99	5.09	6.14	7.16	8.33	9.52	10.79

续表

带型	$n_1/$ (r/min)	d_1/mm							
		125	140	160	180	200	224	250	280
		P_0/kW							
B	1 800	3.37	4.30	5.49	6.63	7.72	8.95	10.19	11.49
	2 000	3.58	4.58	5.86	7.07	8.21	9.49	10.75	12.02
	2 200	3.76	4.83	6.18	7.45	8.63	9.93	11.17	12.38
	2 400	3.92	5.05	6.46	7.77	8.97	10.26	11.46	12.56
	2 800	4.17	5.38	6.88	8.23	9.41	10.61	11.59	12.29
	3 200	4.30	5.58	7.10	8.42	9.50	10.47	11.07	11.13
	3 600	4.32	5.62	7.11	8.31	9.19	9.79	9.81	—
	4 000	4.23	5.50	6.89	7.89	8.46	8.52	—	—
	4 500	3.92	5.11	6.26	6.87	6.88	—	—	—
	5 000	3.40	4.42	5.20	—	—	—	—	—

带型	$n_1/$ (r/min)	d_1/mm							
		200	224	250	280	315	355	400	450
		P_0/kW							
C	200	1.94	2.35	2.78	3.27	3.84	4.48	5.19	5.97
	300	2.70	3.28	3.90	4.60	5.41	6.32	7.33	8.43
	400	3.39	4.14	4.93	5.84	6.87	8.04	9.32	10.72
	500	4.03	4.94	5.90	6.99	8.25	9.65	11.19	12.85
	600	4.63	5.69	6.81	8.09	9.54	11.16	12.93	14.83
	700	5.19	6.40	7.67	9.12	10.76	12.57	14.55	16.66
	800	5.72	7.07	8.49	10.09	11.90	13.89	16.05	18.32
	950	6.46	7.99	9.62	11.43	13.47	15.70	18.06	20.51
	1 200	7.53	9.36	11.26	13.37	15.70	18.19	20.74	23.24
	1 450	8.41	10.48	12.61	14.93	17.42	19.98	22.46	24.68
	1 600	8.85	11.03	13.27	15.66	18.18	20.69	22.99	24.84
	1 800	9.32	11.63	13.95	16.38	18.85	21.16	23.04	24.15
	2 000	9.67	12.06	14.41	16.80	19.10	21.05	22.28	22.33
	2 200	9.87	12.30	14.62	16.89	18.90	20.31	20.64	19.27
	2 400	9.93	12.35	14.58	16.62	18.21	18.89	18.03	—
	2 600	9.85	12.19	14.26	15.98	17.00	16.73	—	—
	2 800	9.60	11.82	13.65	14.94	15.23	—	—	—
	3 200	8.59	10.38	11.48	—	—	—	—	—

续表

带型	$n_1/$ (r/min)	d_1/mm							
		355	400	450	500	560	630	710	800
		P_0/kW							
D	100	4.02	4.85	5.75	6.65	7.72	8.94	10.33	11.86
	150	5.62	6.81	8.11	9.40	10.92	12.68	14.65	16.83
	200	7.10	8.64	10.32	11.97	13.93	16.17	18.69	21.47
	250	8.50	10.36	12.40	14.40	16.77	19.48	22.51	25.83
	300	9.81	11.99	14.38	16.71	19.47	22.60	26.10	29.92
	400	12.25	15.03	18.05	21.00	24.45	28.35	32.66	37.28
	500	14.45	17.78	21.37	24.86	28.91	33.43	38.34	43.50
	600	16.43	20.25	24.35	28.30	32.82	37.80	43.08	48.45
	700	18.21	22.46	26.99	31.30	36.16	41.41	46.78	51.99
	800	19.77	24.39	29.26	33.83	38.89	44.19	49.36	53.96
	950	21.70	26.75	31.96	36.70	41.73	46.64	50.84	53.61
	1 100	23.11	28.42	33.72	38.34	42.91	46.79	49.12	48.78
	1 200	23.74	29.11	34.33	38.68	42.67	45.48	45.99	42.77
	1 300	24.12	29.46	34.45	38.38	41.55	42.94	41.13	34.31
	1 450	24.18	29.27	33.67	36.63	38.09	36.62	30.31	—
	1 600	23.58	28.18	31.64	33.20	32.30	27.04	—	—
	1 800	21.68	25.20	26.81	25.75	—	—	—	—

带型	$n_1/$ (r/min)	d_1/mm							
		75	90	100	112	125	140	160	180
		P_0/kW							
AX	200	0.35	0.47	0.55	0.64	0.74	0.85	1.00	1.14
	400	0.59	0.81	0.95	1.12	1.29	1.49	1.76	2.01
	700	0.88	1.22	1.45	1.71	2.00	2.31	2.73	3.13
	800	0.96	1.35	1.60	1.89	2.21	2.56	3.02	3.46
	950	1.07	1.52	1.81	2.14	2.50	2.91	3.43	3.94
	1 200	1.24	1.77	2.12	2.53	2.96	3.44	4.07	4.67
	1 450	1.38	2.00	2.41	2.88	3.37	3.93	4.64	5.32
	1 600	1.45	2.13	2.56	3.07	3.60	4.20	4.95	5.67
	2 000	1.63	2.42	2.93	3.53	4.15	4.83	5.69	6.49
	2 400	1.76	2.66	3.24	3.91	4.60	5.35	6.27	7.11
	2 800	1.85	2.86	3.49	4.22	4.96	5.75	6.71	7.54
	3 200	1.91	3.00	3.68	4.45	5.23	6.04	6.98	7.75
	3 600	1.93	3.10	3.82	4.62	5.40	6.20	7.08	7.74
	4 000	1.92	3.15	3.89	4.70	5.48	6.24	7.01	6.48
	4 500	1.87	3.14	3.90	4.70	5.43	6.09	6.64	6.78
	5 000	1.76	3.06	3.81	4.57	5.22	5.72	5.95	5.64
	5 500	1.61	2.90	3.62	4.30	4.82	5.10	4.91	—
	6 000	1.39	2.66	3.32	3.89	4.23	4.23	—	—

带型	$n_1/$ (r/min)	d_1/mm							
		125	140	160	180	200	224	250	280
		P_0/kW							
BX	200	0.98	1.14	1.35	1.55	1.75	1.98	2.23	2.52
	400	1.71	1.99	2.36	2.73	3.09	3.51	3.95	4.46
	700	2.62	3.08	3.67	4.24	4.80	5.46	6.15	6.92
	800	2.90	3.40	4.06	4.69	5.32	6.04	6.80	7.66
	950	3.29	3.86	4.61	5.34	6.05	6.87	7.73	8.68
	1 200	3.88	4.57	5.46	6.32	7.15	8.11	9.11	10.19
	1 450	4.41	5.20	6.22	7.20	8.14	9.20	10.29	11.46
	1 600	4.70	5.55	6.64	7.68	8.66	9.78	10.91	12.09
	1 800	5.06	5.98	7.15	8.26	9.30	10.46	11.61	12.79
	2 000	5.39	6.37	7.61	8.77	9.85	11.04	12.18	13.31
	2 200	5.68	6.72	8.02	9.22	10.32	11.51	12.61	13.64
	2 400	5.95	7.03	8.38	9.60	10.71	11.86	12.89	13.77
	2 800	6.38	7.54	8.93	10.16	11.20	12.21	12.97	13.38
	3 200	6.69	7.88	9.26	10.41	11.31	12.04	12.35	12.04
	3 600	6.87	8.05	9.36	10.35	11.00	11.29	10.96	—
	4 000	6.91	8.04	9.21	9.95	10.24	9.93	—	—
	4 500	6.77	7.77	8.63	8.92	8.59	—	—	—
	5 000	6.38	7.17	7.60	—	—	—	—	—

带型	$n_1/$ (r/min)	d_1/mm							
		200	224	250	280	315	355	400	450
		P_0/kW							
CX	200	2.65	3.03	3.43	3.89	4.42	5.02	5.67	6.38
	300	3.70	4.24	4.81	5.46	6.20	7.03	7.94	8.94
	400	4.68	5.36	6.09	6.91	7.85	8.89	10.04	11.28
	500	5.59	6.41	7.29	8.27	9.39	10.63	11.99	13.45
	600	6.46	7.41	8.42	9.55	10.84	12.26	13.81	15.46
	700	7.28	8.35	9.49	10.76	12.20	13.79	15.49	17.30
	800	8.06	9.25	10.50	11.91	13.48	15.21	17.05	18.98
	950	9.16	10.51	11.93	13.50	15.26	17.15	19.14	21.18
	1 200	10.83	12.41	14.05	15.85	17.81	19.87	21.95	23.94
	1 450	12.30	14.06	15.87	17.80	19.85	21.91	23.83	25.46
	1 600	13.08	14.93	16.80	18.77	20.80	22.77	24.48	25.71
	1 800	14.01	15.94	17.85	19.81	21.75	23.46	24.71	25.18

续表

带型	$n_1/$ (r/min)	d_1/mm							
		200	224	250	280	315	355	400	450
		P_0/kW							
CX	2 000	14.81	16.78	18.68	20.56	22.29	23.61	24.19	23.59
	2 200	15.47	17.44	19.28	20.99	22.40	23.16	22.83	20.85
	2 400	16.00	17.91	19.62	21.09	22.04	22.06	20.58	—
	2 600	16.37	18.19	19.71	20.82	21.20	20.28	—	—
	2 800	16.59	18.26	19.51	20.19	19.83	—	—	—
	3 200	16.54	17.73	18.23	—	—	—	—	—

表 4-6　单根普通 V 带的额定功率增量 ΔP_0　　　　kW

带型	小带轮转速 $n_1/$(r/min)	i 或 $1/i$									
		1.00~1.01	1.02~1.04	1.05~1.08	1.09~1.12	1.13~1.18	1.19~1.24	1.25~1.34	1.35~1.51	1.52~1.99	≥2.00
Z	200	0	0	0	0	0	0	0	0	0	0
	6 000	0	0.02	0.03	0.04	0.04	0.04	0.05	0.05	0.06	0.06
A	200	0.00	0.00	0.01	0.01	0.01	0.01	0.02	0.02	0.02	0.02
	6 000	0.00	0.01	0.16	0.24	0.33	0.41	0.49	0.57	0.65	0.74
B	200	0.00	0.00	0.01	0.02	0.03	0.04	0.04	0.05	0.06	0.06
	5 000	0.00	0.02	0.36	0.53	0.72	0.90	1.08	1.26	1.44	1.62
C	200	0.00	0.00	0.04	0.06	0.08	0.10	0.12	0.14	0.16	0.18
	3 200	0.00	0.03	0.64	0.93	1.27	1.59	1.91	2.23	2.55	2.87
D	100	0.00	0.00	0.07	0.10	0.14	0.18	0.21	0.25	0.29	0.32
	1 800	0.00	0.07	1.28	1.87	2.57	3.21	3.85	4.49	5.14	5.78
AX	200	0.00	0.00	0.01	0.01	0.01	0.02	0.02	0.03	0.03	0.03
	6 000	0.00	0.01	0.22	0.32	0.44	0.55	0.67	0.78	0.89	1.00
BX	200	0.00	0.00	0.01	0.02	0.02	0.03	0.03	0.04	0.05	0.05
	5 000	0.00	0.02	0.29	0.43	0.58	0.73	0.87	1.02	1.17	1.31
CX	200	0.00	0.00	0.02	0.03	0.04	0.05	0.07	0.08	0.09	0.10
	3 200	0.00	0.02	0.35	0.51	0.70	0.88	1.05	1.23	1.41	1.58

注：ΔP_0 与 n_1 成正比关系。

表4-7　单根窄V带基本额定功率值 P_N（摘自 GB/T 13575.1—2022）（特定基准长度，载荷平稳）

带型	d_{d1}/mm	i 或 1/i	小轮转速 (n_1)/(r/min) 额定功率 P_N/kW																	
			200	400	700	800	950	1 200	1 450	1 600	2 000	2 400	2 800	3 200	3 600	4 000	4 500	5 000	5 500	6 000
SPZ	63	1	0.20	0.35	0.54	0.60	0.68	0.81	0.93	1.00	1.17	1.32	1.45	1.56	1.66	1.74	1.81	1.85	1.87	1.85
		1.05	0.21	0.37	0.58	0.64	0.73	0.88	1.01	1.09	1.27	1.44	1.59	1.73	1.84	1.94	2.04	2.11	2.15	2.16
		1.2	0.22	0.39	0.61	0.68	0.78	0.94	1.08	1.17	1.38	1.57	1.74	1.89	2.03	2.15	2.27	2.37	2.43	2.47
		1.5	0.23	0.41	0.65	0.72	0.83	1.00	1.16	1.25	1.48	1.69	1.88	2.06	2.21	2.35	2.50	2.63	2.72	2.77
		≥3	0.24	0.43	0.68	0.76	0.88	1.06	1.23	1.33	1.58	1.81	2.03	2.22	2.40	2.56	2.74	2.88	3.00	3.08
	71	1	0.25	0.44	0.70	0.78	0.90	1.08	1.25	1.35	1.59	1.81	2.00	2.18	2.33	2.46	2.59	2.68	2.73	2.74
		1.05	0.26	0.46	0.74	0.82	0.95	1.14	1.32	1.43	1.69	1.93	2.15	2.34	2.51	2.67	2.82	2.94	3.02	3.05
		1.2	0.27	0.49	0.77	0.87	1.00	1.20	1.40	1.51	1.79	2.05	2.29	2.51	2.70	2.87	3.05	3.20	3.30	3.26
		1.5	0.28	0.51	0.81	0.91	1.04	1.26	1.47	1.59	1.90	2.18	2.43	2.67	2.88	3.08	3.28	3.45	3.58	3.67
		≥3	0.29	0.53	0.85	0.95	1.09	1.33	1.55	1.68	2.00	2.30	2.58	2.83	3.07	3.28	3.51	3.71	3.86	3.98
	80	1	0.31	0.55	0.88	0.99	1.14	1.38	1.60	1.73	2.05	2.34	2.61	2.85	3.06	3.24	3.42	3.56	3.64	3.66
		1.05	0.32	0.57	0.92	1.03	1.19	1.44	1.67	1.81	2.15	2.47	2.75	3.01	3.24	3.45	3.65	3.81	3.92	3.97
		1.2	0.33	0.59	0.96	1.07	1.24	1.50	1.75	1.89	2.25	2.59	2.90	3.18	3.43	3.65	3.89	4.07	4.20	4.27
		1.5	0.34	0.61	0.99	1.11	1.28	1.56	1.82	1.97	2.36	2.71	3.04	3.34	3.61	3.86	4.12	4.33	4.48	4.58
		≥3	0.35	0.64	1.03	1.15	1.33	1.62	1.90	2.06	2.46	2.84	3.18	3.51	3.80	4.06	4.35	4.58	4.77	4.89
	90	1	0.37	0.67	1.09	1.21	1.40	1.70	1.98	2.14	2.55	2.93	3.26	3.57	3.84	4.07	4.30	4.46	4.55	4.56
		1.05	0.38	0.69	1.12	1.26	1.45	1.76	2.06	2.23	2.65	3.05	3.41	3.73	4.02	4.27	4.53	4.71	4.83	4.87
		1.2	0.39	0.71	1.16	1.30	1.50	1.82	2.13	2.31	2.76	3.17	3.55	3.90	4.21	4.48	4.76	4.97	5.11	5.17
		1.5	0.40	0.74	1.19	1.34	1.55	1.88	2.20	2.39	2.86	3.30	3.70	4.06	4.39	4.68	4.99	5.23	5.39	5.48
		≥3	0.41	0.76	1.23	1.38	1.60	1.95	2.28	2.47	2.96	3.42	3.84	4.23	4.58	4.89	5.22	5.48	5.68	5.79

续表

带型	d_{d1}/mm	i 或 $1/i$	小轮转速 (n_1)/(r/min) 额定功率 P_N/kW																	
			200	400	700	800	950	1 200	1 450	1 600	2 000	2 400	2 800	3 200	3 600	4 000	4 500	5 000	5 500	6 000
SPZ	100	1	0.43	0.79	1.28	1.44	1.66	2.02	2.36	2.55	3.05	3.49	3.90	4.26	4.58	4.85	5.10	5.27	5.35	5.32
		1.05	0.44	0.81	1.32	1.48	1.71	2.08	2.43	2.64	3.15	3.62	4.05	4.43	4.76	5.05	5.34	5.53	5.63	5.63
		1.2	0.45	0.83	1.35	1.52	1.76	2.14	2.51	2.72	3.25	3.74	4.19	4.59	4.95	5.26	5.57	5.79	5.92	5.94
		1.5	0.46	0.85	1.39	1.56	1.81	2.20	2.58	2.80	3.35	3.86	4.33	4.76	5.13	5.46	5.80	6.05	6.20	6.25
		≥3	0.47	0.87	1.43	1.60	1.86	2.27	2.66	2.88	3.46	3.99	4.48	4.92	5.32	5.67	6.03	6.30	6.48	6.56
	112	1	0.51	0.93	1.52	1.70	1.97	2.40	2.80	3.04	3.62	4.16	4.64	5.06	5.42	5.72	5.99	6.14	6.16	6.05
		1.05	0.52	0.95	1.55	1.74	2.02	2.46	2.88	3.12	3.73	4.28	4.78	5.23	5.61	5.92	6.22	6.40	6.45	6.36
		1.2	0.53	0.98	1.59	1.78	2.07	2.52	2.95	3.20	3.83	4.41	4.93	5.39	5.79	6.13	6.45	6.65	6.73	6.66
		1.5	0.54	1.00	1.63	1.83	2.12	2.58	3.03	3.28	3.93	4.53	5.07	5.55	5.98	6.33	6.68	6.91	7.01	6.97
		≥3	0.55	1.02	1.66	1.87	2.17	2.65	3.10	3.37	4.04	4.65	5.21	5.72	6.16	6.54	6.91	7.17	7.29	7.28
	125	1	0.59	1.09	1.77	1.91	2.30	2.80	3.28	3.55	4.24	4.85	5.40	5.88	6.27	6.58	6.83	6.92	6.84	6.57
		1.05	0.60	1.11	1.81	2.03	2.35	2.86	3.35	3.63	4.34	4.98	5.55	6.04	6.46	6.78	7.06	7.18	7.12	6.88
		1.2	0.61	1.13	1.84	2.07	2.40	2.93	3.43	3.72	4.44	5.10	5.69	6.21	6.64	6.99	7.29	7.44	7.41	7.19
		1.5	0.62	1.15	1.88	2.11	2.45	2.99	3.50	3.80	4.54	5.22	5.83	6.37	6.83	7.19	7.52	7.69	7.69	7.50
		≥3	0.63	1.17	1.91	2.15	2.50	3.05	3.58	3.88	4.65	5.35	5.98	6.53	7.01	7.40	7.75	7.95	7.97	7.81
	140	1	0.68	1.26	2.06	2.31	2.68	3.26	3.82	4.13	4.92	5.63	6.24	6.75	7.16	7.45	7.64	7.60	7.34	6.81
		1.05	0.69	1.28	2.09	2.35	2.73	3.32	3.89	4.21	5.02	5.75	6.38	6.92	7.35	7.66	7.87	7.86	7.62	7.12
		1.2	0.70	1.30	2.13	2.39	2.77	3.39	3.96	4.30	5.13	5.87	6.53	7.08	7.53	7.86	8.10	8.12	7.90	7.43
		1.5	0.71	1.32	2.17	2.43	2.82	3.45	4.04	4.38	5.23	6.00	6.67	7.25	7.72	8.07	8.33	8.37	8.18	7.74
		≥3	0.72	1.34	2.20	2.47	2.87	3.51	4.11	4.46	5.33	6.12	6.81	7.41	7.90	8.27	8.56	8.63	8.47	8.04

续表

带型	d_{d1}/mm	i 或 $1/i$	200	400	700	800	950	1 200	1 450	1 600	2 000	2 400	2 800	3 200	3 600	4 000	4 500	5 000	5 500	6 000
											小轮转速 (n_1)/(r/min)									
											额定功率 P_N/kW									
SPZ	160	1	0.80	1.49	2.44	2.73	3.17	3.86	4.51	4.88	5.80	6.60	7.27	7.81	8.19	8.40	8.41	8.11	7.47	6.45
		1.05	0.81	1.51	2.47	2.78	3.22	3.92	4.59	4.97	5.90	6.72	7.42	7.97	8.37	8.61	8.64	8.37	7.75	6.76
		1.2	0.82	1.53	2.51	2.82	3.27	3.98	4.66	5.05	6.00	6.84	7.56	8.13	8.56	8.81	8.88	8.62	8.03	7.07
		1.5	0.83	1.55	2.54	2.86	3.32	4.05	4.74	5.13	6.11	6.97	7.70	8.30	8.74	9.02	9.11	8.88	8.31	7.37
		≥3	0.84	1.57	2.58	2.90	3.37	4.11	4.81	5.21	6.21	7.09	7.85	8.46	8.93	9.22	9.34	9.14	8.60	7.68
	180	1	0.92	1.71	2.81	3.15	3.65	4.45	5.19	5.61	6.63	7.50	8.20	8.71	9.01	9.08	8.81	8.11	6.93	5.22
		1.05	0.93	1.74	2.84	3.19	3.70	4.51	5.26	5.69	6.74	7.63	8.35	8.88	9.20	9.29	9.04	8.36	7.21	5.53
		1.2	0.94	1.76	2.88	3.23	3.75	4.57	5.34	5.77	6.84	7.75	8.49	9.04	9.38	9.49	9.28	8.62	7.49	5.84
		1.5	0.95	1.78	2.92	3.28	3.80	4.63	5.41	5.86	6.94	7.87	8.63	9.21	9.57	9.70	9.51	8.88	7.77	6.15
		≥3	0.96	1.80	2.95	3.32	3.85	4.69	5.49	5.94	7.04	8.00	8.78	9.37	9.75	9.90	9.74	9.14	8.06	6.45
		v/(m/s) ≈		5			10		15		20	25	30		35	40				
SPA	90	1	0.43	0.75	1.17	1.30	1.48	1.76	2.02	2.16	2.49	2.77	3.00	3.16	3.26	3.29	3.24	3.07	2.77	2.34
		1.05	0.45	0.80	1.25	1.39	1.59	1.90	2.18	2.34	2.72	3.05	3.32	3.53	3.67	3.76	3.76	3.64	3.40	3.03
		1.2	0.47	0.85	1.34	1.49	1.70	2.04	2.35	2.53	2.96	3.33	3.64	3.90	4.09	4.22	4.28	4.22	4.04	3.72
		1.5	0.50	0.89	1.42	1.58	1.81	2.18	2.52	2.71	3.19	3.60	3.96	4.27	4.50	4.68	4.80	4.80	4.67	4.41
		≥3	0.52	0.94	1.50	1.67	1.92	2.32	2.69	2.90	3.42	3.88	4.29	4.63	4.92	5.14	5.30	5.37	5.31	5.10
	100	1	0.53	0.94	1.49	1.65	1.89	2.27	2.61	2.80	3.27	3.67	3.99	4.25	4.42	4.50	4.42	4.31	3.97	3.46
		1.05	0.55	0.99	1.57	1.75	2.00	2.41	2.78	2.99	3.50	3.94	4.32	4.61	4.83	4.96	5.00	4.89	4.61	4.15
		1.2	0.57	1.03	1.65	1.84	2.11	2.54	2.95	3.17	3.73	4.22	4.64	4.98	5.25	5.43	5.52	5.46	5.24	4.84
		1.5	0.60	1.08	1.73	1.93	2.22	2.68	3.11	3.36	3.96	4.50	4.96	5.35	5.66	5.89	6.04	6.04	5.88	5.53
		≥3	0.62	1.13	1.81	2.02	2.33	2.82	3.28	3.54	4.19	4.78	5.29	5.72	6.08	6.35	6.56	6.62	6.51	6.22

续表

带型	d_{d1}/mm	i 或 $1/i$	\multicolumn{18}{c}{小轮转速 (n_1)/(r/min)　额定功率 P_N/kW}

带型	d_{d1}/mm	i 或 $1/i$	200	400	700	800	950	1 200	1 450	1 600	2 000	2 400	2 800	3 200	3 600	4 000	4 500	5 000	5 500	6 000
SPA	112	1	0.64	1.16	1.86	2.07	2.38	2.86	3.31	3.57	4.18	4.71	5.15	5.49	5.72	5.85	5.83	5.61	5.16	4.47
		1.05	0.67	1.21	1.94	2.16	2.49	3.00	3.48	3.75	4.41	4.99	5.47	5.86	6.14	6.31	6.35	6.18	5.80	5.17
		1.2	0.69	1.26	2.02	2.26	2.60	3.14	3.65	3.94	4.64	5.27	5.79	6.23	6.55	6.77	6.87	6.76	6.43	5.86
		1.5	0.71	1.30	2.10	2.35	2.71	3.28	3.82	4.12	4.87	5.54	6.12	6.60	6.97	7.23	7.39	7.34	7.06	6.55
		≥3	0.74	1.35	2.18	2.44	2.82	3.42	3.98	4.30	5.11	5.82	6.44	6.96	7.38	7.69	7.91	7.91	7.70	7.24
	125	1	0.77	1.40	2.25	2.52	2.90	3.50	4.06	4.38	5.15	5.80	6.34	6.76	7.03	7.16	7.09	6.75	6.11	5.14
		1.05	0.79	1.45	2.33	2.61	3.01	3.64	4.23	4.56	5.38	6.08	6.67	7.13	7.45	7.62	7.61	7.33	6.74	5.00
		1.2	0.82	1.50	2.42	2.70	3.12	3.78	4.40	4.73	5.61	6.36	6.99	7.49	7.36	9.08	3.13	7.90	7.37	6.52
		1.5	0.84	1.54	2.50	2.80	3.23	3.92	4.56	4.93	5.84	6.63	7.31	7.86	8.28	8.54	8.65	8.48	8.01	7.21
		≥3	0.86	1.59	2.58	2.89	3.34	4.06	4.73	5.12	6.07	6.91	7.63	8.23	8.69	9.01	9.17	9.06	8.64	7.91
	140	1	0.92	1.66	2.71	3.03	3.49	4.23	4.91	5.29	6.22	7.01	7.64	8.11	8.39	8.48	8.27	7.69	6.71	5.28
		1.05	0.94	1.72	2.79	3.12	3.60	4.37	5.07	5.48	6.45	7.29	7.97	8.48	8.81	8.94	8.79	8.27	7.34	5.97
		1.2	0.96	1.77	2.87	3.21	3.71	4.50	5.24	5.66	6.68	7.56	8.29	8.85	9.22	9.40	9.31	8.85	7.98	6.66
		1.5	0.99	1.82	2.95	3.31	3.82	4.64	5.41	5.84	6.91	7.84	8.61	9.22	9.64	9.85	9.83	9.42	8.61	7.35
		≥3	1.01	1.86	3.03	3.40	3.93	4.78	5.58	6.03	7.14	8.12	8.94	9.59	10.05	10.32	10.35	10.00	9.25	8.05
	160	1	1.11	2.04	3.30	3.70	4.27	5.17	6.01	6.47	7.60	8.53	9.24	9.72	9.94	9.87	9.34	8.28	6.62	4.31
		1.05	1.13	2.08	3.38	3.79	4.38	5.31	6.17	6.66	7.83	8.80	9.57	10.09	10.35	10.33	9.85	8.85	7.25	5.00
		1.2	1.15	2.13	3.46	3.88	4.49	5.45	6.34	6.84	8.06	9.08	9.89	10.46	10.77	10.79	10.38	9.43	7.88	5.70
		1.5	1.18	2.18	3.55	3.98	4.60	5.59	6.51	7.03	8.29	9.36	10.21	10.83	11.18	11.25	10.90	10.01	8.52	6.39
		≥3	1.20	2.22	3.63	4.07	4.71	5.73	6.68	7.21	8.52	9.63	10.53	11.20	11.60	11.72	11.42	10.58	9.15	7.08

续表

带型	d_{a1}/mm	i 或 $1/i$	200	400	700	800	950	1200	1450	1600	2000	2400	2800	3200	3600	4000	4500	5000	5500	6000
			小轮转速 (n_1)/(r/min)　额定功率 P_N/kW																	
SPA	180	1	1.30	2.39	3.89	4.36	5.04	6.10	7.07	7.62	8.90	9.93	10.67	11.09	11.15	10.81	9.78	7.99	6.33	1.83
		1.05	1.32	2.44	3.97	4.45	5.15	6.23	7.24	7.80	9.13	10.21	11.00	11.46	11.56	11.27	10.29	8.57	6.02	2.57
		1.2	1.34	2.49	4.05	4.54	5.25	6.37	7.41	7.99	9.37	10.49	11.32	11.83	11.98	11.73	10.31	9.15	6.65	3.26
		1.5	1.37	2.53	4.13	4.64	5.36	6.51	7.57	8.17	9.60	10.76	11.64	12.20	12.39	12.19	11.33	9.72	7.29	3.95
		≥3	1.39	2.58	4.21	4.73	5.47	6.65	7.74	8.35	9.83	11.04	11.96	12.56	12.81	12.65	11.85	10.3	7.92	—
	200	1	1.49	2.75	4.47	5.01	5.79	7.00	8.10	8.72	10.13	11.22	11.92	12.19	11.98	11.25	9.50	6.75	2.89	—
		1.05	1.51	2.79	4.55	5.10	5.89	7.14	8.27	8.90	10.37	11.49	12.24	12.56	12.40	11.71	10.02	7.33	3.52	—
		1.2	1.53	2.84	4.63	5.19	6.00	7.27	8.44	9.08	10.60	11.77	12.56	12.93	12.81	12.17	10.54	7.91	4.16	—
		1.5	1.55	2.89	4.71	5.29	6.11	7.41	8.61	9.27	10.83	12.05	12.89	13.30	13.23	12.63	11.06	8.43	4.79	—
		≥3	1.58	2.93	4.79	5.38	6.22	7.55	8.77	9.45	11.06	12.32	13.21	13.67	13.64	13.09	11.58	9.06	5.43	—
	224	1	1.71	3.17	5.16	5.77	6.67	8.05	9.30	9.97	11.51	12.59	13.15	13.13	12.45	11.04	8.15	3.87	—	—
		1.05	1.73	3.21	5.24	5.87	6.78	8.19	9.46	10.16	11.74	12.86	13.47	13.49	12.86	11.50	8.67	4.44	—	—
		1.2	1.75	3.26	5.32	5.96	6.89	8.33	9.63	10.34	11.97	13.14	13.79	13.86	13.28	11.96	9.19	5.02	—	—
		1.5	1.78	3.30	5.40	6.05	6.99	8.46	9.80	10.53	12.20	13.42	14.12	14.23	13.69	12.42	9.71	5.60	—	—
		≥3	1.80	3.35	5.48	6.14	7.10	8.60	9.96	10.71	12.43	13.69	14.44	14.60	14.11	12.89	10.23	6.17	—	—
	250	1	1.95	3.62	5.88	6.59	7.60	9.15	10.53	11.26	12.85	13.84	14.13	13.62	12.22	9.83	5.29	—	—	—
		1.05	1.97	3.66	5.97	6.68	7.71	9.29	10.69	11.44	13.08	14.12	14.45	13.99	12.64	10.29	5.81	—	—	—
		1.2	1.99	3.71	6.05	6.77	7.82	9.43	10.86	11.63	13.31	14.39	14.77	14.36	13.05	10.75	6.33	—	—	—
		1.5	2.02	3.75	6.13	6.87	7.93	9.56	11.03	11.81	13.54	14.67	15.10	14.73	13.47	11.21	6.85	—	—	—
		≥3	2.04	3.80	6.21	6.96	8.04	9.70	11.19	12.00	13.77	14.95	15.42	15.10	13.83	11.67	7.36	—	—	—
v/(m/s) ≈			5		10		15			25	30	35	40							

续表

带型	d_{d1}/mm	i 或 $1/i$	小轮转速 (n_1)/(r/min) 额定功率 P_N/kW																
			200	400	700	800	950	1 200	1 450	1 600	1 800	2 000	2 200	2 400	2 800	3 200	3 600	4 000	4 500
SPB	140	1	1.08	1.92	3.02	3.35	3.83	4.55	5.19	5.54	5.95	6.31	6.62	6.86	7.15	7.17	6.89	6.23	5.00
		1.05	1.12	2.02	3.19	3.55	4.06	4.84	5.55	5.93	6.39	6.80	7.15	7.44	7.84	7.95	7.77	7.25	6.10
		1.2	1.17	2.12	3.35	3.74	4.29	5.14	5.90	6.32	6.83	7.29	7.69	8.03	8.52	8.73	8.65	8.23	7.20
		1.5	1.22	2.21	3.53	3.94	4.52	5.43	6.25	6.71	7.27	7.70	8.23	8.61	9.20	9.51	9.52	9.80	8.30
		≥3	1.27	2.31	3.70	4.13	4.76	5.72	6.61	7.40	7.71	8.26	8.76	9.20	9.89	10.29	10.40	10.18	9.39
	160	1	1.37	2.47	3.92	4.37	5.01	5.98	6.86	7.33	7.89	8.38	8.80	9.13	9.52	9.53	9.10	8.21	6.36
		1.05	1.41	2.57	4.10	4.57	5.24	6.28	7.21	7.72	8.33	8.87	9.33	9.71	10.20	10.31	9.98	9.18	7.45
		1.2	1.46	2.66	4.27	4.76	5.17	6.57	7.56	8.11	8.77	9.36	9.87	10.30	10.89	11.09	10.86	10.16	8.55
		1.5	1.51	2.76	4.44	4.96	5.70	6.86	7.92	8.50	9.21	9.85	10.41	10.88	11.57	11.87	11.74	11.13	9.65
		≥3	1.56	2.86	4.61	5.15	5.93	7.15	8.27	8.89	9.65	10.33	10.94	11.47	12.25	12.65	12.61	12.11	10.75
	180	1	1.65	3.01	4.82	5.37	6.16	7.38	8.46	9.05	9.74	10.34	10.83	11.21	11.62	11.49	10.77	9.40	6.68
		1.05	1.70	3.11	4.99	5.57	6.40	7.67	8.82	9.44	10.18	10.83	11.37	11.80	12.30	12.27	11.65	10.37	7.77
		1.2	1.75	3.20	5.16	5.76	6.63	7.97	9.17	9.83	10.62	11.32	11.91	12.39	12.98	13.05	12.52	11.35	8.87
		1.5	1.80	3.30	5.83	5.96	6.86	8.26	9.53	10.22	11.06	11.80	12.44	12.97	13.66	13.83	13.40	12.32	9.97
		≥3	1.85	3.40	5.50	6.15	7.09	8.55	9.88	10.61	11.50	12.29	12.98	13.56	14.35	14.61	14.28	13.30	11.07
	200	1	1.94	3.54	5.69	6.35	7.30	8.74	10.02	10.70	11.50	12.18	12.72	13.11	13.41	13.01	11.83	9.77	5.85
		1.05	1.99	3.64	5.86	6.55	7.53	9.04	10.37	11.09	11.94	12.67	13.25	13.69	14.10	13.79	12.71	10.75	6.95
		1.2	2.03	3.74	6.03	6.75	7.76	9.33	10.73	11.48	12.38	13.15	13.79	14.28	14.78	14.57	13.69	11.72	8.04
		1.5	2.08	3.84	6.21	6.94	7.99	9.52	11.03	11.87	12.82	13.64	11.33	14.86	15.46	15.36	14.46	12.70	9.14
		≥3	2.13	3.93	6.38	7.14	8.23	9.91	11.43	12.26	13.26	14.13	14.86	15.45	16.14	16.14	15.34	13.68	10.24

续表

带型	d_{a1}/mm	i 或 $1/i$	小轮转速 $(n_1)/(r/min)$ 额定功率 P_N/kW																
			200	400	700	800	950	1 200	1 450	1 600	1 800	2 000	2 200	2 400	2 800	3 200	3 600	4 000	4 500
SPB	224	1	2.28	4.18	6.73	7.52	8.63	10.33	11.81	12.59	13.49	14.21	14.76	15.10	15.14	14.22	12.23	9.04	3.18
		1.05	2.32	4.28	6.90	7.71	8.86	10.62	12.17	12.98	13.93	14.70	15.29	15.69	15.83	15.00	13.11	10.01	4.28
		1.2	2.37	4.37	7.07	7.91	9.10	10.92	12.58	13.37	14.37	15.19	15.83	16.27	16.51	15.78	13.98	10.99	5.38
		1.5	2.42	4.47	7.24	8.10	9.33	11.21	12.87	13.76	14.80	15.68	16.37	16.86	17.19	16.57	14.86	11.96	6.47
		≥3	2.47	4.57	7.41	8.30	9.56	11.50	13.23	14.15	15.24	16.16	16.90	17.44	17.87	17.35	15.74	12.94	7.57
	250	1	2.64	4.86	7.84	8.75	10.04	11.99	13.66	14.51	15.47	16.19	16.68	16.89	16.44	14.69	11.48	6.63	—
		1.05	2.69	4.96	8.01	8.94	10.27	12.28	14.01	14.90	15.91	16.68	17.21	17.47	17.13	15.47	12.36	7.61	—
		1.2	2.74	5.05	8.18	9.14	10.50	12.57	14.37	15.29	16.35	17.17	17.75	18.06	17.81	16.25	13.23	8.58	—
		1.5	2.79	5.15	8.35	9.33	10.74	12.87	14.72	15.68	16.78	17.66	18.28	18.65	18.49	17.03	14.11	9.55	—
		≥3	2.83	5.25	8.52	9.53	10.97	13.16	15.07	16.07	17.22	18.15	18.82	19.23	19.17	17.81	14.99	10.53	—
	280	1	3.05	5.63	9.09	10.14	11.62	13.82	15.65	16.56	17.52	18.17	18.48	18.43	17.13	14.04	8.92	1.55	—
		1.05	3.10	5.73	9.26	10.33	11.85	14.11	16.01	16.95	17.96	18.65	19.01	19.01	17.81	14.82	9.80	2.53	—
		1.2	3.15	5.83	9.43	10.53	12.08	14.41	16.36	17.34	18.39	19.14	19.55	19.60	18.49	15.60	10.68	3.50	—
		1.5	3.20	5.93	9.60	10.72	12.32	14.70	16.72	17.73	18.83	19.63	20.09	20.18	19.18	16.38	11.56	4.48	—
		≥3	3.25	6.02	9.77	10.92	12.55	14.99	17.07	18.12	19.27	20.12	20.62	20.77	19.86	17.16	12.43	5.45	—
	315	1	3.53	6.53	10.51	11.71	13.40	15.84	17.79	18.70	19.55	20.00	19.97	19.44	16.71	11.47	3.40	—	—
		1.05	3.58	6.62	10.68	11.91	13.68	16.13	18.15	19.09	20.00	20.49	20.51	20.03	17.39	12.25	4.28	—	—
		1.2	3.63	6.72	10.85	12.11	13.86	16.43	18.50	19.48	20.44	20.97	21.05	20.61	18.07	13.03	5.16	—	—
		1.5	3.68	6.82	11.02	12.30	14.09	16.72	18.85	19.87	20.88	21.46	21.58	21.20	18.76	13.81	6.04	—	—
		≥3	3.73	6.92	11.19	12.50	14.38	17.01	19.21	20.26	21.32	21.95	22.12	21.78	19.44	14.59	6.91	—	—

续表

带型	d_{d1}/mm	i 或 $1/i$	小轮转速 (n_1)/(r/min) 额定功率 P_N/kW															
			200	400	700	800	950	1 200	1 450	1 600	1 800	2 000	2 200	2 400	2 800	3 200	3 600	4 000	4 500
SPB	355	1	4.08	7.53	12.10	13.46	15.33	17.99	19.96	20.78	21.39	21.42	20.79	19.46	14.45	5.91	—	—	—
		1.05	4.18	7.63	12.27	13.65	15.57	18.28	20.31	21.17	21.83	21.91	21.33	20.05	15.13	6.69	—	—	—
		1.2	4.17	7.73	12.44	13.85	15.80	18.57	20.67	21.56	22.27	22.39	21.87	20.63	15.81	7.47	—	—	—
		1.5	4.22	7.82	12.61	14.04	16.03	18.86	21.02	21.95	22.71	22.88	22.40	21.22	16.50	8.85	—	—	—
		≥3	4.27	7.92	12.78	14.24	16.26	19.16	21.37	22.34	23.15	23.37	22.94	21.80	17.18	9.03	—	—	—
	400	1	4.68	8.64	13.82	15.34	17.39	20.17	22.02	22.62	22.76	22.07	20.46	17.87	9.37	—	—	—	—
		1.05	4.73	8.74	13.99	15.53	17.62	20.46	22.37	23.01	23.19	22.55	21.00	18.46	10.05	—	—	—	—
		1.2	4.78	8.84	14.16	15.73	17.85	20.75	22.72	23.40	23.63	23.04	21.54	19.04	10.74	—	—	—	—
		1.5	4.83	8.94	14.33	15.92	18.09	21.05	23.08	23.79	24.07	23.53	22.07	19.63	11.42	—	—	—	—
		≥3	4.87	9.03	14.50	16.12	18.32	21.34	23.43	24.18	24.51	24.02	22.61	20.21	12.10	—	—	—	—
	v/(m/s) ≈		5	10	15	20	25	30	35	40									

带型	d_{d1}/mm	i 或 $1/i$	小轮转速 (n_1)/(r/min) 额定功率 P_N/kW															
			200	300	400	500	600	700	800	950	1 200	1 450	1 600	1 800	2 000	2 200	2 400	2 800	3 200
SPC	224	1	2.90	4.08	5.19	6.23	7.21	8.13	8.99	10.19	11.89	13.22	13.81	14.35	14.58	14.47	14.01	11.89	8.01
		1.05	3.02	4.26	5.43	6.53	7.57	8.55	9.47	10.76	12.61	14.09	14.77	15.43	15.78	15.79	15.44	13.57	9.93
		1.2	3.14	4.44	5.67	6.83	7.92	8.97	9.95	11.33	13.33	14.95	15.73	16.51	16.98	17.11	16.88	15.25	11.85
		1.5	3.26	4.62	5.91	7.13	8.28	9.39	10.43	11.90	14.05	15.82	16.69	17.59	18.17	18.43	18.32	16.92	13.77
		≥3	3.38	4.80	6.15	7.43	8.64	9.81	10.91	12.47	14.77	16.69	17.65	18.66	19.37	19.75	19.75	18.60	15.68

续表

带型	d_{d1}/mm	i 或 $1/i$	200	300	400	500	600	700	800	950	1 200	1 450	1 600	1 800	2 000	2 200	2 400	2 800	3 200
			小轮转速 (n_1)/(r/min) 额定功率 P_N/kW																
SPC	250	1	3.50	4.95	6.31	7.60	8.81	9.95	11.02	12.51	14.61	16.21	16.52	17.52	17.70	17.44	16.69	13.60	8.12
		1.05	3.62	5.13	6.55	7.89	9.17	10.37	11.50	13.07	15.33	17.08	17.88	18.59	18.90	18.76	18.13	15.28	10.04
		1.2	3.74	5.31	6.79	8.19	9.53	10.79	11.98	13.64	16.05	17.95	18.83	19.67	20.10	20.08	19.57	16.96	11.96
		1.5	3.86	5.49	7.03	8.49	9.89	11.21	12.46	14.21	16.77	18.82	19.79	20.75	21.30	21.40	21.01	18.64	13.88
		≥3	3.98	5.67	7.27	8.79	10.25	11.63	12.94	14.78	17.49	19.69	20.75	21.83	22.50	22.72	22.45	20.32	15.80
	280	1	4.18	5.94	7.59	9.15	10.62	12.01	13.31	15.10	17.60	19.44	20.20	20.75	20.75	20.13	18.86	14.11	6.10
		1.05	4.30	6.12	7.83	9.45	10.98	12.43	13.79	15.67	18.32	20.31	21.16	21.83	21.95	21.45	20.30	15.79	8.02
		1.2	4.42	6.30	8.07	9.75	11.34	12.85	14.27	16.24	19.04	21.18	22.12	22.91	23.15	22.77	21.73	17.47	9.93
		1.5	4.54	6.48	8.31	10.05	11.70	13.27	14.75	16.81	19.76	22.05	23.07	23.99	24.34	24.09	23.17	19.15	11.85
		≥3	4.66	6.66	8.55	10.35	12.06	13.69	15.23	17.38	20.48	22.92	24.03	25.07	25.54	25.41	24.61	20.83	13.77
	315	1	4.97	7.08	9.07	10.94	12.70	14.36	15.90	18.01	20.88	22.87	23.58	23.91	23.47	22.18	19.98	12.53	—
		1.05	5.09	7.26	9.31	11.24	13.06	14.78	16.38	18.58	21.60	23.74	24.54	24.99	24.67	23.50	21.42	14.20	—
		1.2	5.21	7.44	9.55	11.54	13.42	15.20	16.86	19.15	22.32	24.60	25.50	26.07	25.87	24.82	22.86	15.88	—
		1.5	5.33	7.62	9.79	11.84	13.73	15.62	17.34	19.72	23.04	25.47	26.46	27.15	27.07	26.14	24.30	17.56	—
		≥3	5.45	7.80	10.03	12.14	14.14	16.04	17.82	20.29	23.76	26.34	27.42	28.23	28.26	27.46	25.74	19.24	—
	355	1	5.87	8.37	10.72	12.94	15.02	16.96	18.76	21.17	24.34	26.29	26.80	26.62	25.37	22.94	19.22	—	—
		1.05	5.99	8.55	10.96	13.24	15.38	17.38	19.24	21.74	25.06	27.16	27.76	27.70	26.57	24.26	20.66	—	—
		1.2	6.11	8.73	11.20	13.54	15.74	17.80	19.72	22.31	25.78	28.03	28.72	28.78	27.77	25.58	22.10	—	—
		1.5	6.23	8.91	11.44	13.84	16.10	18.22	20.20	22.88	26.50	28.90	29.68	29.86	28.97	26.90	23.54	—	—
		≥3	6.35	9.09	11.68	14.14	16.46	18.64	20.68	23.45	27.22	29.77	30.64	30.94	30.17	28.22	24.98	—	—
	400	1	6.86	9.80	12.56	15.15	17.56	19.79	21.84	24.52	27.83	29.46	29.53	28.42	25.81	21.54	15.48	—	—
		1.05	6.98	9.98	12.80	15.45	17.92	20.21	22.32	25.09	28.55	30.33	30.49	29.50	27.01	22.86	16.91	—	—
		1.2	7.10	10.16	13.04	15.75	18.28	20.63	22.80	25.66	29.27	31.20	31.45	30.58	28.21	24.18	18.35	—	—
		1.5	7.22	10.34	13.28	16.04	18.64	21.05	23.28	26.23	29.99	32.07	32.41	31.66	29.41	25.50	19.79	—	—
		≥3	7.34	10.52	13.52	16.34	19.00	21.47	23.76	26.80	30.70	32.94	33.37	32.74	30.60	26.82	21.23	—	—

续表

表头：小轮转速 (n_1)/(r/min)，额定功率 P_N/kW

带型	d_{d1}/mm	i 或 $1/i$	200	300	400	500	600	700	800	950	1 200	1 450	1 600	1 800	2 000	2 200	2 400	2 800	3 200
SPC	450	1	7.96	11.37	14.56	17.54	20.29	22.81	25.07	27.94	31.15	32.06	31.33	28.69	23.95	16.89	—	—	—
		1.05	8.08	11.55	14.80	17.83	20.65	23.23	25.55	28.51	31.87	32.93	32.29	29.77	25.15	18.21	—	—	—
		1.2	8.20	11.73	15.04	18.13	21.01	23.65	26.03	29.08	32.59	33.80	33.25	30.85	26.34	19.53	—	—	—
		1.5	8.32	11.91	15.28	18.43	21.37	24.07	26.51	29.65	33.31	34.67	34.21	31.92	27.54	20.85	—	—	—
		≥3	8.44	12.09	15.52	18.73	21.73	24.48	26.99	30.22	34.03	35.54	35.16	33.00	28.74	22.17	—	—	—
	500	1	9.04	12.91	16.52	19.86	22.92	25.67	28.09	31.04	33.85	33.58	31.70	26.94	19.35	—	—	—	—
		1.05	9.16	13.09	16.76	20.16	23.28	26.09	28.57	31.61	34.57	34.45	32.66	28.02	20.54	—	—	—	—
		1.2	9.28	13.27	17.00	20.46	23.64	26.51	29.05	32.18	35.29	35.31	33.62	29.10	21.74	—	—	—	—
		1.5	9.40	13.45	17.24	20.76	24.00	26.93	29.53	32.75	36.01	36.18	34.57	30.18	22.94	—	—	—	—
		≥3	9.52	13.63	17.48	21.06	24.35	27.35	30.01	33.32	36.73	37.05	35.53	31.26	24.14	—	—	—	—
	560	1	10.32	14.74	18.82	22.56	25.93	28.90	31.43	34.29	36.18	33.83	30.05	21.90	—	—	—	—	—
		1.05	10.44	14.92	19.06	22.86	26.29	29.32	31.91	34.86	36.90	34.70	31.01	22.98	—	—	—	—	—
		1.2	10.56	15.09	19.30	23.16	26.65	29.74	32.39	35.43	37.62	35.57	31.97	24.05	—	—	—	—	—
		1.5	10.68	15.27	19.54	23.46	27.01	30.16	32.87	36.00	38.34	36.44	32.93	25.14	—	—	—	—	—
		≥3	10.80	15.45	19.78	23.76	27.37	30.58	33.35	36.57	39.06	37.31	33.89	26.22	—	—	—	—	—
	630	1	11.80	16.82	21.42	25.56	29.25	32.37	34.88	37.37	37.52	31.74	24.90	—	—	—	—	—	—
		1.05	11.92	17.00	21.66	25.88	29.61	32.79	35.36	37.94	38.24	32.61	25.92	—	—	—	—	—	—
		1.2	12.04	17.18	21.90	26.18	29.96	33.21	35.84	38.51	38.96	33.48	26.88	—	—	—	—	—	—
		1.5	12.16	17.36	22.14	26.48	30.32	33.63	36.32	39.07	39.68	34.35	27.84	—	—	—	—	—	—
		≥3	12.28	17.54	22.38	26.78	30.68	34.04	36.80	39.64	40.40	35.22	28.79	—	—	—	—	—	—
$v/(\text{m/s}) \approx$			10	15	15	20	25	30	35	40									

注：表格中带黑框的速度为电动机的负荷转速。

表 4-8　普通 V 带基准长度修正系数(K_L)

Y		Z		A、AX		B、BX		C、CX		D		E	
基准长度(L_d)/mm	修正系数(K_L)	基准长度(L_d)/mm	修正系数(K_L)	基准长度(L_d)/mm	修正系数(K_L)	基准长度(L_d)/mm	修正系数(K_L)	基准长度(L_d)/mm	修正系数(K_L)	基准长度(L_d)/mm	修正系数(K_L)	基准长度(L_d)/mm	修正系数(K_L)
200	0.81	405	0.87	630	0.81	930	0.83	1 565	0.82	2 740	0.82	4 660	0.91
224	0.82	475	0.90	700	0.83	1 000	0.84	1 760	0.85	3 100	0.86	5 040	0.92
250	0.84	530	0.93	790	0.85	1 100	0.86	1 950	0.87	3 330	0.87	5 420	0.94
280	0.87	625	0.96	890	0.87	1 210	0.87	2 195	0.90	3 730	0.90	6 100	0.96
315	0.89	700	0.99	990	0.89	1 370	0.90	2 420	0.92	4 080	0.91	6 850	0.99
355	0.92	780	1.00	1 100	0.91	1 560	0.92	2 715	0.94	4 620	0.94	7 650	1.01
400	0.96	920	1.04	1 250	0.93	1 760	0.94	2 880	0.95	5 400	0,97	9 150	1.05
450	1.00	1 080	1.07	1 430	0.96	1 950	0.97	3 080	0.97	6 100	0.99	12 230	1.11
500	1.02	1 330	1.13	1 550	0.98	2 180	0.99	3 520	0.99	6 840	1.02	13 750	1.15
—	—	1 420	1.14	1 640	0.99	2 300	1.01	4 060	1.02	7 620	1.05	15 280	1.17
—	—	1 540	1.54	1 750	1.00	2 500	1.03	4 600	1.05	9 140	1.08	16 800	1.19
—	—	—	—	1 940	1.02	2 700	1.04	5 380	1.08	10 700	1.13	—	—
—	—	—	—	2 050	1.04	2 870	1.05	6 100	1.11	12 200	1.16	—	—
—	—	—	—	2 200	1.06	3 200	1.07	6 815	1.14	13 700	1.19	—	—
—	—	—	—	2 300	1.07	3 600	1.09	7 600	1.17	15 200	1.21	—	—
—	—	—	—	2 480	1.09	4 060	1.13	9 100	1.21	—	—	—	—
—	—	—	—	2 700	1.10	4 430	1.15	10 700	1.24	—	—	—	—
—	—	—	—	—	—	4 820	1.17	—	—	—	—	—	—
—	—	—	—	—	—	5 370	1.20	—	—	—	—	—	—
—	—	—	—	—	—	6 070	1.24	—	—	—	—	—	—

表 4-9　窄 V 带的基准长度系列和长度系数 K_L

基准长度 L_d/mm	型　号				基准长度 L_d/mm	型　号			
	SPZ	SPA	SPB	SPC		SPZ	SPA	SPB	SPC
630	0.82				1 120	0.93	0.87		
710	0.84				1 250	0.94	0.89	0.82	
800	0.86	0.81			1 400	0.96	0.91	0.84	
900	0.88	0.83			1 600	1.00	0.93	0.86	
1 000	0.90	0.85			1 800	1.01	0.95	0.88	

续表

基准长度	型　号				基准长度	型　号			
L_d/mm	SPZ	SPA	SPB	SPC	L_d/mm	SPZ	SPA	SPB	SPC
2 000	1.02	0.96	0.90	0.81	5 600			1.08	1.00
2 240	1.05	0.98	0.92	0.83	6 300			1.10	1.02
2 500	1.07	1.00	0.94	0.86	7 100			1.12	1.04
2 800	1.09	1.02	0.96	0.88	8 000			1.14	1.06
3 150	1.11	1.04	0.98	0.90	9 000				1.08
3 550	1.13	1.06	1.00	0.92	10 000				1.10
4 000		1.08	1.02	0.94	11 200				1.12
4 500		1.09	1.04	0.96	12 500				1.14
5 000			1.06	0.98					

注:无长度系的规格均无标准带供货。

表 4-10　包角修正系数 K_α

包角 $\alpha/(°)$	修正系数 K_α
180	1.00
174	0.99
169	0.97
163	0.96
157	0.94
151	0.93
145	0.91
139	0.89
133	0.87
127	0.85
120	0.82
113	0.80
106	0.77
99	0.73
91	0.70
83	0.65

4.3.2　带传动的设计与参数选择

1. 设计 V 带传动的原始数据

1) 传递的功率 P;

2) 主、从动轮转速 n_1 和 n_2 或传动比;

3) 对传动位置和外部尺寸的要求;

4) 工作条件。

2. 设计内容

1）确定带的型号、长度和根数；

2）传动中心距；

3）带轮的材料、结构和尺寸；

4）计算初拉力和作用在轴上的压力等。

3. 设计计算步骤和选择参数的原则

（1）确定计算功率 P_c

P_c 是根据传递的名义功率 P，并考虑载荷性质、原动机种类和每天运转的时间等因素而确定的，即

$$P_c = K_A P \tag{4-23}$$

式中：K_A——工况系数，见表 4-11。

表 4-11 工况系数 K_A

工况		K_A					
		空、轻载起动			重载起动		
		每天工作小时数/h					
		<10	10~16	>16	<10	10~16	>16
载荷变动微小	液体搅拌机、通风机和鼓风机（≤7.5 kW）、离心式水泵和压缩机、轻载荷输送机	1.0	1.1	1.2	1.1	1.2	1.3
载荷变动小	带式输送机（不均匀载荷）、通风机和鼓风机（>7.5 kW）、旋转式水泵和压缩机（非离心式）、发电机、金属切削机床、印刷机、旋转筛、锯木机和木工机械	1.1	1.2	1.3	1.2	1.3	1.4
载荷变动较大	制砖机、斗式提升机、往复式水泵和压缩机、起重机、磨粉机、冲剪机床、橡胶机械、振动筛、纺织机械、重载输送机	1.2	1.3	1.4	1.4	1.5	1.6
载荷变动很大	破碎机（旋转式、颚式等）、磨碎机（球磨、棒磨、管磨）	1.3	1.4	1.5	1.5	1.6	1.8

注：1. 空、轻载起动——电动机（交流起动、三角起动、直流并励），四缸及以上的内燃机，装有离心式离合器、液力联轴器的动力机。

2. 重载起动——电动机（联机交流起动、直流复励或串励），四缸以下的内燃机。

3. 反复起动、正反转频繁、工作条件恶劣等场合，K_A 应乘 1.2，窄 V 带乘 1.1。

4. 增速传动时，K_A 应乘下列系数：

增速比	<1.25	1.25~1.74	1.75~2.49	2.5~3.49	≥3.5
系数	1.00	1.05	1.11	1.18	1.25

（2）选择 V 带型号

根据计算功率 P_c 和小带轮转速 n_1 由图 4-8、图 4-9 或图 4-10 初选带型。当在两种型号交界线附近时，可以对两种型号同时进行计算，最后择优选定。

（3）确定带轮的基准直径 d_1 和 d_2

1）初选小轮直径 d_1

带轮直径小时，传动尺寸紧凑，但弯曲应力大，使带的疲劳强度降低；传递同样的功率时，所需有效圆周力也大，使带的根数增多。因此一般取 $d_1 \geqslant d_{min}$（表 4-12）并选用推荐的标准值（见下文）。

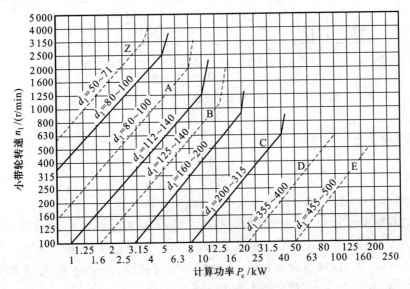

图 4-8 普通 V 带选型图

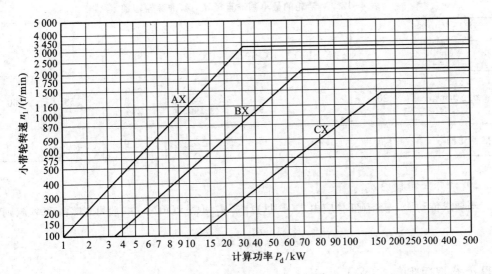

图 4-9 切边普通 V 带选型图

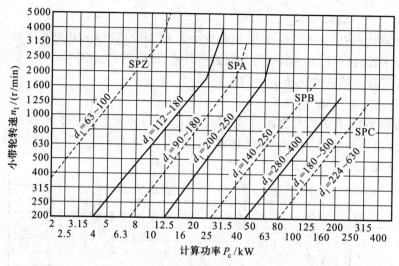

图 4-10 窄 V 带选型图

2）验算带速 v

$$v = \frac{\pi d_1 n_1}{60 \times 1\,000}$$

式中，d_1 的单位为 mm，n_1 的单位为 r/min，v 的单位为 m/s。

带速过高则离心力大，使带与带轮间的压力减小，易打滑。因此，必须限制带速 $v \leqslant v_{max}$，对 Z 型 V 带，$v_{max} = 25$ m/s；对 A、B、C、D、E 型 V 带，$v_{max} = 30$ m/s；对窄 V 带，$v_{max} = 40$ m/s。当 $v > v_{max}$ 时，应减小 d_1。带速太低时，所需有效拉力 F_e 过大，要求带的根数过多。一般应使 $v = 5 \sim 25$ m/s，最佳带速为 $20 \sim 25$ m/s。

表 4-12 V 带轮的最小基准直径 d_{min} 和推荐轮槽数 z

槽　　型	Y	Z AX、SPZ	A BX、SPA	B CX、SPB	C SPC	D	E
d_{min}/mm	20	50 63	75 90	125 140	200 224	355	500
推荐轮槽数 z	1~3	1~4	1~6	2~8	3~9	3~9	3~9

3）计算大轮直径 d_2

当要求传动比 i 较精确时，应由式（4-11）计算 d_2（取 $\varepsilon = 0.02$）。一般可忽略滑动率 ε，则

$$d_2 = \frac{n_1}{n_2} d_1 = i d_1$$

算得 d_2 应取标准值。

带轮直径的标准值 d/mm：20，22.4，25，28，31.5，35.5，40，45，50，56，63，71，75，80，85，90，95，100，106，112，118，125，132，140，150，160，170，180，200，212，224，236，250，265，

280,300,315,335,355,375,400,425,450,475,500,530,560,600,630,670,710,750,800,900,1 000,1 060,1 120,1 250,1 350,1 400,1 500,1 600,1 700,1 800,2 000,2 120,2 240,2 360,2 500 等。

（4）确定中心距 a 和带长 L_d

1）初选中心距 a_0

中心距小时，传动外廓尺寸小，但包角 α_1 减小，使传动能力降低，同时带短，绕转次数多，使带的疲劳寿命降低。中心距大时，有利于增大包角 α_1 和使带的应力变化减慢，但在载荷变化或高速运转时将引起带的抖动，使带的工作能力降低。

一般初定中心距 a_0 为

$$0.7(d_1+d_2) \leqslant a_0 \leqslant 2(d_1+d_2)$$

2）初算带长 L_c 和确定带长 L_d

初选 a_0 后，按式（4-1）初算带长：

$$L_c \approx 2a_0 + \frac{\pi}{2}(d_1+d_2) + \frac{(d_2-d_1)^2}{4a_0}$$

算出 L_c 后，查表 4-8 或表 4-9 选取相近的基准长度 L_d 标准值。如果 L_c 超出该型带的长度范围，则应改变中心距或带轮直径重新设计。

3）确定中心距 a

因选取基准长度不同于计算长度，实际中心距 a 需要重新确定，可用下式近似计算：

$$a \approx a_0 + \frac{L_d - L_c}{2} \tag{4-24}$$

考虑安装、更换 V 带和调整、补偿初拉力（例如带伸长而松弛后的张紧），V 带传动通常设计成中心距是可调的，中心距变化范围为

$$a_{min} = a - 0.015L_d$$

$$a_{max} = a + 0.03L_d$$

（5）验算小轮包角 α_1

小轮包角 α_1 是影响 V 带传动工作能力的重要因素。通常应保证

$$\alpha_1 \approx 180° - \frac{d_2-d_1}{a} \times 57.3° \geqslant 120°$$

特殊情况允许 $\alpha_1 \geqslant 90°$。

（6）确定 V 带根数 z

$$z \geqslant \frac{P_c}{[P_0]} \tag{4-25}$$

式中：P_c——由式（4-23）确定的计算功率，kW；

$[P_0]$——由式（4-22）确定的单根 V 带的许用功率，kW。

根据上式的计算值圆整根数 z。当 V 带根数超过表 4-12 中推荐用的轮槽数时，应注意使所选同组带长的长度偏差尽量小，或改选带轮直径、改选较大型号 V 带重新设计。

（7）确定初拉力 F_0

初拉力过小时，带与带轮间的极限摩擦力小，带传动未达到额定载荷时就可能出现打

滑;初拉力过大时,带中应力过大,将使带的寿命大大缩短,同时加大了轴和轴承的受力。实际上,由于带不是完全弹性体,对非自动张紧的带传动,过大的初拉力将使带易于松弛。

对于非自动张紧的 V 带传动,既能保证传递额定功率时不打滑,又能保证 V 带具有一定寿命的单根带适宜的初拉力为

$$F_0 = \frac{500P_c}{zv} \frac{2.5-K_\alpha}{K_\alpha} + qv^2 \tag{4-26}$$

上式中各符号的意义及单位同前。

（8）计算带对轴的压力 F_Q

为了设计轴和轴承,必须计算 V 带传动作用在轴上的压力（径向力）F_Q。如果不考虑带松紧边的拉力差和离心拉力的影响,则 F_Q 可近似地按张紧时带两边拉力均为 zF_0 的合力计算（图 4-11）,即

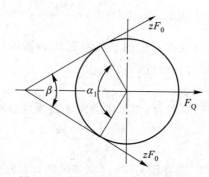

图 4-11　带传动作用在轴上的压力

$$F_Q \approx 2zF_0 \sin\frac{\alpha_1}{2} \tag{4-27}$$

4.4　带轮的结构设计及带传动的张紧

4.4.1　带轮的结构设计

V 带带轮是普通 V 带传动的重要零件,它必须具有足够的强度,但又要重量轻,质量分布均匀;轮槽的工作面对带必须有足够的摩擦,又要减少对带的磨损。

V 带轮的材料主要采用铸铁,常用材料的牌号为 HT150 或 HT200。转速较高时宜采用铸钢;小功率时可用铸铝或塑料。

当带轮基准直径 $d_d \leqslant (2.5\sim3)d$（$d$ 为轴的直径,mm）时,可采用实心式结构（图 4-12a）;当 $d_d \leqslant 300$ mm 时,可采用腹板式结构（图 4-12b）;当 $d_d > 300$ mm 时,可采用轮辐式结构（图 4-12c）。

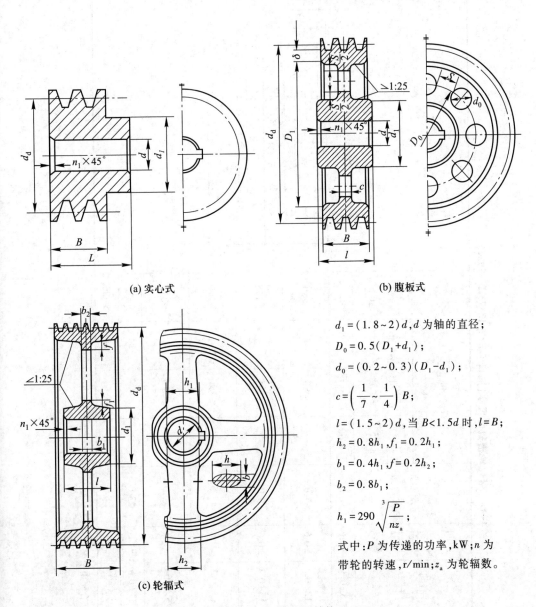

(a) 实心式

(b) 腹板式

(c) 轮辐式

$d_1 = (1.8 \sim 2) d$，d 为轴的直径；

$D_0 = 0.5 (D_1 + d_1)$；

$d_0 = (0.2 \sim 0.3)(D_1 - d_1)$；

$c = \left(\dfrac{1}{7} \sim \dfrac{1}{4} \right) B$；

$l = (1.5 \sim 2) d$，当 $B < 1.5d$ 时，$l = B$；

$h_2 = 0.8 h_1$，$f_1 = 0.2 h_1$；

$b_1 = 0.4 h_1$，$f = 0.2 h_2$；

$b_2 = 0.8 b_1$；

$h_1 = 290 \sqrt[3]{\dfrac{P}{n z_a}}$；

式中：P 为传递的功率，kW；n 为带轮的转速，r/min；z_a 为轮辐数。

图 4-12　V 带轮的结构

　　带轮轮槽工作面要精细加工（表面粗糙度 Ra 值一般为 3.2 μm），以减少带的磨损；各槽的尺寸和角度应有一定的精度，使载荷分布较为均匀。

　　带轮的结构设计，主要是根据带轮的基准直径选择结构形式；根据带的型号确定轮槽尺寸（表 4-1），带轮的其他结构尺寸可参照经验公式计算，带轮轮槽截面尺寸见表 4-13。

表 4-13 带轮轮槽截面尺寸（摘自 GB/T 13575.1—2022）

mm

槽型		基准宽度 (b_d)	基准直径至槽顶距离 ($h_{a\,min}$)	基准直径至槽底距离 ($h_{f\,min}$)	槽间距 (e)	槽间距 e 值累积极限偏差	轮槽中心与端面距离 (f_{min})	基准直径 (d_d)			
普通 V 带轮	窄 V 带轮							$\alpha=32°$ ±0.5°	$\alpha=34°$ ±0.5°	$\alpha=36°$ ±0.5°	$\alpha=38°$ ±0.5°
Y	—	5.3	1.6	4.7	8±0.3	±0.6	6.0	≤60	—	>60	—
Z	SPZ	8.5	2	7.0 9.0	12±0.3	±0.6	7.0	—	≤80	—	>80
A、AX	SPA	11.0	2.75	8.7 11.0	15±0.3	±0.6	9.0	—	≤118	—	>118
B、BX	SPB	14.0	3.5	10.8 14.0	19±0.4	±0.8	11.5	—	≤190	—	>190
C、CX	SPC	19.0	4.8	14.3 19.0	25.5±0.5	±1.0	16.0	—	≤315	—	>315
D	—	27.0	8.1	19.9	37±0.6	±1.2	23.0	—	—	≤475	>475
E	—	32.0	9.6	23.4	44.5±0.7	±1.4	28.0	—	—	≤600	>600

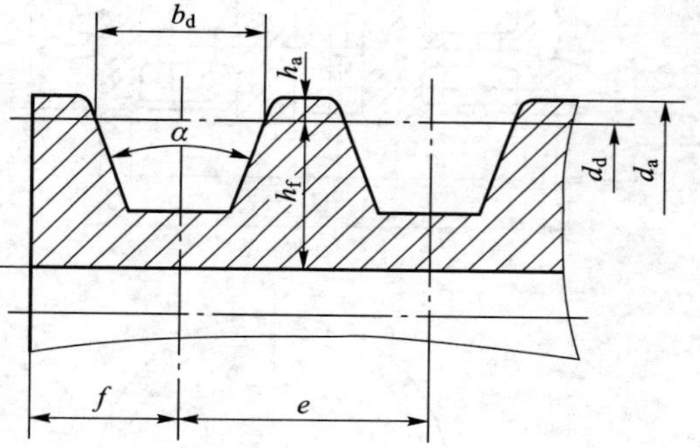

注：专门用于普通 V 带的带轮不能配合使用窄 V 带，用于单根 V 带的多槽带轮不能配合使用联组带。

4.4.2　带传动的张紧

带传动的传动带不是完全弹性体,长期在张紧状态下工作,容易产生塑性变形而导致松弛,这样将使带传动的传动能力下降,甚至失效。为保证正常工作,必须适时补充张紧。常用张紧方式是调整中心距或设置张紧轮,V 带传动多采用调整中心距的方式。张紧装置有定期人工调整和自动调整两类,如图 4-13 所示。

微视频:
带的张紧与维
护

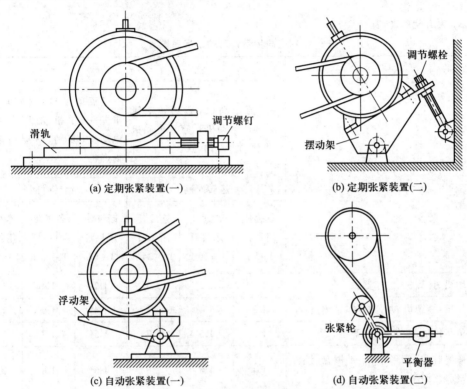

(a) 定期张紧装置(一)　　　　(b) 定期张紧装置(二)

(c) 自动张紧装置(一)　　　　(d) 自动张紧装置(二)

图 4-13　带传动的张紧装置

当带传动的中心距不能调节时,可采用具有张紧轮的装置(图 4-13d)。张紧轮应设置在松边,有内张紧和外张紧两种方式。内张紧时置于大带轮侧松边内侧,以减少对小带轮包角的影响;外张紧时置于小带轮侧松边外侧,这样可以增加小带轮的包角。采用了张紧轮后,增加了传动带的挠曲次数,结构也显得复杂,所以当中心距能调整时,一般不采用张紧轮装置。

*　4.5　同步带传动设计

4.5.1　同步带传动的失效形式和计算准则

同步带传动的主要失效形式为承载绳疲劳拉断、打滑与跳齿、带齿的过度磨损。因此同步带传动设计计算准则是带在不打滑的情况下具有较高的抗拉强度,保证承载绳不被拉断。此外,在灰尘、杂质较多的工作条件下,应对带齿进行耐磨性计算。

4.5.2 同步带传动的设计计算步骤和参数选择

（1）确定计算功率 P_c

P_c 的确定方法与普通 V 带相同,即

$$P_c = K_A P$$

式中,K_A 为工况系数（表 4-14）。

表 4-14 同步带传动的工况系数 K_A

工 作 机	动 力 机					
	交流电动机（普通转矩笼型、同步电动机）,直流电动机（并励）；多缸内燃机			交流电动机（大转矩、大滑差率、单相、滑环）,直流电动机（复励、串励）；单缸内燃机		
	运转时间			运转时间		
	断续使用每日 3~5 h	普通使用每日 8~16 h	连续使用每日 16~24 h	断续使用每日 3~5 h	普通使用每日 8~16 h	连续使用每日 16~24 h
复印机、计算机、医疗器械	1.0	1.2	1.4	1.2	1.4	1.6
清扫机、缝纫机、办公机械、带锯盘	1.2	1.4	1.6	1.4	1.6	1.8
轻负荷传送带、包装机、筛子	1.3	1.5	1.7	1.5	1.7	1.9
液体搅拌机、圆形带锯、平碾盘、洗涤机、造纸机、印刷机械	1.4	1.6	1.8	1.6	1.8	2.0
搅拌机（水泥、黏性体）、皮带输送机（矿石、煤、砂）、牛头刨床、挖掘机、离心压缩机、振动筛、纺织机械（整经机、绕线机）、回转压缩机、往复式发动机	1.5	1.7	1.9	1.7	1.9	2.1
输送机（盘式、吊式、升降式）、油水泵、洗涤机、鼓风机（离心式、引风、排风）、发动机、励磁机、卷扬机、起重机、橡胶加工机（压延、滚轧压出机）、纺织机械（纺纱、精纺、捻纱机、绕纱机）	1.6	1.8	2.0	1.8	2.0	2.2
离心分离机、输送机（货物、螺旋）、锤击式粉碎机、造纸机（碎浆）	1.7	1.9	2.1	1.9	2.1	2.3

续表

工作机	动 力 机					
	交流电动机（普通转矩笼型、同步电动机），直流电动机（并励）；多缸内燃机			交流电动机（大转矩、大滑差率、单相、滑环），直流电动机（复励、串励）；单缸内燃机		
	运转时间			运转时间		
	断续使用每日 3~5 h	普通使用每日 8~16 h	连续使用每日 16~24 h	断续使用每日 3~5 h	普通使用每日 8~16 h	连续使用每日 16~24 h
陶土机械（硅、黏土搅拌）、矿山用混料机、强制送风机	1.8	2.0	2.2	2.0	2.2	2.4

注：① 当用压紧轮时，将表中 K_A 值加下表值：

压紧轮位置	松边内侧	松边外侧	紧边内侧	紧边外侧
附加值	0	0.1	0.1	0.2

② 当增速传动时，将表中 K_A 值加下表值：

增速比	1.25~1.74	1.75~2.49	2.5~3.49	≥3.50
附加值	0.1	0.2	0.3	0.4

（2）选择同步带型号

根据计算功率 P_c 和小带轮转速 n_1，由图 4-14 选定带型。

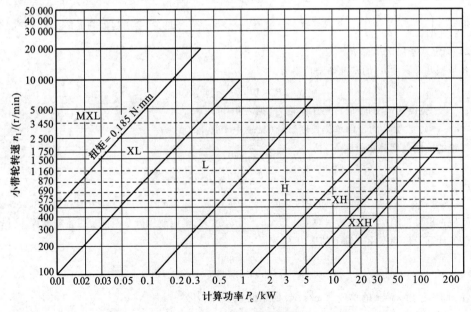

图 4-14　同步带选型图

（3）确定带轮齿数 z_1、z_2 和带轮节圆直径 d_{p1}、d_{p2}

一般取小带轮齿数 $z_1 > z_{min}$（表4-15）。当带速和安装尺寸允许时，z_1 应尽可能选得多些。大轮齿数 $z_2 = iz_1$，并取为整数。带轮的节圆直径为 $d_{p1} = z_1 p_b / \pi$ 和 $d_{p2} = z_2 p_b / \pi$。

表4-15　小带轮的最少齿数 z_{min}

小带轮转速	带　型						
$n_1 /(\text{r/min})$	MXL	XXL	XL	L	H	XH	XXH
<900	—	—	10	12	14	22	22
900~1 200	12	12	10	12	16	24	24
1 200~1 800	14	14	12	14	18	26	26
1 800~3 600	16	16	12	16	20	30	—
3 600~4 800	18	18	15	18	22	—	—

（4）验算带速 v

$$v = \frac{\pi d_{p1} n_1}{60 \times 1\ 000} \leqslant v_{max}$$

式中各符号单位同前。通常，XL、L 型的 $v_{max} = 50$ m/s；H 型的 $v_{max} = 40$ m/s；XH、XXH 型的 $v_{max} = 30$ m/s。

（5）确定中心距 a 和同步带节线长度 L_p 及齿数 z

按结构要求或按下式初定中心距 a_0：

$$0.7(d_{p1} + d_{p2}) \leqslant a_0 \leqslant 2(d_{p1} + d_{p2})$$

按式（4-1）初算带长 L_c，然后查表4-16选取标准节线长度 L_p 和相应的齿数 z。

按选定的带长 L_p 计算理论中心距，中心距可调整时：

$$a = a_0 + \frac{L_p - L_c}{2}$$

（6）确定同步带宽度 b_s

1）确定小带轮啮合齿数 z_m

取 $z_m \approx \left(\frac{1}{2} - \frac{d_{p2} - d_{p1}}{6a} \right) z_1$，并取整数。一般要求 $z_m > 6$。若 z_m 过少，会引起齿侧工作表面过快磨损。

2）确定基准额定功率 P_0

各带型基准宽度 b_{s0} 的基准额定功率为

$$P_0 = 10^{-3}(F_p - qv^2)v$$

式中：F_p——宽度为 b_{s0} 的带的许用工作拉力（见表4-17），N；

$\quad\quad q$——宽度为 b_{s0} 的带的单位长度质量（见表4-17），kg/m。

按带的抗拉强度确定带宽 b_s

$$b_s \geqslant b_{s0} \sqrt[1.14]{\frac{P_c}{K_z P_0}}$$

式中，K_z 为啮合齿数系数，考虑 z_m 过少时对传动能力的影响。$z_m \geqslant 6$ 时，$K_z = 1$；$z_m < 6$ 时，$K_z = 1 - 0.2(6 - z_m)$。

b_s 应选取标准值（表4-3），一般应小于 d_{p1}。若 b_s 过大，则应改用大节距同步带重新计算。

（7）计算带传动作用在轴上的压力 F_Q

$$F_Q = \frac{1\ 000 P_c}{v}$$

式中，P_c 的单位为 kW，v 的单位为 m/s，F_Q 的单位为 N。

（8）确定带轮结构尺寸（略）

表 4-16 标准同步带的节线长度、齿数

长度代号	节线长度 L_p/mm	MXL	XXL	XL	L
36	91.44	45			
40	101.60	50			
44	111.76	55			
48	121.92	60			
50	127.00		40		
56	142.24	70			
60	152.40	75	48	30	
64	162.56	80			
70	177.80		56	35	
72	182.88	90			
80	203.20	100	64	40	
88	223.52	110			
90	228.60		72	45	
100	254.00	125	80	50	
110	279.40		88	55	
112	284.48	140			
120	304.80		96	60	
124	314.96	155			33
130	330.20		104	65	
140	355.60	175	112	70	
150	381.00		120	75	40
160	406.40	200	128	80	
170	431.80			85	
180	457.20	225	144	90	
187	476.25				50
190	482.60			95	
200	508.00	250	160	100	

长度代号	节线长度 L_p/mm	XL	L	H	XH
210	533.40	105	56		
220	558.80	110			
225	571.50		60		
230	584.20	115			
240	609.60	120	64	48	
250	635.00	125			
255	647.70		68		
260	660.40	130			
270	685.80		72	54	
285	723.90		76		
300	762.00		80	60	
322	819.15		86		
330	838.20			66	
345	876.30		92		
360	914.40			72	
367	933.45		98		
390	990.60		104	78	
420	1 066.80		112	84	
450	1 143.00		120	90	
480	1 219.20		128	96	
507	1 289.05				58
510	1 295.40		136	102	
540	1 371.60		144	108	
560	1 422.40				64
570	1 447.80			114	
600	1 524.00		160	120	

长度代号	节线长度 L_p/mm	H	XH	XXH
630	1 600.20	126	72	
660	1 676.40	132		
700	1 778.00	140	80	56
750	1 905.00	150		
770	1 955.80		88	
800	2 032.00	160		64
840	2 133.60		96	
850	2 159.00	170		
900	2 286.00	180		72
980	2 489.20		112	
1 000	2 540.00	200		80
1 100	2 794.00	220		
1 120	2 844.80		128	
1 200	3 048.00			96
1 250	3 175.00	250		
1 260	3 200.40		144	
1 400	3 556.00	280	160	112
1 540	3 911.60		176	
1 600	4 064.00			128
1 700	4 318.00	340		
1 750	4 445.00		200	
1 800	4 572.00			144

表 4-17 同步带的基准宽度 b_{s0}、许用工作拉力 F_p 和单位长度的质量 q

带 型	MXL	XXL	XL	L	H	XH	XXH
b_{s0}/mm	6.4	6.4	9.5	25.4	76.2	101.6	127.0
F_p/N	27	31	50.17	244.46	2 100.85	4 048.9	6 398.03
q/(kg/m)	0.007	0.01	0.022	0.095	0.448	1.484	2.473

4.5.3 同步带带轮设计

带轮的材料可根据使用要求和传递功率的大小采用钢、铸铁、粉末冶金材料或铸铝合金;传递功率小的高速带轮的材料可采用工程塑料和尼龙。

为了保证带与带轮轮齿的正确啮合,两者的节距和齿形角应相等。工作时为了防止同步带从带轮侧面脱落,可在小带轮两侧安装挡圈或在大、小带轮的不同侧面各装单挡圈。

带轮的齿形尺寸及极限偏差、几何公差和表面粗糙度等,可查阅有关手册。

*4.6 其他带传动简介

4.6.1 联组 V 带传动

联组 V 带的结构如图 4-15 所示,它是由一层胶帘布将数根相同的 V 带在顶面连接而成,从而提高了带在运动时的横向稳定性,可防止多根 V 带传动中各根带受载不均及容易发生抖动、翻转甚至跳槽等现象。联组 V 带传动适用于转速高、振动大和有严重冲击载荷的多根 V 带传动的场合。

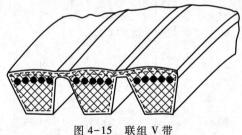

图 4-15 联组 V 带

4.6.2 高速带传动

带速 $v > 30$ m/s、高速轴转速为 10 000~50 000 r/min 的带传动属于高速带(high speed belt)传动。它主要用于增速,增速比为 2~4,有时可达到 8。

为了使传动可靠、运转平稳,并有一定的寿命,高速带均采用质量轻、厚度薄而均匀、挠曲性好的环形平带。过去多用丝织带和麻织带,现在则常用锦纶编织带、特轻型及轻型复合平带和聚氨酯绳芯高速环形胶带等。对采用胶合接头的带,应使接头与带的挠曲性能尽量接近。

对高速带带轮的要求是质量轻且分布对称均匀、运转时空气阻力小,对各个面进行精加工,并进行动平衡。通常采用钢或铝硅合金制造。

为防止带从轮上滑落,两轮轮缘都应加工出凸度,制成双锥面或鼓形面。在轮缘表面常制出环槽(图4-16),以防止运转时带与轮缘表面间形成空气层而降低摩擦系数,影响正常传动。

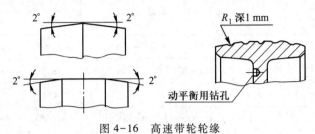

图4-16　高速带轮轮缘

4.6.3　复合平带传动

复合平带(compound flat belt)(亦称尼龙片基平带、聚酰胺基平带)是一种新型平带,它用经过热定伸长后的尼龙薄片(聚酰胺片)作抗拉体,其两表面层的材料采用铬鞣皮革、高耐磨合成橡胶或聚氨酯等,用胶接接头接成环形。其特点是强度高,伸长小,摩擦系数大(合成橡胶与带轮的摩擦系数约为0.7),带轻而薄,挠曲性好,能在很小的带轮上工作,可以大大减小传动带的尺寸和传动的外廓尺寸。复合平带传动所传递功率大,带速可高达80 m/s,传动比可达20~50,效率高(0.98~0.99),带的寿命长(曲挠次数可达3×10^9)。其性能和使用效果优于V带传动,所以发展很快,复合平带传动是一种值得推广使用的新型平带传动。

4.7　V带传动设计的实例分析及设计时应注意的事项

4.7.1　设计实例分析

例4-1　设计一带式输送机传动系统中第一级用的普通V带传动。已知电动机型号为Y112M-4,额定功率$P = 4$ kW,转速$n_1 = 1\,440$ r/min, $n_2 = 400$ r/min,每天运转时间不超过10 h。

解　按4.3节所述设计计算步骤进行。设计计算过程列于表4-18,带轮结构设计略。设计结果有两种方案可供选用:

1) 普通V带传动(方案Ⅱ),A1550　GB/T 13575.1—2022,3根;

2) 窄V带传动(方案Ⅲ),SPZ1250　GB/T 12730—2018,3根。

表4-18　V带传动设计计算例题

设计计算项目	设计计算依据	结　论		
		方案Ⅰ	方案Ⅱ	方案Ⅲ
工况系数K_A	表4-11	1.1		
计算功率P_c/kW	$P_c = K_A P$	4.4		
选V带型号	图4-8、图4-10	Z型	A型	SPZ型
小轮直径d_1/mm	表4-12及推荐标准值	80	100	80

续表

设计计算项目	设计计算依据	结 论		
		方案 I	方案 II	方案 III
验算带速 $v/(\text{m/s})$	$v=\pi d_1 n_1/60\,000$，一般为 $5\sim25$ m/s	6.03	7.54	6.03
大轮直径 d_2/mm	$d_2=d_1 n_1/n_2$，一般应取标准值	280	355	280
从动轮转速 $n_2'/(\text{r/min})$	$n_2'=n_1 d_1/d_2$	411	406	411
从动轮转速误差	$(n_2'-n_2)/n_2$，应不超过±0.05	+0.028	+0.015	+0.028
初定中心距 a_0/mm	推荐：$a_0=(0.75\sim0.80)(d_1+d_2)$	280	350	280
初算带长 L_c/mm	$L_c=2a_0+\pi(d_1+d_2)/2+$ $(d_2-d_1)^2/4a_0$	1 161	1 461	1 161
选定基准长度 L_d/mm	表 4-8、表 4-9	1 330	1 550	1 250
定中心距 a/mm	$a\approx a_0+(L_d-L_c)/2$	365	395	325
$a_{\min}/\text{mm}$	$a_{\min}=a-0.015L_d$	345	372	306
$a_{\max}/\text{mm}$	$a_{\max}=a+0.03L_d$	405	442	363
验算包角 α_1	$\alpha_1\approx180°-\dfrac{d_2-d_1}{a}\times57.3°$，$\alpha_1\geqslant120°$	148.6°	143°	144.7°
单根普通 V 带基本额定功率 P_0/kW	表 4-5	0.348	1.77	
单根窄 V 带基本额定功率 P_N/kW	表 4-7			1.889
传动比 i	$i\approx d_2/d_1$	3.5	3.55	3.5
功率增量 $\Delta P_0/\text{kW}$	表 4-6	0.013	0.174	
长度系数 K_L	表 4-8、表 4-9	1.13	0.98	0.94
包角系数 K_α	表 4-10	0.922	0.903	0.909
单根带许用功率 $[P_0]$ $/(\text{kW})$	$[P_0]=(P_0+\Delta P_0)K_L K_\alpha$（普通 V 带） $[P_0]=P_N K_L K_\alpha$（窄 V 带）	0.376	1.72	1.614
V 带根数 z	$z\geqslant P_c/[P_0]$，不宜超过表 4-12 推荐轮槽数	12(11.7)	3(2.6)	3(2.7)
V 带单位长度质量 q $/(\text{kg/m})$	表 4-1	0.06	0.105	0.072
单根 V 带的初拉力 F_0 $/\text{N}$	$F_0=500P_c(2.5-K_\alpha)/$ $(K_\alpha zv)+qv^2$	54	178	215
轴上的压力 F_Q/N	$F_Q\approx2zF_0\sin(\alpha_1/2)$	1 248	1 013	1 229
设计方案评价	考虑传动结构的紧凑性及合理的 V 带根数等	不好	较好	好

4.7.2　带传动设计时应注意的事项

（1）V 带通常是无端环带，为便于安装、便于调节轴间距离和初拉力，对没有张紧轮的传动，要求其中一根轴的轴承位置能在带长方向移动。

（2）传动的结构便于 V 带的安装与更换。为保证工作安全与环境的清洁，在整体结构设计时，应考虑带传动的防护。

（3）水平或接近水平的带传动，应使带的紧边在下，松边在上，以加大小带轮的包角。

（4）平带传动与 V 带传动的小轮包角 α_1 应分别大于 160° 与 120°，否则应在靠近主动轮的松边上加张紧轮。因为张紧轮传动会增加带的曲挠次数，缩短带的寿命，并使结构复杂，成本增加，因此尽可能不采用张紧轮，必要时可采用自动张紧装置。

（5）当两带轮中心线与水平线的夹角大于 60° 时，每超过 1°，其传递的动力比水平状态递减 1%。

（6）V 带设计为标准长度，若使用中更换带时，应特别注意新带的标准长度应与原设计的带长一致。

（7）多根 V 带传动，为使各 V 带间的载荷分配均匀，各根 V 带应进行配组，其允差应符合表 4-19 的要求。

表 4-19　V 带的配组允差（GB/T 11544—2012）　　　　　　　　mm

基准长度 L_d	配组允差	
	Y、YX、Z、ZX、A、AX、B、BX、C、CX、D、DX、E、EX	SPZ、XPZ、SPA、XPA、SPB、XPB、SPC、XPC
$L_d \leqslant 1\ 250$	2	2
$1\ 250 < L_d \leqslant 2\ 000$	4	2
$2\ 000 < L_d \leqslant 3\ 150$	8	4
$3\ 150 < L_d \leqslant 5\ 000$	12	6
$5\ 000 < L_d \leqslant 8\ 000$	20	10
$8\ 000 < L_d \leqslant 12\ 500$	32	16
$12\ 500 < L_d \leqslant 20\ 000$	48	—

（8）带传动在工作时易产生静电和电火花现象，若在易燃易爆场合下工作，应选用有抗静电性能的传动带。

（9）对长期使用的带传动，为了延长带的寿命，其张紧带的初拉力 F_0 不能过大。

分析与思考题

4-1　带传动的带速 v 为什么规定在 $5 \sim 25$ m/s 范围内？

4-2　带传动为什么要限制最大中心距、最大传动比、最小带轮直径？

4-3　带传动为什么要张紧？常用的张紧方法有哪几种？若用张紧轮则应装在什么地方？

4-4　某带传动装置主动轴扭矩 T，两轮直径 d_1、d_2 分别为 100 mm 与 150 mm，运转中发生了严重打滑现象，后带轮直径改为 $d_1 = 150$ mm、$d_2 = 225$ mm，带长相应增加，传动正常，试问其原因何在？（要点提示：从有效拉力 F_e、摩擦力的极限 F_{elim} 与哪些因素有关、关系的大小等方面进行分析）

习题

4-1　单根 V 带传动的初拉力 $F_0 = 354$ N，主动带轮的基准直径 $d_1 = 160$ mm，主动轮转速 $n_1 = 1\,500$ r/min，主动带轮上的包角 $\alpha_1 = 150°$，带与带轮间的摩擦系数为 $f = 0.485$。试求：

1）V 带紧边、松边的拉力 F_1 和 F_2（忽略带的离心拉力的影响）；

2）V 带传动能传递的最大有效圆周力 F_e 及最大功率 P_0。

4-2　一 V 带传动的大、小带轮的基准直径 $d_1 = 100$ mm，$d_2 = 400$ mm，小带轮转速 $n_1 = 1\,460$ r/min，滑动率 $\varepsilon = 0.02$，传递功率 $P = 10$ kW。试求带速、有效拉力、大带轮实际转速。

4-3　测得一普通 V 带传动的数据如下：$n_1 = 1\,460$ r/min，中心距 $a = 400$ mm，小带轮直径 $d_1 = 140$ mm，大带轮直径 $d_2 = 400$ mm，B 型带共 3 根，传动水平布置，张紧力按标准规定，采用电动机传动，一班制工作，工作平稳，试求允许传递的最大功率。

4-4　设计用电动机驱动破碎机的普通 V 带传动。已知电动机额定功率 $P = 5.5$ kW，转速 $n_1 = 960$ r/min，带传动传动比 $i = 2$，两班制工作，要求两轴间中心距 $a < 600$ mm。

第 **5** 章

链传动设计

5.1 概述

5.1.1 链传动的特点及应用

链传动是以链条（chain）为中间挠性件的啮合传动。它由装在平行轴上的主动链轮（driving chain wheel）、从动链轮（driven chain wheel）和绕在链轮上的链条所组成（图 5-1），并通过链和链轮的啮合来传递运动和动力。

链传动兼有齿轮传动和带传动的特点。与齿轮传动相比，链传动较易安装，成本低廉；在远距离传动（中心距最大可达十多米）时，其结构要比齿轮传动轻便得多。与带传动相比，链传动结构尺寸紧凑，平均传动比准确，传动效率高，需要的张紧力小，压轴力也小，能在低速重载下较好地工作，能适应较恶劣环境如油污多尘和高温等场合。

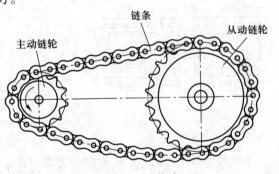

图 5-1　链传动

但它的噪声大，需要良好润滑；且不宜用在中心距很大、转速极高的传动中。一般情况下，链传动的传动功率 $P \leqslant 100 \text{ kW}$，效率 $\eta = 0.92 \sim 0.96$，传动比 $i \leqslant 7$，传动速度一般小于 15 m/s。它广泛应用于石油、化工、冶金、农业、采矿、起重、运输、纺织等各种机械和动力传动中。

5.1.2 链的类型

按用途不同，链可分为传动链、起重链和曳引链三种。由于传动链在机械传动中主要用来传递运动和动力，应用较为广泛，本章只介绍传动链。

按结构不同，传动链可分为传动用短节距精密滚子链（以下简称滚子链）和齿形链。

微视频：
滚子链的结构
及其规格

1. 滚子链

滚子链(roller chain)的结构如图 5-2 所示,它由内链板(inner plate)1、外链板(outer plate)2、销轴(pin)3、套筒(bushing)4 和滚子(roller)5 组成。销轴与外链板、套筒与内链板均用过盈配合连接,分别称为外链节、内链节。而销轴与套筒、滚子与套筒之间则为间隙配合,所以当链条与链轮轮齿啮合时,内、外链节相对转动,滚子与轮齿间主要发生滚动摩擦。链板一般做成"8"字形,以使各截面接近等强度,并可减轻重量和运动时的惯性力。

链条的各元件均由碳钢或合金钢制成,并经热处理,以提高其强度及耐磨性。

当传动功率较大时,可采用双排链(double strand chain)(图 5-3)或多排链(mutiple strand chain)。多排链的承载能力随排数的增加而增大;但限于链条的制造与装配精度,各排链承受的载荷不易均衡,故排数不宜过多。

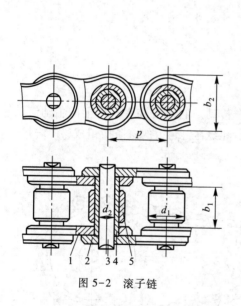

图 5-2 滚子链

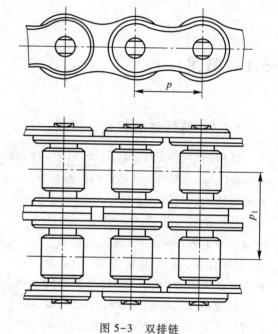

图 5-3 双排链

滚子链是标准件,其主要参数是链的节距 p,它是指链条上相邻两滚子中心间的距离。节距 p 增大,链的各部分尺寸相应增大,承载能力也相应提高,但重量也随之增大。表 5-1 列出 GB/T 1243—2006 规定的几种规格的单排滚子链,分为 A、B 两个系列(在 ISO 606:2004 标准中,A 系列为美国标准系列,B 系列为英国标准系列)。表中的链号数乘以 $\dfrac{25.4}{16}$ 即为节距值,链号与相应的国际标准一致。本章仅介绍常用的 A 系列滚子链传动的设计。

滚子链的标记方法为:

链号—排数-链节数　标准编号

例如:16A—1-80　GB/T 1243—2006 即表示 A 系列、节距 25.4 mm、单排、80 节的滚子链。

表 5-1 滚子链的规格及主要参数

链号	节距 p/mm	排距 p_1/mm	滚子外径 d_1/mm	内链节内宽 b_1/mm	销轴直径 d_2/mm	内链板高度 h_2/mm	拉伸载荷 Q/N	每米质量 q/(kg/m)
05B	8.00	5.64	5.00	3.00	2.31	7.11	4 400	0.18
06B	9.525	10.24	6.35	5.72	3.28	8.26	8 900	0.40
08A	12.70	14.38	7.95	7.85	3.96	12.07	13 800	0.60
10A	15.875	18.11	10.16	9.40	5.08	15.09	21 800	1.00
12A	19.05	22.78	11.91	12.57	5.94	18.08	31 100	1.50
16A	25.40	29.29	15.88	15.75	7.92	24.13	55 600	2.60
20A	31.75	35.76	19.05	18.90	9.53	30.18	86 700	3.80
24A	38.10	45.44	22.23	25.22	11.10	36.20	124 600	5.60
28A	44.45	48.87	25.40	25.22	12.70	42.24	169 000	7.50
32A	50.80	58.55	28.58	31.55	14.27	48.26	222 400	10.10

注:过渡链节的极限拉伸载荷按 $0.8Q$ 计算。

　　除了接头的链节外,链条各链节都是不可分离的。链的长度用链节数表示,为了使链条连成环形时,正好是外链板与内链板相连接,所以链节数最好为偶数。

　　链节的接头有两种形式。当链节数为偶数时采用连接链节,其形状与外链节(图 5-4a)一样,只是链节一侧的外链板与销轴为间隙配合,接头处可用弹簧锁片或开口销等止锁件固定(图 5-4b、c)。当链节数为奇数时可采用过渡链节(图 5-4d)。由于过渡链节的链板受拉力时有附加弯矩的作用,所以强度仅为通常链节的 80% 左右,故设计时应尽量避免使用过渡链节。

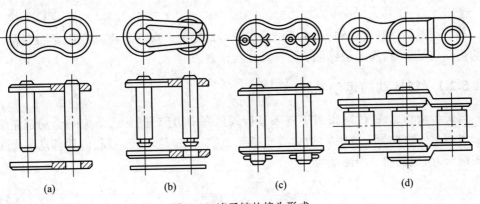

(a)　　　　　　(b)　　　　　　(c)　　　　　　(d)

图 5-4　滚子链的接头形式

2. 齿形链

　　齿形链(inverted tooth chain)又称无声链,它由许多齿形链板用铰链连接而成,如图 5-5 所示。链板两侧工作面为直边,齿形链由链板工作面和链轮轮齿的啮合来实现传动。齿形链的铰链轴可以是简单的圆柱销轴,也可以是其他形式。

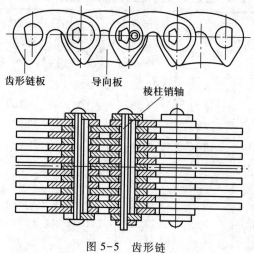

图 5-5　齿形链

图 5-5 的铰链为滚柱式,链片与导向板由一对棱柱销轴连接,各自固定在相应的链片孔中,当链节屈伸时,两棱柱相互滚动,可减少摩擦损失。为了防止链相对于链轮作侧向移动,齿形链中设置了导向链板。

与滚子链相比,齿形链由于齿形的特点,其轮齿受力均匀,故传动平稳,振动、噪声小,且承受冲击性能好,允许的速度较高($v \leqslant 30$ m/s)。但它比滚子链结构复杂,质量大,价格较高。

微视频:
链传动的运动特性

5.2　链传动的运动特性与受力分析

链传动虽然是啮合传动,但由于链的齿形与链轮的齿形不是共轭齿形,一般只能保证平均传动比是常数,而无法保证瞬时传动比为常数。

5.2.1　链传动的运动特性

与带传动相比,链传动相当于链条呈折线包在多边形链轮上,形成一个局部正多边形。多边形的边长等于节距 p,边数等于链轮齿数 z。链轮每转一周,链就移动一个多边形的周长 zp,故链的平均速度为

$$v = \frac{z_1 p n_1}{60 \times 1\,000} = \frac{z_2 p n_2}{60 \times 1\,000} \tag{5-1}$$

式中:v——链的平均速度,m/s;

p——链的节距,mm;

z_1、z_2——主、从动链轮的齿数;

n_1、n_2——主、从动链轮的转速,r/min。

链传动的传动比为

$$i = \frac{n_1}{n_2} = \frac{z_2}{z_1} \qquad (5-2)$$

由上式求出的传动比 i 是平均传动比，而瞬时速度和瞬时传动比都在不断地周期性变化。

为了便于分析，设链的紧边（即主动边）在传动时总处于水平位置，如图 5-6 所示。要分析链速的变化，在主动链轮上仅需分析任一链节 A 从进入啮合开始，到相邻的下一个链节进入啮合为止的一段时间内的运动情况。设主动链轮以角速度 ω_1 匀速转动，其节圆半径为 R_1，销轴中心 A 亦随之作等速圆周运动，其圆周速度 $v_1 = R_1\omega_1$，v_1 可分解为沿链条前进方向的分速度 v 和垂直链条前进方向的分速度 v_1'。其值分别为

$$v = R_1\omega_1\cos\beta$$
$$v_1' = R_1\omega_1\sin\beta$$

式中，β 为铰链 A 点的圆周速度与前进分速度之间的夹角，在数值上等于 A 点在主动轮上的相位角。

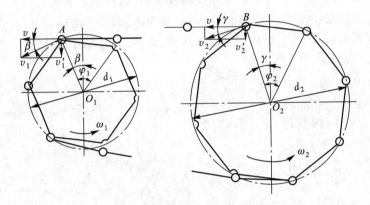

图 5-6 链传动的速度分析

由图可知，相位角 β 在 $\pm 180°/z_1$ 之间变化。当 $\beta = \pm 180°/z_1$ 时，链条前进的速度最小，$v_{min} = R_1\omega_1\cos(\pm 180°/z_1)$；当 $\beta = 0°$ 时，前进速度最大，$v_{max} = R_1\omega_1$。由此可知，链条前进的速度 v 由小变大再由大变小，每转过一个链节，链速 v 周期性变化一次。它使得传动不平稳，并产生周期性的振动。同理，v_1' 的大小由 $R_1\omega_1\sin(180°/z_1)$（向上）到 0，又由 0 到 $R_1\omega_1\sin(-180°/z_1)$（向下）呈周期性变化。显然，当主动轮匀速转动时，链速是变化的，其变化规律如图 5-7 所示。而且每转过一个链节，链速就重复一次上述变化。这种链速 v 时快时慢，v_1' 忽上忽下的变化，称为链传动"多边形效应"（polygonal action）。

在从动轮上，只需分析某一链节 B 从其前一相邻链节退出啮合时开始，到该 B 链节退出啮合时为止的时间内的运动情况。假设从动轮角速度

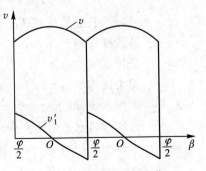

图 5-7 瞬时链速的变化

为 ω_2，节圆上圆周速度为 v_2，由图 5-6 可知

$$v_2 = \frac{v}{\cos \gamma} = \frac{v_1 \cos \beta}{\cos \gamma} = R_2 \omega_2$$

因 $v_1 = R_1 \omega_1$，有 $\dfrac{R_1 \omega_1 \cos \beta}{\cos \gamma} = R_2 \omega_2$，所以链传动瞬时传动比为

$$i_t = \frac{\omega_1}{\omega_2} = \frac{R_2 \cos \gamma}{R_1 \cos \beta} \tag{5-3}$$

因为 γ、β 是随时间而变化的，由式(5-3)可知，尽管 ω_1 为常数，但 ω_2 随 γ、β 的变化而变化，瞬时传动比 i_t 也应随时间而变化，所以链传动工作不平稳，只有 $z_1 = z_2$，链紧边长恰好为链节距的整数倍时，即 $R_1 = R_2$、β、γ 始终相等，瞬时传动比才是常数，从动轮角速度 ω_2 恒等于主动轮角速度 ω_1。合理选择参数，可减小链传动的运动不均匀性。

5.2.2 链传动的受力分析

微视频：
链传动的受
力分析

安装链传动时，应使链条避免承受过大的张紧力，以使松边的垂度不致过大。否则，当松边在下时，会导致链轮啮合齿数较少，链条拉力增大，加速磨损，产生较大振动、跳齿或脱链。如图 5-8 所示，若忽略传动中的动载荷，则链的紧边受到的拉力 F_1 为

$$F_1 = F + F_c + F_y \tag{5-4}$$

松边受到的拉力 F_2 为

$$F_2 = F_c + F_y \tag{5-5}$$

上两式中 F 为链传动的圆周力，即有效拉力（N）。

$$F = \frac{1\,000P}{v} \tag{5-6}$$

F_c 为由作圆周运动的链节所产生的离心拉力

$$F_c = qv^2 \tag{5-7}$$

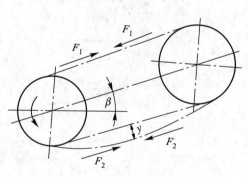

图 5-8 作用在链上的力

通常当链速 $v \leqslant 10$ m/s 时，离心力 F_c 可以忽略。

F_y 为由链条本身重量而产生的悬垂拉力，它取决于传动的布置方式及链在工作时允许的垂度，用求悬索拉力的方法计算

$$F_y = K_y qga \tag{5-8}$$

式中：q——链每米长度的质量，kg/m，见表 5-1；

v——链的圆周速度，m/s；

a——链传动的中心距，m；

g——重力加速度，$g = 9.81$ m/s^2；

K_y——垂度系数，即下垂量为 $y = 0.02a$ 时的拉力系数，见表 5-2，表中 β 为两链轮中心连线与水平面的夹角（图 5-8）。

链作用于轴上的压力 F_Q 可近似取为

$$F_Q = F_1 + F_2 \approx (1.2 \sim 1.3)F \tag{5-9}$$

表 5-2　垂度系数 $K_y (y = 0.02a)$

β	0°（水平位置）	30°	60°	75°	90°（垂直位置）
K_y	7	6	4	2.5	1

5.2.3　链传动中的动载荷

链传动中的动载荷包括外部附加动载荷与内部附加动载荷。

外部附加动载荷是由于工作载荷和原动机的工作特性带来的振动、冲击等因素引起的附加载荷,这种动载荷在工作情况系数中加以考虑。

内部附加动载荷由下列因素产生:

(1) 由于链速 v 的周期性变化产生的加速度 a,当 $\beta = \pm \varphi_1/2$ 时,加速度达到最大值,即

$$a_{max} = \pm R_1 \omega_1^2 \sin \frac{\varphi_1}{2} = \pm R_1 \omega_1^2 \sin \frac{180°}{z_1} = \pm \frac{\omega_1^2 p}{2} \tag{5-10}$$

由上式可知,链的转速越高,节距越大,链的加速度越大,则链传动的动载荷也越大。

(2) 链的横向速度 v'（链条上下方向的运动速度）周期性变化会产生链传动的横向振动,这种横向振动是链传动动载荷中很重要的一部分,也是引起共振的主要原因。

(3) 当链条的铰链与轮齿突然啮合时,相当于链节铰链敲击轮齿,它们之间产生冲击动载荷(图 5-9)。

(4) 链和链轮的制造误差以及安装误差。

(5) 由于链条的松弛,在起动、制动、反转、突然超载或卸载情况下出现的惯性冲击等。

由于上述原因产生的动载荷都将增加功率损耗,降低链传动的寿命,造成过大的噪声,因此在设计中应合理选择参数,尽可能使用较小的链节距、较多的链轮齿数等措施来降低链传动中的动载荷。

动载荷效应使链传动不宜用于高速传动。

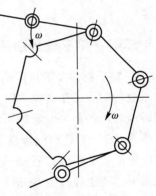

图 5-9　啮合时的冲击

5.3　滚子链传动设计

微视频:
链传动失效形式与设计准则

滚子链是标准零件,因而链传动的设计计算主要是根据传动要求选择链的类型、型号和排数,确定传动布置和润滑方式,正确选用链轮材料和结构。

5.3.1　滚子链传动的主要失效形式

1. 铰链磨损

链节在进入和退出啮合时,销轴与套筒之间存在相对滑动,在不能保证充分润滑的条件下,将引起铰链的过度磨损,导致链轮节圆增大,链与链轮的啮合点外移(图 5-14),最

终将产生跳齿或脱链而使传动失效。由于磨损主要表现在外链节节距的变化上,内链节节距的变化很小,因而实际铰链节距的不均匀性增大,使传动更不平稳。通常节距增大 3% 则为失效。它是开式链传动的主要失效形式。

2. 链板的疲劳破坏

由于链在运动过程中所受的载荷不断变化,因而链板在变应力状态下工作,经过一定的循环次数链板会产生疲劳断裂。在润滑条件良好且设计安装正确的情况下,链板的疲劳强度是决定链传动工作能力的主要因素。

3. 点蚀和多次冲击破坏

工作中由于链条反复起动、制动、反转或受重复冲击载荷时承受较大的动载荷,经过多次冲击,滚子表面产生点蚀,且滚子、套筒和销轴会产生冲击断裂。此时应力循环次数一般小于 10^4 次,它的载荷一般较疲劳破坏允许的载荷要大,但比脆性破断载荷小。

4. 销轴与套筒的胶合

由于套筒和销轴间存在相对运动,在变载荷的作用下,润滑油膜难以形成,当转速过高时,套筒与销轴间产生的热量导致套筒与销轴的胶合失效。胶合限制了链传动的极限转速。

5. 过载拉断

在低速重载的传动中或者链传动严重过载时,链元件被拉断。

通常链轮的寿命为链寿命的 2~3 倍以上,故链传动的承载能力以链的强度和寿命为依据。

5.3.2　滚子链传动的功率曲线

1. 滚子链传动的极限功率曲线

链传动的工作情况不同,失效形式也不同。图 5-10 为链在一定寿命下,小链轮在不同转速时由各种失效形式所限定的极限功率曲线(帐篷曲线)。图中 1 是在润滑良好的条件下,由磨损破坏限定的极限功率曲线;2 是在变应力下链板疲劳破坏限定的极限功率曲线;3 是由滚子、套筒点蚀和冲击疲劳破坏限定的极限功率曲线;4 是由销轴与套筒胶合限定的极限功率曲线;5 是良好润滑条件下的额定功率曲线,它是设计时所使用的曲线;6 是润滑条件不良或工作环境恶劣的情况下的极限功率曲线,这种情况下链磨损严重,所能传递的功率甚低。

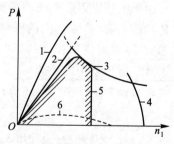

图 5-10　极限功率曲线

2. 滚子链传动的额定功率曲线

图 5-11 为滚子链的额定功率曲线,它是将在特定条件下由实验得到的极限功率曲线(图 5-10 中的 2、3、4 曲线)进行修正后得到的。所谓特定条件是指:齿数 $z_1 = 25$;链条长度 $L_p = 120$ 节(链长小于此长度时,使用寿命将按比例减少);传动比 $i = 3$;无过渡链节的单排链;工作温度在 $-5 \sim +70\ ℃$;两链轮共面且两轴在同一水平面内;载荷平稳;按推荐的润滑方式润滑(图 5-13);工作寿命为 15 000 h;链因磨损而引起的相对伸长量不超过 3%。该图对 A 系列链在特定条件下,链速 $v \geqslant 0.6$ m/s 时允许传动的功率 P_0。

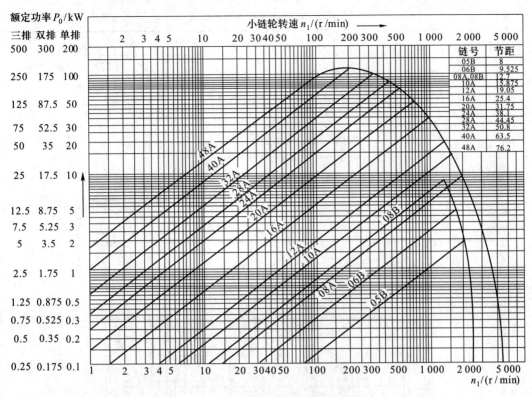

图 5-11 滚子链的额定功率曲线

当实际情况不符合特定条件时,应用一系列的修正系数修正由图 5-11 查得的 P_0 值,即主动链轮齿数系数 K_z、工作情况系数 K_A。

设计时应满足下式要求:

$$P_0 \geqslant P K_z K_A \qquad (5-11)$$

式中:P_0——在特定条件下单排链的额定功率,kW(图 5-11);

P——链传动的输入功率,kW;

K_A——工作情况系数(表 5-3),当工作情况特别恶劣时,K_A 值较表值要大得多;

K_z——主动链轮齿数系数(图 5-12)。

当不能按图 5-13 推荐的方式润滑而使润滑不良时,应将额定功率值 P_0 按如下数值降低:

当 $v \leqslant 1.5$ m/s 时,润滑不良的情况取图值的 30%~60%,无润滑的情况取图值的 15%(寿命不能保证 15 000 h);

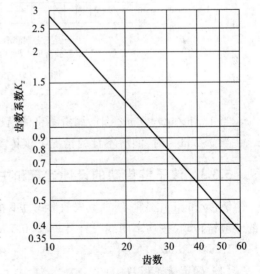

图 5-12 主动链轮齿数系数

表 5-3　链传动工作情况系数 K_A

从动机械特性	主动机械特性		
	运转平稳（电动机、汽轮机等）	轻微冲击（经常起动的电动机等）	中等冲击（少于六缸，带机械式联轴器的内燃机等）
平稳运转（离心式的泵和压缩机等）	1.0	1.1	1.3
中等冲击（三缸以上的泵和压缩机等）	1.4	1.5	1.7
严重冲击（轧机和球煤机等）	1.8	1.9	2.1

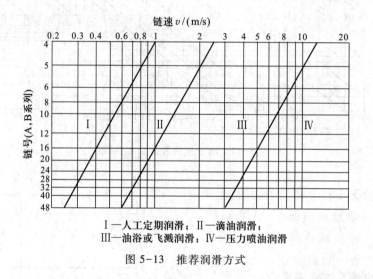

Ⅰ—人工定期润滑；Ⅱ—滴油润滑；
Ⅲ—油浴或飞溅润滑；Ⅳ—压力喷油润滑

图 5-13　推荐润滑方式

当 1.5 m/s<v≤7 m/s 时,润滑不良的情况下取图值的15%~30%;

当 v>7 m/s 时,润滑不良的情况下该传动不可靠,不宜采用。

5.3.3　滚子链传动的设计计算和主要参数选择

链传动的工作条件不同,其失效形式也不相同。根据链速不同分为两种情况:v≥0.6 m/s 的一般链传动,按功率曲线设计计算;v<0.6 m/s 的低速链传动,按静强度设计计算。

1. v≥0.6 m/s 的链传动设计计算

（1）确定链轮齿数

链轮齿数的多少对传动平稳性和使用寿命有很大影响。小链轮齿数不宜过少或过多,当小链轮齿数太少时,运动速度的不均匀性和动载荷会很大;链节在进入和退出啮合时,相对转角增大,销轴与套筒的磨损增加,链与链轮的冲击能量、链的拉力都相应地提高,因而传动的功率损耗也随之提高。

因此,在一般情况下,小链轮最少齿数 $z_{min} \geq 9$。设计时应尽量使 $z_1 > z_{min}$。

滚子链传动小链轮齿数 z_1 可根据链速按表5-4选取。

表5-4　小链轮齿数 z_1

链速 v/(m/s)	0.6~3	3~8	>8
z_1	≥ 17	≥ 21	≥ 25

但是小链轮齿数也不能太多。在速比不变的条件下, z_1 过多,大链轮的齿数随之增多,传动的尺寸和重量也随之增大。且齿数过多时,由于链的磨损使链节距增大,链轮节圆 d' 向齿顶移动,当 $d' + \Delta d' > d_a$(齿顶圆直径)时,链传动将产生跳齿或脱链。其中,链节距增量和直径增量的关系如下:

$$\Delta d' = \frac{\Delta p}{\sin \frac{180°}{z}} \qquad (5-12)$$

由图5-14和式(5-12)可知,当 Δp 一定时,齿数越多,节圆外移量 $\Delta d'$ 就越大,更容易发生跳齿或脱链现象。因此,应控制 $z_{max} \leq 120$。

当小链轮的齿数 z_1 由表5-4选定后,大链轮齿数 z_2 可根据传动比计算,即

$$z_2 = iz_1 \qquad (5-13)$$

其中链传动速比 i 通常小于6,推荐 $i = 2 \sim 4$。但在 $v < 3$ m/s、载荷平稳、外形尺寸不受限制时, i_{max} 可达10。

由于链节数常取偶数,所以链轮齿数通常应取为奇数,以使磨损均匀。

(2) 选择型号,确定链节距和排数

链节距的大小直接决定了链的尺寸、重量和承载能力,而且也影响链传动的运动不均匀性。在保证链传动有足够的承载能力的情况下,为了减小振动、冲击和噪声,设计时应尽量选用较小的

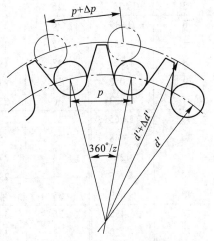

图5-14　链节距伸长量与节圆增大量的关系

链节距。在高速重载时,宜用小节距多排链;低速重载时,宜用大节距排数较少的链。

可由式(5-11)计算出 P_0 值,根据 P_0 和小链轮转速 n_1 由图5-11确定链条型号和链节距。

(3) 确定中心距和链节数

中心距的大小对传动有很大影响。中心距小时,链节数少,链速一定时,单位时间内每一链节的应力变化次数和屈伸次数增多。因此,链的疲劳和磨损增加。中心距大时,链节数增多,吸振能力强,使用寿命长。但中心距 a 太大时,又会发生链松边的颤抖现象,使运动的平稳性降低。

设计时如无结构上的特殊要求,一般可初定中心距 $a_0 = (30 \sim 50)p$。最大中心距 $a_{max} \approx 80p$,最小中心距 a_{min} 可按下式取值:

当 $i \leq 3$ 时, $\qquad a_{min} = \frac{1}{2}(d_{a1} + d_{a2}) + (30 \sim 50)$ mm $\qquad (5-14)$

当 $i>3$ 时，
$$a_{\min}=\frac{1}{2}(d_{a1}+d_{a2})\times\frac{9+i}{2} \tag{5-15}$$

式中：d_{a1}、d_{a2}——小、大链轮的齿顶圆直径，mm。

利用带传动中带长的计算公式(4-1)，将公式等号两边除以链节距 p，经整理后得链节数 L_p

$$L_p=2\frac{a_0}{p}+\frac{z_1+z_2}{2}+\frac{p}{a_0}\left(\frac{z_2-z_1}{2\pi}\right)^2=2\frac{a_0}{p}+\frac{z_1+z_2}{2}+f_1\frac{p}{a_0} \tag{5-16}$$

式中：f_1 的值见表 5-5。

表 5-5 f_1 的计算值

z_2-z_1	f_1	z_2-z_1	f_1	z_2-z_1	f_1	z_2-z_1	f_1
1	0.025 3	21	11.171	41	42.580	61	94.254
2	0.101 3	22	12.260	42	44.683	62	97.370
3	0.228 0	23	13.400	43	46.836	63	100.536
4	0.405 3	24	14.590	44	49.040	64	103.753
5	0.633 3	25	15.831	45	51.294	65	107.072
6	0.912	26	17.123	46	53.599	66	110.339
7	1.241	27	18.466	47	55.955	67	113.708
8	1.621	28	19.859	48	58.361	68	117.128
9	2.052	29	21.303	49	60.818	69	120.598
10	2.533	30	22.797	50	63.326	70	124.119
11	3.065	31	24.342	51	65.884	71	127.690
12	3.648	32	25.238	52	68.493	72	131.813
13	4.281	33	27.585	53	71.153	73	134.986
14	4.965	34	29.282	54	73.863	74	138.709
15	5.699	35	31.030	55	76.624	75	142.483
16	6.485	36	32.828	56	79.436	76	146.308
17	7.320	37	34.677	57	82.298	77	150.184
18	8.207	38	36.577	58	85.211	78	154.110
19	9.144	39	38.527	59	88.175	79	158.087
20	10.132	40	40.529	60	91.189	80	162.115

计算出的链节数 L_p 应取整数，最好为偶数。

最大中心距 a 可由下式计算：

$$a=f_2p[2L_p-(z_1+z_2)] \tag{5-17}$$

式中：f_2 值见表 5-6。

中心距 a 一般设计为可调的，实际中心距比理论中心距稍小些，以使传动更轻快。

（4）计算作用在轴上的压轴力 F_Q

按式(5-9)计算作用在轴上的力 F_Q。

2. $v<0.6$ m/s 时，按静强度设计计算。

当链速 $v<0.6$ m/s 时，其主要失效形式是链条静力拉断，故应进行静强度校核。静强

度安全系数应满足下式要求：

$$S = \frac{nF_{\lim}}{K_A F_1} \geqslant 4 \sim 8 \qquad (5-18)$$

式中：n——链的排数；

$F_{\lim}$——单排链的极限拉伸载荷，N，见表 5-1 中的拉伸载荷 Q 值；

K_A——工作情况系数，见表 5-3；

F_1——链的紧边拉力，N，按式（5-4）计算。

根据 $F_{\lim}$ 的值选择链的型号。

当实际工作寿命低于 15 000 h 时，则按有限寿命进行设计，其允许传递的功率高些。设计时可参考有关资料。

表 5-6 f_2 的计算值

$\dfrac{L_p-z_1}{z_2-z_1}$	f_2	$\dfrac{L_p-z_1}{z_2-z_1}$	f_2	$\dfrac{L_p-z_1}{z_2-z_1}$	f_2
13	0.249 91	2.00	0.244 21	1.33	0.229 68
12	0.249 90	1.95	0.243 80	1.32	0.229 12
11	0.249 88	1.90	0.243 33	1.31	0.228 54
10	0.249 86	1.85	0.242 81	1.30	0.227 93
9	0.249 83	1.80	0.242 22	1.29	0.227 29
8	0.249 78	1.75	0.241 56	1.28	0.226 62
7	0.249 70	1.70	0.240 81	1.27	0.225 93
6	0.249 58	1.68	0.240 48	1.26	0.225 20
5	0.249 37	1.66	0.240 13	1.25	0.224 43
4.8	0.249 31	1.64	0.239 77	1.24	0.223 61
4.6	0.249 25	1.62	0.239 38	1.23	0.222 75
4.4	0.249 17	1.60	0.238 97	1.22	0.221 85
4.2	0.249 07	1.58	0.238 54	1.21	0.220 90
4.0	0.248 96	1.56	0.238 07	1.20	0.219 90
3.8	0.248 83	1.54	0.237 58	1.19	0.218 84
3.6	0.248 68	1.52	0.237 05	1.18	0.217 71
3.4	0.248 49	1.50	0.236 48	1.17	0.216 52
3.2	0.248 25	1.48	0.235 88	1.16	0.215 26
3.0	0.247 96	1.46	0.235 24	1.15	0.213 90
2.9	0.247 78	1.44	0.234 55	1.14	0.212 45
2.8	0.247 58	1.42	0.233 81	1.13	0.210 90
2.7	0.247 35	1.40	0.233 01	1.12	0.209 23
2.6	0.247 08	1.39	0.232 59	1.11	0.207 44
2.5	0.246 78	1.38	0.232 15	1.10	0.205 49
2.4	0.246 43	1.37	0.231 70	1.09	0.203 36
2.3	0.246 02	1.36	0.231 23	1.08	0.201 04
2.2	0.245 52	1.35	0.230 73	1.07	0.198 48
2.1	0.244 93	1.34	0.230 22	1.06	0.195 64

* 5.4　链传动的润滑、布置、张紧及链轮结构设计

5.4.1　链传动的润滑

良好的润滑有利于减少链条磨损,提高传动效率,缓和冲击,从而延长链条寿命。通常根据链速和链节距按图5-13选择推荐的润滑方式。具体润滑方法参看图5-15。润滑油可采用 L-AN32、L-AN46、L-AN68、L-AN100等全损耗系统用油,环境温度、速度高时宜用黏度较高的润滑油。

为了安全与防尘,链传动应安装防护罩。

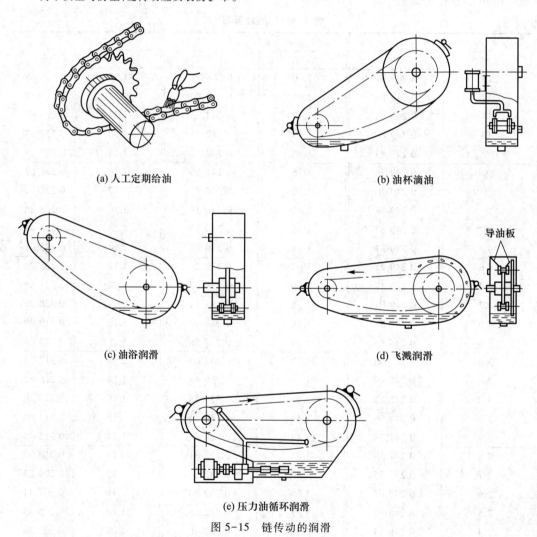

(a) 人工定期给油

(b) 油杯滴油

(c) 油浴润滑

(d) 飞溅润滑

(e) 压力油循环润滑

图 5-15　链传动的润滑

5.4.2　链传动的布置

链传动的布置合理与否,对传动的工作性能和使用寿命有较大影响。布置时,两链轮应处于同一平

面内,两轴平行,一般应采用水平或接近水平布置,并使松边在下,如图 5-16 所示,与水平夹角超过 60°的倾斜传动布置应考虑设置张紧装置。

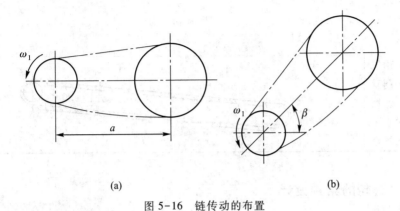

(a)   (b)

图 5-16　链传动的布置

5.4.3　链传动的张紧

链传动张紧的目的主要是避免链的垂度过大,啮合时链条上下颤抖,同时也可增加啮合包角。常用的张紧方法有以下两种:

（1）靠调整中心距控制张紧程度。

（2）附加张紧装置。当中心距不可调时,可安装张紧轮。张紧轮一般压在松边靠近小轮外侧处。张紧轮可以是链轮,也可以用无齿的滚轮,其大小应与小链轮接近,参见表 5-7。

表 5-7　链传动的张紧装置

中心距是否可调	张紧方法		
可调	通过调节中心距控制张紧程度		
	在链条磨损变长后拆下一两个链节,以恢复原来的长度		
不可调	设置张紧轮。张紧轮可以是链轮,也可以是无齿的滚轮。张紧轮的直径应与小链轮的直径相近	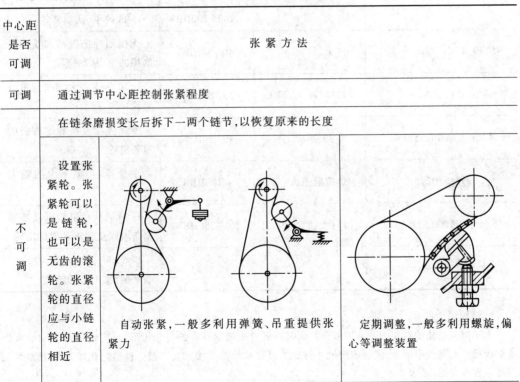 自动张紧,一般多利用弹簧、吊重提供张紧力		定期调整,一般多利用螺旋,偏心等调整装置

续表

中心距是否可调	张 紧 方 法	
不可调	采用托板控制垂度,适用于中心距大的场合	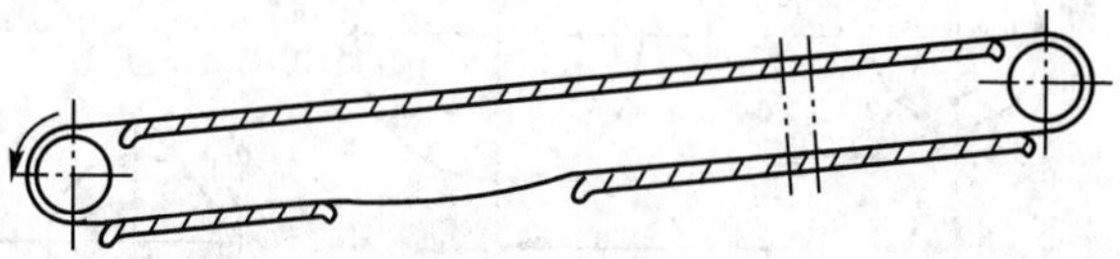

5.4.4　链轮的结构设计

链轮设计主要是指确定链轮的结构、尺寸,选择链轮的材料及其热处理方式。

1. 链轮的材料

链轮轮齿应具有足够的强度和耐磨性,由于小链轮轮齿啮合的次数大于大链轮,因此应采用较好的材料制造。

制造链轮常用的材料及其热处理方法如表 5-8 所示。

表 5-8　链轮材料及热处理

材　料	热　处　理	齿面硬度	应用范围
15、20	渗碳、淬火、回火	50~60HRC	$z \leqslant 25$ 有冲击载荷的链轮
35	正火	160~200HBW	$z>25$ 的主、从动链轮
45、50、45Mn、ZG310-570	淬火、回火	40~50HRC	无剧烈冲击振动和要求耐磨损的主、从动链轮
15Cr、20Cr	渗碳、淬火、回火	55~60HRC	$z<30$ 传递较大功率的重要链轮
40Cr、35SiMn、35CrMo	淬火、回火	40~50HRC	要求强度较高和耐磨损的重要链轮
Q235、Q275	焊接后退火	≈140HBW	中低速、功率不大的较大链轮
不低于 HT200 的灰铸铁	淬火、回火	260~280HBW	$z>50$ 的从动链轮以及外形复杂或强度要求一般的链轮
夹布胶木			$P<6$ kW,速度较高,要求传动平稳、噪声小的链轮

2. 链轮的齿形

滚子链与链轮的啮合为非共轭啮合。国家标准中未规定具体的链轮齿形,仅规定了最小和最大齿槽形状尺寸及其极限偏差,实际齿槽尺寸与加工刀具和加工方法有关。滚子链链轮齿槽形状通常为三圆弧一直线齿形,见表 5-9。

表 5-9　滚子链链轮的齿槽形状

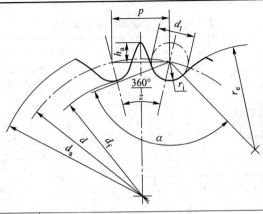

名　称	符号	计 算 公 式	
		最小齿槽形状	最大齿槽形状
齿侧圆弧半径	r_e	$r_{emax} = 0.12d_1(z+2)$	$r_{emin} = 0.008d_1(z^2+180)$
滚子定位圆弧半径	r_i	$r_{imin} = 0.505d_1$	$r_{imax} = 0.505d_1 + 0.069\sqrt[3]{d_1}$
滚子定位角	α	$\alpha_{min} = 140° - \dfrac{90°}{z}$	$\alpha_{max} = 120° - \dfrac{90°}{z}$

注：半径精确到 0.01 mm；角度精确到分。

3. 链轮的结构

对于小直径的链轮可以制成整体式结构（图 5-17a）；中等尺寸的链轮可制成孔板式（图 5-17b）；大直径的链轮常采用螺栓连接将齿圈连接到轮毂上或焊接在轮毂上的形式（图 5-17c）。

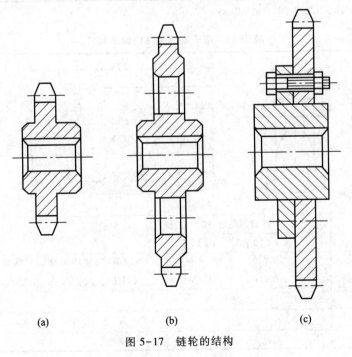

(a)　　　　　(b)　　　　　(c)

图 5-17　链轮的结构

4. 链轮的基本参数和尺寸

链轮的主要尺寸及其计算公式见表 5-10 和表 5-11。

表 5-10　滚子链链轮的主要尺寸

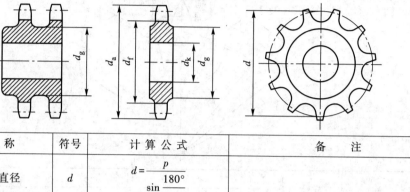

名　称	符号	计　算　公　式	备　注
分度圆直径	d	$d = \dfrac{p}{\sin \dfrac{180°}{z}}$	
齿顶圆直径	d_a	$d_{a\min} = d + p\left(1 - \dfrac{1.6}{z}\right) - d_1$ $d_{a\max} = d + 1.25p - d_1$	$d_{a\min}$ 和 $d_{a\max}$ 对于最小齿槽形状和最大齿槽形状均可应用。$d_{a\max}$ 受到刀具限制
齿根圆直径	d_f	$d_f = d - d_1$，d_1 为滚子外径	
齿高	h_a	$h_{a\min} = 0.5(p - d_1)$ $h_{a\max} = 0.625p - 0.5d_1 + \dfrac{0.8p}{z}$	h_a 为节距多边形以上部分的齿高，用于绘制放大尺寸的齿槽形状（见表 5-9） $h_{a\min}$ 与 $d_{a\min}$ 对应；$h_{a\max}$ 与 $d_{a\max}$ 对应
确定的最大轴凸缘直径	d_g	$d_g = p\cot\dfrac{180°}{z} - 1.04h_2 - 0.76$	h_2 为内链板高度，见表 5-1

注：d_a、d_g 值取整数，其他尺寸精确到 0.01 mm。

表 5-11　滚子链链轮轴向齿廓尺寸

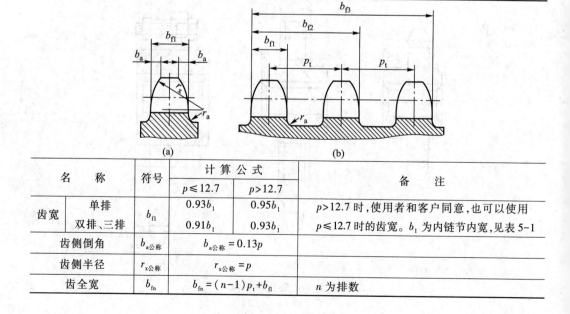

名　称		符号	计　算　公　式		备　注
			$p \leqslant 12.7$	$p > 12.7$	
齿宽	单排	b_{f1}	$0.93b_1$	$0.95b_1$	$p > 12.7$ 时，使用者和客户同意，也可以使用 $p \leqslant 12.7$ 时的齿宽。b_1 为内链节内宽，见表 5-1
	双排、三排		$0.91b_1$	$0.93b_1$	
齿侧倒角		$b_{a公称}$	$b_{a公称} = 0.13p$		
齿侧半径		$r_{x公称}$	$r_{x公称} = p$		
齿全宽		b_{fn}	$b_{fn} = (n-1)p_t + b_{f1}$		n 为排数

5.5 链传动设计的实例分析及设计时应注意的事项

5.5.1 设计实例

例 5-1 设计一某带式运输机的滚子链传动。已知:电动机额定功率 $P = 7.5$ kW,转速 $n_1 = 720$ r/min,从动轮的转速 $n_2 = 240$ r/min,载荷平稳,传动为水平布置,要求中心距大于 550 mm。

解 (1) 选择链轮齿数

假设链速 $v = 3 \sim 8$ m/s,由表 5-4 选小链轮齿数 $z_1 = 21$。链传动速比 $i = n_1/n_2 = 720/240 = 3$。大链轮齿数 $z_2 = iz_1 = 3 \times 21 = 63 < 120$,合适。

(2) 确定计算功率

因为链传动由电动机拖动,载荷平稳,表 5-3 选 $K_A = 1.0$,再由图 5-12 按 $z = 21$ 查得 $K_z = 1.22$。额定功率为

$$P_0 = K_A K_z P = 1.0 \times 1.22 \times 7.5 \text{ kW} = 9.15 \text{ kW}$$

(3) 初定中心距 a_0,确定链节数 L_p

按 $a = (30 \sim 50)p$,初定中心距 $a_0 = 30p$。由 $z_2 - z_1 = 63 - 21 = 42$,查表 5-5 得 $f_1 = 44.683$,则链节数

$$L_p = \frac{2a_0}{p} + \frac{z_1 + z_2}{2} + f_1 \frac{p}{a_0} = \frac{2 \times 30p}{p} + \frac{21 + 63}{2} + 44.683 \times \frac{p}{30p} = 103.49$$

取 $L_p = 104$ 节。

(4) 确定链节距 p

根据 $P_0 = 9.15$ kW 和 $n = 720$ r/min,查图 5-11 选择滚子链型号为 12A-1,由表 5-1 得链条节距为 19.05 mm。

(5) 验算链速

$$v = \frac{n_1 z_1 p}{60 \times 1\,000} = \frac{720 \times 21 \times 19.05}{60 \times 1\,000} \text{ m/s} = 4.8 \text{ m/s}$$

链速与假设相符。

(6) 确定中心距 a

因 $\dfrac{L_p - z_1}{z_2 - z_1} = \dfrac{104 - 21}{63 - 21} = 1.976$,由表 5-6 查得 $f_2 = 0.244$,则

$$a = f_2 p [2L_p - (z_1 + z_2)] = 0.244 \times 19.05 \times [2 \times 104 - (21 + 63)] \text{ mm} = 576.4 \text{ mm}$$

$a > 550$ mm,符合设计要求。

(7) 求作用在轴上的力

工作拉力为

$$F = 1\,000 \frac{P}{v} = 1\,000 \times \frac{7.5}{4.8} \text{ N} = 1\,562.5 \text{ N}$$

因为工作平稳,轴上的压力为

$$F_Q \approx (1.2 \sim 1.3) F = 1.2 \times 1\,562.5 \text{ N} = 1\,875 \text{ N}$$

(8) 选择润滑方式

根据链速 $v = 4.8$ m/s,链号 12A-1 按图 5-13 选择油浴或飞溅润滑方式。

设计结果:滚子链型号 12A-1-104 GB/T 1243—2006,链轮齿数 $z_1 = 21$,$z_2 = 63$,中心距 $a = 576.4$ mm,压

轴力 $F_Q = 1\ 875$ N。

（9）链轮尺寸（略）

5.5.2　设计时应注意的事项

（1）按照不同的工况，选用相应的标准链条，这是基本原则，但是由于具体工况的多样性与复杂性，而且标准的覆盖面总是有限的。因此，必要时也可以在规格、尺寸、参数符合标准的同时，对某种标准链条的性能提出某些较高的要求，并以此向链条厂咨询协商订货。

（2）设计时应尽量采用标准链条，若标准链条不能满足设计需要，有时要进行非标链条设计。此时要尽量查找国内外有关标准，参照标准提供的尺寸参数，改选较好的材质等。

（3）链传动是利用中间挠性件链条和链轮轮齿的相互啮合传递运动和动力的。它具有带传动和齿轮传动的优点，其缺点是瞬时传动比变化，因为链节与链轮相啮合时，可看成是链节绕在多边形的链轮上。链的节距 p 愈大，链轮齿数 z 愈少，则链速的不均匀性以及附加的动载荷越大。设计链传动时，在满足链传动传递功率的前提下，应尽可能选用较小的节距和较多的齿数。

（4）链传动安装时，两链轮轴的平行度至关重要，特别是速度较高的链传动及多排链传动，其两轮轴线的平行度达不到规定精度时，会使链与链轮啮合状况恶化，并将加大冲击与振动。

（5）对于传递动力的链传动，当链速较高时，其润滑就成为重要的问题，应采用推荐的润滑方式进行润滑，否则将严重影响链的寿命。

（6）设计开式链传动时，应加防护罩或防护装置。

分析与思考题

5-1　影响链传动动载荷的主要参数是什么？设计中应如何选择？

5-2　链传动的传动比写成 $i = \dfrac{n_1}{n_2} = \dfrac{z_2}{z_1} = \dfrac{d_2}{d_1}$ 是否正确？为什么？

5-3　滚子链传动中，在其后使用过程中，需使从动链轮转速 n_2 降低，若中心距 a 及主动链轮转速 n_1 不便改变，可采用增大从动链轮齿数 z_2 或减小主动链轮齿数 z_1 的方案，试问哪种方案更合理？（要点提示：从传动平稳性、传递的功率等方面进行分析）

习题

5-1　链号为 16A 的滚子链传动，主动链轮齿数 $z_1 = 17$，链轮转速 $n_1 = 730$ r/min，中心距 $a = 600$ mm。求平均链速 v、瞬时链速的最大值 v_{max} 和最小值 v_{min}。

5-2 某单排滚子链传动,已知主动链轮转速 $n_1 = 800$ r/min,齿数 $z_1 = 19$。该链的极限拉伸载荷 $F_{lim} = 55\ 600$ N。若工作情况系数 $K_A = 1.2$,求该链传动能传递的功率。

5-3 设计由电动机驱动往复泵用的滚子链传动。已知传递功率 $P = 7$ kW,主动链轮转速 $n_1 = 1\ 450$ r/min,从动链轮转速 $n_2 = 500$ r/min,要求中心距约为两链轮分度圆直径之和的 2.5 倍,中心距可调,两班制工作。

第 **6** 章

轴毂连接设计

轴毂连接主要是使轴上零件与轴进行周向固定以传递运动和转矩。常用的轴毂连接有键连接、花键连接和无键连接等。

6.1 键连接设计

6.1.1 键连接的主要类型和工作原理

键连接(key joints)可分为平键连接、半圆键连接和斜键连接。

1. 平键

平键(flat key)按用途分为三种:普通平键、导键和滑键。键的两侧面是工作面,工作时靠键的侧面与键槽侧面的挤压来传递运动和转矩。键的上表面和轮毂的键槽底面间留有间隙(图 6-1a)。平键连接具有结构简单、装拆方便、对中性较好等优点,因此得到广泛应用。但是这种键连接不能承受轴向力,因而对轴上零件不能起到轴向固定作用。

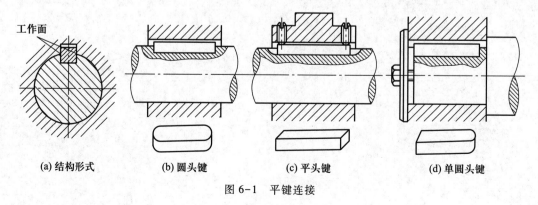

(a) 结构形式   (b) 圆头键   (c) 平头键   (d) 单圆头键

图 6-1 平键连接

（1）普通平键 普通平键（general flat key）用于静连接，即轴与轮毂间无轴向相对移动的连接。按端部形状不同分为圆头（A型）、平头（B型）、单圆头（C型）三种。圆头键（图 6-1b）的轴槽用指状铣刀（finger milling cutter）加工，键在轴槽中固定良好，但轴上键槽端部的应力集中较大。平头键（图 6-1c）的轴槽用盘形铣刀（disk milling cutter）加工，轴的应力集中较小，但对于尺寸大的键宜用紧定螺钉固定在轴上的键槽中，以防松动。单圆头键（图 6-1d）常用于轴端与毂类零件的连接。如果传递的转矩很大，又不能增加键的长度，可用两个普通平键，为使轴与轮毂对中良好，通常两个键相隔 180°安置。

（2）导向平键和滑键 导向平键（feather key）和滑键（spline）均用于动连接，即轴与轮毂之间有轴向相对移动的连接。导向平键（图 6-2）固定在轴上而毂可以沿着键移动。滑键（图 6-3）固定在轮毂上而随毂一同沿着轴上键槽移动。键与其相对滑动的键槽之间的配合为间隙配合。当轴向位移量较大时，宜采用滑键，因为如用导向平键，键将很长，增加制造的困难。

2. 半圆键

半圆键（woodruff key）（图 6-4）同平键一样，键的两侧面为工作面，对中良好，用于静连接。轴上键槽用尺寸与半圆键相同的半圆键槽铣刀铣出，因此半圆键能在槽中摆动，以适应轮毂槽底面，装配方便，尤其适用于锥形轴与轮毂的连接。缺点是键槽较深，对轴的强度削弱较大，一般只用于轻载场合。如果需要用两个半圆键时，一般安置在轴的同一母线上。

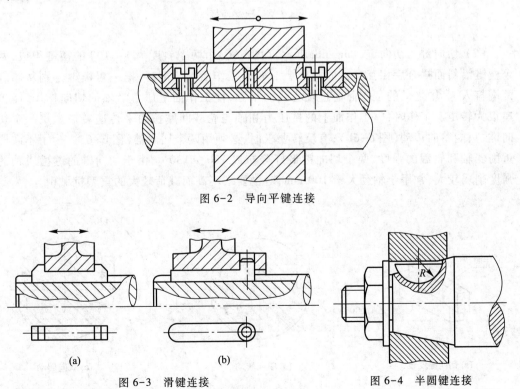

图 6-2 导向平键连接

(a)　　　　　(b)

图 6-3 滑键连接　　　　　图 6-4 半圆键连接

3. 斜键

常用的斜键(taper key)有楔键和切向键,只能用于静连接。

(1) 楔键　楔键(wedge key)(图6-5)的上下两面是工作面,键的上表面和与它相配合的轮毂键槽底面均具有1:100的斜度。装配后,楔键楔紧在轴和轮毂的键槽里,其工作面上会产生很大的压力。工作时主要靠轴与轮毂间的摩擦力来传递转矩,并能承受单方向的轴向力。由于楔紧作用,轴和轮毂产生偏心和偏斜,因此楔键连接主要用于定心精度要求不高、载荷平稳和低速的场合。当需要用两个楔键时,最好相隔90°~120°安置。

楔键分为普通楔键(general taper key)和钩头楔键(gib head taper key)两种,普通楔键有圆头、平头和单圆头三种形式。装配时,圆头楔键要先放入轴上键槽中,然后打紧轮毂(图6-5a);平头、单圆头和钩头楔键则在轮毂装好后才将键放入键槽并打紧(图6-5b、c)。钩头楔键的钩头供拆卸用,安装在轴端时,应注意加装防护罩。

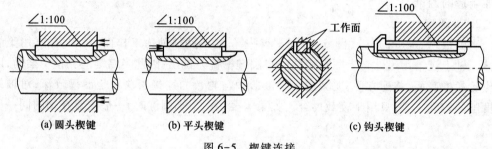

(a) 圆头楔键　　　(b) 平头楔键　　　(c) 钩头楔键

图6-5　楔键连接

(2) 切向键　切向键(tangential key)(图6-6)由两个斜度为1:100的楔键组成,两个楔键沿斜面拼合后相互平行的两个上下面是工作面。装配时,把一对楔键分别从轮毂两端打入,其中之一的工作面通过轴心线的平面,使工作面上压力沿轴的切向作用,能传递很大转矩。工作时,靠工作面上的挤压力和轴与轮毂间摩擦力来传递转矩。用一个切向键,只能单向传动(图6-6b);有反转要求时,必须用两个切向键(图6-6c),为了不致严重削弱轴和轮毂的强度,两个切向键最好分布成120°~130°。由于切向键的键槽对轴的强度削弱较大,常用于轴径大于100 mm,对中要求不高而载荷较大的重型机械中。

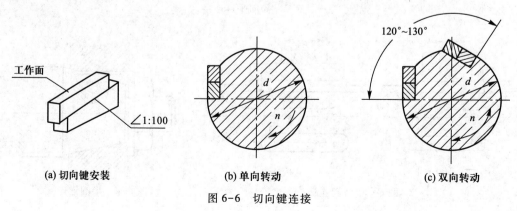

(a) 切向键安装　　　(b) 单向转动　　　(c) 双向转动

图6-6　切向键连接

6.1.2 键的选择

键的类型可根据连接的结构特点、使用要求和工作条件来选定。键的截面尺寸(键宽 b 和键高 h)按轴的直径 d 在标准中选定;键的长度 L 可根据轮毂长度确定,轮毂长度一般可取(1.5~2)d,键长等于或略小于轮毂长度,导键按轮毂长度及其滑动距离而定。键的长度还需符合标准规定的长度系列,见表 6-1。

微视频:
键连接的选择
和强度校核

表 6-1 普通平键和键槽的尺寸(摘自 GB/T 1095—2003)   mm

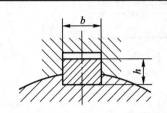 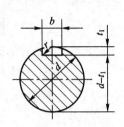

轴的直径 d	键的尺寸		键槽		
	b	h	t_1	t_2	半径 r
自 6~8	2	2	1.2	1	
>8~10	3	3	1.8	1.4	0.08~0.16
>10~12	4	4	2.5	1.8	
>12~17	5	5	3.0	2.3	
>17~22	6	6	3.5	2.8	0.16~0.25
>22~30	8	7	4.0	3.3	
>30~38	10	8	5.0	3.3	
>38~44	12	8	5.0	3.3	
>44~50	14	9	5.5	3.8	0.25~0.4
>50~58	16	10	6.0	4.3	
>58~65	18	11	7.0	4.4	
>65~75	20	12	7.5	4.9	0.4~0.6
>75~85	22	14	9.0	5.4	

注:1. 在工作图中,轴槽深用 $d-t_1$ 或 t_1 标注,毂槽深用 $d+t_2$ 标注。

    2. L(单位为 mm)系列为:6,8,10,12,14,16,18,20,22,25,28,32,36,40,45,50,56,63,70,80,90,100,110,125,140,160,180,200,220,250,…。

6.1.3 键连接的强度校核

1. 平键连接的强度校核

平键连接的可能失效形式有较弱零件(通常为轮毂)工作面被压溃(静连接)、磨损(动连接)、键的剪断等。对于实际采用的材料和标准尺寸来说,压溃和磨损常是主要失效形式,所以通常只进行键连接的挤压强度或耐磨性计算。

假设工作压力沿键的长度和高度均匀分布(图 6-7),则它们的强度条件为

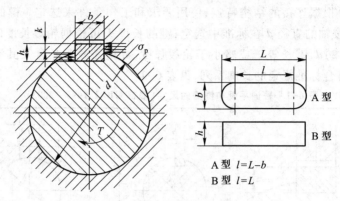

图 6-7　平键连接受力情况

静连接时

$$\sigma_{\mathrm{p}} = \frac{2T/d}{lk} = \frac{2T}{dlk} \leqslant [\sigma_{\mathrm{p}}] \qquad (6\text{-}1)$$

动连接时

$$p = \frac{2T/d}{lk} = \frac{2T}{dlk} \leqslant [p] \qquad (6\text{-}2)$$

式中:σ_{p}——键连接工作表面的挤压应力,MPa;

$\quad\quad p$——键连接工作表面的压强,MPa;

$\quad\quad T$——转矩,N·mm;

$\quad\quad d$——轴的直径,mm;

$\quad\quad l$——键的接触长度,mm,A 型键 $l=L-b$,B 型键 $l=L$,这里 L 为平键公称长度;

$\quad\quad k$——键与轮毂接触高度,mm,$k \approx h/2$;

$[\sigma_{\mathrm{p}}]$——键、轴、轮毂三者中最弱材料的许用挤压应力,MPa,见表 6-2;

$[p]$——键、轴、轮毂三者中最弱材料的许用压强,MPa,见表 6-2。

表 6-2　键连接的许用挤压应力、许用压强和许用切应力　　　　　　　MPa

许用值	连接方式	键或轴、轮毂的材料	载荷性质		
			静载荷	轻微冲击载荷	冲击载荷
$[\sigma_{\mathrm{p}}]$	静连接	钢	200	150	100
		铸　铁	100	75	50
$[p]$	动连接	钢	50	40	30
$[\tau]$	静连接	钢	120	100	65

注:①$[\sigma_{\mathrm{p}}]$和$[p]$应按连接中力学性能较弱的材料选取;

　　②动连接的相对滑动表面经表面淬火处理,则$[p]$值可提高 2~3 倍。

2. 半圆键连接的强度校核

半圆键连接的受力与平键相似(图 6-8),由于半圆键的宽度 b 较小,故失效形式可能是被剪断和工作面被压溃。其剪切强度条件为

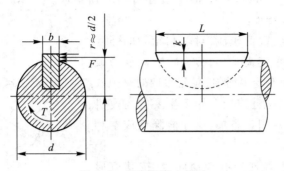

图 6-8 半圆键受力情况

$$\tau = \frac{2T}{dbl} \leq [\tau] \qquad (6-3)$$

式中：l——键的工作长度，mm，取 $l=L$（L 为键的公称长度）；

　　　b——键宽，mm；

　　$[\tau]$——许用切应力，MPa，见表 6-2。

半圆键的挤压强度校核参照式（6-1），其中 k 值可查有关手册。

例 6-1　试选择一 8 级精度的直齿圆柱齿轮与轴静连接所用的键。已知轴与轮毂材料均为钢，装齿轮处的轴径 d 为 60 mm，转矩 T 为 92×10^4 N·mm，载荷性质有轻微冲击。

解　8 级精度齿轮有一定对中性要求，故选用普通平键（A 型）。从表 6-1 中查得，当 $d=60$ mm 时，键宽 $b=18$ mm，键高 $h=11$ mm。轮毂长一般可取 $(1.5 \sim 2)d=(1.5 \sim 2) \times 60$ mm = 90~120 mm，若取轮毂长为 100 mm，则键长取 $l=90$ mm，而键的接触长度

$$l=L-b=(90-18) \text{ mm} = 72 \text{ mm}$$

由式（6-1）得

$$\sigma_p = \frac{2T}{dlk} = \frac{2 \times 92 \times 10^4}{60 \times 72 \times 5.5} \text{ MPa} = 77 \text{ MPa}$$

查表 6-2 得 $[\sigma_p]=150$ MPa。

因 $\sigma_p < [\sigma_p]$，故所选键满足要求。

在各种轴毂连接中，键连接因其结构最简单、紧凑，且连接可靠、装拆方便、成本低廉，因而获得广泛应用。但键槽削弱了被连接件的承载面积，且会引起应力集中，加之定心精度也不高。因此在承受载荷大、定心精度要求高的场合，常用花键连接或无键连接。

6.2　花键连接设计

6.2.1　花键连接的特点与类型选择

花键连接（spline joints）由带键齿的花键轴［外花键（external spline），见图 6-9a］和带

微视频：
花键连接

键齿槽的轮毂[内花键(internal spline),见图 6-9b]所组成。工作时,靠轴和轮毂上的纵向齿的侧面互压传递转矩。

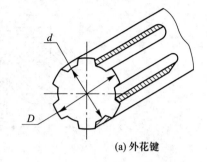

花键连接的优点:键槽较浅,对轴和轮毂的强度削弱较小;载荷由多个键齿承担,传递转矩的能力较强;齿对称布置,使轴毂受力均匀,毂孔和轴的对中性好,旋转精度高,因此花键连接多用于重要的高速机械中,不过花键采用专用设备加工,才能降低成本和保证精度。

(a) 外花键

花键连接可用于静连接或者动连接,按其齿形不同,可分为矩形花键和渐开线花键两类,均已标准化。

1. 矩形花键

如图 6-10 所示,根据 GB/T 1144—2001 矩形花键(rectangle spline)规格,用 $N×d×D×B$ 分别表示键数、小径、大径和键齿宽,按键齿高不同(即 D 不同),又分轻、中两个系列以适应不同的载荷情况。轻系列常用于轻载或静连接,中系列多用于重载或动连接。国家标准规定,矩形花键连接的定心方式为小径定心(图 6-11),这是因为轴和孔的花键齿定心面均可进行磨削,定心精度高。矩形花键的基本尺寸系列见 GB/T 1144—2001。

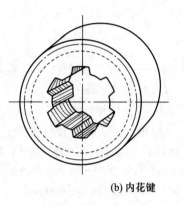

(b) 内花键

图 6-9 花键连接

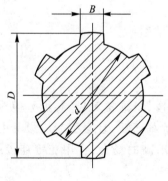

图 6-10 矩形外花键

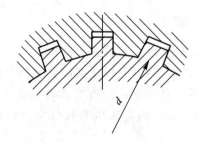

图 6-11 矩形花键连接小径定心

2. 渐开线花键

渐开线花键(involute spline)的齿廓为渐开线(图 6-12),可以利用切制齿轮的加工方法来加工,工艺性较好。它的齿根较厚,强度高、寿命长。但加工花键孔的拉刀制造成本较高,尺寸较小时,受到一定限制。它常用于载荷较大,定心精度要求高及尺寸较大的连接。根据分度圆压力角的不同,分为 30°压力角渐开线花键连接和 45°压力角渐开线花键连接(亦称三角形花键连接)两种。后者齿数多、模数小,多用于轻载和直径小的静连接,特别适用于轴与薄壁零件的连接。

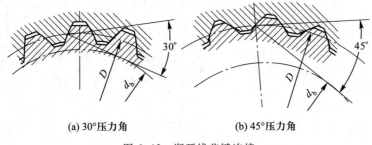

(a) 30°压力角   (b) 45°压力角

图 6-12 渐开线花键连接

6.2.2 花键连接的强度校核

花键连接的主要失效形式是齿面的压溃(静连接)或磨损(动连接),通常只进行连接的挤压强度或耐磨性计算。花键连接受力情况如图 6-13 所示,假定载荷在键齿工作长度 L 上均匀分布,而在各键齿上的分布不均匀性用载荷分布不均匀系数 ψ 修正,各齿面上压力的合力 F 作用在平均半径 r_m 处,则花键连接的强度条件为

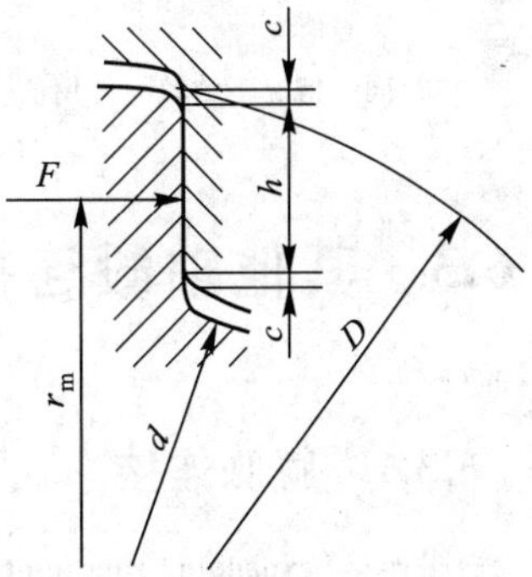

静连接
$$\frac{T}{\psi z r_m h L} \leqslant [\sigma_p] \qquad (6-4)$$

动连接
$$\frac{T}{\psi z r_m h L} \leqslant [p] \qquad (6-5)$$

图 6-13 花键连接受力情况

式中:ψ——各齿载荷分布不均系数,一般取 $\psi = 0.7 \sim 0.8$;

z——花键齿数;

L——键齿的工作长度,mm;

h——花键齿侧面的工作高度,mm;对于矩形花键,$h = \frac{D-d}{2} - 2c$,此处 D、d 分别为矩形花键轴的大径和小径,c 为倒角尺寸;对于渐开线花键,$h = m$,此处 m 为模数;

r_m——花键平均半径,mm;对于矩形花键,$r_m = \frac{D+d}{4}$;对于渐开线花键,$r_m = \frac{D}{2}$,此处 D 为渐开线花键的分度圆直径,mm;

$[\sigma_p]$——许用挤压应力,MPa,见表 6-3;

$[p]$——许用压强,MPa,见表 6-3。

表 6-3 花键连接的$[p]$和$[\sigma_p]$值　　　　　　　　　　MPa

连接工作方式		许用值	工作条件	齿面未经热处理	齿面经处理
静连接		$[\sigma_p]$	不良	35～50	40～70
			中等	60～100	100～140
			良好	80～120	120～200
动连接	空载下移动	$[p]$	不良	15～20	20～35
			中等	20～30	30～60
			良好	25～40	40～70
	载荷作用下移动	$[p]$	不良	—	3～10
			中等	—	5～15
			良好	—	10～20

注：① 工作条件不良是指受变载、有双向冲击、振动频率高和振幅大、动连接时润滑不良、材料硬度不高及精度不高等情况。

② 同一情况下的较小许用值，用于工作时间长和较重要场合。

*6.3 其他轴毂连接简介

6.3.1 膨胀连接

膨胀连接(expanding ring joints)(也称弹性环连接)，是利用以锥面贴合并挤紧在轴毂之间的内、外弹性钢环构成的连接。如图 6-14a 所示，1 为轮毂，4 为轴，毂孔与轴的表面均为光滑圆柱形；2 为外弹性环，内孔为锥形；3 为内弹性环，其外表面为锥形。当拧紧螺母时，在轴向压力作用下，两环抵紧，内环缩小而箍紧轴，外环胀大而撑紧毂，于是在接触面间产生径向压紧力，利用此压紧力所产生的摩擦力矩来传递转矩。

当采用弹性环组合时(图 6-14b)，如采用同一轴向压紧力，由于摩擦力的作用，轴向压紧力传到第二对弹性环时会有所降低。即从压紧端起，轴向力和径向力递减。因此，连接所用弹性环对数不宜过多，以不超过三四对为宜。

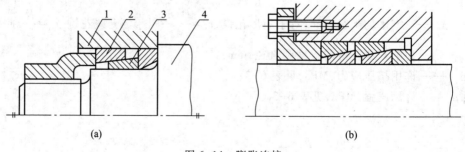

图 6-14 膨胀连接

膨胀连接是无键连接的一种,轮毂与轴上无键槽,减少了应力集中,定心良好,安装方便。无论是环本身的直径还是轴径 d 和孔径 D,都能精确地制造出,可获得紧密的连接,能传递较大的转矩和轴向力。但由于要在轴与毂之间安装弹性环,它的应用有时受到结构上的限制。

6.3.2　型面连接

轮毂与轴沿光滑非圆表面接触而构成的连接,称为型面连接(profile shaft connection)(图6-15)。型面连接也是无键连接的一种形式。轴和毂孔可做成柱形(图6-15a),也可做成锥形(图6-15b),它们均能传递转矩,前者还可用作不受载荷时轴向移动的动连接,后者还能承受单方向的轴向力。

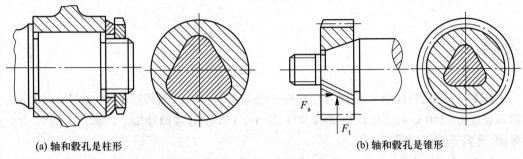

(a) 轴和毂孔是柱形　　　　　　　　　　　　　　　(b) 轴和毂孔是锥形

图6-15　型面连接

型面连接的优点是装拆方便、定心性好,与有键连接比较,减少了轴和轮毂截面形状所形成的应力集中源;可传递较大的转矩。但它加工比较复杂,特别是为了保证配合精度,最后工序多要在专用机床上进行磨削,故目前应用还不广泛。

6.3.3　过盈配合连接

利用零件间的过盈配合来实现的连接,称为过盈配合连接(interference fit joints)(图6-16)。连接的两零件,其中一个为包容件,另一个为被包容件。它们装配后,由于接合处材料的弹性变形和装配过盈量,在配合表面间产生正压力,工作时依靠此正压力产生的摩擦力来传递转矩、轴向力或二者的复合载荷。

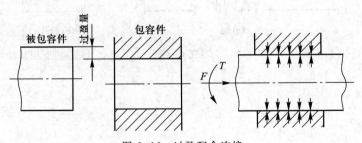

图6-16　过盈配合连接

过盈配合连接的优点是结构简单,定心性好,承载能力强,承受变载荷和冲击的性能好。因此,常用于曲轴的连接,滚动轴承和轴、齿轮和轴、螺旋桨和轴等的连接。其缺点是配合面加工精度要求较高,装拆困难。

过盈配合连接的配合面大多为圆柱面,也有圆锥面。

分析与思考题

6-1　试述普通平键的类型、特点和应用。

6-2　平键连接有哪些失效形式？

6-3　试述平键连接和楔键连接的工作原理及特点。

6-4　试按顺序叙述设计键连接的主要步骤。

习题

6-1　一齿轮装在轴上，采用 A 型普通平键连接。齿轮、轴、键均用 45 钢，轴径 $d = 80$ mm，轮毂长度 $L = 150$ mm，传递转矩 $T = 2\,000$ N·m，工作中有轻微冲击。试确定平键尺寸和标记，并验算连接的强度。

6-2　有一公称尺寸 $N \times d \times D \times B = 8 \times 36 \times 40 \times 7$ 的 45 钢矩形花键，齿长 $L = 80$ mm，经调质处理，硬度为 235HBW，使用条件中等，能否用来传递 $T = 1\,600$ N·m 的转矩？

6-3　已知图示的轴伸长度为 72 mm，直径 $d = 40$ mm，配合公差为 H7/k6，采用 A 型普通平键连接。试确定图中各结构尺寸、尺寸公差、表面粗糙度和几何公差（一般连接），并在图中标注。

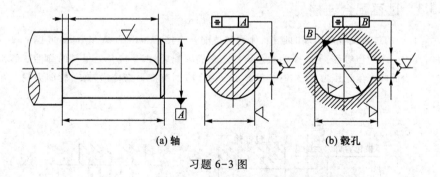

(a) 轴　　　　　　　　(b) 毂孔

习题 6-3 图

第 **7** 章

螺纹连接与螺旋传动设计

7.1 概述

螺纹连接是一种应用非常广泛的可拆连接。它的特点是结构简单、装拆方便,连接可靠性高,适用范围广。

各种螺纹及其连接件大多数制定有国家标准。设计者的主要任务是根据螺纹连接的工作条件,按照螺纹的特点选择螺纹类型。无论是螺纹还是螺纹紧固件,其主要参数是公称直径$d(D)$,它可以由强度计算确定,也可按照结构上的需要确定。本章主要讨论螺纹连接的结构设计、强度计算与螺旋传动设计。

7.1.1 螺纹的分类与主要参数

1. 螺纹的分类

螺纹连接的基本要素是螺纹(thread)。螺纹有很多种,每一种螺纹都有它的特点和适用范围。根据母体形状,螺纹可分为圆柱螺纹和圆锥螺纹,前者螺纹在圆柱体上切出,后者螺纹在圆锥体上切出。常用的是圆柱螺纹,圆锥螺纹多用在管件连接中。

根据牙型,螺纹可分为三角形(vee thread)(也称为普通螺纹)、矩形(square thread)、梯形(acme thread)和锯齿形(buttress thread)螺纹等(图7-1)。不同牙型的螺纹有不同特点和用途。三角形螺纹牙型角$\alpha=60°$,当量摩擦系数较大,自锁(self-locking)性能好,主要用于连接。而矩形、梯形和锯齿形螺纹的牙型角分别为$\alpha=0°$、$\alpha=30°$和$\alpha=33°$(锯齿形螺纹牙型斜角两边不相等,工作面$\beta=3°$,非工作面$\beta'=30°$),效率较三角形螺纹高,主要用于传动。

根据螺旋线的旋向,螺纹可分为左旋和右旋,常用的是右旋螺纹(图7-2a)。此外,螺纹还有单线和多线之分。螺纹已标准化,有米制和英制。我国与国际标准一样,采用米制。

2. 螺纹的主要参数

下面以圆柱普通外(内)螺纹为例来说明螺纹的主要参数(图7-2b)。

微视频:
螺纹形成原理
及主要参数

微视频:
螺纹的分类

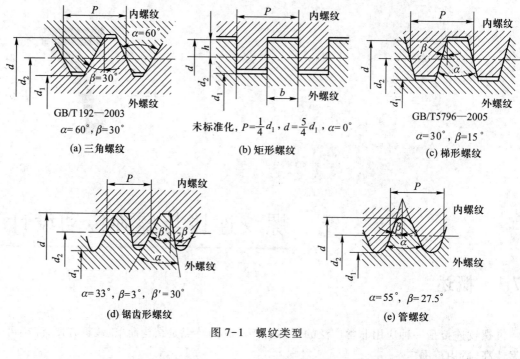

图 7-1　螺纹类型

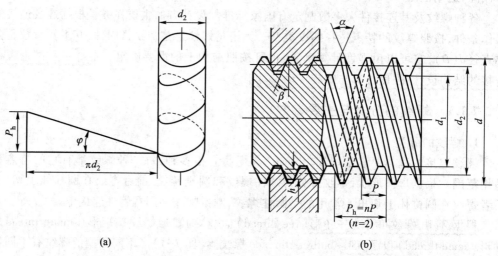

图 7-2　外螺纹的主要几何参数

（1）大径（major diameter）d、D　大径是外螺纹牙顶或内螺纹牙底相重合的假想圆柱面直径，大径为螺纹的公称直径（管螺纹除外）。

（2）小径（minor diameter）d_1、D_1　外螺纹牙底或内螺纹牙顶相重合的假想圆柱面的直径。在强度计算中常用作危险截面的计算直径。

（3）中径（mean diameter）d_2、D_2　外、内螺纹的牙厚与牙间相等处形成的假想圆柱面的直径。

（4）线数 n　形成螺纹的螺旋线数，有单线、双线和多线螺纹之分。

(5) 螺距(pitch)P 相邻两牙在中径线上对应两点间的轴向距离。

(6) 导程(lead)P_h 同一条螺旋线上的相邻两牙在中径线上对应两点间的轴向距离,$P_h = nP$。

(7) 升角(lead angle)ψ 中径圆柱上螺旋线的展开线与垂直于螺纹轴线的平面间的夹角。螺旋线展开形状如图7-2a所示。其计算式为

$$\psi = \arctan \frac{nP}{\pi d_2} \tag{7-1}$$

(8) 牙型角 α 轴向截面内,螺纹牙两侧边的夹角。螺纹牙的侧边与螺纹轴线的垂线间的夹角称为牙型斜角 β。对于三角形、梯形螺纹等对称牙型,$\beta = \alpha/2$。

7.1.2 螺旋副的受力关系、效率和自锁

由1.3节中分析可知,拧紧、松开螺纹连接(同在斜面上升举、降落重物)时,螺旋副的受力关系、效率和自锁的公式如下:

拧紧力
$$F_t = F\tan(\psi + \rho_v) \tag{7-2}$$

松开力
$$F_t = F\tan(\psi - \rho_v) \tag{7-3}$$

拧紧时效率
$$\eta = \frac{\tan\psi}{\tan(\psi + \rho_v)} \tag{7-4}$$

松开时效率
$$\eta = \frac{\tan(\psi - \rho_v)}{\tan\psi} \tag{7-5}$$

自锁条件
$$\psi \leqslant \rho_v \tag{7-6}$$

当量摩擦角
$$\rho_v = \arctan f_v \tag{7-7}$$

当量摩擦系数
$$f_v = f/\cos\beta \tag{7-8}$$

式中:F——螺旋副所受的轴向力;

f——螺旋副的材料间实际摩擦系数。

对于连接用螺纹,要求连接可靠,自锁性能好,所以常用升角 ψ 小、当量摩擦系数 f_v 大的单线三角形螺纹。三角形螺纹分粗牙螺纹和细牙螺纹。在公称直径相同时,细牙螺纹(fine threads)由于螺距小、升角小、内径和中径大,所以连接的自锁性、可靠性和螺纹的抗拉强度更好,但在经常装拆时易损坏螺纹。一般连接多用粗牙螺纹,细牙螺纹常用于薄壁零件或受变载荷、振动及冲击载荷零件的连接,还可用于精密机构(如微调机构)。

对于传动用的螺纹,主要要求传动效率高,所以常用升角 ψ 大、当量摩擦系数 f_v 小的矩形或梯形螺纹,而且线数也可以多一些。螺纹升角大、线数多,则效率 η 高一些,但是线数过多时加工困难,所以常用螺纹线数 $n = 2\sim3$,最多到4。若将式(7-4)对 ψ 微分,并令 $d\eta/d\psi = 0$,可得 $\psi = 45° - \dfrac{\rho_v}{2}$ 时 η 最大。但实际上,ψ 增大到25°以后,η 增加甚微,这也是4线以上螺纹,较为少见的原因之一。

7.2 螺纹连接

7.2.1 螺纹连接的主要类型

1. 螺栓连接

螺栓(bolt)连接是利用一端有螺栓头另一端制有螺纹的螺栓穿过被连接件的孔,拧上螺母,将被连接件连成一体。被连接件的孔内不加工螺纹,使用时不受被连接件材料的限制。通常用于被连接件不太厚和两边有足够装配空间的场合。

常用的普通螺栓(即受拉螺栓)连接如图 7-3a 所示。其特点是被连接件通孔和螺栓杆间有间隙,故通孔加工精度较低,该方式结构简单,装拆方便,应用广泛。

图 7-3b 是铰制孔用螺栓(即受剪螺栓)连接,也称加强杆螺栓连接。孔和螺栓杆之间常采用基孔制过渡配合(H7/m6,H7/n6)。这种连接能精确固定被连接件相对位置,并能承受横向载荷,但孔的加工精度要求较高。

2. 双头螺柱连接

双头螺柱(stud)连接是将螺栓一端旋紧在一被连接件的螺纹孔内,另一端穿过另一被连接件的孔,旋上螺母,从而将被连接件连成一体(图 7-4)。这种连接用于被连接件之一太厚不便穿孔,且需经常装拆或结构上受限制不能采用螺栓连接的场合。

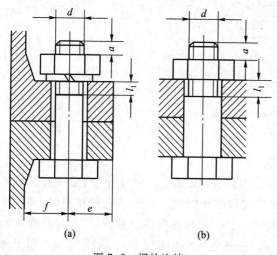

(a)　　　　　　(b)

图 7-3 螺栓连接

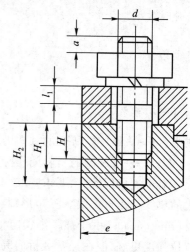

图 7-4 双头螺柱连接

3. 螺钉连接

螺钉(screw)连接如图 7-5 所示,不用螺母,而是直接将螺钉拧入被连接件之一的螺纹孔内,从而实现连接。也用于被连接件之一较厚的场合。由于常常装拆很容易使螺纹孔损坏,故宜用在不经常装拆连接的场合。

4. 紧定螺钉连接

紧定螺钉(set screw)连接如图 7-6 所示,是利用紧定螺钉旋入一零件,并以其末端顶

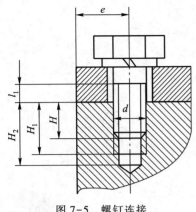

图 7-5 螺钉连接

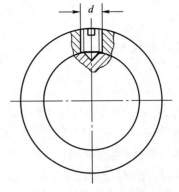

图 7-6 紧定螺钉连接

紧另一零件(或该零件的凹坑内)来固定两零件之间的相互位置,可用于传递不大的力及转矩,多用于轴和轴上零件的连接。

在机械设计中,常见的螺纹连接件除了有螺栓、双头螺柱、螺钉外,还有螺母和垫圈等。常用螺纹连接件的结构形式和尺寸都已标准化。它们的公称尺寸为螺纹大径 $d(D)$。设计时,可按 $d(D)$ 的大小在相应的标准或设计手册中查出螺纹连接的相关尺寸及螺母(nut)、垫圈(washer)等的尺寸。

7.2.2 螺纹连接的预紧

大多数螺栓连接在装配时要拧紧螺母,这时螺栓连接受到预紧力的作用。预紧的目的是为了增强连接的可靠性、紧密性和防松能力。如图 7-7 所示,在拧紧螺母时,由于加在扳手上的拧紧力矩 $T(T=FL)$ 的作用,使螺栓与被连接件之间产生预紧力 F'。拧紧力矩 T 等于螺旋副间的阻力矩 T_1 与螺母环形端面和被连接件(或垫圈)支承面间的摩擦力矩 T_2 之和,即

$$T = T_1 + T_2 \tag{a}$$

$$T_1 = F'\frac{d_2}{2}\tan(\psi + \rho_v) \tag{b}$$

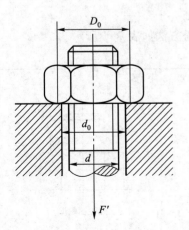

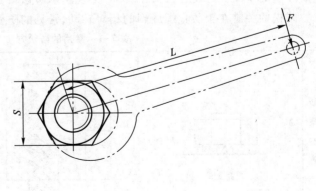

图 7-7 拧紧力矩和预紧力

$$T_2 = \frac{1}{3}fF'\left(\frac{D_0^3 - d_0^3}{D_0^2 - d_0^2}\right) \tag{c}$$

将式(b)、(c)代入式(a)得

$$T = \frac{1}{2}\left[\frac{d_2}{d}\tan(\psi + \rho_v) + \frac{2f}{3d}\left(\frac{D_0^3 - d_0^3}{D_0^2 - d_0^2}\right)\right]F'd = KF'd \tag{7-9}$$

式中：D_0、d_0——螺母与被连接件的环形接触面的外径和内径,见图 7-7；

　　　　K——拧紧力矩系数,一般 $K = 0.1 \sim 0.3$,平均取 $K = 0.2$。

　　为保证螺纹连接的可靠性,对于重要的螺栓连接,在装配时应采用一定的措施控制预紧力。由于摩擦系数不稳定和加在扳手上的力难以准确控制,有时可能预拧得过紧,从而使螺栓拧断。因此,对于重要的连接不宜采用直径过小的螺栓(例如小于 M12)。

　　对于一般的普通螺栓连接,预紧力凭装配经验控制。对于较重要的普通螺栓连接,可用测力矩扳手(图 7-8a)或定力矩扳手(图 7-8b)来控制预紧力的大小。对预紧力控制有精度要求的螺栓连接,可采用测量螺栓变形量的方法来控制预紧力的大小。高强度螺栓连接可采用测量螺母转角的方法来控制预紧力的大小。

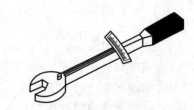

(a) 测力矩扳手

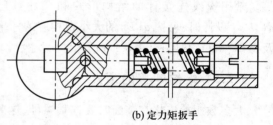

(b) 定力矩扳手

图 7-8　预紧工具

7.2.3　螺纹连接的防松

　　连接用的三角形普通螺纹,其螺纹升角都较小,在静载荷作用下,一般都能满足自锁条件,因此工作可靠。但在冲击、振动或变载荷作用下,或当温度变化很大时,螺旋副间的摩擦力减小或瞬时消失,连接就可能产生自动松脱现象,影响连接的牢固和紧密,甚至会造成严重的事故。为使连接安全可靠,必须采取防松措施。

　　防松的关键在于防止螺旋副的相对转动,常见的防松方法如表 7-1 所示。

表 7-1　常用的防松方法

| 摩擦力防松 | 弹簧垫圈 | 对顶螺母 | 弹性圈螺母 |

摩擦力防松	弹簧垫圈材料为弹簧钢,装配后垫圈被压平,其反弹力能使螺纹间保持压紧力和摩擦力	利用两螺母的对顶作用使螺栓始终受到附加的拉力和附加的摩擦力。由于多用一个螺母,且工作并不十分可靠,目前已很少采用	螺纹旋入处嵌入纤维或尼龙来增加摩擦力。该弹性圈还起防止液体泄漏的作用
机械防松	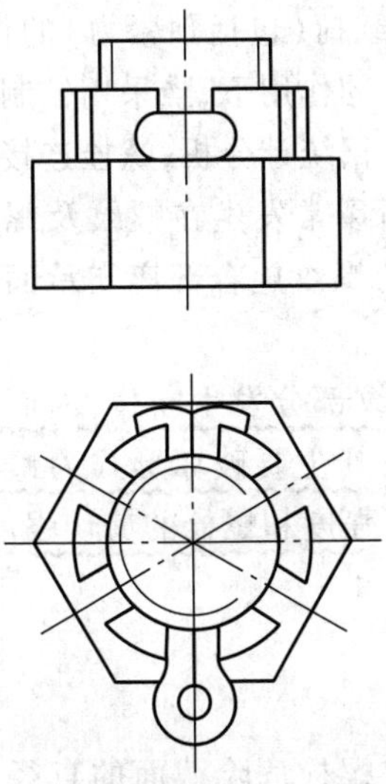 槽形螺母和开口销	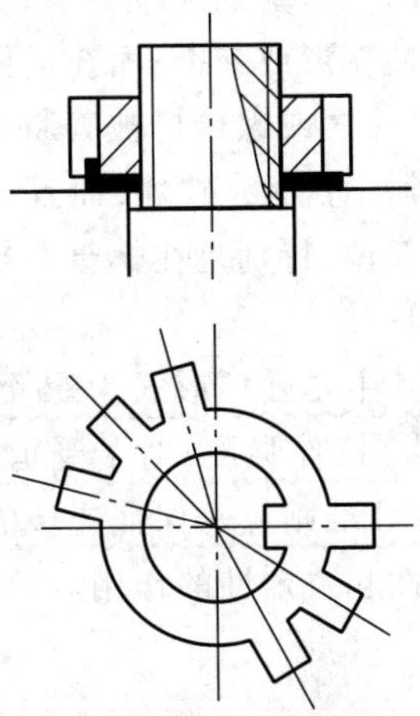 圆螺母和止动垫圈	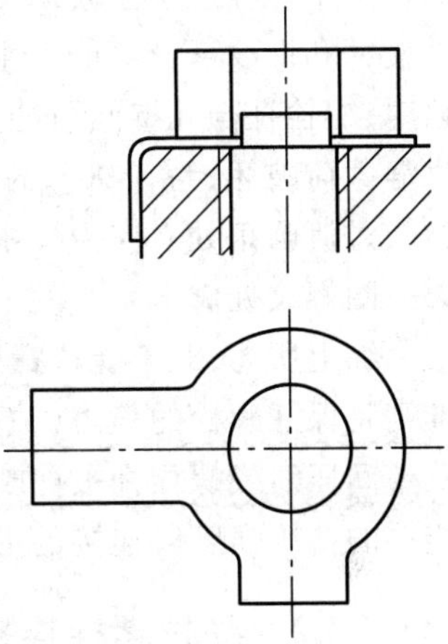 外舌止动垫圈
	槽形螺母拧紧后,用开口销穿过螺栓尾部小孔和螺母的槽,也可以用普通螺母拧紧后再配钻销孔,用开口销固定	使垫圈内舌嵌入螺栓(轴)的槽内,拧紧螺母后将垫圈外舌之一褶嵌于螺母的一个槽内	将垫圈褶边以固定螺母和被连接件的相对位置
冲边法防松	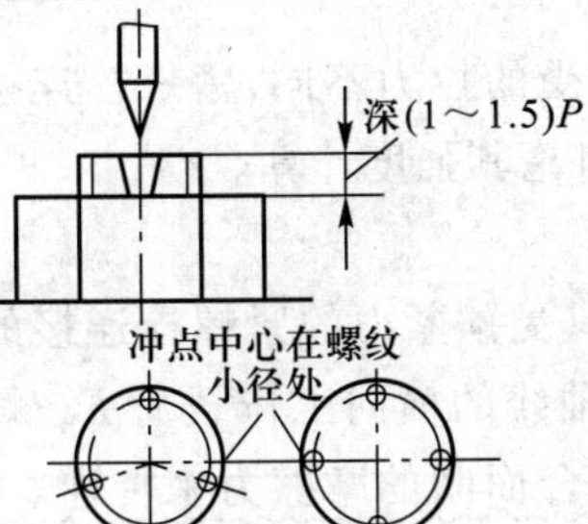 冲点中心在螺纹小径处 端面冲点	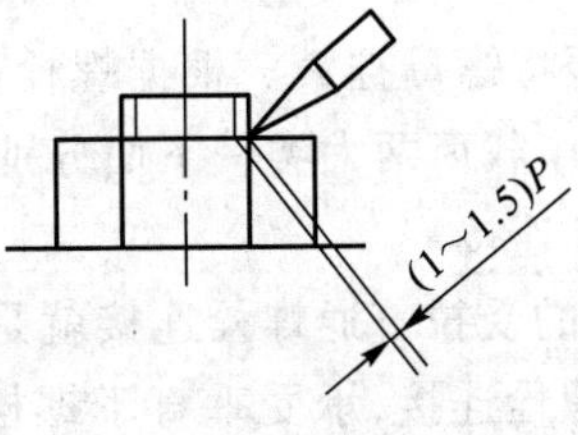 $d>8\ mm$冲三点 $d<8\ mm$冲二点 侧面冲点	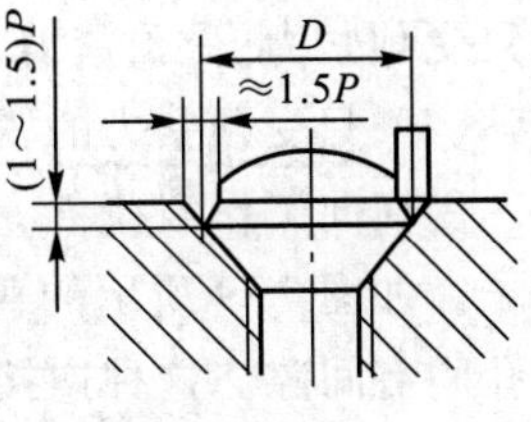 冲点中心在钉头直径上
	该防松方法可靠,但拆卸后连接件也不能再使用		
黏合法防松	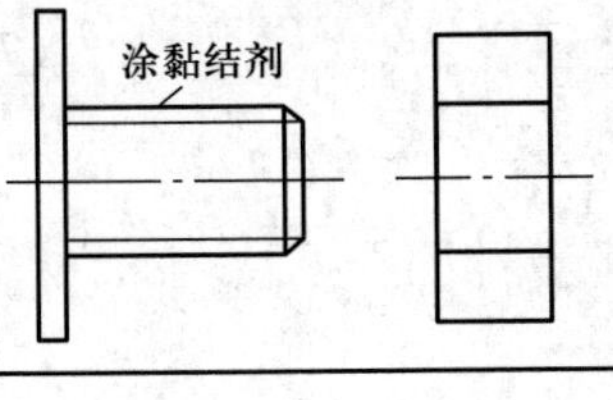 涂黏结剂	通常采用厌氧性黏结剂涂于螺纹旋合表面,拧紧螺母后黏结剂能自行固化,防松效果良好	

7.3　单个螺栓连接的强度计算

7.3.1　螺栓连接的失效形式与计算准则

　　单个螺栓连接主要承受轴向载荷或横向载荷。在轴向载荷（包括预紧力）的作用下，螺栓杆和螺纹部分可能发生塑性变形或断裂；而在横向载荷的作用下，当采用铰制孔用螺栓时，螺栓杆与孔壁间可能发生压溃或螺栓杆被剪断等。根据统计分析，螺栓连接很少发生静载荷破坏，约有 90% 的螺栓属于疲劳破坏，而且疲劳断裂常发生在螺纹及螺杆与螺栓头过渡圆角处有应力集中的部位，特别是在螺母与螺栓的螺纹旋合部离支承面最近的第一圈螺纹处。

　　综上所述，对于受拉螺栓，其主要破坏形式为螺栓杆螺纹部分发生断裂，因而其计算准则是保证螺栓的静力（或疲劳）拉伸强度；对于受剪螺栓，其主要破坏形式为螺栓杆与孔壁间压溃或螺栓杆被剪断，计算准则应是保证连接的挤压强度和螺栓的剪切强度，其中连接的挤压强度对连接的可靠性起决定性的作用。

7.3.2　受拉螺栓连接

　　受拉螺栓连接应用比较广泛。强度计算的目的是确定螺栓危险截面的直径——螺纹小径。螺栓的其他部分（螺纹牙、螺栓头、光杆）和螺母、垫圈的结构尺寸，是根据等强度条件或经验设计确定的，可按螺栓的公称尺寸由标准中选定，通常不进行强度计算。

　　下面分别就紧螺栓连接和松螺栓连接两种情况进行分析。

　　1. 紧螺栓连接

　　紧螺栓连接在装配时必须将螺母拧紧。根据螺栓所受的拉力不同，紧螺栓连接可分为只受预紧力、受预紧力及工作载荷两大类。下面分别讨论其强度计算。

　　（1）只受预紧力的紧螺栓连接

　　受横向工作载荷 F_R 作用的受拉普通螺栓连接就是只受预紧力的紧螺栓连接的一个例子。如图 7-9 所示的普通螺栓连接，承受垂直于螺栓轴线的横向工作载荷 F_R，螺栓杆与孔间有间隙。这种连接所受的横向载荷靠被连接件接合面间的摩擦力来传递。因此，在施加横向载荷后，螺栓所受拉力不变，均等于预紧力 F'。为防止被连接件之间发生相对滑移，其接合面之间的摩擦力必须大于横向载荷，即

$$mfF' \geq K_f F_R$$

$$F' \geq \frac{K_f F_R}{fm} \tag{7-10}$$

　　式中：K_f——可靠性系数，通常 $K_f = 1.1 \sim 1.3$；

　　　　　m——接合面数目；

　　　　　f——接合面间的摩擦系数，见表 7-2。

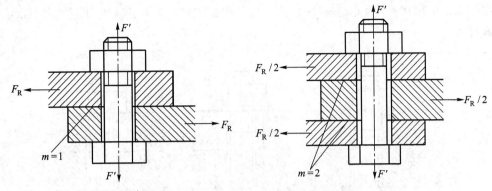

图 7-9 受横向载荷的受拉普通螺栓连接

表 7-2 连接接合面间的摩擦系数

被连接件	接合面的表面状态	摩擦系数 f
钢或铸铁零件	干燥的机加工表面	0.10~0.16
	有油的机加工表面	0.06~0.10
钢结构构件	经喷砂处理	0.45~0.55
	涂覆锌漆	0.35~0.40
	轧制、经钢丝刷清理浮锈	0.30~0.35
铸铁对砖料、混凝土或木材	干燥表面	0.40~0.45

　　紧螺栓连接拧紧螺母时,螺栓螺纹部分不仅受预紧力 F' 所产生的拉应力作用,同时还受螺栓与螺母之间的螺纹摩擦力矩 T_1 所产生的扭转应力的作用。根据第四强度理论及对大量螺栓拧紧的统计分析可证明,螺纹连接件在同时受有拉应力和因预拧紧产生的切应力时,其复合应力 σ_{ca} 的计算只需将拉伸应力 σ 加大30%来考虑扭转的影响,即可按纯拉伸问题进行计算,其强度条件式为

$$\sigma_{ca} = 1.3\sigma \le [\sigma]$$

即
$$\frac{1.3F'}{\pi d_1^2/4} \le [\sigma] \tag{7-11}$$

或
$$d_1 \ge \sqrt{\frac{4 \times 1.3F'}{\pi[\sigma]}} \tag{7-12}$$

式中:F'——螺栓所受的预紧力,N;

　　d_1——螺栓危险截面直径,即螺纹小径,mm;

　　$[\sigma]$——许用应力,其值见表7-6a。

　　这种靠摩擦传递横向载荷的受拉螺栓连接,在冲击、振动或变载荷下工作不够可靠,而且所需的螺栓直径较大[如产生摩擦力 F_R 所需的螺栓预紧力为 $F' \ge K_f F_R/(fm)$,则当 $m=1,f=0.2,K_f=1.2$ 时,$F'=6F_R$]。但由于结构简单,装配方便,仍广为应用。

　　为了避免上述缺点,可采用各种减载件(如键或销等)来承受横向载荷,而螺栓仅起连接作用(图 7-10)。因此,其横向连接强度是按键或销等的强度条件来进行校核,可不计螺栓强度。

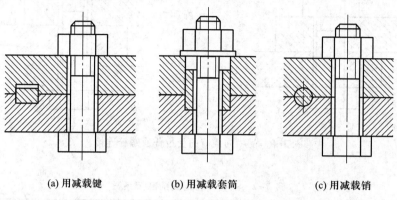

(a) 用减载键   (b) 用减载套筒   (c) 用减载销

图 7-10 承受横向载荷的减载装置

(2)受预紧力和轴向工作载荷的紧螺栓连接

1)受力分析

这种受力形式的紧螺栓连接较为常见。安装时拧紧螺栓,使螺栓受有预紧力 F'。当承受工作载荷 F 后,各零件的受力可根据静力平衡和变形协调关系来分析。

图 7-11 为受预紧力和轴向工作载荷的单个螺栓连接的受力-变形图。图 7-11a 为螺母刚好拧到与被连接件相接触,此时螺栓与被连接件均未受力,因而也不产生变形。图 7-11b 为螺母已拧紧,但尚未承受工作载荷的情况,在预紧力 F' 的作用下,螺栓产生伸长变形 δ_1,被连接件产生压缩变形 δ_2。根据静力平衡条件,虽然螺栓所受拉力与被连接件所受的压力大小相等并均为 F',但两者刚度一般不同,因此它们的变形不同($\delta_1 \neq \delta_2$)。图 7-11c 为螺栓受工作载荷时的情况。这时螺栓拉力增大为 F_0,拉力增量为 F_0-F',伸长增量为 $\Delta\delta_1$,被连接件随之舒展,其压力减少为剩余预紧力 F'',压缩减量为 $\Delta\delta_2$。由于弹性

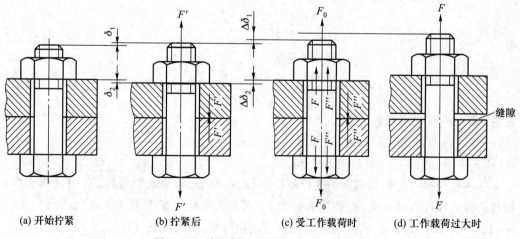

(a) 开始拧紧   (b) 拧紧后   (c) 受工作载荷时   (d) 工作载荷过大时

图 7-11 单个紧螺栓连接的受力-变形图

体的变形互相制约又互相协调,被连接件压缩变形的减量等于螺栓拉伸变形的增量,即 $\Delta\delta_1 = \Delta\delta_2$。从而可知,紧螺栓连接受轴向载荷后,被连接件由于恢复弹性变形而作用在螺栓上的力已不是原来的预紧力 F',而是剩余预紧力 F''。因此连接受载后,螺栓所受的总拉力 F_0 并不等于预紧力 F' 与工作载荷 F 之和,而是等于剩余预紧力(也称残余预紧力)F'' 与工作载荷 F 之和,即

$$F_0 = F'' + F \tag{7-13}$$

为了更清楚地说明连接的受力与变形的关系,可参看图7-12。图7-12a为螺栓与被连接件的受力与变形的关系。为分析方便,将图中的两个图合并成图7-12b。图7-12c为连接在工作状态下的情况,当螺栓受工作载荷 F 时,螺栓的总拉力为 F_0,其总拉伸量为 $\delta_1 + \Delta\delta_1$,被连接件的压缩力等于剩余预紧力 F'',其总压缩量为 $\delta_2 - \Delta\delta_2$。因此,螺栓的总拉力 F_0 等于剩余预紧力 F'' 与工作拉力 F 之和。

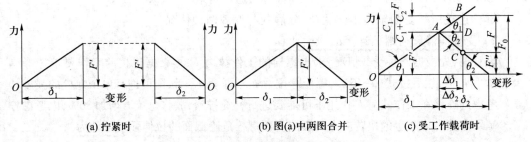

| (a) 拧紧时 | (b) 图(a)中两图合并 | (c) 受工作载荷时 |

图7-12 单个紧螺栓连接的力-变形线图

F_0 与 F、F'、F'' 的关系,可由图7-12c所示的几何关系求出:

$$C_1 = \tan\theta_1 = BD/AD = (F_0 - F')/\Delta\delta_1 = (F + F'' - F')/\Delta\delta_1$$

$$C_2 = \tan\theta_2 = CD/AD = (F' - F'')/\Delta\delta_2$$

而 $\Delta\delta_1 = \Delta\delta_2$,因此得

$$(F' - F'')/C_2 = (F + F'' - F')/C_1$$

经过公式变换,可得

$$F' = F'' + \frac{C_2}{C_1 + C_2} F \tag{7-14}$$

$$F'' = F' - \frac{C_2}{C_1 + C_2} F \tag{7-15}$$

$$F_0 = F'' + F = F' + \frac{C_1}{C_1 + C_2} F \tag{7-16}$$

这三个公式是根据螺栓与被连接件的静力平衡条件和变形协调条件得出的,是计算受轴向载荷紧螺栓连接的基本公式。

$C_1/(C_1 + C_2)$ 称为螺栓的相对刚度。其大小与螺栓及被连接件的材料、尺寸、结构形状和垫片等因素有关,其值在0~1之间变动。若被连接件的刚度很大(如采用刚性薄垫片),而螺栓的刚度很小(如细长或空心螺栓)时,则螺栓的相对刚度趋于零;反之,其值趋于1。为了降低螺栓的受力,提高螺栓连接的承载能力,应使 $C_1/(C_1 + C_2)$ 值尽量小些。

$C_1/(C_1+C_2)$ 值可通过计算或实验确定。

一般设计时，可参考表 7-3。$C_2/(C_1+C_2)$ 称为被连接件的相对刚度，因 $C_2/(C_1+C_2)=1-C_1/(C_1+C_2)$，则可按 $C_1/(C_1+C_2)$ 值求得 $C_2/(C_1+C_2)$。

表 7-3　螺栓的相对刚度 $C_1/(C_1+C_2)$

被连接钢板间所用垫片类别	$C_1/(C_1+C_2)$	被连接钢板间所用垫片类别	$C_1/(C_1+C_2)$
金属垫片(或无垫片)	0.2~0.3	铜皮石棉垫片	0.8
皮革垫片	0.7	橡胶垫片	0.9

图 7-11d 为螺栓工作载荷过大时，连接出现缝隙的情况，这是不允许的。显然 F'' 应大于零，以保证连接的紧密性。下列数据可供选择 F'' 时参考：对于一般的连接，工作载荷稳定时，可取 $F''=(0.2\sim0.6)F$；外载荷有变化时，可取 $F''=(0.6\sim1.0)F$；对于地脚螺栓连接，可取 $F''\geqslant F$；对于有紧密性要求的螺栓连接，通常可取 $F''=(1.5\sim1.8)F$。

螺栓连接所承受的轴向工作载荷，分静载与变载两种情况。

2) 受轴向静载荷螺栓连接的强度计算

设计时，先根据连接受载情况，求出螺栓的工作拉力 F，再根据连接的工作要求选择剩余预紧力 F'' 值，然后按式(7-13)求螺栓总拉力 F_0。求得 F_0 后，即可进行单个螺栓的强度计算。考虑到连接在工作载荷 F 作用下可能要进行补充拧紧，故将总拉力增加30%，以考虑拧紧时螺纹摩擦力矩产生的扭转应力的影响。则螺栓危险截面的拉伸强度条件为

微视频：
受预紧力和轴
向载荷的紧螺
栓连接

$$\sigma = \frac{4\times1.3F_0}{\pi d_1^2} \leqslant [\sigma] \tag{7-17}$$

或

$$d_1 \geqslant \sqrt{\frac{4\times1.3F_0}{\pi[\sigma]}} \tag{7-18}$$

式中，各符号的含义与式(7-12)类同。

3) 受轴向变载荷螺栓连接的强度计算

对于受轴向变载荷的重要连接(如内燃机气缸盖螺栓连接，其气缸反复进、排气)，其螺栓所受工作载荷在 $0\sim F$ 之间变化，因而螺栓所受的总拉力在 $F'\sim F_0$ 之间变化，如图 7-13 所示。设计时，一般可先按受轴向静载荷强度计算式(7-18)初定螺栓直径，然后校核其疲劳强度。

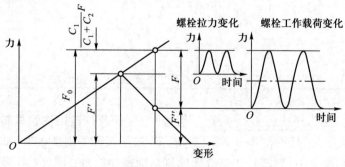

图 7-13　受轴向变载荷螺栓中拉力的变化

影响变载下疲劳强度的主要因素是应力幅。因此螺栓疲劳强度的校核公式为

$$\sigma_a = \frac{\dfrac{1}{2}\dfrac{C_1}{C_1+C_2}F}{\dfrac{\pi d_1^2}{4}} = \frac{C_1}{C_1+C_2}\frac{2F}{\pi d_1^2} \leqslant [\sigma_a] \qquad (7-19)$$

式中：$[\sigma_a]$——螺栓的许用应力幅，MPa，按表 7-6 所给的公式
　　　　　计算。

2. 松螺栓连接

松螺栓连接装配时不需要把螺母拧紧，在承受工作载荷前，螺栓并不受力，只在工作时才受力（由外加载荷产生）。起重机上用的吊钩上的螺栓连接（图 7-14），就是松螺栓连接的例子。这种连接不需要拧紧，拧紧了吊钩就不能转动。

因不考虑螺纹拧紧时螺纹的摩擦力矩，松螺栓设计时的强度计算公式同式（7-11）、式（7-12），但在计算时不计系数 1.3。

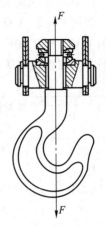

图 7-14 吊环
的松螺栓连接

微视频：
受剪铰制孔螺
栓连接

7.3.3 受剪的铰制孔用螺栓连接

如图 7-15 所示，这种连接是利用铰制孔用螺栓来承受横向工作载荷 F_s 的。螺栓杆和孔壁之间无间隙，其接触表面受挤压；在连接接合面处，螺杆受剪切。因此，应分别按挤压强度和剪切强度条件进行计算。

计算时，假设螺栓孔与孔壁表面上的压力分布是均匀的。由于这种连接所受的预紧力很小，所以在计算时，可以不考虑预紧力和螺纹摩擦力矩的影响。

螺栓杆与孔壁的挤压强度条件为

$$\sigma_p = \frac{F_s}{d_0 h} \leqslant [\sigma_p] \qquad (7-20)$$

螺栓杆的剪切强度条件为

$$\tau = \frac{4F_s}{\pi d_0^2 m} \leqslant [\tau] \qquad (7-21)$$

式中：F_s——螺栓所受的工作剪力，N；
　　　d_0——螺栓剪切面直径（螺栓杆直径），
　　　　　mm；
　　　m——螺栓抗剪面数目；
　　　h——被连接件的受压高度，mm；
　　　$[\tau]$——螺栓材料的许用应力，MPa，见表 7-9；
　　　$[\sigma_p]$——螺栓或孔壁材料的许用挤压应力，
　　　　　MPa，见表 7-9。

考虑到被连接件的材料和受挤压高度可能不同，应取 h 与 $[\sigma_p]$ 乘积小值为计算对象。

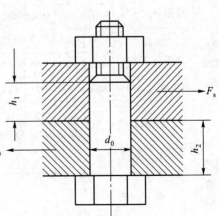

图 7-15 铰制孔用螺栓连接

7.3.4 螺纹连接的材料及许用应力

1. 螺纹连接的材料

常用的材料有 Q215、Q235、35 钢和 45 钢,对于重要的或特殊用途的螺纹连接件,可选用 15Cr、20Cr、40Cr、15MnVB、30CrMnSi 等力学性能较高的合金钢。螺纹连接件常用材料的力学性能见表 7-4。

表 7-4 螺纹连接件常用材料的力学性能

钢 号	抗拉强度极限 σ_B/MPa	屈服极限 σ_S/MPa	疲劳极限/MPa	
			弯曲 σ_{-1}	抗拉 σ_{-1t}
10	340~420	210	160~220	120~150
Q215	340~420	220	—	—
Q235	410~470	240	170~220	120~160
35	540	320	220~300	170~220
45	610	360	250~340	190~250
40Cr	750~1 000	650~900	320~440	240~340

国家标准(GB/T 3098.1—2010 和 GB/T 3098.2—2015)规定螺纹连接件按材料的力学性能等级分级(表 7-5)。具体分级的规律及方法见有关手册。

2. 螺纹连接件的许用应力

螺纹连接件的许用应力与载荷性质(静、变载荷)、连接是否拧紧、预紧力是否有所控制以及螺纹连接件的材料、结构尺寸等因素有关。选许用应力时必须考虑上述各因素,设计时一般可参照表 7-6~表 7-9。

表 7-5 螺栓、螺钉、螺柱、螺母的力学性能等级

			性能级别										
			3.6	4.6	4.8	5.6	5.8	6.8	8.8 ≤M16	8.8 >M16	9.8	10.9	12.9
螺栓、螺钉、螺柱	抗拉强度极限 σ_B/MPa	公称	300	400		500		600	800		900	1 000	1 200
		min	330	400	420	500	520	600	800	830	900	1 040	1 220
	屈服极限 σ_S/MPa	公称	180	240	320	300	400	480	640	640	720	900	1 080
		min	190	240	340	300	420	480	640	660	720	940	1 100
	布氏硬度/HBW	min	90	109	113	134	140	181	232	248	269	312	365
	推荐材料		10 Q215	15 Q235	15 Q235	25 35	15 Q235	45	35	35	35 45	40Cr 15MnVB	30CrMnSi 15MnVB
相配合螺母	性能级别		4 或 5			5		6	8 或 9		9	10	12
	推荐材料		10 Q215						35			40Cr 15MnVB	30CrMnSi 15MnVB

注:9.8 级仅适用于螺纹直径 ≤16 mm 的螺栓、螺钉和螺柱。

表 7-6 受轴向载荷的紧螺栓连接的许用应力及安全系数

螺栓的受载荷情况	许用应力	不控制预紧力时的安全系数 S				控制预紧力时的安全系数 S
		材料	直径			不分直径
			M6~M16	M16~M30	M30~M60	
静 载	$[\sigma]=\dfrac{\sigma_s}{S}$	碳钢	4~3	3~2	2~1.3	1.2~1.5
		合金钢	5~4	4~2.5	2.5	
变 载	按最大应力 $[\sigma]=\dfrac{\sigma_s}{S}$	碳 钢	10~6.5	6.5	6.5~10	1.2~2.5
		合金钢	7.5~5	5	5~7.5	
	按循环应力幅 $[\sigma_a]=\dfrac{\varepsilon\sigma_{-1t}}{S_a K_\sigma}$		$S_a=2.5\sim5$			$S_a=1.5\sim2.5$

注：σ_{-1t} 为材料在拉(压)对称循环下的疲劳极限，MPa；ε 为尺寸系数；K_σ 为有效应力集中系数。

表 7-7 螺纹的有效应力集中系数 K_σ

螺栓材料的抗拉强度极限 σ_B/MPa		400	600	800	1 000
螺纹的有效应力集中系数 K_σ	车制螺纹	3	3.9	4.8	5.2
	滚压螺纹	较上值减少 20%~30%			

表 7-8 尺寸系数 ε

螺栓直径 d/mm	≤12	16	20	24	32	40	48	56	64	72	80
螺栓尺寸系数 ε	1	0.88	0.81	0.75	0.67	0.65	0.59	0.56	0.53	0.51	0.49

表 7-9 受横向载荷的螺栓连接的许用应力及安全系数

载荷性质	材料	剪 切		挤 压	
		许用应力	安全系数 S	许用应力	安全系数 S
静 载	钢	$[\tau]=\sigma_s/S$	2.5	$[\sigma_p]=\sigma_s/S$	1.25
	铸 铁			$[\sigma_p]=\sigma_B/S$	2~2.5
变 载	钢	$[\tau]=\sigma_s/S$	3.5~5	按静载降低 20%~30%	
	铸 铁				

7.4　螺栓组连接的设计

　　绝大多数情况下,螺栓都是成组使用的,它们与被连接件构成螺栓组连接。下面讨论螺栓组连接的设计和计算问题。其结论对双头螺柱组、螺钉组连接也同样适用。

　　螺栓组连接的设计过程主要包括三个部分:1) 结构设计——按连接的用途和被连接件的结构,选定螺栓的数目和布置形式;2) 受力分析——按连接的结构和受载情况,求出受力最大的螺栓及其所受的力;3) 强度计算——对受力最大的螺栓进行单个螺栓的强度计算。

7.4.1　螺栓组连接的结构设计

　　结构设计的目的,是根据连接接合面的形状合理地确定螺栓的布置方式,力求使各螺栓和连接接合面间受力均匀,便于加工和装配。为此,设计时应综合考虑以下几方面的问题。

　　(1) 连接接合面的几何形状应与机器的结构形状相适应。一般都设计成轴对称的简单几何形状(图 7-16)。这样不但便于加工制造,而且便对称布置螺栓,使连接接合面受力比较均匀。

　　(2) 分布在同一圆周上的螺栓数目,应取 3、4、6、8、12 等易于分度的数目,以便于划线钻孔。同一组螺栓的材料、直径和长度应尽量相同,以简化结构和便于加工装配。

　　(3) 螺栓排列应有合理的钉距、边距,注意留必要的扳手空间。扳手空间的具体尺寸可查有关手册。

　　(4) 螺栓与螺母底面的支承面应平整,并与螺栓轴线相垂直,以免引起偏心载荷。为此,可将被连接件上的支承面设计成凸台或沉头座(图 7-17)。当支承面为倾斜表面时,

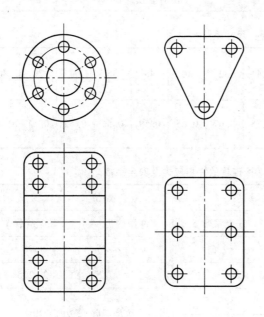

图 7-16　螺栓组连接常见布置方式

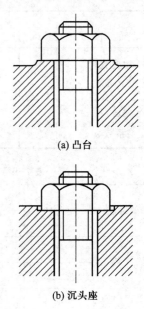

(a) 凸台

(b) 沉头座

图 7-17　凸台与沉头座

可采用斜面垫圈等。

7.4.2 螺栓组连接受力分析

螺栓组连接受力分析的目的是求出受力最大的螺栓及其所受的力的大小，以便进行螺栓连接的强度计算。

为了简化计算，假定：1）螺栓组中各螺栓的拉伸刚度或剪切刚度（即螺栓的各材料、直径、长度）和预紧力大小均相同；2）被连接件为刚体，受载后连接接合面仍保持平面；3）螺栓工作在弹性范围内。

下面对螺栓组连接的四种典型受载情况，分别进行受力分析。

1. 受轴向载荷的螺栓组连接

图 7-18 所示为一受轴向总载荷 F_Q 的压力容器螺栓组连接。F_Q 的作用线与螺栓轴线平行，并通过螺栓组的对称中心。由于螺栓均布，所以每个螺栓所受的轴向工作载荷 F 相等，即

$$F = \frac{F_Q}{z} \qquad (7-22)$$

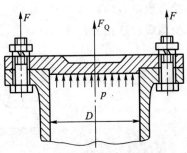

图 7-18　压力容器螺栓组连接

式中：z——螺栓数目。

2. 受横向载荷的螺栓组连接

图 7-19 所示为受横向载荷的螺栓组连接。横向载荷 F_R 的作用线与螺栓轴线相垂直，并通过螺栓组的对称中心。载荷可通过受拉或受剪螺栓连接来传递。

（1）采用受拉的普通螺栓连接

它是靠螺栓拧紧后在接合面间产生的摩擦力来传递横向外载荷（图 7-19a）。设计时，通常以连接的接合面不滑移作为计算准则。若每个螺栓的预紧力为 F'，螺栓的数目为 z，则连接的静力平衡条件为

$$F'fzm \geqslant K_f F_R \quad \text{或} \quad F' \geqslant \frac{K_f F_R}{fzm} \qquad (7-23)$$

式中：f——接合面间的摩擦系数，见表 7-2；

m——接合面对数；

K_f——考虑由摩擦力传递载荷时的可靠性系数，通常 $K_f = 1.1 \sim 1.3$。

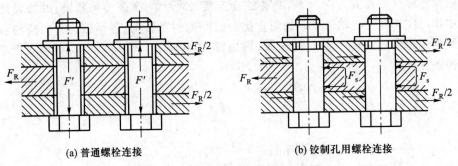

(a) 普通螺栓连接　　　　　　　　　(b) 铰制孔用螺栓连接

图 7-19　受横向载荷的螺栓组连接

如前所述,这种靠摩擦传递横向载荷的受拉螺栓连接的主要缺点是所需的预紧力很大。

（2）采用受剪的铰制孔用螺栓连接

它是靠螺栓杆受剪切和螺栓与被连接件孔表面间的挤压来传递外载荷(图 7-19b)。这种结构的螺栓连接一般预紧力不大,故在强度计算中均不考虑预紧力和摩擦力矩的影响。若每个螺栓承受的工作载荷均为 F_s,则根据平衡条件得

$$F_s zm = F_R \quad 或 \quad F_s = F_R/(zm) \tag{7-24}$$

式中：z——螺栓数目；

m——接合面对数。

3. 受扭转力矩 T 的螺栓组连接

图 7-20a 为底板螺栓组连接。设在扭矩 T 的作用下,底板有绕通过螺栓组中心 O 并与接合面垂直的轴线回转的趋势,螺栓受力情况与受横向载荷类似。此载荷可通过受拉或受剪螺栓连接来传递。

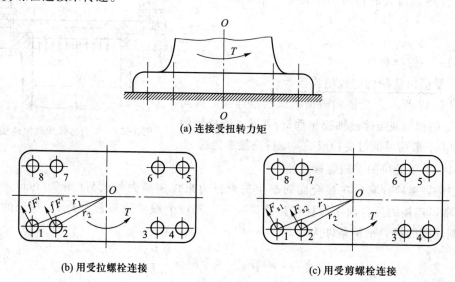

(a) 连接受扭转力矩

(b) 用受拉螺栓连接　　　　　　　　　　(c) 用受剪螺栓连接

图 7-20　受扭转力矩的螺栓组连接

（1）采用受拉的普通螺栓连接

假设各螺栓的预紧力均为 F',则各螺栓连接处产生的摩擦力均相同,并假设此摩擦力集中作用在螺栓中心轴线处。为阻止接合面产生相对转动,各摩擦力方向应与各螺栓的轴线到螺栓组的旋转中心 O 的连线(即力臂 r_i)相垂直(图 7-20b)。根据底板上各力矩平衡条件得

$$fF'r_1 + fF'r_2 + \cdots + fF'r_z = K_f T$$

或

$$F' = \frac{K_f T}{f(r_1 + r_2 + \cdots + r_z)} \tag{7-25}$$

式中：　　f——接合面间的摩擦系数；

r_1、r_2、$\cdots$、r_z——各螺栓中心至底板旋转中心的距离。

（2）采用受剪的铰制孔用螺栓连接

各螺栓的工作剪力与其中心到底板旋转中心的连线垂直（图7-20c）。忽略连接中的预紧力和摩擦力矩，则根据底板的静力平衡条件得

$$F_{s1}r_1 + F_{s2}r_2 + \cdots + F_{sz}r_z = T \qquad (7-26)$$

根据螺栓的变形协调条件，各螺栓的剪切变形与其中心轴线至底板旋转中心的距离成正比。因为螺栓的剪切刚度相同，所以螺栓所受的剪力也与该距离成正比，于是

$$\frac{F_{s1}}{r_1} = \frac{F_{s2}}{r_2} = \cdots = \frac{F_{sz}}{r_z} = \frac{F_{smax}}{r_{max}} \qquad (7-27)$$

式中：F_{s1}、F_{s2}、$\cdots$、F_{sz}——各螺栓的工作剪力，其中最大值为 F_{smax}；

r_1、r_2、$\cdots$、r_z——各螺栓中心轴线至底板旋转中心的距离，其中最大值为 r_{max}。

将式（7-27）代入式（7-26），并经整理，得受力最大螺栓所受的工作剪力为

$$F_{smax} = \frac{Tr_{max}}{r_1^2 + r_2^2 + \cdots + r_z^2} \qquad (7-28)$$

4. 受翻转力矩 M 的螺栓组连接

图 7-21 所示为一受翻转力矩 M 的底板螺栓组连接。假设底板为刚体，在力矩 M 作用下接合面保持平面，并且底板有绕对称轴线 $O-O$ 翻转的趋势。对称轴线左侧的螺栓被拉紧，螺栓的轴向力增大；而对称轴线右侧的螺栓被放松，使螺栓的预紧力 F' 减小。即在此翻转力矩 M 的作用下，引起左、右两侧各螺栓产生工作载荷 F_i，其对 $O-O$ 轴线之力矩之和必与此翻转力矩 M 相平衡（图7-21a），则

$$F_1 L_1 + F_2 L_2 + \cdots + F_z L_z = M \qquad (7-29)$$

根据螺栓变形协调条件，各螺栓的拉伸变形量与其轴线到螺栓组对称轴线 $O-O$ 的距离成正比。因为各螺栓的拉伸刚度相同，所以左、右两侧螺栓的工作载荷 F_i 与该距离成正比。于是

$$\frac{F_1}{L_1} = \frac{F_2}{L_2} = \cdots = \frac{F_z}{L_z} = \frac{F_{max}}{L_{max}} \qquad (7-30)$$

式中：F_{max}——受力最大螺栓的工作拉力；

L_{max}——受力最大螺栓至 $O-O$ 轴线的距离。

将式（7-30）代入式（7-29），并经整理，得受力最大螺栓所受的工作拉力为

$$F_{max} = \frac{ML_{max}}{L_1^2 + L_2^2 + \cdots + L_z^2} \qquad (7-31)$$

对于受翻转力矩的螺栓组连接，不仅要对螺栓进行强度计算，而且还应保证接合面不因挤压应力过大而压溃，并要使接合面的最小挤压应力大于零。

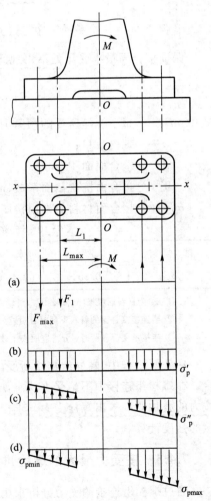

图 7-21 受翻转力矩的螺栓组连接

在预紧力 F' 作用下,接合面的挤压应力分布如图 7-21b 所示,即

$$\sigma'_{\mathrm{p}} = \frac{zF'}{A}$$

在翻转力矩 M 的作用下,左边接合面的挤压应力减小,右边接合面的挤压应力增大,接合面间挤压应力因底板为刚体的平面假设,类似梁的弯曲应力计算,其挤压应力分布如图 7-21c 所示,即

$$\sigma''_{\mathrm{p}} = \frac{1}{W}\left(M\,\frac{C_2}{C_1+C_2} \right) \approx \frac{M}{W}$$

上式近似认为相对刚度 $\dfrac{C_2}{C_1+C_2}$ 的值为 1。则合成后接合面间总的挤压应力分布如图 7-21d 所示。显然,接合面左端边缘处的挤压应力最小,右端边缘处的挤压应力最大。

保证接合面最大受压处不压溃的条件为

$$\sigma_{\mathrm{pmax}} = \sigma'_{\mathrm{p}} + \sigma''_{\mathrm{p}} \approx \frac{zF'}{A} + \frac{M}{W} \leqslant [\sigma_{\mathrm{p}}] \tag{7-32}$$

保证接合面最小受压处不出现间隙的条件为

$$\sigma_{\mathrm{pmin}} = \sigma'_{\mathrm{p}} - \sigma''_{\mathrm{p}} \approx \frac{zF'}{A} - \frac{M}{W} > 0 \tag{7-33}$$

式中: F'——每个螺栓所受的预紧力,N;

$\quad z$——螺栓数目;

$\quad A$——接合面面积,mm^2;

$\quad W$——接合面抗弯截面系数,mm^3;

$[\sigma_{\mathrm{p}}]$——接合面材料的许用挤压应力,MPa,见表 7-10。

表 7-10   连接接合面材料的许用挤压应力$[\sigma_{\mathrm{p}}]$

材　　料	钢	铸　铁	混　凝　土	砖(水泥浆缝)	木　　材
$[\sigma_{\mathrm{p}}]$	$0.8\sigma_{\mathrm{S}}$	$(0.4\sim0.5)\sigma_{\mathrm{B}}$	2.0~3.0 MPa	1.5~2.0 MPa	2.0~4.0 MPa

注:① σ_{S} 为材料屈服极限,MPa;σ_{B} 为材料强度极限,MPa。

　　② 当连接接合面的材料不同时,应按强度较弱者选取。

　　③ 连接承受静载荷时,$[\sigma_{\mathrm{p}}]$ 应取表中较大值;承受变载荷时,则应取较小值。

在实际工作中,螺栓组连接所受的工作载荷常常是以上四种简单受力状态的不同组合。在螺栓组连接中不论受力状态如何复杂,都可以简化成上述四种简单的受力状态,再按力的叠加原理求出螺栓受力。求出受力最大螺栓及其受力值后,即可进行单个螺栓连接的强度计算。

7.4.3   按受力最大的螺栓进行强度计算

通过螺栓组连接的受力分析求出受力最大的螺栓及其所受的力后,即可按前述单个螺栓连接的强度计算方法进行计算。

必须注意,对于松连接螺栓,只受拉伸外载荷 F,则应以 F 为载荷进行强度计算;对于受横向载荷的受拉普通紧螺栓组连接和受扭转力矩的受拉普通紧螺栓组连接,螺栓只受预紧力 F',则应乘以系数 1.3 以考虑预紧时扭转力矩的影响,并以 $1.3F'$ 为载荷进行强度计算;对于受轴向载荷的普通紧螺栓组连接和受翻转力矩的普通紧螺栓组连接,螺栓受预紧力和工作载荷,则应以 $1.3F_0$ 为载荷进行强度计算;对于受剪的铰制孔用螺栓组连接和受扭转力矩的受剪铰制孔用螺栓组连接,则应以螺栓所受的剪力(或挤压力)F_s 或 F_{smax} 为载荷进行剪切及挤压强度计算。

7.5　提高螺栓连接强度的措施

螺栓连接的强度主要取决于螺栓的强度。因此,研究影响螺栓强度的因素和提高螺栓强度的措施,对提高连接的可靠性有着重要的意义。

影响螺栓强度的因素很多,主要涉及螺纹牙的载荷分配、应力幅、应力集中、附加应力和材料的力学性能等几个方面。下面仅以工程上常用的受拉螺栓为例,分析各种因素对螺栓强度的影响和提高强度的措施。

微视频:
提高螺栓连接
强度的措施

7.5.1　改善螺纹牙间的载荷分配

对于普通螺栓连接,螺栓所受的总拉力是通过螺纹牙面相接触来传递的。由于螺栓和螺母的刚度及变形性质不同,即使制造和装配都很正确,各圈螺纹牙上的受力也是不同的。如图 7-22 所示,当连接受载时,螺栓受拉伸,外螺纹的螺距增大;而螺母受挤压,内螺纹的螺距减小。这种螺距变化差主要靠旋合各圈螺纹牙的变形来补偿。由图 7-22 可知,从螺母支承面算起,第一圈螺纹变形最大,因而受力也最大,以后各圈递减。理论分析与实验证明,旋合圈数越多,载荷分布不均匀的程度越严重。当拧紧力矩比较小时,其锁紧力主要集中于第一圈的螺纹面上,螺栓的随后各圈螺纹在螺母中几乎都处于"浮游"状态。当拧紧力矩较大时,第二圈螺纹面上开始受力,即 80% 以上载荷集中作用于第一、二圈的螺纹面上,其后各圈依次递减,甚至为零。因此,采用螺纹圈数过多的加厚螺母,并不能提高连接的强度。

为了改善螺纹牙上载荷分布不均的现象,可采用以下几种方法。

1. 尽可能将螺母制成受拉的结构

图 7-23a 为悬置螺母,螺母的旋合部分全部受拉,其变形性质与螺栓相同,从而减少两者的螺距变化差,使螺纹牙上载荷分布趋于均匀。

2. 减小螺栓受力大的螺纹牙受力面

图 7-23b 为内斜螺母,螺母旋入端受力大的几圈螺纹处制成 10°~15° 的斜角,可减小原螺栓受力大的螺纹的刚度而将力转移到受力小的牙上,使载荷分布趋于均匀。图 7-23c 所示的螺母兼有悬置螺母和内斜螺母的作用。

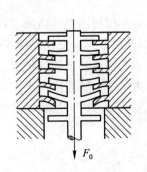

图 7-22　旋合螺纹的变形示意图

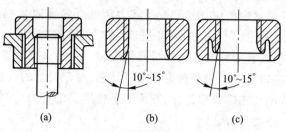

图 7-23　均载螺母结构

7.5.2　减小螺栓的应力幅

受变载荷的紧螺栓连接,在最大应力一定时,应力幅越小,疲劳强度越高。在工作载荷 F 和剩余预紧力 F'' 不变的情况下,减小螺栓刚度或增大被连接件刚度都能达到减小应力幅的目的(图 7-24),但预紧力 F' 应该有所增加。预紧力不能增加过多,以免过分削弱螺栓的静强度。

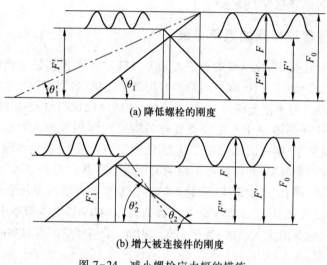

(a) 降低螺栓的刚度

(b) 增大被连接件的刚度

图 7-24　减小螺栓应力幅的措施

减小螺栓刚度的措施有:增加螺栓的长度(图 7-25);适当减小螺栓无螺纹部分的截面积;在螺母下面安装弹性元件(图 7-26)等。这样螺栓变形量大,吸收能量作用强,也适用于承受冲击和振动的场合。

为了增大被连接件刚度,除改进被连接件的结构外,还可采用刚度大的硬垫片,对于有气密性要求的气缸螺栓连接,不应采用较软的垫片,而应改用密封环(图 7-25)。

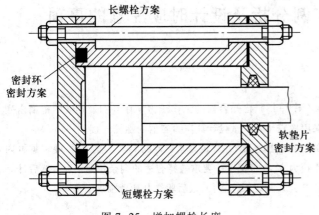

图 7-25　增加螺栓长度　　　　　　图 7-26　螺母下面装弹性元件

7.5.3　采用合理的制造工艺

制造工艺对螺栓疲劳强度有较大影响。采用冷镦头部和滚压螺纹的螺栓,由于有冷作硬化的作用,表层有残余压应力,滚压后金属组织紧密,金属流线走向合理,所以其疲劳强度比车削螺纹提高 35% 左右。

7.5.4　减小附加弯曲应力

除因制造安装上的误差以及被连接部分的变形等原因可引起附加弯曲应力外,被连接件、螺栓头部和螺母等的支承面倾斜以及螺纹轴线不正也会引起弯曲应力(图 7-27)。

为减小和避免弯曲应力,可采用经机械加工后制成的凸台或沉头座(图 7-17)、球面垫圈(图 7-28)、斜面垫圈等来保证螺栓连接的装配精度。

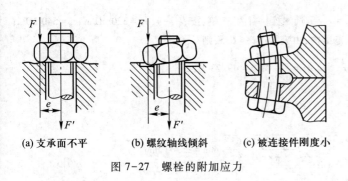

(a) 支承面不平　　(b) 螺纹轴线倾斜　　(c) 被连接件刚度小

图 7-27　螺栓的附加应力　　　　　　图 7-28　球面垫圈

7.5.5　减小应力集中的影响

螺栓的螺纹牙根、螺纹收尾和螺栓头部与螺栓杆的过渡圆角等处都会产生应力集中。为了减小应力集中,可采用较大的过渡圆角半径,或将螺纹收尾改为退刀槽等。

此外,碳氮共渗、渗氮、喷丸表面硬化处理也能提高螺栓的疲劳强度。

7.6   螺纹连接设计的实例分析及设计时应注意的事项

7.6.1   设计实例分析

例 7-1   有一压力容器的螺栓组连接(图 7-18),已知容器的工作压力 p 在 0~12 MPa 的范围内变化,容器内直径 $D = 78$ mm,螺栓数 $z = 8$,采用橡胶垫片。试设计此压力容器的螺栓连接。

解   本例属于受预紧力与轴向变载的受拉螺栓连接,并有较高紧密性的要求。设计时,要根据缸内最大工作压力 p 求出每个螺栓所受的工作拉力 F,再根据工作要求选择合适的剩余预紧力 F'',然后计算螺栓的预紧力 F' 与总拉力 F_0,按静强度计算公式初定螺栓直径,最后验算其疲劳强度。

1. 受力分析

(1) 求每个螺栓所受的工作拉力 F

$$F = \frac{\pi D^2 p}{4z} = \frac{\pi \times 78^2 \times 12}{4 \times 8} \text{N} = 7\ 168 \text{ N}$$

(2) 按工作要求选取剩余预紧力 F''

这类压力容器有较高的气密性要求,根据 $F'' = (1.5 \sim 1.8)F$,取 $F'' = 1.6F = 1.6 \times 7\ 168 \text{N} = 11\ 469$ N

(3) 求施加在每个螺栓上的预紧力 F'

对橡胶垫片 $C_1/(C_1 + C_2) = 0.9$,$C_2/(C_1 + C_2) = 1 - 0.9 = 0.1$,按式(7-14),得

$$F' = F'' + \frac{C_2}{C_1 + C_2} F = (11\ 469 + 0.1 \times 7\ 168) \text{N} = 12\ 186 \text{ N}$$

(4) 求单个螺栓所受的总拉力 F_0

由式(7-13),得

$$F_0 = F + F'' = (7\ 168 + 11\ 469) \text{ N} = 18\ 637 \text{ N}$$

2. 按静强度公式初定螺栓直径

(1) 确定许用应力 $[\sigma]$

按表 7-6,变载时的许用应力 $[\sigma] = \sigma_S/S$,选螺栓材料为 35 钢,按表 7-4,$\sigma_S = 320$ MPa,$\sigma_B = 540$ MPa;设螺栓所需公称直径 d 在 M16~M30 范围内,由表 7-6,$S = 6.5$,则

$$[\sigma] = \sigma_S/S = \frac{320}{6.5} \text{ MPa} = 49.23 \text{ MPa}$$

(2) 初定螺栓直径

按式(7-18),得

$$d_1 \geqslant \sqrt{\frac{4 \times 1.3 F_0}{\pi [\sigma]}} = \sqrt{\frac{4 \times 1.3 \times 18\ 637}{\pi \times 49.23}} \text{ mm} = 25.03 \text{ mm}$$

(3) 选择标准螺纹

查手册,选取 M30 粗牙普通螺纹,其小径 $d_1 = 26.211$ mm 大于 25.03 mm。此结果与原估计的直径(M16~M30)相符,故决定选用 M30 螺栓。

3. 验算螺栓的疲劳强度

(1) 求应力幅

按式(7-19),得

$$\sigma_{a} = \frac{C_1}{C_1+C_2} \cdot \frac{2F}{\pi d_1^2} = 0.9 \times \frac{2 \times 7\,168}{\pi \times 26.211^2}\,\text{MPa} = 5.98\,\text{MPa}$$

（2）确定许用应力幅

按表 7-6，$[\sigma_a] = \varepsilon \sigma_{-1t}/(S_a K_\sigma)$，$S_a = 2.5 \sim 5$，取 $S_a = 4$。

按表 7-4，对 35 钢，$\sigma_{-1t} = 170 \sim 220$ MPa，取 $\sigma_{-1t} = 180$ MPa。

按表 7-7，$\sigma_B = 540$ MPa 时，插值得 $K_\sigma = 3.63$。

按表 7-8，对 M30 螺栓，插值得 $\varepsilon = 0.69$。

因为
$$[\sigma_a] = \frac{0.69 \times 180}{4 \times 3.63}\,\text{MPa} = 8.6\,\text{MPa}$$

所以
$$\sigma_a = 5.98\,\text{MPa} < [\sigma_a] = 8.6\,\text{MPa} \quad （合格）$$

例 7-2 图 7-29 所示为一固定在钢制立柱上的托架，已知载荷 $F_P = 5\,000$ N，其作用线与垂直线的夹角 $\alpha = 50°$，底板高 $h = 340$ mm，宽 $b = 150$ mm。试设计此螺栓组连接。

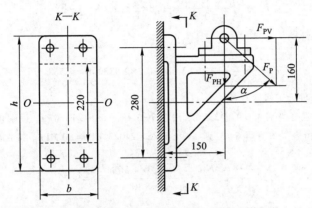

图 7-29 托架底板螺栓组连接

解 本例是受横向、轴向载荷和翻转力矩的螺栓组连接，这样的连接一般都采用受拉螺栓连接。其失效形式除了是螺栓可能被拉断外，还可能出现支架沿接合面滑移，以及在翻转力矩作用下，接合面的上边可能离缝（即 $F'' < 0$），下边可能被压溃。计算方法有两种：一种是先预选 F''，从而求出 F' 和 F_0，确定螺栓直径，再验算不滑移不压溃等条件；另一种是先由不滑移条件求出 F'，从而求出 F'' 和 F_0，确定螺栓直径，再验算不离缝不压溃等条件。本例按后一种方法计算。

1. 受力分析

（1）计算螺栓组所受的工作载荷

如图 7-29 所示，在工作载荷 F_P 的作用下，螺栓组承受如下各力和翻转力矩作用：

轴向力　　　　　　　$F_{PV} = F_P \sin \alpha = 5\,000 \times \sin 50° \text{ N} = 3\,830 \text{ N}$

横向力　　　　　　　$F_{PH} = F_P \cos \alpha = 5\,000 \times \cos 50° \text{ N} = 3\,214 \text{ N}$

翻转力矩　$M = F_{PV} \times 160 \text{ mm} + F_{PH} \times 150 \text{ mm} = (3\,830 \times 160 + 3\,214 \times 150) \text{ N} \cdot \text{mm} = 1\,094\,900 \text{ N} \cdot \text{mm}$

（2）计算单个螺栓所受的最大工作拉力 F

在轴向力 F_{PV} 的作用下，各螺栓所受的工作拉力为 $F_1 = F_{PV}/z = 3\,830/4 \text{ N} = 958 \text{ N}$。

在翻转力矩 M 的作用下，使底板有绕 O-O 轴顺时针翻转的趋势，则 O-O 轴上边的螺栓受加载作用，而下边螺栓受到减载作用，故 O-O 轴上边螺栓受力加大，由 M 引起上边螺栓的最大工作拉力为

$$F_2 = \frac{ML_{max}}{L_1^2 + L_2^2 + \cdots + L_z^2} = \frac{1\,094\,900 \times 140}{4 \times 140^2}\,\text{N} = 1\,955\,\text{N}$$

则上边的螺栓所受的最大工作拉力为

$$F = F_1 + F_2 = (958 + 1\ 955)\ \text{N} = 2\ 913\ \text{N}$$

（3）按不滑移条件求螺栓的最小预紧力 F'

在横向力 F_{PH} 的作用下，底板连接接合面可能产生滑移。按底板接合面不滑移的条件，并考虑轴向力 F_{PV} 对预紧力的影响（接合面间的摩擦力由残余预紧力产生翻转力矩 M 的影响不考虑，因为在 M 的作用下，底板一边的压力增大，但另一边压力却以同样程度减小，总压力不变）。参照式（7-23）和（7-15），可以给出底板不滑移的条件为

$$f\left(zF' - \frac{C_2}{C_1 + C_2}F_{PV}\right) = K_f F_{PH}$$

则

$$F' = \frac{1}{z}\left(\frac{K_f F_{PH}}{f} + \frac{C_2}{C_1 + C_2}F_{PV}\right)$$

由表 7-2 查得 $f = 0.3$；由表 7-3 查得 $C_1/(C_1 + C_2) = 0.2$，则 $C_2/(C_1 + C_2) = 1 - 0.2 = 0.8$；取 $K_f = 1.2$，则

$$F' = \frac{1}{4}\left(\frac{1.2 \times 3\ 214}{0.3} + 0.8 \times 3\ 830\right)\ \text{N} = 3\ 980\ \text{N}$$

（4）螺栓所受的总拉力 F_0

按式（7-16），得

$$F_0 = F' + \frac{C_1}{C_1 + C_2}F = (3\ 980 + 0.2 \times 2\ 913)\ \text{N} = 4\ 563\ \text{N}$$

2. 按拉伸强度条件确定螺栓直径

选择螺栓材料为强度级别 4.6 的 Q235 钢，由表 7-5 查得 $\sigma_s = 240$ MPa。设螺栓所需的公称直径 d 在 M6～M16 范围内，由表 7-6 查得 $S = 3$，则 $[\sigma] = \sigma_s/S = 240/3$ MPa $= 80$ MPa。按式（7-18），得螺栓危险截面直径为

$$d_1 \geqslant \sqrt{\frac{4 \times 1.3 F_0}{\pi[\sigma]}} = \sqrt{\frac{4 \times 1.3 \times 4\ 563}{\pi \times 80}}\ \text{mm} = 9.72\ \text{mm}$$

查手册，选用 M12 粗牙普通螺纹，$d_1 = 10.106$ mm，计算结果与原估直径相符（原估计 M6～M16 之内），故确定选用 M12 螺栓。

3. 校核螺栓组连接的工作能力

（1）连接接合面下端不压溃的校核

考虑螺栓预紧力 F' 的变化，参考式（7-32），得

$$\sigma_{pmax} \approx \frac{1}{A}\left(zF' - \frac{C_2}{C_1 + C_2}F_{PV}\right) + \frac{M}{W}$$

$$= \left[\frac{1}{(340 - 220) \times 150}(4 \times 3\ 980 - 0.8 \times 3\ 830) + \frac{1\ 094\ 900}{\frac{150}{12} \times (340^3 - 220^3) \times \frac{2}{340}}\right]\ \text{MPa}$$

$$= 1.234\ \text{MPa}$$

查表 7-10，$[\sigma_p] = 0.8\sigma_s = 0.8 \times 240$ MPa $= 192$ MPa $\gg 1.234$ MPa，故连接接合面下端不会压溃。

（2）连接接合面上端不出现间隙的校核

考虑螺栓预紧力 F' 的变化，参考式（7-33），得

$$\sigma_{pmin} \approx \frac{1}{A}\left(zF' - \frac{C_2}{C_1 + C_2}F_{PV}\right) - \frac{M}{W}$$

$$= \left[\frac{1}{(340 - 220) \times 150} \times (4 \times 3\ 980 - 0.8 \times 3\ 830) - \frac{1\ 094\ 900}{\frac{150}{12} \times (340^3 - 220^3) \times \frac{2}{340}}\right]\ \text{MPa}$$

$$= 0.195\ \text{MPa} > 0$$

接合面上端受压,不会产生间隙。

故此设计合格。

7.6.2 螺纹连接设计时应注意的事项

(1) 标准螺纹紧固件的选用方法

1) 要优先选用国家标准规定的螺纹紧固件类型及其附件,合理选择螺纹连接的类型,这是保证螺栓连接正常工作的前提条件,例如被连接件之一太厚且要经常装拆时宜选用双头螺柱连接。在选用的螺纹连接件类型确定后,还要重视规格的选取。对外螺纹件既要正确选取螺纹直径规格又应正确选取其长度规格。要尽量避免采用国家标准中带括号的直径与长度规格,尽量减少每一个产品采用的标准紧固件种类与规格,以扩大需用批量,方便生产管理。

2) 粗牙螺纹较耐用,易装配,不易损伤,故可经常装拆。钢制外螺纹标准件与被连接件是铸铁、电木、轻合金、塑料等内螺纹连接时和在有污垢甚至是砂粒等异物及有腐蚀性的环境,都以使用粗牙螺纹为宜;细牙螺纹经常装拆时易磨损而滑扣,但同样外径的细牙螺纹抗拉与抗剪强度大于粗牙螺纹,且其螺距小,自锁性好,因此在薄壁零件或螺纹旋合长度较短的场合,细牙螺纹有其明显的优越性。

(2) 要正确进行螺栓连接的设计计算(尤其是重要螺栓连接场合)

单个螺栓连接的强度计算是螺栓组连接设计计算的基础。计算的关键在于对载荷准确判断,对仅受预紧力或同时受预紧力与工作拉力的场合,要用系数 1.3 来考虑因预紧过程而产生的扭矩的影响;对受剪力或挤压力的场合,则应以剪力或挤压力为依据进行强度计算。

螺栓组连接的强度计算,其核心是受力分析。首先判断其受力的状况:是受轴向载荷、横向载荷、扭转力矩、翻转力矩还是同时受若干力的组合。其次找出受力最大的螺栓,并求出其受力的大小。然后按单个螺栓连接强度计算的方法进行强度计算。

(3) 正确进行螺栓连接的结构设计是螺栓连接可靠工作的保证

1) 应避免螺杆受附加弯曲应力,使其强度受到削弱。例如设计凸台或沉头座来减小和避免附加弯曲应力的影响。

2) 螺栓连接防松方法要正确可靠。例如,串联钢丝防松要注意钢丝的穿入方向;采用止动垫圈时,若垫圈的止动凸缘没有插入螺杆的竖槽里,则不能止动防松。

3) 要保证螺栓安装与拆卸时的扳手空间,使螺栓能顺利地装入和取出。

*7.7 螺旋传动简介

螺旋传动(power screw transmission)将旋转运动变成直线运动,进行能量和力的传递。根据其用途不同,可分为传力螺旋传动(以传递能量为主,如螺旋压力机等)、传动螺旋传动(以传递运动为主,有较高的传动精度,如机床的进给螺旋丝杠等)和调整螺旋传动(调整零件的相互位置)。传动螺旋传动和调整螺旋传动在许多情况下也承受较大的轴向载荷。

根据螺旋副的摩擦情况,可分为滑动螺旋、滚动螺旋和静压螺旋。静压螺旋实际上是采用静压流体润滑的滑动摩擦。滑动螺旋结构简单,加工方便,易于自锁,但摩擦阻力大,效率低(一般为 30% ~ 40%),磨损快,传动精度较低。相反,滚动螺旋和静压螺旋摩擦阻力小,传动效率高(一般为 90% 以上),

但结构复杂,特别是静压螺旋还需要一套供油系统。因此,只有在要求高精度、高效率的重要传动中才宜采用,如数控、精密机床,测试装置或自动控制系统。

本节仅对滑动螺旋传动、滚动螺旋传动及静压螺旋传动作一些简单介绍。

7.7.1   滑动螺旋传动设计简介

1. 滑动螺旋副传动的设计

滑动螺旋副的失效主要是螺纹磨损,因此螺杆的直径和螺母高度通常是根据耐磨性设计计算确定的。传力螺旋应校核螺杆危险截面的强度;而青铜或铸铁螺母,以及承受重载的传力螺旋应校核螺纹牙的剪切强度和弯曲强度;要求自锁的螺杆应校核其自锁性;当螺杆受压力,其长径比又很大时,应校核其稳定性;精密的传动螺旋需要控制其侧向变形,并校核螺杆的刚度。有时也可分别根据稳定性要求及刚度要求,设计确定螺杆的直径。对于转速高的长螺杆,还应校核其临界转速。滑动螺旋副的设计及校核计算参见有关手册。

螺旋要求自锁时,采用单线螺纹;为了提高传动效率以及要求较高的直线运动速度时,可采用多线螺纹,以得到较大的螺纹升角和导程。

2. 滑动螺旋副的结构与材料

滑动螺旋的螺杆一般采用整体结构,当其行程过大(>6~8 m)、杆较长时,常采用对接的组合螺杆。整体的螺母结构简单,但磨损后轴向间隙不能补偿,仅用于精度较低的场合。对于经常双向传动或高精度的传动螺旋,常采用组合螺母(图 7-30)或剖分螺母。当传力螺杆短而粗且垂直布置时,可利用螺母本身作为支承;当螺杆细而长且水平布置时,应在螺杆两端或中间加支承。

螺杆材料应具有高强度和良好的加工工艺性,常选用 45 钢。对于重要传动要求耐磨性高时,可选用 40Cr、40WMn、18CrMnTi 等合金钢。对于精密传动螺旋,螺杆热处理后应有较好的尺寸稳定性,可选用 9Mn2V、CrWMn、38CrMoAl 等合金钢。螺母材料除要有足够的强度外,与螺杆配合后还应有较低的摩擦系数和较高的耐磨性,常选用铸造青铜如 ZCuSn10P1 等;重载低速可选用高强度的铸造青铜或铸造黄铜;速度低、载荷小时也可选耐磨铸铁。

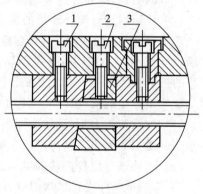

图 7-30   组合螺母
1—固定螺钉;2—调整螺钉;3—调整楔块

7.7.2   滚动螺旋传动简介

<u>滚动螺旋传动副</u>又称滚珠丝杠副,其螺旋副间的滚动体绝大多数为滚珠。其传动的工作原理如图 7-31 所示:螺纹的牙底做成滚珠滚道形状,螺母螺纹的进出口用导路连接起来,当螺杆或螺母回转时,滚珠依次沿着螺纹滚道滚动,从一端出来进入另一端,经导路出而复入,不断循环,使螺旋副的摩擦为滚动摩擦,从而提高了传动效率和传动精度。滚动螺旋传动副用于控制零部件的轴向位移和传递动力,分为定位滚珠丝杠副和传动滚珠丝杠副。按滚珠的循环方式分为外循环与内循环。外循环的导路为一导管,滚珠在回路中离开螺旋表面,组成螺母循环滚珠链,如图 7-31a 所示。内循环在螺母上开有侧孔,孔内镶有反向器(图 7-31b),将相邻两圈螺纹滚道连通起来,滚珠通过反向器越过螺杆牙顶进入相邻螺纹滚道,形成一个循环回路。一个循环回路里只有一圈滚珠、一个反向器,滚珠在整个循环过程中不离开螺旋表面。

滚动螺旋传动具有传动效率高、起动力矩小、传动灵活平稳、工作寿命长等优点,故目前在机床、汽车、拖拉机、航空等制造专业中应用颇广。缺点是制造工艺较复杂,特别是长螺杆更难保证其热处理及磨削工艺的质量,另外其刚性和抗振性也相对较差。

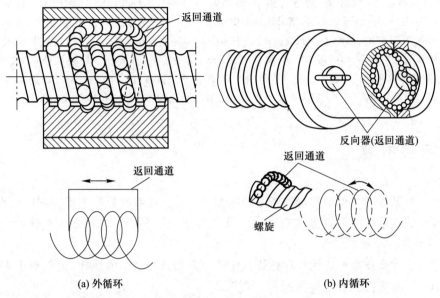

(a) 外循环   (b) 内循环

图 7-31 滚动螺旋传动

滚珠丝杠副在设计选型后,应由专业生产厂家进行制造,其设计计算参见有关手册。

7.7.3 静压螺旋传动简介

静压螺旋传动的工作原理同静压轴承,如图 7-32 所示。经精细过滤的压力油,通过节流阀进入内螺纹牙两侧的油腔,充满旋合螺纹的间隙,然后经过回油通路流回油箱。

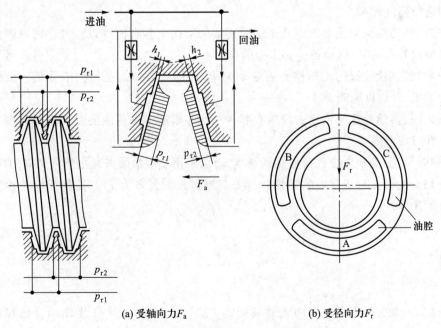

(a) 受轴向力 F_a (b) 受径向力 F_r

图 7-32 静压螺旋传动工作原理

当螺杆受轴向力 F_a 左移时,间隙 h_1 减小,h_2 增大,由于节流阀的作用,使左侧的压力 $p_{r1}>p_{r2}$,产生压差反力使间隙 h_1 增大;反之亦然,结果达到轴向动态平衡。若螺杆受径向力 F_r 使螺杆沿载荷方向发生向下位移(图 7-32b),油腔 A 侧间隙减小,油腔 B、C 侧间隙增大。同样由于节流阀的作用,使 A 侧油压增大,B、C 侧油压减小,形成压差反力,螺杆向上移动。反之亦然,并最后与 F_r 达到径向动态平衡。

由于静压螺栓传动的螺杆是悬浮在螺母的中间,螺杆不直接与螺母相接触,所以摩擦阻力小,寿命长;另外因其传动效率高,工作平稳,无爬行现象,在某些设计要求的场合,有其应用的意义。

分析与思考题

7-1 拧紧螺母与松退螺母时螺纹效率如何计算? 哪些参数影响螺旋副的效率?

7-2 螺栓连接的失效形式有哪些? 其危险部位在哪里? 抗拉强度计算时,为什么一般只计算螺纹小径?

7-3 为什么在重要的受拉螺栓连接中不宜采用直径过小的螺栓(例如小于 M12)?

7-4 一螺旋拉紧装置如图所示,若按图上箭头方向旋转中间零件,能使两端螺杆 A 和 B 向中央移动,从而将两零件拉紧。试问该装置中螺杆 A 和 B 上的螺纹旋向是右旋还是左旋?

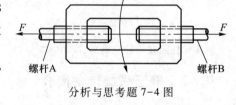

分析与思考题 7-4 图

7-5 螺纹连接有哪些类型? 各有何特点? 各适用于什么场合?

7-6 普通螺栓连接在拧紧螺母时,螺栓处于什么应力状态下? 应该按哪一种强度理论进行计算? 为什么将拉力增加 30%,即可按纯拉伸进行强度计算?

7-7 普通螺栓连接和铰制孔用螺栓连接的结构上各有何特点? 当这两种螺栓连接在承受横向外载荷时,螺栓各受什么力的作用?

7-8 紧螺栓连接的工作拉力为脉动变化时,螺栓总拉力是如何变化的? 试画出其受力变形图,并加以说明。

7-9 提高螺栓连接强度的措施有哪些? 这些措施中哪些主要是针对静强度? 哪些主要是针对疲劳强度?

7-10 对于受轴向变载荷作用的螺栓,可以采用哪些措施来减小螺栓的应力幅 σ_a?

7-11 为什么对于重要的螺栓连接要控制螺栓的预紧力 F'? 控制螺栓的预紧力的方法有哪几种?

习题

7-1 一牵曳钩用两个 M10 的螺钉固定于机体上,如习题 7-1 图所示。已知接合面间的摩擦系数 $f=0.15$,螺栓材料为 Q235、强度级别为 4.6 级,装配时控制预紧力,试求螺栓组连接允许的最大牵引力。

7-2　一刚性凸缘联轴器用 6 个 M10 的铰制孔用螺栓(螺栓 GB/T 27—2013)连接，结构尺寸如图所示。两半联轴器材料为 HT200,螺栓材料为 Q235、性能等级 5.6 级。

1) 试求该螺栓组连接允许传递的最大转矩 T_{max};

2) 若传递的最大转矩 T_{max} 不变,改用普通螺栓连接,试计算螺栓直径,并确定其公称长度,写出螺栓标记。(设两半联轴器间的摩擦系数 $f = 0.16$,可靠性系数 $K_f = 1.2$。)

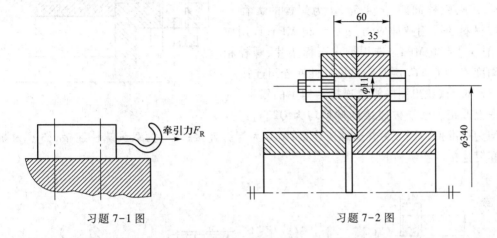

习题 7-1 图　　　　　　　　　　习题 7-2 图

7-3　一钢结构托架是由两块边板和一块承重板焊成的,两块边板各用四个螺栓与立柱相连接,其结构尺寸如图所示。托架所受的最大载荷为 20 kN,载荷有较大的变动。试问:

1) 此螺栓连接采用普通螺栓连接还是铰制孔用螺栓连接为宜?

2) 如采用铰制孔用螺栓连接,螺栓的直径应为多大?(设螺栓材料为 45 钢,性能等级为 6.8 级)

7-4　一方形盖板用四个螺栓与箱体连接,其结构尺寸如图所示。盖板中心 O 点的吊环受拉力 $F_Q = 20\ 000$ N,设剩余预紧力 $F'' = 0.6F$,F 为螺栓所受的轴向工作载荷。

1) 试求螺栓所受的总拉力 F_0,并计算确定螺栓直径(螺栓材料为 45 钢,性能等级为 6.8 级)。

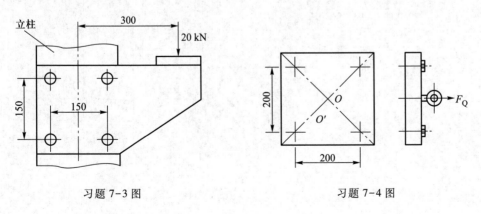

习题 7-3 图　　　　　　　　　　习题 7-4 图

2）如因制造误差，吊环由 O 点移到 O' 点，且 $OO' = 5\sqrt{2}$ mm，求受力最大螺栓所受的总拉力 F_0，并校核 1）中确定的螺栓的强度。

7-5 有一气缸盖与缸体凸缘采用普通螺栓连接，如图所示。已知气缸中的压力 p 在 0~2 MPa 范围内变化，气缸内径 $D = 500$ mm，螺栓分布圆直径 $D_0 = 650$ mm。为保证气密性要求，剩余预紧力 $F'' = 1.8F$，螺栓间距 $t \leqslant 4.5d$（d 为螺栓的大径）。螺栓材料的许用拉伸应力 $[\sigma] = 120$ MPa，许用应力幅 $[\sigma_a] = 20$ MPa。选用铜皮石棉垫片，螺栓相对刚度 $C_1/(C_1+C_2) = 0.8$，试设计此螺栓组连接。

7-6 试找出图中螺纹连接结构中的错误，并在图上改正。已知被连接件材料均为 Q235，连接件均为标准件。图 a 为普通螺栓连接；图 b 为螺钉连接；图 c 为双头螺柱连接；图 d 为紧定螺钉连接。

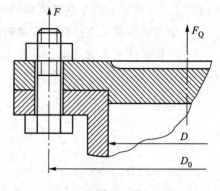

习题 7-5 图

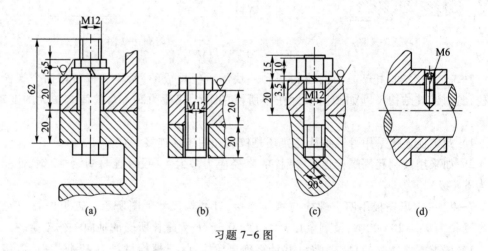

习题 7-6 图

第 **8** 章

轴的设计

8.1 概述

微视频：
轴 的 功 用 与
分类

轴(shaft)是机器中的主要支承零件之一。一切作回转运动的传动零件(如齿轮、蜗轮、带轮、链轮、联轴器等)，都必须安装在轴上才能传递运动和动力。

8.1.1 轴的类型

轴按其轴线形状分为直轴(straight shaft)和曲轴(crankshaft)两大类。曲轴通过连杆机构可以将旋转运动转变为往复直线运动，或作相反的运动转换。曲轴是活塞式动力机械及一些专门设备(如曲柄压力机、内燃机等)中的专用零件，故本章不予讨论。

根据轴的承载情况，直轴可分为**转轴**(revolving shaft)、**心轴**(spindle shaft)和**传动轴**(transmission shaft)三类，其应用举例、受力简图和特点见表 8-1。转轴在各种机器中最为常见。根据轴的外形，直轴又可分为阶梯轴(diameter-change shafts)和光轴，前者便于轴上零件的装配，故应用很广，而后者很少应用。

此外，还有一种能把回转运动灵活地传到任何位置的**钢丝软轴**(wire soft shaft)(图 8-1)，它具有良好的挠性，亦称为钢丝挠性轴。在软轴砂轮机、软轴电动工具及某些控制仪器的传动装置中常用到。

8.1.2 轴的材料

选择轴的材料，应考虑下列因素：1) 轴的强度、刚度及耐磨性要求；2) 热处理方法；3) 材料来源；4) 材料加工工艺性；5) 材料价格等。表 8-2 列出了轴的常用材料、主要力学性能、许用弯曲应力及用途等。

轴的常用材料有以下几种。

(1) 碳素钢

碳素钢也称碳钢。优质中碳钢如 35、45、50 钢，其中 45 钢用得最多。对于受力不大或不重要的轴，可用 Q235、Q275 等普通碳素钢。

表 8-1   轴的应用举例、受力简图和特点

分类	转 轴	心 轴		传 动 轴
		轴 转 动	轴 不 转	
举例	装齿轮的轴	滑轮轴	滑轮轴	万向联轴器的中间轴
受力简图				
特点	转轴同时承受转矩和弯矩	心轴只受弯矩,不受转矩。转动的心轴受变应力,不转动的心轴受静应力		传动轴主要受转矩,不受弯矩或弯矩很小

碳素钢(carbon steel)比合金钢价格低廉,对应力集中敏感性差,中碳钢可进行热处理改变其综合性能,且加工工艺性好,故应用最广。

(2)合金钢

合金钢(alloy steel)的力学性能和淬火性能比碳素钢要好,但对应力集中比较敏感,且价格较高,多用于对强度和耐磨性能要求较高的场合。如 20Cr、20CrMnTi 等低碳合金钢,经渗碳淬火后可提高耐磨性能;20Cr2MoV、38CrMoAl 等合金钢,有良好的高温力学性能,常用于高温、高速及重载的场合;40Cr 经调质处理后,综合力学性能很好,是轴最常用的合金钢。

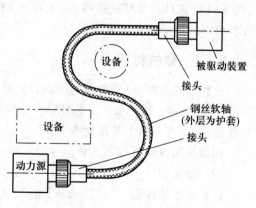

图 8-1   钢丝软轴

表 8-2　轴的常用材料、主要力学性能、许用弯曲应力及用途等

材料	牌号	热处理	毛坯直径/mm	硬度/HBS	力学性能/MPa				许用弯曲应力/MPa			用途
					抗拉强度极限 σ_B	抗拉屈服极限 σ_S	弯曲疲劳极限 σ_{-1}	剪切疲劳极限 τ_{-1}	$[\sigma_{+1b}]$	$[\sigma_{0b}]$	$[\sigma_{-1b}]$	
普通碳素钢	Q235	热轧或锻后空冷	≤100		400~420	250	170	105	125	70	40	用于不重要或载荷不大的轴
			>100~250		375~390	215	170	105	125	70	40	
优质碳素钢	45	正火	≤100	170~217	590	295	255	140	195	95	55	应用最广泛
		回火	>100~300	162~217	570	285	245	135	195	95	55	
		调质	≤200	217~255	640	355	275	155	215	100	60	
合金钢	40Cr	调质	≤100	241~286	735	540	355	200	245	120	70	用于载荷较大而无很大冲击的重要轴
			>100~300	241~286	685	490	335	185				
	35SiMn (42SiMn)	调质	≤100	229~286	785	510	355	205	245	120	70	性能接近于40Cr,用于中小型轴
			>100~300	219~269	735	440	335	185				
	40MnB	调质	≤200	241~286	735	490	345	195	245	120	70	性能接近于40Cr,用于重要的轴
	40CrNi	调质	≤100	270~300	900	735	430	260	285	130	75	低温性能好,用于很重要的轴
			>100~300	240~270	785	570	370	210				
	38SiMnMo	调质	≤100	229~286	735	590	365	210	275	120	70	性能接近40CrNi,用于重要载荷轴
			>100~300	217~269	685	540	345	195				
	20Cr	渗碳淬火回火	≤60	渗碳 56~62 HRC	640	390	305	160	215	100	60	用于要求速度和韧性均较高的轴
	20CrMnTi		15	渗碳 56~62 HRC	1 080	835	480	300	365	165	100	
	38CrMoAlA	调质	≤60	293~321	930	785	440	280	275	125	75	用于要求高耐磨性、高强度,且热处理变形很小的轴
			>60~100	277~302	835	685	410	270				
			>100~160	241~277	>85	590	370	220				
铸铁	QT400-15			156~197	400	300	145	125	100			用于曲轴、凸轮轴、水轮机主轴
	QT600-3			197~269	600	420	215	185	150			

注:① 表中所列疲劳极限 σ_{-1} 的计算公式为:碳钢 $\sigma_{-1}\approx0.43\sigma_B$;合金钢 $\sigma_{-1}\approx0.2(\sigma_B+\sigma_S)+100$;不锈钢 $\sigma_{-1}\approx0.27(\sigma_B+\sigma_S)$;$\tau_{-1}\approx0.156(\sigma_B+\sigma_S)$;$\tau_{-1}\approx0.36\sigma_B$,$\tau_{-1}\approx0.31\sigma_B$。

② 当选用其他钢号时,许用弯曲应力 $[\sigma_{+1b}]$、$[\sigma_{0b}]$、$[\sigma_{-1b}]$ 的值可根据相应的 σ_B 选取。

③ 剪切屈服极限 $\tau_S\approx(0.55\sim0.62)\sigma_S$。

④ 等效系数 ψ:对于碳钢 $\psi_\sigma=0.1\sim0.2$,$\psi_\tau=0.05\sim0.1$;对于合金钢 $\psi_\sigma=0.2\sim0.3$,$\psi_\tau=0.1\sim0.15$。

合金钢在常温下的弹性模量和碳素钢差不多,故当其他条件相同时,用合金钢代替碳素钢并不能提高轴的刚度。

（3）球墨铸铁及高强度铸铁

球墨铸铁(nodular cast iron)及高强度铸铁(high-strength cast iron)具有优良的工艺性,不需要锻压设备,吸振性好,对应力集中敏感性低,适宜于制造复杂形状的轴,但难于控制铸件质量。

轴的毛坯一般用轧制的圆钢或锻钢(forged steel)。锻钢的内部组织比较均匀,强度较好。重要的、大尺寸的轴常用锻造毛坯。

8.1.3　轴设计的主要问题与设计特点

对于机器中的一般转轴,主要应满足强度和结构的要求;对于刚度要求高的轴(如机床主轴),主要应满足刚度的要求;对于一些高速机械的轴(如高速磨床主轴、汽轮机主轴等),要考虑满足振动稳定性的要求。

在转轴设计中,其特点是不能首先通过精确计算确定轴的截面尺寸。因为转轴工作时,受弯矩和转矩联合作用,而弯矩又与轴上载荷的大小及轴上零件相互位置有关,所以当轴的结构尺寸未确定前,无法求出轴所受的弯矩。因此转轴设计时,开始只能按扭转强度或经验公式估算轴的直径,然后进行轴的结构设计,最后进行轴的强度验算。

微视频:
轴径的初步
估算

8.2　轴径的初步估算

轴径(diameter of shaft)的初步估算常用如下两种方法。

1. 按扭转强度估算轴径

这种估算方法视轴只受转矩,根据轴上所受转矩估算轴的最小直径,并用降低许用扭剪应力的方法来考虑弯矩的影响。

由材料力学已知,受转矩作用的圆剖面轴,其强度条件为

$$\tau_T = \frac{T}{W_T} = \frac{9.55 \times 10^6 P}{0.2 d^3 n} \leqslant [\tau_T] \tag{8-1}$$

式中:τ_T、$[\tau_T]$——轴的扭剪应力和许用扭剪应力,MPa;

　　　　T——转矩,N·mm;

　　　　P——轴所传递的功率,kW;

　　　　W_T——轴的抗扭截面系数,mm³,$W_T = \frac{\pi d^3}{16} \approx 0.2 d^3$;

　　　　d——轴的直径,mm;

　　　　n——轴的转速,r/min。

由上式,经整理得满足扭转强度条件的轴径估算式为

$$d \geqslant \sqrt[3]{\frac{9.55 \times 10^6}{0.2 [\tau_T]}} \sqrt[3]{\frac{P}{n}} = C \sqrt[3]{\frac{P}{n}} \tag{8-2}$$

式中:C 是由轴的材料和承载情况确定的常数,见表 8-3。

表 8-3 常用材料的[τ_T]和 C 值

轴的材料	Q235,20	Q275,35	45	40Cr、35SiMn、42SiMn、38SiMnMo、20CrMnTi
[τ_T]/MPa	12~20	20~30	30~40	40~52
C	158~134	134~117	117~106	106~97

注:① 表中[τ_T]已考虑了弯矩对轴的影响。

② 当弯矩相对转矩较小或只受转矩时,C 取较小值;当弯矩较大时,C 取较大值。

③ 当用 Q235、Q275 及 35SiMn 时,C 取较大值。

按式(8-2)计算出的轴径,一般作为轴的最小处的直径。如果在该处有键槽,则应考虑它削弱轴的强度。因此,若有一个键槽,d 值应增大 5%;有两个键槽,d 值应增大 10%,最后需将轴径圆整为标准值。

2. 按经验公式估算轴径

对于一般减速装置中的轴,也可用经验公式来估算轴的最小轴径。对于高速级输入轴的最小轴径可按与其相连的电动机轴径 D 估算,$d=(0.8~1.2)D$;相应各级低速轴的最小直径可按同级齿轮中心距 a 估算,$d=(0.3~0.4)a$。

8.3 轴的结构设计

进行轴的结构设计,就是根据工作条件,确定轴的结构外形和全部结构尺寸。在进行轴的结构设计时考虑的主要因素有:1)轴的结构形状应满足使用要求,零件在轴上的定位要可靠,保证轴和轴上零件有准确的相对工作位置;2)轴的结构应有利于提高轴的强度和刚度,力求受力情况合理,避免或减轻应力集中;3)轴的加工及装配的工艺性好。

轴的结构设计中主要要解决下面几个主要问题。

8.3.1 轴上零件的布置

轴上零件布置是否合理,关系到能否改善轴的结构合理性和装配工艺性,有时甚至关系到能否改善轴的受力情况,提高轴的强度等问题。因此,拟订轴上零件的布置方案是进行轴的结构设计的前提。所谓布置方案,就是考虑合理安排动力传递路线和预定出轴上主要零件的装配方向、顺序和相互关系。因为轴上零件的装配方案不同,将会有不同的轴的结构形状,因此在拟订装配方案时,一般应先考虑几个方案,进行分析比较与选择。现以齿轮减速器中输出轴的两种布置方案为例进行对比分析。图 8-2a 布置方案的装配方法是:齿轮、套筒、左端轴承、轴承盖、半联轴器依次从轴的左端安装,右端只装轴承及其端盖;而图 8-2b 布置方案的装配方法是:左端套筒、轴承、轴承盖、半联轴器依次从轴的左端安装,而齿轮、右端套筒、轴承、端盖依次从轴的右端安装。相比之下可知,图 8-2b 较图 8-2a 多了一个用于轴向定位的长套筒,使机器的零件增多,质量增大,所以图 8-2a 中的方案较为合理。

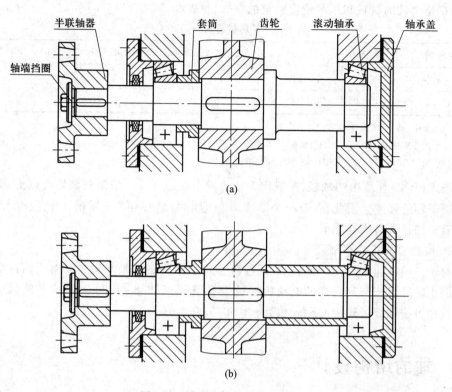

(a)

(b)

图 8-2   输出轴的两种布置方案

8.3.2   各轴段直径和长度的确定

零件在轴上的布置方案确定后,可按式(8-2)估算出的直径作为轴的最小直径(通常为轴的端部),然后按轴上零件的布置方案和定位要求,从轴端段起逐一确定各段轴的直径。需要注意的是,当轴段有配合需求时,应尽量采用推荐的标准直径。安装标准件(如滚动轴承、联轴器等)部位的轴径尺寸,应取为相应的标准值。另外,为了使齿轮、轴承等有配合要求的零件装拆方便,避免配合表面的刮伤,应在配合段前(非配合段)采用较小的直径,或在同一轴段的两个部位上采用不同的配合公差值(图 8-3)。

轴的各段长度主要根据各零件与轴配合部分的轴向尺寸和相邻零件必要的空隙来确定。为了保证轴上零件轴向定位可靠,如齿轮、带轮、联轴器等轴上零件相配合部分的轴段长度一般应比轮毂长度短 2~3 mm。

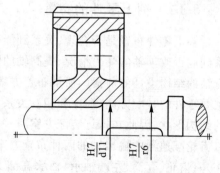

图 8-3   采用不同的尺寸公差,方便装配

微视频:
轴上零件的定位和固定

8.3.3   轴上零件的定位和固定

为了防止轴上零件受力时发生沿轴向或周向的相对运动,轴上零件除了有特殊的结

构要求外(如游动或空转),一般都必须要求定位准确、可靠。常用的周向定位方法有平键、花键、销、紧定螺钉以及过盈配合等,其中紧定螺钉只用于传力不大的零件。轴向定位和固定的方法见表 8-4。

表 8-4 轴上零件的轴向定位和固定方法

轴向固定方法及结构简图	特点和应用	设计注意要点
轴肩与轴环 	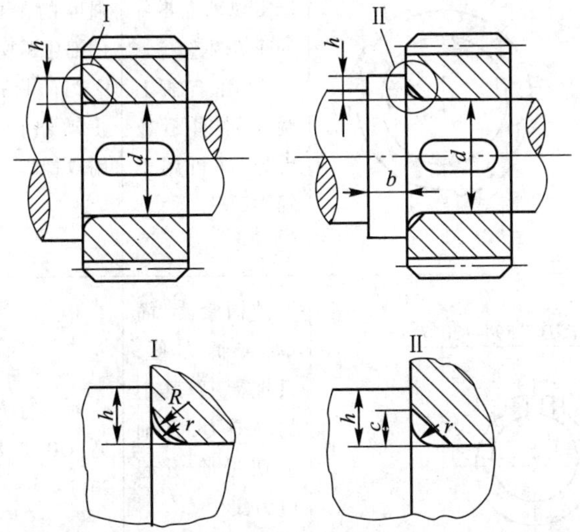 简单可靠,不需附加零件,能承受较大轴向力。广泛应用于各种轴上零件的固定。 该方法会使轴径增大,阶梯处形成应力集中,且阶梯过多将不利于加工	为保证零件与定位面靠紧,轴上过渡圆角半径 r 应小于零件圆角半径 R 或倒角 c,即 $r<c<h$、$r<R<h$。 一般取定位轴肩高度 $h=(0.07\sim0.1)d$,轴环宽度 $b \geqslant 1.4h$
套筒 	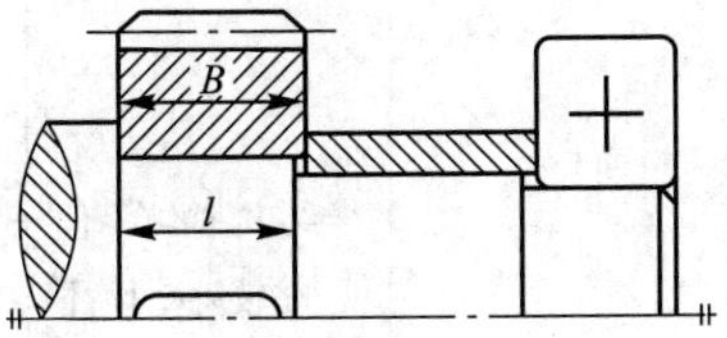 简单可靠,简化了轴的结构且不削弱轴的强度。 常用于轴上两个近距离零件间的相对固定。 不宜用于高转速轴	套筒内径与轴一般为动配合,套筒结构、尺寸可视需要灵活设计,但一般套筒壁厚大于 3 mm
轴端挡圈 轴端挡圈 (GB/T 891—1986,GB/T 892—1986) 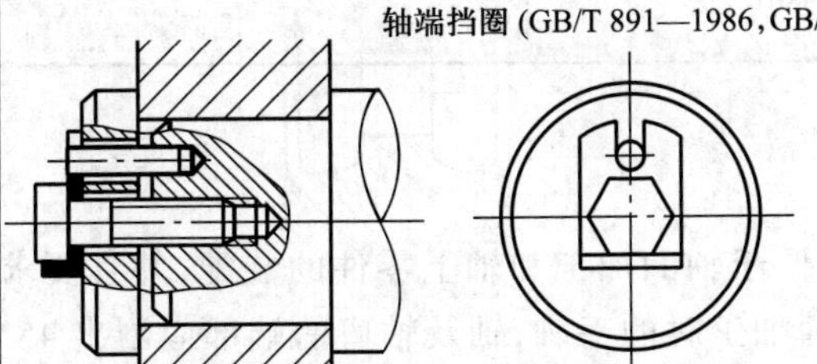 	工作可靠,能承受较大轴向力,应用广泛	只用于轴端。应采用止动垫片等防松措施
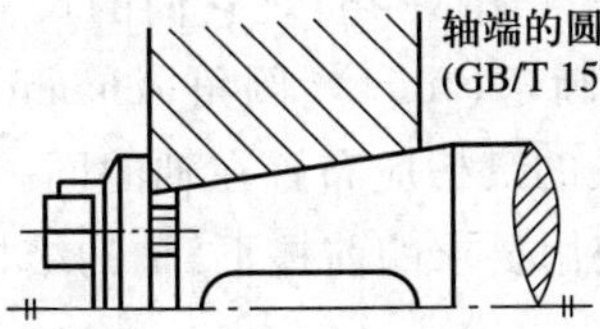 圆锥面 轴端的圆锥形轴伸 (GB/T 1570—2005) 	装拆方便,且可兼作周向固定。 宜用于高速、冲击及对中性要求高的场合	只用于轴端。常与轴端挡圈联合使用,实现零件的双向固定

续表

轴向固定方法及结构简图	特点和应用	设计注意要点
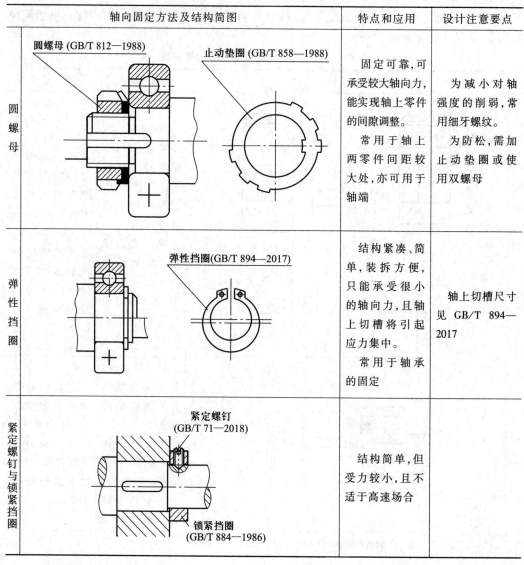 圆螺母 圆螺母 (GB/T 812—1988)　止动垫圈 (GB/T 858—1988)	固定可靠,可承受较大轴向力,能实现轴上零件的间隙调整。 常用于轴上两零件间距较大处,亦可用于轴端	为减小对轴强度的削弱,常用细牙螺纹。 为防松,需加止动垫圈或使用双螺母
弹性挡圈 弹性挡圈(GB/T 894—2017)	结构紧凑、简单,装拆方便,只能承受很小的轴向力,且轴上切槽将引起应力集中。 常用于轴承的固定	轴上切槽尺寸见 GB/T 894—2017
紧定螺钉与锁紧挡圈 紧定螺钉(GB/T 71—2018)　锁紧挡圈(GB/T 884—1986)	结构简单,但受力较小,且不适于高速场合	

微视频:
轴的结构工艺性

8.3.4 轴的结构工艺性

轴的结构工艺性是指轴的结构形式应便于轴的加工和轴上零件的装配,并且要求生产率高、成本低。为了便于轴的装拆和去掉加工时的毛刺,轴及轴肩的端部应制出 45°的倒角;在需磨制加工的轴段应留有砂轮越程槽(grinding wheel groove)(图 8-4a);需要切制螺纹的轴段应留有退刀槽(tool withdrawal groove)(图 8-4b)。它们的尺寸参见标准或手册。此外,为便于加工,应使轴上直径相近处的圆角(fillet)、倒角(chamfer)、键槽(key way)、砂轮越程槽、退刀槽等尺寸一致;轴上不同段的键槽应布置在轴的同一母线上。

轴的结构越简单,工艺性越好。因此在满足使用要求的前提下,轴的结构形状应尽量简化。

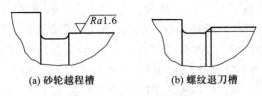

(a) 砂轮越程槽　　　　　(b) 螺纹退刀槽

图 8-4　越程槽与退刀槽

8.3.5　提高轴强度和刚度的措施

微视频：
提高轴强度和
刚度的措施

　　轴和轴上零件的结构、工艺以及轴上零件的安装布置等对轴的强度有很大影响,所以应进行充分考虑,以利提高轴的承载能力,减小轴的尺寸和机器的重量,降低制造成本。

　　(1) 改变轴上零件的布置,合理安排动力传递路线,可减小轴所受的载荷。如图 8-5 所示,输入转矩为 $T_1 = T_2 + T_3 + T_4$,轴上各轮按图 8-5a 的布置方式,轴所受最大转矩为 $T_2 + T_3 + T_4$,若改为图 8-5b 的布置方式,最大转矩仅为 $T_3 + T_4$。

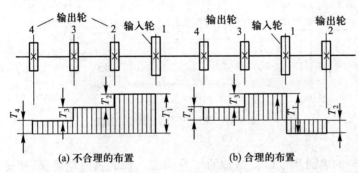

(a) 不合理的布置　　　　　(b) 合理的布置

图 8-5　轴上零件的布置

　　(2) 改进轴上零件结构,减轻轴的载荷。如图 8-6 所示起重卷筒的两种结构方案中,图 8-6a 的方案是大齿轮和卷筒做成一体,转矩经大齿轮直接传给卷筒,卷筒轴只受弯矩而不受转矩;而图 8-6b 的方案是大齿轮将转矩通过轴传到卷筒,因而卷筒轴既受弯矩又受转矩。在同样的载荷 F 作用下,图 8-6a 中轴的直径显然可比图 8-6b 中的轴的直径小。

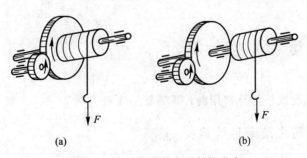

(a)　　　　　　　　(b)

图 8-6　起重卷筒的两种结构方案

（3）改变零件的结构形状以消除或减小应力集中。轴通常是在变应力条件下工作的，轴肩（shaft shouder）的过渡截面、轮毂与轴的配合、键槽及有小孔的截面各处，都会产生应力集中（图 8-7），发生轴的疲劳破坏。为了减小应力集中，阶梯轴的相邻截面变化不要太大，轴肩过渡圆角半径（fillet radius）不要太小。如果结构上不宜增大圆角半径，可采用卸载槽（图 8-8a）、肩环（图 8-8b）、凹切圆角（图 8-8c）等结构。

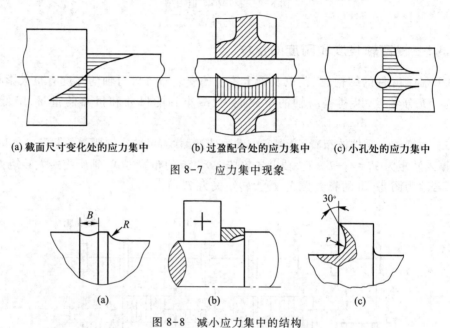

(a) 截面尺寸变化处的应力集中　　(b) 过盈配合处的应力集中　　(c) 小孔处的应力集中

图 8-7　应力集中现象

(a)　　　　　　(b)　　　　　　(c)

图 8-8　减小应力集中的结构

（4）改进轴的表面质量以提高轴的疲劳强度。轴的表面越粗糙，疲劳强度也越低。因此，应合理减小轴的表面及圆角处的表面粗糙度值。采用对应力集中甚为敏感的高强度材料制作轴时，表面质量尤应予以注意。

对轴的表面进行强化处理，也可提高轴的疲劳强度。其主要方法有表面高频淬火、表面渗碳、碳氮共渗、渗氮、碾压、喷丸等。此外，必须减少材料的内部缺陷，对重要的轴要经过探伤检验。

（5）在满足机器零件相互位置尺寸要求的前提下，为提高轴的刚度，轴在支承间的跨度应尽量小；悬臂布置的工作件其悬臂尺寸应尽量缩短。

8.4　轴的强度和刚度计算

轴的强度和刚度校核计算常用的计算方法有下述几种。

8.4.1　按扭转强度条件计算

对于仅承受转矩或主要承受转矩的传动轴或不太重要的轴，按式（8-2）计算的直径

d,可作为最后的强度计算结果。

8.4.2 按弯矩、转矩合成强度条件计算

对于同时受弯矩(bending moment)和转矩(torsional moment)作用的转轴,可针对某些危险截面(即计算弯矩大或有应力集中或截面直径相对较小的截面),按转矩和弯矩的合成强度进行校核计算。根据第三强度理论,其强度条件为

$$\sigma_c = \sqrt{\sigma_b^2 + 4\tau_T^2} \leqslant [\sigma_{-1b}] \qquad (8-3)$$

对于实心圆轴,上式变为

$$\sigma_c = \sqrt{\left(\frac{M}{W}\right)^2 + 4\left(\frac{T}{W_T}\right)^2} \leqslant [\sigma_{-1b}] \qquad (8-4)$$

式中:W——轴的抗弯截面系数,$W = \pi d^3/32$;

$\quad W_T$——轴的抗扭截面系数,$W_T = 2W$。

则式(8-4)又可写成

$$\sigma_c = \frac{\sqrt{M^2 + T^2}}{W} = \frac{M_c}{W} \leqslant [\sigma_{-1b}] \qquad (8-5)$$

其中,$M_c = \sqrt{M^2 + T^2}$,称为**计算弯矩**(calculated bending moment),或称为**当量弯矩**(equivalent moment)。考虑到弯矩 M 所产生的弯曲正应力 σ 和转矩 T 所产生的扭转切应力 τ_T 的性质不同,即通常由弯矩所产生的弯曲应力是对称循环变应力(symmetry cycle stress),而由转矩所产生的扭转切应力往往不是对称循环变应力,因此在求计算弯矩时,必须计及这种应力循环特性差异的影响,于是将转矩 T 转化为相当于对称循环时的当量弯矩。而将式(8-5)修正为

$$\sigma_c = \frac{M_c}{W} = \frac{\sqrt{M^2 + (\alpha T)^2}}{W} \leqslant [\sigma_{-1b}] \qquad (8-6)$$

式中,α 为考虑转矩性质的应力校正系数。轴受不变的转矩时,取 $\alpha = \dfrac{[\sigma_{-1b}]}{[\sigma_{+1b}]} \approx 0.3$;轴受

脉动循环(pulsation cycle)的转矩时,取 $\alpha = \dfrac{[\sigma_{-1b}]}{[\sigma_{0b}]} \approx 0.6$;轴受对称循环变化的转矩时,取

$\alpha = \dfrac{[\sigma_{-1b}]}{[\sigma_{-1b}]} \approx 1$。$[\sigma_{-1b}]$、$[\sigma_{0b}]$、$[\sigma_{+1b}]$ 分别为对称循环、脉动循环、静应力状态下的许用弯曲应力,其值查表 8-2。应该说明,所谓不变的转矩只是一个理论值,实际上机器运转时常有扭转振动的存在,故为安全计,单向回转的轴常按脉动转矩计算,双向回转的轴常按受对称循环的转矩进行计算。

表 8-2 中所列的许用弯曲应力 $[\sigma_{-1b}]$、$[\sigma_{0b}]$、$[\sigma_{+1b}]$ 都比材料实际的许用弯曲应力低。这是因为在进行弯扭合成强度计算时,轴的结构尚未完全确定,对于影响轴强度的各

因素(如应力集中、绝对尺寸、表面状态等)尚未考虑,故在计算中轴的许用弯曲应力有所降低。由式 8-6 且取 $W = 0.1d^3$ 时得轴所需直径为

$$d \geqslant \sqrt[3]{\frac{M_c}{0.1[\sigma_{-1b}]}} \qquad (8-7)$$

对于有键槽的截面,应将计算出来的轴径 d 加大 4%左右。

微视频:
轴的强度计算(二)

8.4.3　危险截面安全系数的校核

按转矩计算轴径,是一种轴强度的估计计算;而按转矩和弯矩的合成强度条件计算,也没有考虑应力集中、轴径尺寸和表面状况等因素对轴的疲劳强度的影响。因此,对于重要的轴,还需要进行精确的计算,即对轴的危险截面进行安全系数校核计算。它包括疲劳强度和静强度的校核计算两项内容。

1. 按轴的疲劳强度校核

其安全系数的计算公式为

$$S_c = \frac{S_\sigma S_\tau}{\sqrt{S_\sigma^2 + S_\tau^2}} \geqslant [S] \qquad (8-8)$$

$$S_\sigma = \frac{\sigma_{-1}}{\frac{K_\sigma}{\beta \, \varepsilon_\sigma} \sigma_a + \psi_\sigma \sigma_m} \qquad (8-9)$$

$$S_\tau = \frac{\tau_{-1}}{\frac{K_\tau}{\beta \, \varepsilon_\tau} \tau_a + \psi_\tau \tau_m} \qquad (8-10)$$

式中:S_c——计算安全系数;

$[S]$——许用安全系数;$[S] = 1.3 \sim 1.5$,用于材质均匀,载荷及应力计算精确时;$[S] = 1.5 \sim 1.8$,用于材质不够均匀,计算精确度较低时;$[S] = 1.8 \sim 2.5$,用于材料均匀性及计算精确度很低或轴的直径 $d > 200$ mm 时;

S_σ、S_τ——受弯矩、转矩作用时的安全系数;

σ_{-1}、τ_{-1}——对称循环应力时试件材料的弯曲、扭剪的疲劳极限(表 8-2);

K_σ、K_τ——受弯曲、扭剪时轴的有效应力集中系数(表 8-5,表 8-6,表 8-7);

ε_σ、ε_τ——受弯曲、扭剪时轴的绝对尺寸系数(absolute dimensional factor)(表 8-8);

β——轴的表面质量系数(surface quality factor)(表 8-9,表 8-10,表 8-11);

ψ_σ、ψ_τ——弯曲、扭剪时平均应力折合为应力幅的等效系数(表 8-2 注④);

σ_a、τ_a——弯曲、扭剪的应力幅;

σ_m、τ_m——弯曲、扭剪的平均应力。

一般转轴,弯曲应力按对称循环变化,故 $\sigma_a = M/W$,$\sigma_m = 0$;当轴不转动或载荷随轴一起转动时,考虑到载荷的波动情况,弯曲应力按脉动循环考虑,即 $\sigma_a = \sigma_m = M/(2W)$。扭转切应力常按脉动循环来计算,即 $\tau_a = \tau_m = T/(2W_T)$;若轴经常正反转,应按对称循环来处理,即 $\tau_a = T/W_T$,$\tau_m = 0$。

表 8-5　螺纹、键、花键、横孔处及配合边缘处的有效应力集中系数 K_σ、K_τ

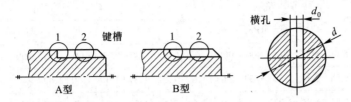

σ_B /MPa	螺纹 ($K_\tau = 1$) K_σ	键　槽			花键槽			横　孔			配　合					
		K_σ		K_τ	K_σ	K_τ		K_σ		K_τ	H7/r6		H7/k6		H7/h6	
		A 型	B 型	A、B 型		矩形	渐开线形	$d_0/d =$ 0.05~ 0.15	$d_0/d =$ 0.05~ 0.25	$d_0/d =$ 0.05~ 0.25	K_σ	K_τ	K_σ	K_τ	K_σ	K_τ
400	1.45	1.51	1.30	1.20	1.35	2.10	1.40	1.90	1.70	1.70	2.05	1.55	1.55	1.25	1.33	1.14
500	1.78	1.64	1.38	1.37	1.45	2.25	1.43	1.95	1.75	1.75	2.30	1.69	1.72	1.36	1.49	1.23
600	1.96	1.76	1.46	1.54	1.55	2.35	1.46	2.00	1.80	1.80	2.52	1.82	1.89	1.46	1.64	1.31
700	2.20	1.89	1.54	1.71	1.60	2.45	1.49	2.05	1.85	1.80	2.73	1.96	2.05	1.56	1.77	1.40
800	2.32	2.01	1.62	1.88	1.65	2.55	1.52	2.10	1.90	1.85	2.96	2.09	2.22	1.65	1.92	1.49
900	2.47	2.14	1.69	2.05	1.70	2.65	1.55	2.15	1.95	1.90	3.18	2.22	2.39	1.76	2.08	1.57
1 000	2.61	2.26	1.77	2.22	1.72	2.70	1.58	2.20	2.00	1.90	3.41	2.36	2.56	1.86	2.22	1.66
1 200	2.90	2.50	1.92	2.39	1.75	2.80	1.60	2.30	2.10	2.00	3.87	2.62	2.90	2.05	2.50	1.83

注：① 表中数值为标号 1 处的有效应力集中系数，标号 2 处 $K_\tau =$ 表中值，$K_\sigma = 1$。

　　② 蜗杆螺旋根部的有效应力集中系数可取 $K_\sigma = 2.3 \sim 2.5$，$K_\tau = 1.7 \sim 1.9$（$\sigma_B \leqslant 700$ MPa 时取小值，$\sigma_B \geqslant 1\,000$ MPa 时取大值）。

　　③ 齿轮轴的齿取 $K_\sigma = 1$，K_τ 与渐开线花键同。

　　④ 滚动轴承与轴的配合按 H7/r6 配合选择系数。

表 8-6　圆角处的有效应力集中系数 K_σ、K_τ

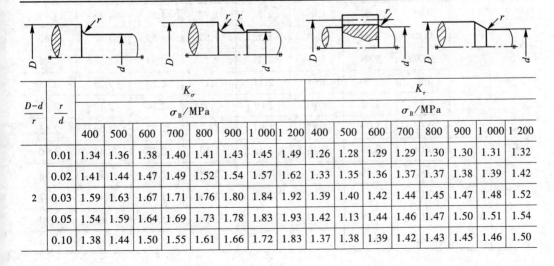

$\dfrac{D-d}{r}$	$\dfrac{r}{d}$	K_σ								K_τ							
		σ_B/MPa								σ_B/MPa							
		400	500	600	700	800	900	1 000	1 200	400	500	600	700	800	900	1 000	1 200
2	0.01	1.34	1.36	1.38	1.40	1.41	1.43	1.45	1.49	1.26	1.28	1.29	1.29	1.30	1.30	1.31	1.32
	0.02	1.41	1.44	1.47	1.49	1.52	1.54	1.57	1.62	1.33	1.35	1.36	1.37	1.37	1.38	1.39	1.42
	0.03	1.59	1.63	1.67	1.71	1.76	1.80	1.84	1.92	1.39	1.40	1.42	1.44	1.45	1.47	1.48	1.52
	0.05	1.54	1.59	1.64	1.69	1.73	1.78	1.83	1.93	1.42	1.13	1.44	1.46	1.47	1.50	1.51	1.54
	0.10	1.38	1.44	1.50	1.55	1.61	1.66	1.72	1.83	1.37	1.38	1.39	1.42	1.43	1.45	1.46	1.50

续表

$\dfrac{D-d}{r}$	$\dfrac{r}{d}$	K_σ								K_τ							
		σ_B/MPa								σ_B/MPa							
		400	500	600	700	800	900	1 000	1 200	400	500	600	700	800	900	1 000	1 200
4	0.01	1.51	1.54	1.57	1.59	1.62	1.64	1.67	1.72	1.37	1.39	1.40	1.42	1.43	1.44	1.46	1.47
	0.20	1.76	1.81	1.86	1.91	1.96	2.01	2.06	2.16	1.53	1.55	1.58	1.59	1.61	1.62	1.65	1.68
	0.03	1.76	1.82	1.88	1.94	1.99	2.05	2.11	2.23	1.52	1.54	1.57	1.59	1.61	1.64	1.66	1.71
	0.05	1.70	1.76	1.82	1.88	1.95	2.01	2.07	2.19	1.50	1.53	1.57	1.59	1.62	1.65	1.68	1.74
6	0.01	1.86	1.90	1.94	1.99	2.03	2.08	2.12	2.21	1.54	1.57	1.59	1.61	1.64	1.66	1.68	1.73
	0.02	1.90	1.96	2.02	2.08	2.13	2.19	2.25	2.37	1.59	1.62	1.66	1.69	1.72	1.75	1.79	1.86
	0.03	1.89	1.96	2.03	2.10	2.16	2.23	2.30	2.44	1.61	1.65	1.68	1.72	1.74	1.77	1.81	1.88
10	0.01	2.07	2.12	2.17	2.23	2.28	2.34	2.30	2.50	2.12	2.18	2.24	2.30	2.37	2.42	2.48	2.60
	0.02	2.09	2.16	2.23	2.30	2.38	2.45	2.52	2.66	2.03	2.08	2.12	2.17	2.22	2.26	2.31	2.40

注：当 r/d 值超过表中给出的最大值时，按最大值查取 K_σ、K_τ。

表 8-7　环槽处的有效应力集中系数 K_σ、K_τ

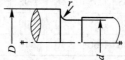

系 数	$\dfrac{D-d}{r}$	$\dfrac{r}{d}$	σ_B/MPa						
			400	500	600	700	800	900	1 000
K_σ	1	0.01	1.88	1.93	1.98	2.04	2.09	2.15	2.20
		0.02	1.79	1.84	1.89	1.95	2.00	2.06	2.11
		0.03	1.72	1.77	1.82	1.87	1.92	1.97	2.02
		0.05	1.61	1.66	1.71	1.77	1.82	1.88	1.93
		0.10	1.44	1.48	1.52	1.55	1.59	1.62	1.66
	2	0.01	2.09	2.15	2.21	2.27	2.34	2.39	2.45
		0.02	1.99	2.05	2.11	2.17	2.23	2.28	2.35
		0.03	1.91	1.97	2.03	2.08	2.14	2.19	2.25
		0.05	1.79	1.85	1.91	1.97	2.03	2.09	2.15
K_σ	4	0.01	2.29	2.36	2.43	2.50	2.56	2.63	2.70
		0.02	2.18	2.25	2.32	2.38	2.45	2.51	2.58
		0.03	2.10	2.16	2.22	2.28	2.35	2.41	2.47
	6	0.01	2.38	2.47	2.56	2.64	2.73	2.81	2.90
		0.02	2.28	2.35	2.42	2.49	2.56	2.63	2.70

续表

系　数	$\dfrac{D-d}{r}$	$\dfrac{r}{d}$	σ_B/MPa						
			400	500	600	700	800	900	1 000
K_τ	任何比值	0.01	1.60	1.70	1.80	1.90	2.00	2.10	2.20
		0.02	1.51	1.60	1.69	1.77	1.86	1.94	2.03
		0.03	1.44	1.52	1.60	1.67	1.75	1.82	1.90
		0.05	1.34	1.40	1.46	1.52	1.57	1.63	1.69
		0.10	1.17	1.20	1.23	1.26	1.28	1.31	1.34

表 8-8　绝对尺寸影响系数 ε_σ、ε_τ

直径 d/mm		>20~30	>30~40	>40~50	>50~60	>60~70	>70~80	>80~100	>100~120	>120~150	>150~500
ε_σ	碳钢	0.91	0.88	0.84	0.81	0.78	0.75	0.73	0.70	0.68	0.60
	合金钢	0.83	0.77	0.73	0.70	0.68	0.66	0.64	0.62	0.60	0.54
ε_τ	各种钢	0.89	0.81	0.78	0.76	0.74	0.73	0.72	0.70	0.68	0.60

表 8-9　不同表面粗糙度的表面质量系数 β

加工方法	轴表面粗糙度 Ra 值$/\mu\mathrm{m}$	σ_B/MPa		
		600	800	1 200
磨削	$Ra=0.4\sim0.2$	1	1	1
车削	$Ra=3.2\sim0.8$	0.95	0.90	0.80
粗车	$Ra=6.3\sim25$	0.85	0.80	0.65
未加工面		0.75	0.65	0.45

表 8-10　各种腐蚀情况的表面质量系数 β

工作条件	σ_B/MPa										
	400	500	600	700	800	900	1 000	1 100	1 200	1 300	1 400
淡水中,有应力集中	0.7	0.63	0.56	0.52	0.46	0.43	0.40	0.38	0.36	0.35	0.33
淡水中,无应力集中 海水中,有应力集中	0.58	0.50	0.44	0.37	0.33	0.28	0.25	0.23	0.21	0.20	0.19
海水中,无应力集中	0.37	0.30	0.26	0.23	0.21	0.18	0.16	0.14	0.13	0.12	0.12

表 8-11 各种强化方法的表面质量系数 β

强化方法	心部强度 σ_B/MPa	β		
		光 轴	低应力集中的轴 $K_\sigma \leqslant 1.5$	高应力集中的轴 $K_\sigma \geqslant 1.8 \sim 2$
高频淬火	600~800	1.5~1.7	1.6~1.7	2.4~2.8
	800~1 000	1.3~1.5	—	—
渗 氮	900~1 200	1.1~1.25	1.5~1.7	1.7~2.1
渗 碳	400~600	1.8~2.0	3	—
	700~800	1.4~1.5	—	—
	1 000~1 200	1.2~1.3	2	—
喷丸硬化	600~1 500	1.1~1.25	1.5~1.6	1.7~2.1
滚子滚压	600~1 500	1.1~1.3	1.3~1.5	1.6~2.0

注：① 高频淬火时的表面质量系数是根据直径为 10~20 mm,淬硬层厚度为 $(0.05 \sim 0.20)d$ 的试件,试验求得的数据,对大尺寸试样,强化系数的值会有某些降低。

② 渗氮层厚度为 $0.01d$ 时用小值,在 $(0.03 \sim 0.04)d$ 时用大值。

③ 喷丸硬化时的表面质量系数是根据 8~40 mm 的试样求得的数据。喷丸速度低时用小值;速度高时用大值。

④ 滚子滚压时的表面质量系数是根据 17~130 mm 的试样求得的数据。

如果同一个截面上有很多种产生应力集中的结构,应分别求出其有效应力集中系数,然后从中取最大值进行计算。

2. 按静强度条件校核

对于瞬时过载较大的轴,在尖峰载荷的作用下,可能产生塑性变形,为防止过大的塑性变形,应按尖峰载荷进行静强度校核,其计算式为

$$S_0 = \frac{S_{0\sigma} S_{0\tau}}{\sqrt{S_{0\sigma}^2 + S_{0\tau}^2}} \geqslant [S_0] \tag{8-11}$$

$$S_{0\sigma} = \frac{\sigma_S}{\sigma_{max}}, \quad S_{0\tau} = \frac{\tau_S}{\tau_{max}} \tag{8-12}$$

式中： S_0 ——静强度计算安全系数;

$S_{0\sigma}$、$S_{0\tau}$ ——受弯矩、转矩作用时的静强度安全系数;

$[S_0]$ ——静强度许用安全系数,若轴的材料塑性高 $(\sigma_S/\sigma_B \leqslant 0.6)$,取 $[S_0] = 1.2 \sim$ 1.4;若轴的材料塑性中等 $(\sigma_S/\sigma_B \leqslant 0.6 \sim 0.8)$,取 $[S_0] = 1.4 \sim 1.8$;若轴的材料塑性较低,取 $[S_0] = 1.8 \sim 2$;对铸造的轴,取 $[S_0] = 2 \sim 3$;

σ_S、τ_S ——材料抗弯、抗扭屈服极限,MPa;

σ_{max}、τ_{max} ——尖峰载荷所产生的弯曲、扭转切应力,MPa。

8.4.4 轴的刚度验算

轴受载后会发生弯曲变形和扭转变形(图 8-9、图 8-10)。变形过大将影响轴的正常工作。例如,机床主轴变形过大则影响加工零件的精度;电动机主轴变形过大则改变了转子与定子间的间隙而影响电动机的性能等。刚度要求较高的轴,需要进行弯曲刚度和扭转刚度的计算,使其满足下列刚度条件:

$$y \leqslant [y], \quad \theta \leqslant [\theta], \quad \varphi \leqslant [\varphi] \tag{8-13}$$

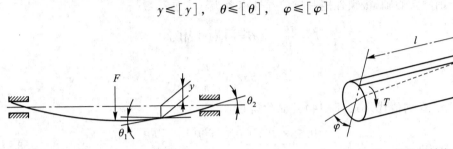

图 8-9 轴的弯曲变形   图 8-10 轴的扭转变形

式中:y、$[y]$——挠度、许用挠度,mm;

    θ、$[\theta]$——偏转角、许用偏转角,rad;

    φ、$[\varphi]$——扭转角、许用扭转角,(°)/m。

$[y]$、$[\theta]$、$[\varphi]$值可参考表 8-12。

表 8-12 轴的许用挠度 $[y]$、许用偏转角 $[\theta]$ 和许用扭转角 $[\varphi]$

应用场合	$[y]$/mm	应用场合	$[\theta]$/rad	应用场合	$[\varphi]$/(°/m)
一般用途的轴	$(0.000\,3 \sim 0.000\,5)l$	滑动轴承	$\leqslant 0.001$	一般传动	$0.5 \sim 1$
				较精密的传动	$0.25 \sim 0.5$
刚度要求较高的轴	$\leqslant 0.000\,2l$	向心球轴承	$\leqslant 0.005$	向心球面轴承	$\leqslant 0.05$
安装齿轮的轴	$(0.01 \sim 0.05)m_n$	向心球面轴承	$\leqslant 0.05$	重要传动	0.25
安装蜗轮的轴	$(0.02 \sim 0.05)m_t$	圆柱滚子轴承	$\leqslant 0.002\,5$	l—支承间跨距;	
蜗杆轴	$(0.01 \sim 0.02)m_t$	圆锥滚子轴承	$\leqslant 0.001\,6$	Δ—电动机定子与转子间的气隙; m_n—齿轮法向模数;	
电动机轴	$\leqslant 0.1\Delta$	安装齿轮处	$\leqslant 0.001 \sim 0.002$	m_t—蜗轮端面模数	

1. 弯曲刚度的计算

计算轴的弯矩作用下产生的挠度 y 和转角 θ,对等直径轴一般采用挠曲线的近似微分方程式积分求解的方法,对阶梯轴一般采用当量轴径法或能量法。具体计算参看"材料力学"的有关部分。

2. 扭转刚度的计算

(1) 等直径轴

等直径轴受转矩 T 作用时,其扭转角 $\varphi = Tl/(GI_p)$,由此可得单位轴长的扭转角为

$$\varphi / l = \frac{T}{GI_p} \frac{180°}{\pi} \leqslant [\varphi] \qquad (8-14)$$

式中：l——轴受转矩的长度，mm；

　　　G——轴材料的抗剪弹性模量，MPa；

　　　I_p——轴截面的极惯性矩，mm^4；

　　$[\varphi]$——每米轴长许用扭转角，$(°)/m$。

对于钢制实心轴，极惯性矩和抗剪弹性模量为

$$I_p = \frac{\pi d^4}{32}, \quad G = 81\ 000\ \text{MPa}$$

又　　　　　　　　　　　$T = 9.55 \times 10^6 \frac{P}{n}$

将 T、I_p、G 的值代入式(8-14)并简化得

$$d \geqslant \sqrt[4]{\frac{9.55 \times 10^6 \times 1\ 000}{81\ 000 \times \frac{\pi}{32} \frac{[\varphi]}{57.3}}} \sqrt[4]{\frac{P}{n}} \geqslant A \sqrt[4]{\frac{P}{n}} \qquad (8-15)$$

式中：P——轴传递功率，kW；

　　　n——转速，r/min；

　　　A 值查表 8-13。

表 8-13　A 值表

$[\varphi]$	0.1	0.2	0.3	0.4	0.5	0.75	1
A 值	162	136	123	115	108	98	91

（2）阶梯轴

阶梯轴扭转角的计算公式及刚度条件为

$$\varphi = \frac{57.3°}{G} \sum_{i=1}^{n} \frac{T_i}{I_{pi}} \leqslant [\varphi]$$

式中：i——阶梯轴的分段数，$i = 1, 2, \cdots, n$；

　　　T_i——第 i 段轴的转矩，N·mm；

　　　I_{pi}——第 i 段轴的截面极惯性矩，mm^4。

8.5　轴设计的实例分析及设计时应注意的事项

8.5.1　轴的设计实例分析

轴的设计包括结构设计和强度计算两部分内容。下面我们通过典型实例对轴的设计的具体方法和步骤进行分析。

例 8-1　设计带式输送机中单级斜齿轮减速器的低速轴。齿轮减速器的简图如图 8-11 所示。

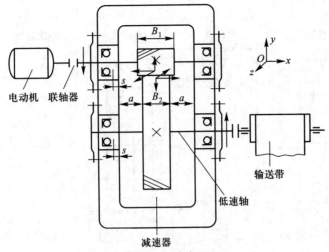

图中a取为10~20 mm;s取为5~10 mm;

图 8-11　齿轮减速器的简图

已知电动机的功率 $P_1 = 25$ kW,转速 $n_1 = 970$ r/min;传动零件(齿轮)的主要参数及尺寸为法向模数 $m_n = 4$ mm,齿数比 $u = 3.95$,小齿轮齿数 $z_1 = 20$,大齿轮齿数 $z_2 = 79$,分度圆上螺旋角 $\beta = 8°6'34''$,小齿轮的分度圆直径 $d_1 = 80.81$ mm,大齿轮分度圆直径 $d_2 = 319.19$ mm,中心距 $a = 200$ mm,齿宽 $B_1 = 85$ mm,$B_2 = 80$ mm。

解　1. 选择轴的材料

该轴无特殊要求,因而选用调质处理的 45 钢,由表 8-2 知,$\sigma_B = 640$ MPa。

2. 初步估算轴径

按扭转强度估算输出端联轴器处的最小轴径。根据表 8-3,按 45 钢,取 $C = 110$;输出轴的功率 $P_2 = P_1\eta_1\eta_2\eta_3$ (η_1 为联轴器的效率,取 0.99;η_2 为滚动轴承效率,取 0.99;η_3 为齿轮啮合效率,取 0.98) = 25× 0.99×0.99×0.98 kW = 24 kW;输出轴的转速 $n_2 = n_1/u = 970/3.95$ r/min = 245.6 r/min。

根据式(8-2)得

$$d_{\min} = C\sqrt[3]{\frac{P_2}{n_2}} = 110\sqrt[3]{\frac{24}{245.6}} \text{ mm} = 50.7 \text{ mm}$$

由于安装联轴器处有一个键槽,轴径应增加 5%;为使所选轴径与联轴器孔径相适应,需同时选取联轴器。从手册上查得,选用 LX4 弹性柱销联轴器 J55×84/Y55×112 GB/T 5014—2017。故取轴与联轴器连接的轴径为 55 mm。

3. 轴的结构设计

根据齿轮减速器的简图确定的轴上主要零件的布置图(图 8-12)和轴的初步估算定出的轴径,进行轴的结构设计。

(1) 轴上零件的轴向定位

齿轮的一端靠轴肩定位,另一端靠套筒定位,装拆、传力均较方便;两端轴承常用同一类型规格、同一尺寸,以便于加工、安装和维修;为便于装拆轴承,轴承处轴肩不宜太高(其高度的最大值可从轴承标准中查得),故左边轴承与齿轮间设置两个轴肩,如图 8-13 所示。

(2) 轴上零件的周向定位

齿轮与轴、半联轴器与轴的周向定位均采用平键连接。根据轴的直径由有关设计手册查得齿轮、半联轴器处的键截面尺寸分别为 $b \times h = 16$ mm×10 mm 和 20 mm×12 mm,配合均为 H7/k6;滚动轴承内圈与轴的配合采用基孔制,轴的尺寸公差为 k6。

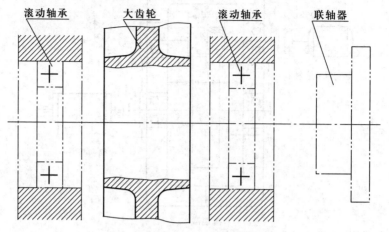

图 8-12 轴上主要零件的布置图

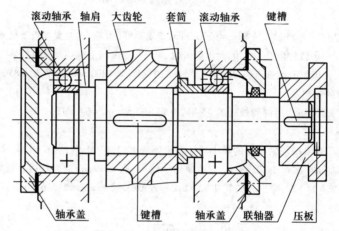

图 8-13 轴上零件的装配方案

（3）确定各段轴径和长度(图 8-14)

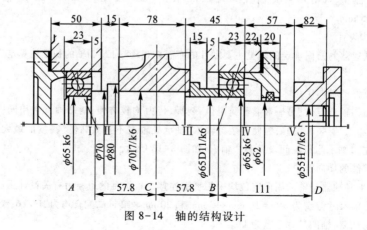

图 8-14 轴的结构设计

定位轴肩高度按表 8-4 取,非定位轴肩高度一般取 1~2.5 mm,所以对于轴径,从联轴器向左取 $\phi55$ mm→$\phi62$ mm→$\phi65$ mm→$\phi70$ mm→$\phi80$ mm→$\phi70$ mm→$\phi65$ mm。对于轴长,取决于轴上零件的宽度及它们的相对位置。选用 7213C 轴承,其宽度为 23 mm;考虑到箱体的铸造误差及装配时留有必要的间隙,取齿轮端面至箱壁间的距离取 $a=15$ mm,滚动轴承与箱内边距 $s=5$ mm;轴承处箱体凸缘宽度,应按箱盖与箱座连接螺栓尺寸及结构要求确定,暂取宽度 = 轴承宽+$(0.08~0.1)a+(10~20)$ mm,取 50 mm;轴承盖厚度取为 20 mm;轴承盖与联轴器间距离取为 15 mm;半联轴器与轴配合长度为 84 mm,为使压板压住半联轴器,取其相应轴长为 82 mm;已知齿轮宽 $B_2=80$ mm,为使套筒压住齿轮端面,取相应轴长为 78 mm。

根据以上考虑可确定每段轴长,并可算出轴承与齿轮、联轴器间的跨度。

(4) 考虑轴的结构工艺性

考虑轴的结构工艺性,在轴的左端与右端均制成 2×45° 倒角;两端装轴承处为磨削加工,留有砂轮越程槽;为便于加工,齿轮、半联轴器处的键槽布置在同一母线上,并取同一截面尺寸。

4. 轴的强度验算

先作出轴的受力计算简图(即力学模型)如图 8-15a 所示,取集中载荷作用于齿轮及轴承的中点。

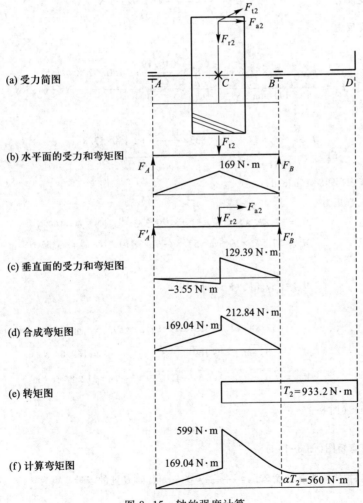

图 8-15　轴的强度计算

（1）齿轮上作用力的大小

转矩
$$T_2 = 9.55 \times 10^3 \frac{P_2}{n_2} = 9.55 \times 10^3 \times \frac{24}{245.6} \ \text{N} \cdot \text{m} = 933.2 \ \text{N} \cdot \text{m}$$

圆周力
$$F_{t2} = \frac{T_2 2}{d_2} = \frac{933\ 200 \times 2}{319.19} \ \text{N} = 5\ 847 \ \text{N}$$

径向力
$$F_{r2} = \frac{F_{t2} \tan \alpha_n}{\cos \beta} = \frac{5\ 847 \times \tan 20°}{\cos 8°6'34''} \ \text{N} = 2\ 150 \ \text{N}$$

轴向力
$$F_{a2} = F_{t2} \tan \beta = 5\ 847 \times \tan 8°6'34'' \ \text{N} = 833 \ \text{N}$$

F_{t2}、F_{r2}、F_{a2} 的方向如图 8-15a 所示。

（2）求轴承的支反力

水平面上支反力
$$F_A = F_B = \frac{F_{t2}}{2} = \frac{5\ 847}{2} \ \text{N} = 2\ 923.5 \ \text{N}$$

垂直面上支反力

$$F_A' = \frac{-F_{a2} \dfrac{d_2}{2} + F_{t2} \times 57.8 \ \text{mm}}{141 \ \text{mm}} = \frac{-833 \times \dfrac{319.19}{2} + 2\ 150 \times 57.8}{141} \ \text{N} = -61.5 \ \text{N}$$

$$F_B' = \frac{F_{a2} \dfrac{d_2}{2} + F_{t2} \times 57.8 \ \text{mm}}{141 \ \text{mm}} = \frac{833 \times \dfrac{319.19}{2} + 2\ 150 \times 57.8}{141} \ \text{N} = 1\ 824 \ \text{N}$$

（3）画弯矩图（图 8-15b、c、d）

截面 C 处的弯矩为

水平面上的弯矩
$$M_C = 57.8 F_A \times 10^{-3} \ \text{m} = 57.8 \times 2\ 923.5 \times 10^{-3} \ \text{N} \cdot \text{m} = 169 \ \text{N} \cdot \text{m}$$

垂直面上的弯矩
$$M_{C1}' = 57.8 F_A' \times 10^{-3} \ \text{m} = 57.8 \times -61.5 \times 10^{-3} \ \text{N} \cdot \text{m} = -3.55 \ \text{N} \cdot \text{m}$$

$$M_{C2}' = \left(57.8 F_A' + F_{a2} \frac{d_2}{2} \right) \times 10^{-3}$$

$$= (57.8 \times -61.5 + 833 \times 319.19/2) \times 10^{-3} \ \text{N} \cdot \text{m} = 129.39 \ \text{N} \cdot \text{m}$$

合成弯矩
$$M_{C1} = \sqrt{M_C^2 + M_{C1}'^2} = \sqrt{169^2 + (-3.55)^2} \ \text{N} \cdot \text{m} = 169.04 \ \text{N} \cdot \text{m}$$

$$M_{C2} = \sqrt{M_C^2 + M_{C2}'^2} = \sqrt{169^2 + 129.39^2} \ \text{N} \cdot \text{m} = 212.84 \ \text{N} \cdot \text{m}$$

（4）画转矩图（图 8-15e）

$$T_2 = 933.2 \ \text{N} \cdot \text{m}$$

（5）画计算弯矩图（图 8-15 f）

因单向回转，视转矩为脉动循环，$\alpha = \dfrac{[\sigma_{-1b}]}{[\sigma_{0b}]} \approx 0.6$，则截面 C 处的当量弯矩为

$$M_{vC1}' = M_{C1} = 169.04 \ \text{N} \cdot \text{m}$$

$$M'_{vC2} = \sqrt{M_{C2}^2 + (\alpha T_2)^2} = \sqrt{212.84^2 + (0.6 \times 933.2)^2} \text{ N} \cdot \text{m} = 599 \text{ N} \cdot \text{m}$$

（6）按弯扭合成应力校核轴的强度

1）截面 C 当量弯矩最大，故截面 C 为可能危险截面。已知 $M_c = M_{vC2} = 599 \text{ N} \cdot \text{m}$，查表8-2，得 $[\sigma_{-1b}] = 60 \text{ MPa}$

$$\sigma_c = \frac{M_c}{W} = \frac{M_c}{0.1d^3} = \frac{599 \times 10^3}{0.1 \times 70^3} \text{ MPa} = 17.5 \text{ MPa} < [\sigma_{-1b}] = 60 \text{ MPa}$$

2）截面 D 处虽仅受转矩，但其直径最小，则该截面亦为可能危险截面

$$M_c = \sqrt{(\alpha T^2)^2} = \alpha T^2 = 0.6 \times 933.2 \text{ N} \cdot \text{m} = 560 \text{ N} \cdot \text{m}$$

$$\sigma_c = \frac{M_c}{W} = \frac{M_c}{0.1d^3} = \frac{560 \times 10^3}{0.1 \times 55^3} \text{ MPa} = 33.66 \text{ MPa} < [\sigma_{-1}] = 60 \text{ MPa}$$

所以其强度足够。

（7）按疲劳强度校核安全系数

由图8-14及图8-15可知，计算弯矩在 C 截面处最大且有键槽的应力集中；Ⅲ截面处计算弯矩较大，其直径较 C 截面处小，且有圆角和配合边缘的应力集中；Ⅴ截面处虽然计算弯矩不大，但其直径最小且有圆角、键槽和配合边缘等多种应力集中。故以上三个截面都是可能的危险截面。Ⅰ、Ⅱ、Ⅳ截面相对比较安全。因此，该轴只需校核 C 截面及Ⅲ、Ⅴ截面的安全系数即可。取许用安全系数 $[S] = 1.5$，其校核计算如下：

1）Ⅲ截面处疲劳强度安全系数校核

抗弯截面系数 $\qquad W = 0.1d^3 = 0.1 \times 65^3 \text{ mm}^3 = 27\,463 \text{ mm}^3$

抗扭截面系数 $\qquad W_T = 0.2d^3 = 0.2 \times 65^3 \text{ mm}^3 = 54\,925 \text{ mm}^3$

合成弯矩 $\quad M_{Ⅲ} = M_{C2} \times \dfrac{70.5 - 39}{70.5} = 212\,840 \times \dfrac{57.8 - 39}{57.8} \text{ N} \cdot \text{mm} = 69\,228.2 \text{ N} \cdot \text{mm}$

扭矩 $\qquad T_{Ⅲ} = 933\,200 \text{ N} \cdot \text{mm}$

弯曲应力幅 $\quad \sigma_a = \dfrac{M_{Ⅲ}}{W} = \dfrac{69\,228.2}{27\,463} \text{ MPa} = 2.52 \text{ MPa}$ }按对称循环变应力计算

弯曲平均应力 $\quad \sigma_m = 0 \text{ MPa}$

扭剪应力幅 $\quad \tau_a = \dfrac{T_{Ⅲ}}{2W_T} = \dfrac{933\,200}{2 \times 54\,925} \text{ MPa} = 8.5 \text{ MPa}$ }按脉动循环变应力计算

扭剪平均应力 $\quad \tau_m = \tau_a = 8.5 \text{ MPa}$

弯曲、剪切疲劳极限 $\quad \sigma_{-1} = 275 \text{ MPa}, \tau_{-1} = 155 \text{ MPa}$ }见表8-2

弯曲、扭转的等效系数 $\quad \psi_\sigma = 0.2, \psi_\tau = 0.1$

绝对尺寸系数 $\quad \varepsilon_\sigma = 0.78, \varepsilon_\tau = 0.74$，见表8-8。

表面质量系数（Ⅲ截面为车削加工，见表8-9） $\beta = 0.95$。

弯曲时配合（H7/k6）边缘处及圆角处（圆角半径 $r = 2$）有效应力集中系数分别为：$K_\sigma = 1.954$，$K_\sigma = 1.74$ （见表8-5，表8-6）。

扭转时配合（H7/k6）边缘处及圆角处（圆角半径 $r = 2$）有效应力集中系数分别为：$K_\tau = 1.50$，$K_\tau = 1.46$ （见表8-5、表8-6）。

取大值，即配合边缘处有效应力集中系数计算值为

$$K_\sigma = 1.954, \quad K_\tau = 1.50$$

受弯矩作用时的安全系数

$$S_\sigma = \frac{\sigma_{-1}}{\dfrac{K_\sigma \sigma_a}{\beta \varepsilon_\sigma} + \psi_\sigma \sigma_m} = \frac{275}{\dfrac{1.954 \times 2.52}{0.95 \times 0.78} + 0.2 \times 0} = 41.38$$

受扭矩作用时的安全系数

$$S_\tau = \frac{\tau_{-1}}{\dfrac{K_\tau \tau_a}{\beta \varepsilon_\tau} + \psi_\tau \tau_m} = \frac{155}{\dfrac{1.50 \times 8.5}{0.95 \times 0.74} + 0.1 \times 8.5} = 8.16$$

安全系数

$$S_c = \frac{S_\sigma S_\tau}{\sqrt{S_\sigma^2 + S_\tau^2}} = \frac{41.38 \times 8.16}{\sqrt{41.38^2 + 8.16^2}} = 8.2 > [S] = 1.5$$

2）V 截面处疲劳强度安全系数校核（经计算可证明安全,略）。

3）C 截面处疲劳强度安全系数校核（经计算可证明安全,略）。

故可知此轴疲劳强度安全。

5. 轴的工作图(略)。

8.5.2　轴设计时应注意的事项

轴的设计可简要地归纳为:强度前提定直径;装拆决定阶梯形;零件固定应可靠;注意合理工艺性。

（1）设计轴时不能只孤立地考虑一根轴本身,也不能仅仅考虑强度计算。它必须和轴系以及整台机器的结构与尺寸结合起来考虑。

（2）轴的强度有三种计算方法,分别应用于不同场合。一般说来:1) 只受转矩的轴和受弯矩不大又不重要的轴,可只用第一种方法（按扭转强度条件计算轴径）计算;2) 一般转轴可按第一种方法先估算受转矩段的最小轴径,进行结构设计后再按第二种方法（弯矩、转矩合成强度）计算轴径或验算强度;3) 重要转轴在用第二种方法计算后,再按第三种方法验算有应力集中的各危险截面的安全系数。当计算不能满足要求时,需修改轴的结构与尺寸并重新计算,直到满足为止。

（3）轴的结构设计,是轴设计中最重要的一步,其目的就是确定各段直径和长度。确定直径时,应由轴端最小直径开始,根据轴上安装零件的尺寸及安装要求,确定各阶梯轴段的直径与长度,设计时必须保证:轴上零件有准确的周向和轴向定位和可靠的固定（参见表 8-4 所列"设计注意要点"）;轴上零件应装拆和调整方便;轴具有良好的结构工艺性;轴的结构有利于提高其强度与刚度,尤其要减少应力集中。

（4）轴的材料、热处理和加工方法对轴的强度有较大的影响;合金钢在常温下的弹性模量和碳素钢差不多,故当其他条件相同时,用合金钢代替碳素钢虽然强度得到提高,但并不能提高轴的刚度。

分析与思考题

8-1　何谓转轴、心轴和传动轴？按受载形式来分,自行车的前轴、中轴、后轴及踏板轴各是什么轴?

8-2　轴的强度计算方法有哪几种?各适用于何种情况?

8-3　为什么要进行轴的静强度校核计算?这时是否要考虑应力集中等因素的影响?

8-4　经校核发现轴的疲劳强度不符合要求时,在不增大轴的直径的条件下,可采取哪些措施来提高轴的疲劳强度?

习题

8-1　简述轴的结构设计应满足的基本要求。指出图中结构设计的错误,在错误处标出序号,并按序号一一说明理由。

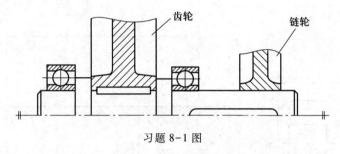

习题 8-1 图

8-2　根据图示卷筒轴的三种设计方案填写下表(表中轴的类型为按承载情况分):

方案	轴的类型	轴上应力	应力循环特性
a			
b			
c			

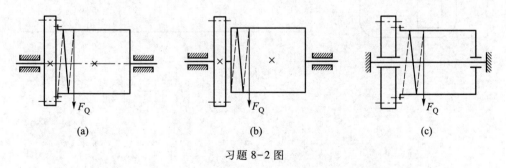

习题 8-2 图

8-3　有一带式输送机的双级斜齿圆柱齿轮减速器(图 a),功率由带轮输入。已知带传动为水平布置,V 带对轴的作用力为 $F_Q = 2\ 300$ N(与 F_{r1} 在同一平面,且方向与 F_{r1} 相同)。主动轮 1 的分度圆直径 $d_1 = 120$ mm,$F_{t1} = 5\ 000$ N,$F_{r1} = 1\ 800$ N,$F_{a1} = 760$ N。试计算输入轴的支反力、弯矩、扭矩 T、合成弯矩 M、当量弯矩 M_e,并画在图 b 中。

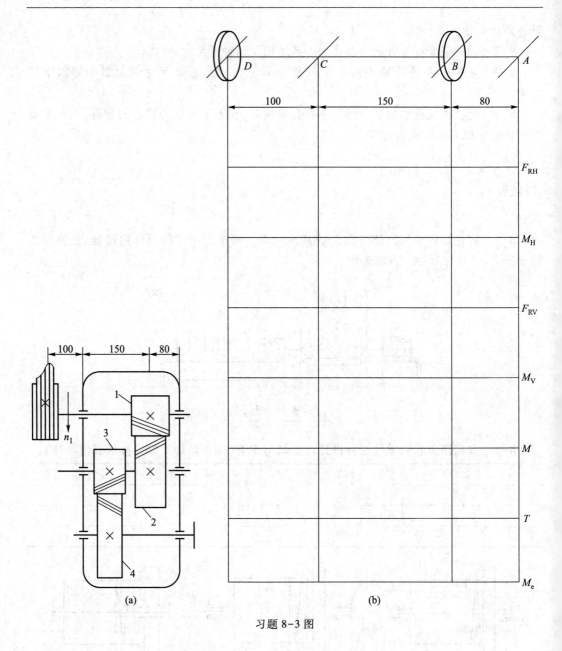

(a)   (b)

习题 8-3 图

第 **9** 章

联轴器、离合器和制动器

9.1 联轴器

9.1.1 联轴器的功用和分类

联轴器(coupling)是用来连接两轴,使之一起转动并传递转矩的部件。联轴器连接的两轴只有在机械停车后,通过拆卸方法才能使两轴分离。

用联轴器连接的两轴线在理论上应该是严格对中的,但由于制造及安装误差等的影响,往往很难保证被连接的两轴严格对中,两轴间就可能出现如图9-1所示的相对位移或偏斜的情况。如果这些位移得不到补偿,将会在轴、轴承、联轴器上引起附加载荷,甚至发生振动。这就要求设计联轴器时,要采取各种结构措施,使之具有适应上述位移的能力。

联轴器可分为刚性联轴器、挠性联轴器和安全联轴器三大类。

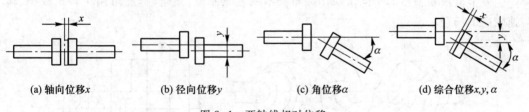

(a) 轴向位移x (b) 径向位移y (c) 角位移α (d) 综合位移x,y,α

图 9-1 两轴线相对位移

9.1.2 常用联轴器

1. 刚性联轴器

刚性联轴器(rigid coupling)无位移补偿能力,用在被连接两轴要求严格对中以及工作中无相对位移之处。刚性联轴器中应用较多的是套筒式、夹壳式、凸缘式等几种类型,而凸缘联轴器是应用最广的刚性联轴器。如图9-2所示,凸缘联轴器是由两个带凸缘的半联轴器用一组螺栓连接而成的。为了保证轴线对中,这种联轴器常采用三种对中结构。

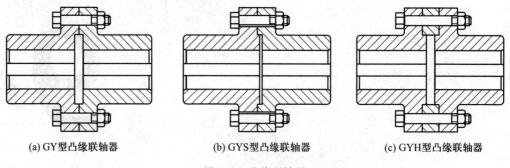

(a) GY型凸缘联轴器   (b) GYS型凸缘联轴器   (c) GYH型凸缘联轴器

图 9-2 凸缘联轴器

GY 型用铰制孔用螺栓对中。GYS 型用凸肩和凹槽对中,并用普通螺栓连接。GYH 型用对中环和铰制孔用螺栓对中。凸缘联轴器已经标准化(GB/T 5843—2003),按轴径、转矩及转速选定凸缘联轴器型号,必要时应对连接两个半联轴器的螺栓进行强度校核。

　　2. 挠性联轴器

挠性联轴器(flexible coupling)有位移补偿能力,允许两轴线在安装及运转时有一定限度的相对位移或偏斜。可分为无弹性元件的挠性联轴器、非金属元件挠性联轴器、金属弹性元件挠性联轴器和组合挠性联轴器。

　　(1) 无弹性元件挠性联轴器

　　1) 滑动联轴器

滑块联轴器按中间滑块结构形式的不同分为十字滑块联轴器和方形滑块联轴器。

十字滑块联轴器(oldham coupling)(图 9-3)是由两个端面有凹槽的半联轴器 1、3 及一个两面带垂直凸榫的中间圆盘 2 组成。中间圆盘上的凸榫与半联轴器上的凹槽相嵌合而构成动连接,从而来补偿两轴线间的径向位移和角位移。

这种联轴器结构简单,径向尺寸小。但高速时中间圆盘的偏心将产生较大的离心力而加剧磨损。故一般用于工作平稳、有较大位移和低速大转矩的场合。

方形滑块联轴器的中间滑块用夹布胶木或尼龙制成,重量较轻,可用于转矩较小、转速较高的场合。

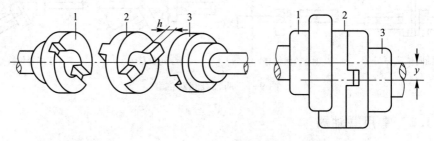

图 9-3 十字滑块联轴器

　　2) 齿式联轴器

齿式联轴器(gear coupling)(图 9-4)由两个具有外齿的半联轴器 1 和用螺栓连接起来的具有内齿及凸缘的外壳 2 组成。两个半联轴器分别和主动轴、从动轴相连接,两个外壳的凸缘用螺栓相连,壳内储有润滑油,联轴器旋转时将油甩向四周,润滑啮合轮齿,减小啮合轮齿间的摩擦和相对移动阻力,降低作用在轴和轴承上的附加载荷。齿式联轴器工作时,依靠内外轮齿啮合来传递转矩。由于半联轴器的外齿齿顶加工成球面(球面中心应位于轴线上),且使啮合齿间具有较大的齿侧间隙,从而使它具有良好的补偿两轴作任何方向位移的能力。如果将外齿轮修成鼓形齿(图9-4c),则更有利于增加联轴器的补偿综合位移的能力。

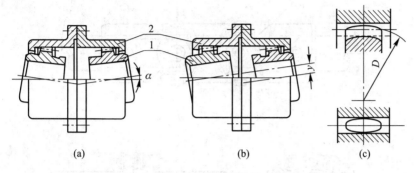

图 9-4　齿式联轴器

　　齿式联轴器同时啮合的齿多,承载能力强,外廓尺寸较紧凑,可靠性高,但结构复杂,制造成本高,通常在高速重载的重型机械中应用较广。

　　3)万向联轴器

　　万向联轴器(universal coupling)(图9-5)由两个叉形零件1、3,十字形元件2和销轴4、5等组成。两销轴互相垂直并分别把两个叉形零件与十字形元件连接起来构成万向铰链。因此,当一轴的位置固定后,另一轴可以在任意方向偏斜,允许偏斜角 $\alpha \leqslant 35° \sim 45°$。

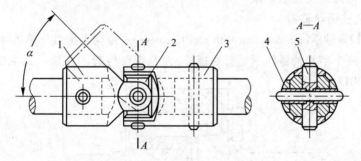

图 9-5　十字轴式万向联轴器

　　其主要缺点是当两轴不在同一轴线时,即使主动轴匀速回转,从动轴的角速度也将在 $\omega_1 \cos \alpha \leqslant \omega_2 \leqslant \omega_1 / \cos \alpha$ 范围内作周期性的变化。为了克服上述缺点,常将万向联轴器成对使用,构成所谓的双万向联轴器(图9-6)。这时除了要求主、从动轴和中间轴应位于同一平面外,还必须使中间轴两端的叉平面共面,且两个联轴器的夹角相等,才能保证主动轴与从动轴等速。

　　4)滚子链联轴器

　　滚子链联轴器(chain coupling)是利用一公共滚子链(单排或双排)同时与两个轮齿数相同的并列链轮相啮合以实现两半联轴器的连接(图9-7)。该联轴器具有一定的位移补偿能力,且在恶劣环境(如高温、潮湿、多尘、油污等)下也能工作,成本低。但若离心力过大会加速各元件间的磨损和发热,不宜用于很高速度及频繁起动和强烈冲击的场合,其主要尺寸参数见 GB/T 6069—2017。

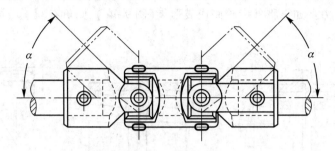

图 9-6　双万向联轴器

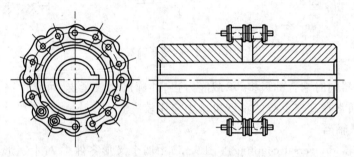

图 9-7　滚子链联轴器

（2）有弹性元件挠性联轴器

1）弹性套柱销联轴器

弹性套柱销联轴器(pin coupling with elastic sleeve)在结构上类似凸缘联轴器(图 9-8),不过此时连接两个半联轴器的不是普通螺栓,而是带弹性套的柱销。其主要尺寸参数见 GB/T 4323—2017。

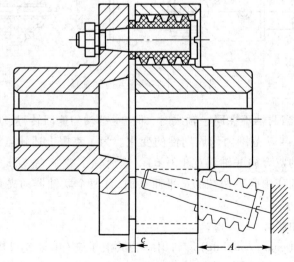

图 9-8　弹性套柱销联轴器

　　这种联轴器制造容易,装拆方便,成本较低;但弹性套容易磨损,寿命较短。它适用于连接载荷平稳、常需正反转或起动频繁,传递中、小转矩的轴。

　　为了避免更换橡胶套时拆移机器,设计中应注意留出距离 A;为了补偿轴向位移,安装时应注意留出相应大小的间隙 c。

　　2）弹性柱销联轴器

　　如图 9-9 所示,弹性柱销联轴器(elastic pin coupling)是用弹性柱销 2 将两个半联轴器 1、4 连接起来。工作时转矩是通过半联轴器、柱销而传到从动轴上去的。为了防止柱销脱落,在半联轴器的外侧用螺钉固定挡板 3。

　　这种联轴器较弹性套柱销联轴器结构简单,而且传递转矩的能力更强,也有一定的缓冲和吸振能力,允许被连接两轴有一定的轴向位移及少量的径向位移和偏角位移,适用于轴向窜动较大、正反转变化较多和起动频繁的场合。由于尼龙柱销对温度较敏感,因此使用温度控制在 $-20 \sim 70$ ℃ 的范围内。其主参数和尺寸见 GB/T 5014—2017。

　　3）轮胎式联轴器

　　轮胎式联轴器(coupling with rubber type element)的结构如图 9-10 所示。两半联轴器 4 分别用键与轴相连,1 为橡胶制成的特型轮胎,用压板 2 及螺钉 3 把轮胎 1 紧压在左右两半联轴器上,通过轮胎传递转矩。轮胎式联轴器的结构简单、使用可靠、弹性大、寿命长、不需润滑,但径向尺寸大。这种联轴器可用于潮湿多尘,起动频繁之处,其主要参数和尺寸参见 GB/T 5844—2002。

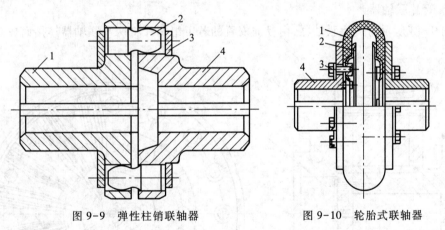

图 9-9　弹性柱销联轴器　　　　　图 9-10　轮胎式联轴器

　　非金属弹性元件挠性联轴器还有梅花形联轴器(GB/T 5272—2017)、芯型弹性联轴器(GB/T 10614—2008)、弹性块联轴器(JB/T 9148—2017)等多种形式。

　　（3）金属弹性元件挠性联轴器

　　常用金属弹性元件挠性联轴器有膜片联轴器、蛇形弹簧联轴器、簧片联轴器等。

　　1）膜片联轴器

　　膜片联轴器(diaphragm coupling)如图 9-11 所示,是由几组膜片(不锈钢薄板)用螺栓交错地与两半联轴器相连而成的,工作时靠膜片的弹性变形补偿两轴的相对位移。这种联轴器不用润滑、结构紧凑、强度高、使用寿命长、基本不用维修,是一种高性能的挠性联轴器。但因扭转弹性较低,缓冲减振性能差,主要适于载荷比较平稳的高速、高温、有腐蚀介质的环境下工作,其基本参数和尺寸见机械行业标准 JB/T 9147—1999。

2) 蛇形弹簧联轴器

蛇形弹簧联轴器(serpentine steel flex coupling)如图 9-12 所示,是由一组或几组蛇形弹簧嵌在两半联轴器的齿间,通过弹簧和齿传递转矩的。这种联轴器适用于转矩变化不大的场合,多用于有严重冲击载荷的机械,其基本参数和尺寸见机械行业标准 JB/T 8869—2000。

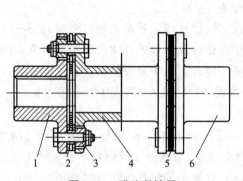

图 9-11 膜片联轴器

1、6—半联轴器;2—衬套;3—垫圈;4—中间轴;5—膜片组

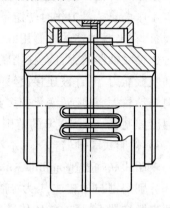

图 9-12 蛇形弹簧联轴器

3) 簧片联轴器

图 9-13 所示为簧片联轴器,由径向安置的若干组簧片将两半联轴器连接而成。簧片

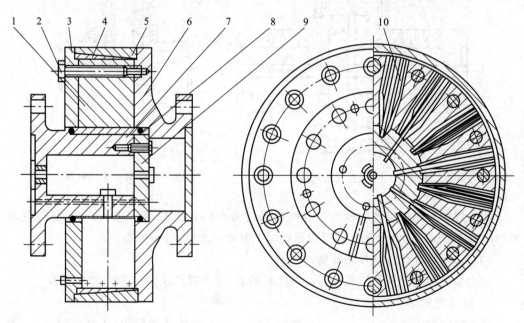

图 9-13 簧片联轴器

1—中间块;2—螺钉;3—侧板;4—中间圈;5—紧固圈;6—法兰;7—花键轴;

8—O 形橡胶密封圈;9—密封圈座;10—簧片组件

的一端固定在一半联轴器轴上;另一自由端嵌在另一半联轴器的楔形槽内构成动连接,槽内空隙中注满润滑油。簧片联轴器弹性大、阻尼性能好、结构紧凑、安全可靠,但价格较高。适用于载荷变化较大、有扭转振动的轴系,其基本参数和尺寸见国家标准 GB/T 12922—2008。

3. 安全联轴器

安全联轴器有安全保护作用。当传递的转矩超过限定值时,联轴器中的连接元件折断、分离或打滑,使主、从动轴间的传动中断,从而保护其他重要零件不致损坏。安全联轴器可分为挠性安全联轴器和刚性安全联轴器两大类。常用的有销钉式、摩擦式、钢球式、液压式及磁粉式等联轴器。

9.1.3 联轴器选择

联轴器选用计算可参照机械行业标准 JB/T 7511—1994。

9.2 离合器

9.2.1 离合器的功用和分类

离合器(clutch)是在传递运动和动力过程中通过各种操作方式使连接的两轴随时接合或分离的一种机械装置。

根据实现离合动作的方式不同,离合器可分为操纵离合器和自控离合器两大类。根据离合器接合元件工作原理的不同,离合器又可分为啮合式离合器和摩擦式离合器两大类。前者利用接合元件的啮合传递转矩,后者则依靠接合面间的摩擦力传递转矩。下面介绍两种常用的离合器。

9.2.2 常用离合器

1. 操纵离合器

(1) 牙嵌离合器

图 9-14 所示为操纵式牙嵌离合器(jaw clutch),它由两个端面带牙的半离合器组成。其中半离合器 1 固定在主动轴上,另一半离合器 2 用导键(或滑键)与从动轴相连,并可由操纵机构的滑环 4 使其作轴向移动以实现离合器的接合或分离。为了使两半离合器能够对中,主动轴端的半离合器上固定有对中环 5,从动轴可在对中环内自由移动。牙嵌式离合器的一个重要的问题是牙型设计和牙数的选择。

牙嵌式离合器的牙型有矩形、梯形、锯齿形和三角形等(图 9-15)。三角形牙多用于轻载情况,容易接合、分离,但牙尖强度低。

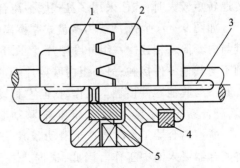

图 9-14 操纵式牙嵌离合器

矩形牙不便于接合,分离也困难,仅用于静止时手动接合。梯形牙能传递较大的转矩,并可补偿由于磨损而产生的齿侧间隙,接合与分离比较容易,因此梯形牙应用较广。三角形、矩形、梯形牙都可以双向工作。而锯齿形牙只能单向工作,但它的牙根强度很高,传递转矩能力最强,多在重载的情况下工作。

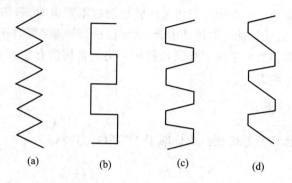

图 9-15 牙嵌式离合器的牙型

(2)圆盘摩擦离合器

圆盘摩擦离合器(friction clutch)有单盘式和多盘式两种典型形式。

图 9-16 所示为单盘式摩擦离合器。摩擦盘 1 固定在主动轴上,另一摩擦盘 3 用导键与从动轴连接。为了增大摩擦系数,在一个盘子的表面贴有摩擦片 2。工作时利用操纵机构让两圆盘压紧或松开,使摩擦力产生或消失,以实现两轴的接合或分离。

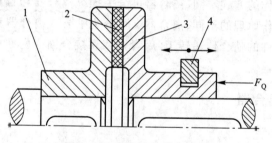

图 9-16 单盘式摩擦离合器

单盘式摩擦离合器结构简单,分离彻底,但传递转矩的能力受到结构尺寸的限制。在传递转矩较大时,往往采用多盘式摩擦离合器。

如图 9-17 所示,图 a 为多盘式摩擦离合器,主动轴 1 与外鼓轮 2 相连;从动轴 3 也用键与内套筒 4 相连。一组外摩擦片 5(图 b)的外圆与外鼓轮之间通过花键连接,而其内圆不与其他零件接触;另一组内摩擦片 6(图 c)的内圆与内套筒之间也通过花键连接,其外圆不与其他零件接触。工作时,向左移动滑环 7,通过杠杆 8、压板 9,使两组摩擦片压紧,离合器便处于接合状态。若向右移动滑环时摩擦片被松开,离合器即分开。

摩擦离合器工作时要产生滑动摩擦,发热量较大,磨损严重。为了散热和减摩,可以将离合器浸入油中工作。因此,根据是否浸入油中工作,把摩擦离合器分为干式(不浸油)和湿式(浸入油中)两种类型。

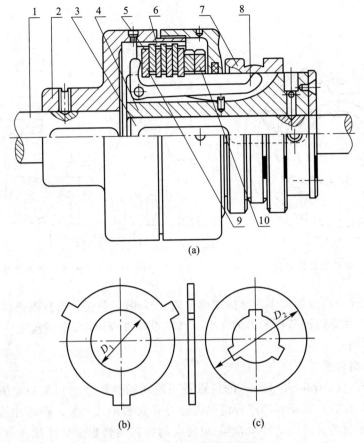

图 9-17　多盘式摩擦离合器

2. 自控离合器

（1）超越离合器

图 9-18 所示为滚柱超越离合器(overruning clutch)。它由外环 2、星轮 1、滚柱 3 和弹簧顶杆 4 等组成。当星轮为主动件并顺时针回转时,滚柱被摩擦力带动而楔紧在槽的窄狭部分,形成自锁,从而带动外环同向旋转,这时离合器处于接合状态。当星轮反向旋转时,滚柱则被推到槽的宽敞部分,从动外环不再随星轮回转,离合器处于分离状态。此外,如果外环与星轮同时作顺时针转动并且外环的角速度大于星轮角速度时,外环并不能带动星轮转动,离合器也处于分离状态,即外环(从动件)可以超越星轮(主动件)而转动,因而称为超越离合器。

（2）安全离合器

安全离合器(safety clutch)通常有嵌合式和摩擦式。当载荷达到最大值时它们将分开连接件或使连接件打滑,从而防止机器中重要零件的损坏。常用的牙嵌式安全离合器(图 9-19)和牙嵌式离合器很相似,只是牙的倾斜角较大,并由弹簧压紧机构代替滑环操纵机构。工作时,两半离合器由弹簧 2 的压紧力使牙盘 3、4 嵌合以传递转矩。一旦转矩超载,牙间的轴向推力将克服弹簧阻力和摩擦阻力使离合器自动分离,牙盘端面的牙齿跳跃滑过。当转矩降低到某一定值以下时,离合器自动接合。弹簧的压力通过螺母 1 调节。

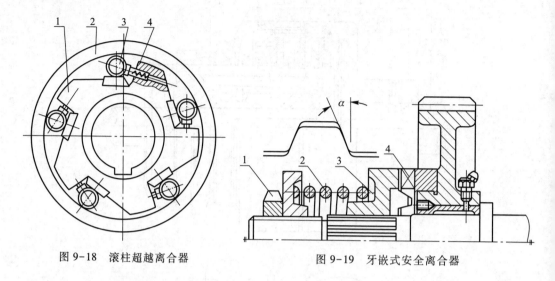

图 9-18　滚柱超越离合器

图 9-19　牙嵌式安全离合器

　　摩擦盘式安全离合器与多盘摩擦式摩擦离合器相似，只是没有操纵机构，而用弹簧将摩擦盘压紧，并用螺钉调节压紧力的大小。当转矩超过极限时，摩擦盘发生打滑，从而起到安全保护作用。

　　（3）离心离合器

　　离心离合器（centrifugal clutch）的特点是当主动轴的转速达到某一定值时能自行接合或分离，按其在静止状态时的离合情况可分为开式和闭式两种。前者主要用于起动装置，在起动频繁的场合采用这种离合器，可使电动机在运转稳定后才接入负载，而避免电动机过热或防止传动机构受过大动载荷。后者主要用于安全装置，当机器转速过高时起安全保护作用。

　　图 9-20a 所示为开式离心离合器的工作原理图，在两个拉伸螺旋弹簧 3 的弹力作用下，主动部分的一对闸块 2 与从动部分的鼓轮 1 脱开；当转速达到某一数值后，离心力对支点 4 的力矩增加到超过弹簧拉力对支点的力矩时，便使闸块绕支点 4 向外摆动与从动鼓轮 1 压紧，离合器即进入接合状态。当接合面上产生的摩擦力矩足够大时，主、从动轴就一起转动。图 9-20b 为闭式离心离合器的工作原理图，其作用与上述相反。

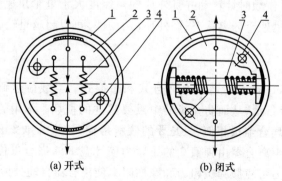

(a) 开式　　　　　　(b) 闭式

图 9-20　离心离合器的工作原理图

9.3 制动器简介

制动器(brake)是用来降低机械的运转速度或迫使机械停止运动的装置。常见的制动器多采用摩擦制动原理,即利用摩擦元件(如制动带、闸瓦、制动块和制动轮等)之间产生的摩擦阻力矩来消耗机械运动部件的动能,以达到制动的目的。

制动器主要由制动架、摩擦元件和驱动装置三部分组成。许多制动器还装有自动调整装置。

制动器的种类很多,下面简介常见几种制动器的基本原理。

图 9-21 所示为带式制动器。当驱动力 F 作用在制动杠杆 1 上时,制动带 2 便抱住制动轮 3,靠带与轮之间的摩擦力矩实现制动。带式制动器结构简单,但制动力矩不大。这类制动器适合于中小载荷的机械及人力操纵的场合。

图 9-22 所示为闸瓦制动器。主弹簧 2 拉紧制动臂 1 与制动闸瓦 3 使制动器制动。当驱动装置的驱动力 F 向上推开制动臂 1,则使制动器松闸。

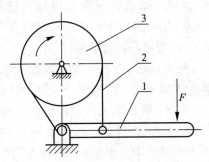

图 9-23 所示为点盘式制动器。制动盘 1 随轴旋转,固连在基架上的制动缸 2 通过制动块 3 压在制动盘 1 上而制动。由于摩擦面只占制动盘的一小部分,故称点盘式。这种制动器结构简单,散热条件好,但制动力矩不大。采用圆盘为摩擦元件的全盘式制动器,在结构上类似图 9-17 的多盘式摩擦离合器,只是使从动盘始终固定,当离合器接合时就起制动作用。

图 9-21 带式制动器

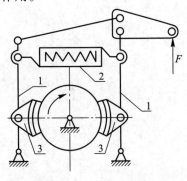

图 9-22 闸瓦制动器

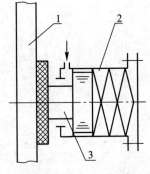

图 9-23 点盘式制动器

制动器通常应装在机械的高速轴上。大型设备(如矿井提升机等)的安全制动器则应装在靠近设备工作部分的低速轴上。

由于有些制动器已标准化或系列化,并由专业工厂生产,因此设计者设计制动器时,也可像设计联轴器和离合器那样,主要是合理选择类型和结构、选择或设计驱动装置(手驱动、电气驱动或液压驱动等）。必要时，对主要零件进行工作能力验算以及制动器发热验算。具体设计时可参阅有关资料。

分析与思考题

9-1 在联轴器的选择计算中，引入载荷系数 K 是为了考虑哪些因素的影响？

9-2 刚性联轴器和弹性联轴器各有何优缺点？分别适用于什么场合？

9-3 牙嵌离合器和摩擦离合器各有什么特点？分别适用于什么场合？

9-4 多盘摩擦离合器的许用压强 $[P]$ 与哪些因素有关？为什么？

习题

9-1 试选择一电动机输出轴用联轴器，已知：电动机功率 $P = 11$ kW，转速 $n = 1\ 460$ r/min，轴径 $d = 42$ mm，载荷有中等冲击。确定联轴器的轴孔与键槽结构形式、代号及尺寸，写出联轴器的标记。

9-2 某离心水泵与电动机之间选用弹性柱销联轴器连接，电动机功率 $P = 22$ kW，转速 $n = 970$ r/min，两轴轴径均为 $d = 55$ mm，试选择联轴器的型号，并绘制出其装配简图。

9-3 某机床主传动机构使用多盘摩擦离合器，已知：传递功率 $P = 5$ kW，转速 $n = 1\ 200$ r/min，摩擦盘材料均为淬火钢，主动盘数为 4，从动盘数为 5，接合面内径 $D_1 = 60$ mm，外径 $D_2 = 100$ mm，试求所需的操纵轴向力 F_Q。

第 **10** 章

滑动轴承设计

10.1 概述

微视频：
滑动轴承的
类型与应用

10.1.1 滑动轴承的类型

轴承(bearing)是支承轴的部件。根据轴承中摩擦性质的不同,可分为滑动摩擦轴承(简称滑动轴承,sliding bearing)和滚动摩擦轴承(简称滚动轴承,rolling bearing)两类。虽然滚动轴承具有一系列优点并在一般机器中广泛应用,但在高速、高精度、重载、结构上要求剖分等场合下,滑动轴承仍占有重要地位。

滑动轴承按其承受载荷方向的不同,可分为径向滑动轴承(plain journal bearing)(承受径向载荷)和止推滑动轴承(plain thrust bearing)(承受轴向载荷)①。根据其滑动表面间润滑状态的不同,可分为液体润滑轴承、非液体润滑轴承(滑动表面间处于边界润滑或混合润滑状态)和无润滑轴承(滑动表面间不加任何润滑剂、固体表面间直接接触)。根据液体润滑承载机理的不同,可分为液体动压轴承和液体静压轴承。

10.1.2 滑动轴承的特点和应用

滚动轴承具有摩擦系数低、起动阻力小的优点,并已标准化,因此在一般机器中应用较广。由于滑动轴承具有下面的特点,使它在某些特殊场合还占有重要地位。

(1)在转速特高和特重载下能正常工作、寿命长。在这种工况下,如果用滚动轴承,因滚动轴承的寿命与轴的转速成反比,其寿命会很短;而用液压润滑轴承可避免金属表面的摩擦和减少磨损,可延长其寿命。液体润滑轴承广泛应用于轧钢机、发电机、水轮机、机床等大型设备中。

(2)能保证轴的支承位置特别精确。由于使用滚动轴承时影响支承精度的零件多,

---

① 径向滑动轴承又称为向心滑动轴承;止推滑动轴承又称为推力滑动轴承。

而滑动轴承只要设计合理,就可达到要求的旋转精度。磨床主轴采用液体润滑轴承。

（3）能承受较大的冲击和振动的载荷。在这种工况下滚动轴承易于被损坏,而液体润滑轴承的润滑油膜具有很好的缓冲和吸振作用。

（4）根据装配要求,滑动轴承可做成剖分式的结构,例如内燃机曲轴的轴承。

（5）滑动轴承的径向尺寸比滚动轴承小,在安装轴承的径向空间尺寸受限制时,可采用滑动轴承。

10.2 滑动轴承的结构形式

微视频：
滑动轴承的结构形式

1. 径向滑动轴承

（1）整体式径向滑动轴承

图 10-1 所示为整体式径向滑动轴承。它由轴承座（bearing pedestal）1、整体轴瓦（bearing pad）2 和紧定螺钉 3 组成。轴承座上面有安装润滑油杯的螺纹孔。在轴瓦上有油孔,为了使润滑油能均匀分布在整个轴颈上,在轴瓦的内表面上开有油沟。

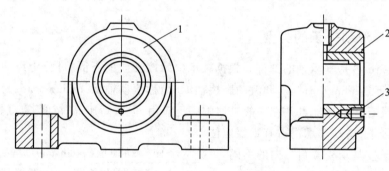

图 10-1　整体式径向滑动轴承

整体式滑动轴承的优点是结构简单、成本低廉。缺点是轴瓦磨损后,轴承间隙过大时无法调整。另外,只能从轴颈端部进行装拆。整体式滑动轴承多用在低速、轻载的机械设备中。

（2）对开式径向滑动轴承

图 10-2 所示为对开式径向滑动轴承。它是由轴承座 1、轴承盖 2、剖分式轴瓦 3、4 和螺纹连接件 5 组成。为了安装时容易对中和防止横向错动,在轴承盖和轴承座的剖分面上做成阶梯形,在剖分面间配置调整垫片 6,当轴瓦磨损后可减少垫片厚度以调整间隙。轴承盖应适当压紧轴瓦,使轴瓦不能在轴承孔中转动。轴承盖上制有螺纹孔,以便安装油杯或油管。剖分式轴瓦由上、下轴瓦组成。上轴瓦顶部开有油孔,以便进入润滑油。多数轴承的剖分面是水平的,也有倾斜的。

2. 止推滑动轴承

止推滑动轴承由轴承座和止推轴颈组成。止推滑动轴承常用的结构形式有空心式、单环式和多环式,见表 10-1。单环式利用轴颈的环形端面止推,结构简单,广泛应用于低速、轻载的场合。多环式不仅能承受较大的轴向载荷,有时还可以承受双方向的轴向载荷。

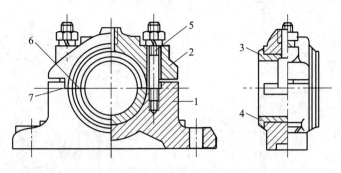

图 10-2 对开式径向滑动轴承

表 10-1 止推滑动轴承的基本结构及尺寸

空 心 式	单 环 式		多 环 式
d_2 由轴的结构设计拟订； $d_1 = (0.4 \sim 0.6)d_2$； 若结构上无限制,应取 $d_1 = 0.5d_2$	d_1, d_2 由轴的结构设计拟订	d 由轴的结构设计拟订； $d_2 = (1.2 \sim 1.6)d$； $d_1 = 1.1d$； $h = (0.12 \sim 0.15)d$； $h_0 = (2 \sim 3)h$	

10.3 轴瓦的结构和材料

微视频：
轴瓦的结构和材料

10.3.1 轴瓦的结构

轴瓦是滑动轴承中的重要零件。轴瓦在轴承中直接与轴颈接触,它的结构形式对轴承的承载能力有很大影响。轴瓦应具有一定的强度和刚度,在轴承中定位可靠,便于输入润滑剂,容易散热,便于装拆,调整方便。

常用的轴瓦有整体式和剖分式两种结构。图 10-3 为整体式轴瓦。轴瓦上开有油孔和油沟,以便把润滑油导入整个摩擦表面。剖分式轴瓦分为上轴瓦和下轴瓦(图 10-4),轴瓦两端有凸缘作轴向定位,并能承受一定的轴向力。

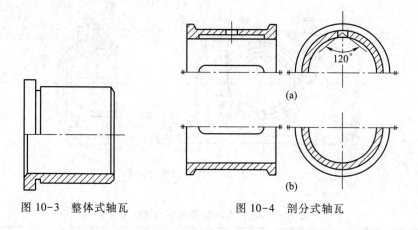

图 10-3   整体式轴瓦   　　　　　　图 10-4   剖分式轴瓦

为了节省贵重的合金材料,常在轴瓦的内表面上浇铸或轧制一层轴承合金,称为轴承衬,其厚度为 0.5~5 mm(图 10-5)。

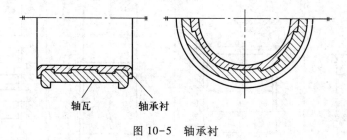

图 10-5   轴承衬

为了使润滑油能流到轴瓦的整个工作表面上,轴瓦上要制出进油孔和油沟以输送润滑油。图 10-6 所示为常见的油沟形式。油孔和油沟应开在非承载区内,以免降低油膜的承载能力。通常油沟应较轴瓦宽度稍短,以便在轴瓦两端留出封油面,防止润滑油从端部流失。

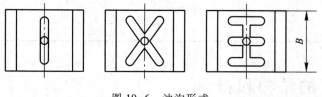

图 10-6   油沟形式

10.3.2   对轴瓦材料的要求

轴瓦材料要求有足够的强度(包括疲劳强度、冲击强度和抗压强度),良好的塑性、减摩性(要求材料具有低的摩擦系数)、耐磨性(材料的抗磨损能力)、耐腐蚀性,抗胶合能力强(指材料的耐热性和抗黏附性),良好的导热性,并易跑合和制造。

必须指出,没有一种材料能够全面满足上述性能,因此应针对各种具体情况,合理进行选用。

10.3.3   常用轴瓦材料及其性质

常用的轴瓦材料有金属材料(轴承合金、青铜、黄铜、灰铸铁、铝合金)、粉末冶金材料和非金属材料等。

　　轴承合金(bearing alloy)又称巴氏合金。它主要是锡、铅、锑、铜的合金,可分为锡基和铅基两种,分别以锡或铅为软基体以增加材料的塑性,其内含有锑锡或铜锡的硬晶粒起抗磨损作用。轴承合金的减摩性好、塑性高、抗胶合能力强,跑合性较好。但其价格较贵,强度很低,不宜单独制作轴瓦,只能贴附在青铜、钢或铸铁轴瓦上作轴承衬。

　　青铜(bronze)主要是锡、铅、铝、铜的合金,有锡青铜、铅青铜、铝青铜等几种。青铜具有较高的强度、较好的减摩性和抗磨损性。

　　普通灰铸铁(grey cast iron)、加有镍、铬、钛等合金成分的耐磨灰铸铁或球墨铸铁(nodular cast iron),都可以作为轴瓦材料。

　　用粉末冶金法制成的轴瓦具有多孔性组织,孔隙内可储存润滑油,具有自润滑性能。

　　非金属轴瓦材料是各种聚合物材料,如聚四氟乙烯、尼龙、酚醛塑料等。这些材料具有良好的减摩、耐磨性,耐腐蚀性也好,但强度和导热性较差。

　　常用轴瓦材料的性能见表 10-2。

表 10-2　常用轴瓦材料的性能

类别	名称及牌号(代号)	许用值			硬度/HBW		最高工作温度/℃	轴颈最小硬度/HBW	用　途
		$[p]$/MPa	$[pv]$/(MPa·m/s)	$[v]$/(m/s)	金属模	砂模			
轴承合金	11-6 锡锑轴承合金 ZSnSb11Cu6	平稳载荷			13(110℃时) 30(17℃时)		150	150	用于高速、重载下工作的重要轴承。变载荷下易于疲劳。价格较贵
		25	20	80					
		冲击载荷							
		20	15(10)	60					
	16-16-2 铅锑轴承合金 ZPbSb16Sn16Cu2	15	10(30)	12			150	150	用于中速、中载的轴承、不宜受显著的冲击载荷。可作为锡锑轴承合金的代用品
青铜	10-1 锡青铜 ZCuSn10P1	15	15(25)	10	90	80	280	300~400	用于中速、重载及受变载荷的轴承
	5-5-5 锡青铜 ZCuSn5Zn5Pb5	8	15	3	65	60	280	300~400	用于中速、中载的轴承
	30 铅青铜 ZCuPb30	15	30	12	90	80	280	320	适用于高速、重载及受变载荷的轴承

续表

类别	名称及牌号(代号)	许用值			硬度/HBW		最高工作温度/℃	轴颈最小硬度/HBW	用　途
		$[p]$/MPa	$[pv]$/(MPa·m/s)	$[v]$/(m/s)	金属模	砂模			
粉末冶金	铁基	$\dfrac{69}{21}$	1.0	2			80		具有成本低、含油量较高、耐磨性好、强度高等特点,应用很广。孔隙度大的多用于高速轻载、孔隙度小的多用于摆动或往复运动工况,如长期不补充润滑剂需降低$[pv]$值,高温或连续工作情况,应定期补充润滑剂
	铜基	$\dfrac{55}{14}$	1.8	6					
	铝基	$\dfrac{28}{14}$	1.8	6					

注:$[pv]$值为非液体摩擦润滑下的许用值。黄铜、灰铸铁、铝铁青铜材料见机械设计手册,括号中数值为极限值。

微视频:
滑动轴承的
润滑

10.4　滑动轴承的润滑

10.4.1　润滑剂及其选择

　　轴承润滑的主要目的在于减轻工作表面的摩擦和磨损,同时还起到冷却、吸振、防锈等作用。在设计和使用滑动轴承时,应正确选择润滑剂(lubricant)和润滑方式。润滑剂有润滑油、润滑脂(grease)和固体润滑剂等。而润滑油是最主要的润滑剂。常用润滑油的牌号、性能和应用参见表 1-1。

　　润滑脂是由润滑油和各种稠化剂(如钙、钠、铝、锂等金属皂)混合稠化而成的。润滑脂具有不易流失、不需经常加添、密封简单等优点。但润滑脂摩擦损耗较大,机械效率较低,故不宜用于高速。润滑脂一般用于低速而有冲击、不便于经常加油、使用要求不高的滑动轴承中。选择润滑脂可参考表 10-3。

表 10-3　滑动轴承润滑油润滑脂

压力 p/MPa	轴颈圆周速度 v/(m/s)	最高工作温度/℃	牌号
≤1.0	≤1	75	L-XAAMHA3
1.0~6.5	0.5~5	55	L-XAAMHA2
≥6.5	≤0.5	75	L-XAAMHA3
≤6.5	0.5~5	120	L-XAGMGA2
>6.5	≤0.5	110	ZGN-1
1.0~6.5	≤1	-20~120	ZL-2

10.4.2　滑动轴承的润滑装置

滑动轴承有很多供油方法。低速和间歇工作的轴承可用油壶向轴承的油孔内注油。为了不使污物进入轴承,可在油孔内装注油杯(图10-7a),比较重要的轴承应使用连续供油方式,如针阀式油杯(图10-7b)。图10-7c为润滑脂用的油杯。上述三种油杯选用时可查阅有关国家标准。

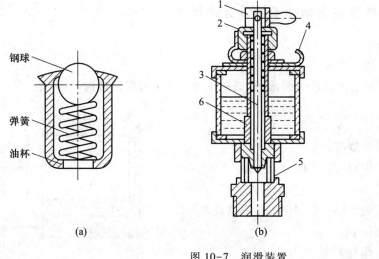

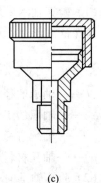

图10-7　润滑装置

微视频:
非液体摩擦滑
动轴承的设计

10.5　非液体摩擦滑动轴承的设计

10.5.1　非液体摩擦滑动轴承的失效形式及计算准则

当滑动轴承工作时不能获得液体摩擦,或无需保证液体摩擦的不重要轴承,通常均按非液体摩擦滑动轴承进行设计。

1. 主要失效形式

(1) 磨损

非液体摩擦滑动轴承的工作表面,在工作时可能有局部的金属接触,会产生不同程度的摩擦和磨损(wear),从而导致轴承配合间隙的增大,影响轴承的旋转精度,甚至使轴承不能正常工作。

(2) 胶合

当轴承在高速,重载情况下工作,且润滑不良时,摩擦加剧,发热过多,使较软的金属粘焊在轴颈表面而出现胶合(scoring)。严重时,甚至使轴承与轴颈焊死在一起,发生所谓"抱轴"的重大事故。

2. 计算准则(factored criteria)

设计时,理应针对非液体摩擦滑动轴承的主要失效形式(types of failure)(磨损与胶合)进行设计计算,但目前对磨损与胶合尚没有完善的设计计算方法,一般仅从限制轴承的压强 p 以及压强和轴颈圆周速度的乘积 pv 值进行条件性计算。用限制 p 值来保证摩擦表面之间保留一定的润滑剂(p 值大,润滑剂易被挤掉),避免轴承过度磨损而缩短寿命;限制 pv 值来防止轴承过热而发生胶合(pv 值大,轴承单位面积上的摩擦功也大)。对于压强小的轴承,还应限制轴颈圆周速度 v 值。实践证明,按这种方法进行设计,基本上能保证轴承的工作能力。

10.5.2　非液体摩擦滑动轴承的设计计算

1. 径向滑动轴承

(1) 验算轴承平均压强 p

为保证润滑油不被过大的压力挤出,从而避免轴瓦产生过的磨损,须满足

$$p = \frac{F}{Bd} \leqslant [p] \qquad (10\text{-}1)$$

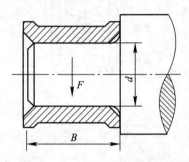

图 10-8　轴承的工作宽度

式中:F——轴承的径向载荷,N;

　　　B——轴承的工作宽度(图 10-8),mm;

　　　d——轴颈直径,mm;

　　$[p]$——轴瓦材料的许用压强,MPa,其值见表 10-2。

(2) 验算轴承的 pv 值

为了限制轴承的摩擦功耗与温升,避免引起边界油膜破裂,须满足

$$pv = \frac{F}{Bd}\frac{\pi dn}{60 \times 1\,000} = \frac{Fn}{19\,100B} \leqslant [pv] \qquad (10\text{-}2)$$

式中:n——轴的转速,r/min;

　　$[pv]$——轴瓦材料的许用值,MPa·m/s,其值见表 10-2。

(3) 验算滑动速度 v

对于 p 和 pv 的验算均合格的轴承,由于滑动速度过高,也会加速磨损而使轴承报废。这是因为 p 只是平均压力,实际上,在轴发生弯曲或不同心等引起的一系列误差及振动的影响下,轴承边缘可能产生相当高的压力,因而局部区域的 pv 值还会超过许用值。因此必须验算滑动速度 v 满足

$$v \leqslant [v] \qquad (10\text{-}3)$$

式中:$[v]$——许用滑动速度,其值见表 10-2。

2. 止推滑动轴承(参见表 10-1)

(1) 验算压强 p

$$p = \frac{F_a}{A} = \frac{F_a}{z\dfrac{\pi}{4}(d_2^2 - d_1^2)k} \leqslant [p] \qquad (10\text{-}4)$$

式中:F_a——轴承的轴向载荷,N;

　　　z——止推环的数目;

$[p]$——轴瓦材料的许用压强,MPa,其值见表10-4;

k——考虑油槽使支承面积减小的系数,一般取$k=0.85\sim0.95$。

(2)验算轴承的pv_m值

$$pv_m \leqslant [pv] \tag{10-5}$$

式中:v_m——轴环的平均速度,$v_m=\dfrac{\pi d_m n}{60\times1\,000}=\dfrac{d_m n}{19\,100}$,m/s;

d_m——轴环的平均直径,$d_m=\dfrac{d_1+d_2}{2}$,mm;

n——轴的转速,r/min。

$[pv]$——pv_m的许用值,MPa·m/s,见表10-4。

由于止推轴承采用平均速度计算,因而不能采用表10-2列出的$[p]$、$[pv]$值,而应降低一些。止推轴承轴瓦材料的$[p]$、$[pv]$值,可参考表10-4选取。多环轴承还应适当降低。

表 10-4 止推轴承轴瓦材料的$[p]$、$[pv]$值

轴的材料	未淬火钢			淬 火 钢		
轴承(瓦)材料	铸铁	青铜	轴承合金	青铜	轴承合金	淬火钢
$[p]$/MPa	2~2.5	4~5	5~6	7.5~8	8~9	12~15
$[pv]$/(MPa·m/s)	1~2.5			1~2.5		

3. 确定轴承间隙,选择相应配合

轴承间隙主要由轴的转速确定,转速越高,间隙Δ应越大。在相同转速下,载荷越大,间隙应越小。一般可按下列推荐值选取:

高速、中压时,$\Delta=(0.02\sim0.03)d$;

高速、高压时,$\Delta=(0.001\,5\sim0.002\,5)d$;

低速、中压时,$\Delta=(0.000\,7\sim0.001\,2)d$;

低速、高压时,$\Delta=(0.000\,3\sim0.000\,6)d$。

上述各式中的d为轴颈直径,单位为mm。

与上述间隙范围相应的配合,通常为H7/g6、H7/f7、H7/e8、H7/d8及H9/f7、H11/b11、H11/d11等。

10.6 液体摩擦径向滑动轴承的设计

10.6.1 动力润滑的形成原理和条件

两个作相对运动物体的摩擦表面,利用轴颈本身回转时的泵油作用而产生的黏性流体膜将两摩擦表面完全隔开,由流体膜产生的压力来平衡外载荷,称为<u>流体动力润滑</u>

(hydrodynamic lubrication)。流体动力润滑的主要优点是摩擦力小、磨损小,并可缓和振动与冲击。

　　下面介绍流体动力润滑的形成原理和条件。如图 10-9a 所示,A、B 两板平行,板间充满润滑油,板 B 静止不动。板 A 以速度 v 向左运动,由于润滑油的黏性及它与平板间的吸附作用,与板 A 紧贴的油层的流速 v 等于板的速度 v,而贴近板 B 的油层则静止不动。于是形成各油层间的相对滑动,在各层的界面上就存在相应的切应力。当板上无载荷时两平行板之间液体各流层的速度呈三角形分布,板 A、B 之间带进的油量等于带出的油量,因此两板间油量保持不变,亦即板 A 不会下沉。但若板 A 上承受载荷 F 时,油向两侧挤出,于是板 A 逐渐下沉,直到与板 B 接触,这就说明两平行板之间不可能形成动压油膜。

　　若两平板相互倾斜成楔形收敛间隙(图 10-9b),板 A 上承受载荷 F,当板 A 以速度 v 从间隙较大的一方移向间隙较小的一方时,若两端的速度按照虚线所示的三角形分布,则必然进油多而出油少,由于液体实际上是不可压缩的,并且油沿 z 轴(垂直于 xy 平面)方向无流动的条件,则进入此楔形间隙的过剩油量,必将由进口 a 及出口 c 两处截面被挤出,即产生一种因压力而引起的流动,结果使进口处油的速度曲线呈内凹形,出口处油的速度曲线呈外凸形的抛物线流动形式,这是典型的两板间有压力油时板的两端流体流动的速度分布形状,说明油在两板的间隙内流体形成了压力油膜,此压力油膜中液体压力将与外载荷 F 平衡。从图 10-9b 可见,从进口到出口之间,各截面的速度图是不相同的,但必有一截面,油的速度呈三角形分布。

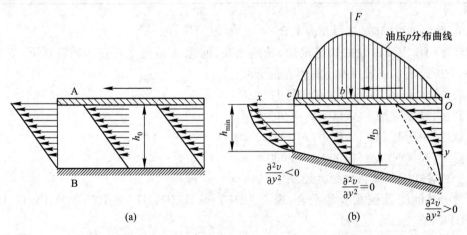

图 10-9　两相对运动平板间油层中的速度分布和压力分布

　　由此可知,形成动压油膜的必要条件是:1) 两工作表面间必须具有楔形间隙;2) 两工作表面间必须连续充满润滑油或其他黏性流体;3) 两工作表面间必须有相对滑动速度,其运动方向必须保证润滑油从大截面流进,从小截面流出。此外,为了与一定的外载荷 F 相平衡,必须使速度 v、黏度 η 及间隙等参数匹配恰当。

　　流体动力润滑可以保证两表面不发生直接接触,基本上可避免磨损的出现,所以在各种重要机械或仪器中获得了广泛的应用。

10.6.2 径向滑动轴承动压油膜的形成过程

图 10-10a 表示轴处于静止的状态,轴颈处于轴承孔最下方的稳定位置,轴颈表面与轴承孔表面间自然形成一弯曲的楔形空间,满足形成动压油膜的首要条件。当轴颈开始起动时,转速极低,轴颈和轴承主要是金属相接触。此时产生的摩擦为金属间的直接摩擦。轴承对轴颈摩擦力的方向与轴颈表面的圆周速度方向相反,迫使轴颈向右滚动而偏移(图 10-10b)。随着转速的增大,轴颈表面的圆周速度增大,带入楔形空间的油量也逐渐加多,则金属接触面被润滑油分隔开的面积也逐渐加大,因而摩擦阻力也逐渐减小,当转速增加到一定大小之后,楔形间隙内所形成的油膜压力将轴颈抬起而与轴承脱离接触(图 10-10c)。当轴颈达到稳定运转时,轴颈便稳定在一定的偏心位置上(图 10-10d),这时轴承处于流体动力润滑状态,而油膜产生的动压力与外载荷 F 相平衡,这时轴承内的摩擦阻力仅为液体的内部摩擦阻力,故摩擦系数达到最小值。

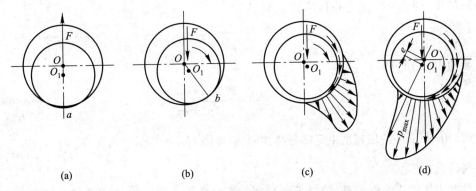

图 10-10 径向滑动轴承动压油膜的形成过程

10.6.3 液体摩擦动压径向滑动轴承的设计计算

1. 流体动力润滑的基本方程

流体动力润滑理论的基本方程是流体膜压力分布的微分方程。研究时假设流体为牛顿流体;流体膜中流体的流动呈层流状态;不考虑压力对流体黏度、惯性力及重力的影响;认为流体不可压缩。

图 10-11 为被油膜隔开的两相对运动的平板。在油膜中取一微单元体,它承受油压 p 和内摩擦切应力 τ。根据 x 方向的平衡条件,得

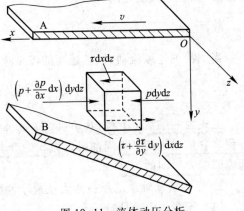

图 10-11 流体动压分析

$$p\mathrm{d}y\mathrm{d}z + \tau\mathrm{d}x\mathrm{d}z - \left(p + \frac{\partial p}{\partial x}\mathrm{d}x\right)\mathrm{d}y\mathrm{d}z - \left(\tau + \frac{\partial \tau}{\partial y}\mathrm{d}y\right)\mathrm{d}x\mathrm{d}z = 0$$

整理后得

$$\frac{\partial p}{\partial x} = -\frac{\partial \tau}{\partial y} \qquad (10\text{-}6)$$

根据牛顿黏性(viscosity)流体的摩擦定律,u 代表油层速度,即

$$\tau = -\eta \frac{\partial u}{\partial y}$$

将上式对 y 求导数,得 $\frac{\partial \tau}{\partial y} = -\eta \frac{\partial^2 u}{\partial y^2}$,代入式(10-6)得

$$\frac{\partial p}{\partial x} = \eta \frac{\partial^2 u}{\partial y^2} \qquad (10\text{-}7)$$

上式表示了压力沿 x 轴方向的变化与速度沿 y 轴方向的变化关系。

将上式对 y 轴积分两次可得

$$u = \frac{1}{2\eta} \frac{\partial p}{\partial x} y^2 + C_1 y + C_2 \qquad (10\text{-}8)$$

根据边界条件决定积分常数 C_1 和 C_2:当 $y = 0$ 时,$u = v$;$y = h$(h 为所取单元体处的相应油膜厚度)时,$u = 0$(随静止件不动),则得

$$C_1 = -\frac{h}{2\eta} \frac{\partial p}{\partial x} \frac{v}{h}, \qquad C_2 = v$$

代入式(10-8)后,即得

$$u = \frac{v(h-y)}{h} - \frac{y(h-y)}{2\eta} \frac{\partial p}{\partial x} \qquad (10\text{-}9)$$

式(10-9)表明油层速度由两部分叠加而成,如图 10-9b 所示。当 $h = h_0$ 时,对应 $\frac{\partial p}{\partial x} = 0$,即出现最大油压。

根据流体的连续性原理,流过不同截面的流量应该是相等的,为此先求任意截面上的流量

$$q = \int_0^h u \, \mathrm{d}y = \frac{vh}{2} - \frac{h^3}{12\eta} \frac{\partial p}{\partial x}$$

如图 10-9 所示,设在 $p = p_{\max}$ 处的油膜厚度为 h_0($即 \frac{\partial p}{\partial x} = 0$ 时,$h = h_0$),该处速度呈三角形分布,在该截面处的流量为

$$q = \frac{1}{2} v h_0$$

当润滑油连续流动时,各截面的流量相等,由上两式得

$$\frac{\partial p}{\partial x} = \frac{6\eta v}{h^3}(h - h_0) \qquad (10\text{-}10)$$

上式为一维雷诺方程(Reynolds's equation),它是计算流体动力润滑滑动轴承的基本方程。它描述了两平板间油膜压力 p 的变化与润滑油的动力黏度 η、相对滑动速度 v 及油膜厚度 h 之间的关系。

2. 径向滑动轴承的承载能力及最小油膜厚度

(1) 承载能力的计算

图 10-12 为径向滑动轴承工作时轴颈的位置和压力分布。图中轴颈中心 O 偏离轴承孔中心 O' 的距离用 e 表示,称为偏心距。轴承孔和轴颈直径分别用 D 和 d 表示,则轴承的直径间隙为

$$\Delta = D - d \qquad (10\text{-}11)$$

半径间隙为轴承孔半径 R 与轴颈半径 r 之差,则

$$\delta = R - r = \frac{\Delta}{2} \qquad (10\text{-}12)$$

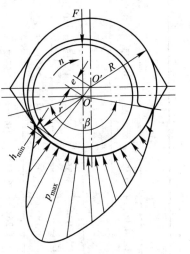

图 10-12 径向滑动轴承工作时
轴颈的位置和压力分布

直径间隙与轴颈公称直径之比称为相对间隙(relative clearance),以 ψ 表示,则

$$\psi = \frac{\Delta}{d} = \frac{\delta}{r} \qquad (10\text{-}13)$$

轴颈在稳定运转时,偏心率 e 与半径间隙 δ 之比,称为相对偏心率(relative eccentricity)χ,则

$$\chi = \frac{e}{\delta} = e / (R - r)$$

由图 10-12 中可知,最小油膜厚度(minimum oil film thinkness)为

$$h_{\min} = \delta - e = \delta(1 - \chi) = r\psi(1 - \chi) \qquad (10\text{-}14)$$

相对偏心率 χ 的大小反映了轴承的承载能力。当载荷很小或轴颈转速很高时,χ 接近于零,此时轴颈中心与轴承中心接近重合,油楔消失,而 $h_{\min} \approx \delta$;当载荷很大或轴颈转速很小时,$\chi \approx 1$,此时轴颈与轴瓦接触,$h_{\min} = 0$,油膜被破坏。通常 χ 的值在 $0.5 \sim 0.95$ 的范围内。

当轴承处于稳定动力润滑状态时,将雷诺方程式(10-10)进行积分,给予适当的压力边界条件,考虑有限长轴承的两端端泄的影响,并将直角坐标转化为极坐标,经过数学运算,可得到轴承能承受的径向载荷 F 为

$$F = \frac{2\eta v B}{\psi^2} C_p \qquad (10\text{-}15)$$

由上式可得

$$C_p = \frac{F\psi^2}{2\eta v B} \qquad (10\text{-}16)$$

可以证明,承载量系数(loading carrying capacity coefficient)C_p 是一个量纲为一的系数,其值取决于轴承包角 α(指轴承表面上承压部分包含的角度)、相对偏心率 χ 和长径比 B/d。由于 C_p 的积分非常困难,因而采用数值积分的方法进行求解,为便于设计时使用,常将求解结果制作成相应的线图或表格供设计应用。表 10-5 给出了有限长轴承的承载量系数,供设计时使用。

设计时,一般已知轴承载荷 F、轴颈直径 d、长径比 B/d、轴颈圆周速度 v,根据轴承工作温度选定润滑油黏度 η 和轴承的相对间隙 ψ 后,便可根据式(10-16)计算出承载量系数 C_p,由表10-5 查出相应的偏心率 χ。

表 10-5 有限长轴承的承载量系数 C_p

B/d	偏心率 χ													
	0.30	0.40	0.50	0.60	0.65	0.70	0.75	0.80	0.85	0.90	0.925	0.95	0.975	0.99
	承载量系数 C_p													
0.3	0.0522	0.0826	0.128	0.203	0.259	0.347	0.475	0.699	1.122	2.074	3.352	5.73	15.15	50.52
0.4	0.0893	0.141	0.216	0.339	0.431	0.573	0.776	1.079	1.775	3.195	5.055	8.393	21.00	65.26
0.5	0.133	0.209	0.317	0.493	0.622	0.819	1.098	1.572	2.428	4.261	6.615	10.706	25.62	75.86
0.6	0.182	0.283	0.427	0.655	0.819	1.070	1.418	2.001	3.036	5.214	7.956	12.64	29.17	83.21
0.7	0.234	0.361	0.538	0.816	1.014	1.312	1.720	2.399	3.580	6.029	9.072	14.14	31.88	88.90
0.8	0.287	0.439	0.647	0.972	1.199	1.538	1.965	2.754	4.053	6.721	9.992	15.37	33.99	92.89
0.9	0.339	0.515	0.754	1.118	1.371	1.745	2.248	3.067	4.459	7.294	10.753	16.37	35.66	96.35
1.0	0.391	0.589	0.853	1.253	1.528	1.929	2.469	3.372	4.808	7.772	11.38	17.18	37.00	98.95
1.1	0.440	0.658	0.947	1.377	1.669	2.097	2.664	3.580	5.106	8.186	11.91	17.86	38.12	101.15
1.2	0.487	0.723	1.033	1.489	1.796	2.247	2.838	3.787	5.364	8.533	12.35	18.43	39.04	102.90
1.3	0.529	0.784	1.111	1.590	1.912	2.379	2.990	3.968	5.586	8.831	12.73	18.91	39.81	104.42
1.5	0.610	0.891	1.248	1.763	2.099	2.600	3.242	4.266	5.947	9.304	13.34	19.68	41.07	106.84
2.0	0.763	1.091	1.483	2.070	2.446	2.981	3.671	4.778	6.545	10.091	14.34	20.97	43.11	110.79

（2）最小油膜厚度

当按轴承的结构参数及工况条件确定出轴承工作时的相对偏心率 χ 之后,根据式（10-14）可求得 $h_{\min}$。为了保证轴承获得完全的液体摩擦,必须使轴承的最小油膜厚度 $h_{\min}$ 大于轴颈和轴瓦表面粗糙度 Rz_1、Rz_2 之和,即

$$h_{\min} > Rz_1 + Rz_2$$

考虑到轴颈和轴瓦的制造和安装误差,以及工作时的变形,为了工作可靠,一般取

$$h_{\min} \geqslant (2 \sim 3)(Rz_1 + Rz_2) \tag{10-17}$$

式中,Rz_1、Rz_2 分别为轴颈和轴瓦表面微观不平度的十点平均高度,其值由加工情况及制造技术而定。对一般轴承,可分别取 Rz_1 和 Rz_2 值为 3.2 μm 和 6.3 μm 或 1.6 μm 和 3.2 μm;对重要轴承可取为 0.8 μm 和 1.6 μm 或 0.2 μm 和 0.4 μm。因轴颈加工比轴瓦孔加工容易,设计时轴颈表面粗糙度等级的选择宜比轴瓦表面粗糙度等级高 1 或 2 级。

3. 滑动轴承的热平衡计算

滑动轴承工作时,摩擦功耗转变为热量,使润滑油温度升高,从而引起润滑油黏度降低、轴承的承载能力下降。因此设计时必须进行轴承的热平衡计算。

轴承工作中达到热平衡的条件是:单位时间内由于摩擦所产生的热量 Q 与在相同时间内由润滑油所带走的热量 Q_1 和通过轴承所散发热量 Q_2 相等,即

$$Q = Q_1 + Q_2 \tag{10-18}$$

（1）轴承每秒钟由于摩擦损耗所产生的热量 $Q(\mathrm{W})$ 为

$$Q = fFv \tag{10-19}$$

式中:v——轴承的圆周速度,m/s;

$\quad F$——轴承载荷,N;

$\quad f$——轴承的摩擦系数。

$$f = \frac{\pi}{\psi} \frac{\eta \omega}{p} + 0.55 \psi \xi \tag{10-20}$$

式中:ξ——随轴承长径比而变化的系数,对于 $B/d < 1$ 的轴承,$\xi = (d/B)^{1.5}$;$B/d \geqslant 1$ 时,$\xi = 1$;

$\quad B$、d 的单位为 mm;

$\quad \omega$——轴颈角速度,rad/s;

$\quad p$——轴承的平均压力,Pa;

$\quad \eta$——润滑油的动力黏度,Pa·s。

（2）由流出油带走的热量 $Q_1(\mathrm{W})$ 为

$$Q_1 = q\rho c(t_2 - t_1) \tag{10-21}$$

式中:q——耗油量,m³/s,按润滑油流量系数求出;

$\quad \rho$——润滑油的密度,对矿物油为 850～900 kg/m³;

$\quad c$——润滑油的比热容,对矿物油为 1 680～2 100 J/(kg·℃);

$\quad t_2$——出口处油温,℃;

$\quad t_1$——入口处油温,℃。

轴承的耗油量与轴承的结构尺寸、油沟位置及其尺寸有关。要进行理论计算相当复杂,也难于得到符合实际的理论值,因此,在轴承设计中,一般是利用对大量实验结果进行

分析计算,给出在不同长径比 B/d 和包角 α 时的 $\chi-C_q$ 数表(表 10-6)或线图,由此确定耗油量系数 $C_q\left(C_q=\dfrac{q}{\psi vBd}\right)$,然后计算出所需的供油量(即耗油量)为

$$q=C_q\psi vBd \tag{10-22}$$

表 10-6　轴承耗油量系数 C_q(包角 180°)

χ	B/d 时的 C_q 值									
	0.5	0.6	0.7	0.8	0.9	1.0	1.1	1.2	1.3	1.5
0.300	0.109	0.105	0.100	0.095	0.090	0.085	0.081	0.076	0.072	0.065
0.400	0.135	0.129	0.122	0.115	0.107	0.102	0.096	0.091	0.086	0.076
0.500	0.166	0.156	0.147	0.138	0.129	0.121	0.113	0.106	0.100	0.088
0.600	0.194	0.182	0.169	0.158	0.146	0.136	0.127	0.118	0.111	0.098
0.650	0.206	0.192	0.178	0.165	0.153	0.141	0.131	0.122	0.114	0.101
0.700	0.217	0.200	0.185	0.170	0.157	0.145	0.139	0.124	0.117	0.101
0.750	0.222	0.203	0.186	0.172	0.156	0.143	0.132	0.122	0.114	0.090
0.800	0.224	0.203	0.185	0.168	0.153	0.138	0.128	0.119	0.110	0.096
0.850	0.218	0.198	0.176	0.158	0.143	0.130	0.119	0.110	0.102	0.088
0.900	0.208	0.184	0.163	0.146	0.131	0.119	0.109	0.100	0.092	0.080
0.925	0.194	0.170	0.150	0.133	0.119	0.108	0.098	0.090	0.084	0.072
0.950	0.178	0.153	0.134	0.118	0.106	0.096	0.087	0.080	0.074	0.064
0.975	0.145	0.123	0.107	0.099	0.084	0.075	0.068	0.063	0.058	0.050

(3) 通过轴承散发的热量 Q_2 为

$$Q_2=\alpha_s\pi dB(t_2-t_1) \tag{10-23}$$

式中:α_s——轴承的表面散热系数,随轴承结构的散热条件而定,对于轻型结构或散热条件较差的轴承,取 $\alpha_s=50$ W/$(m^2\cdot ℃)$;中型结构或一般通风条件,取 $\alpha_s=80$ W/$(m^2\cdot ℃)$;通风冷却条件良好时,取 $\alpha_s=140$ W/$(m^2\cdot ℃)$;

　　　　B——轴承长度,m。

根据热平衡条件 $Q=Q_1+Q_2$,即式(10-18),将式(10-19)、式(10-21)及式(10-23)的相关参数代入得

$$fFv=q\rho c(t_2-t_1)+\alpha_s\pi dB(t_2-t_1) \tag{10-24}$$

于是得出为了达到热平衡而必需的润滑油温度差 $\Delta t(℃)$ 为

$$\Delta t=t_2-t_1=\frac{fFv}{q\rho c+\alpha_s\pi dB} \tag{10-25}$$

上式只是求出了平均温度差,实际上轴承各点的温度是不同的,因而在轴承中不同点油的黏度也将不同。研究结果表明,可以采用润滑油平均温度时的黏度来计算轴承的承载能力。润滑油的平均温度 t_m 可按下式计算:

$$t_{\mathrm{m}} = t_1 + \frac{\Delta t}{2} \qquad (10\text{-}26)$$

为了控制油温以保证轴承的承载能力,建议平均温度不超过 75 ℃,否则应改变其他参数重新计算,直至符合要求为止。设计开始时,因平均温度 t_{m} 不确定,油的黏度、摩擦系数、产生的热量等不能确定,上述计算过程有困难,所以设计时通常是先给定平均温度 $t_{\mathrm{m}} = 50 \sim 70$ ℃。根据 t_{m} 和按式(10-25)求出温差 Δt,然后校核油的入口温度 t_1 及出油口温度 t_2,即

$$\left.\begin{aligned} t_1 &= t_{\mathrm{m}} - \frac{\Delta t}{2} \geqslant 35 \sim 45 \ ℃ \\[2mm] t_2 &= t_{\mathrm{m}} + \frac{\Delta t}{2} \leqslant 80 \ ℃(\text{一般油})\text{或}\ 100 \ ℃(\text{重油}) \end{aligned}\right\} \qquad (10\text{-}27)$$

若计算出的 t_1 超过上式推荐值较多时,说明初定 t_{m} 偏高,即初算时所取润滑油黏度偏低。意味着在所选定的结构尺寸下,轴承的承载能力未充分发挥,这时可降低 t_{m} 再行计算。若算得的 t_1 小于推荐值,因受冷却条件限制,此时应适当加大间隙和减小轴颈、轴瓦表面粗糙度数值,重新计算。若算得的 t_2 大于推荐值,也需重新计算,以保证轴承不致过热而失效。重新计算时,通常是根据需要,适当改变轴承的相对间隙 ψ 和油的黏度 η 两参数,直至 t_1、t_2 均符合要求为止。

4. 滑动轴承设计时的参数选择

在设计动压径向滑动轴承时,载荷 F、转速 n 和轴颈直径 d 是已知参数,但轴承长径比 B/d、相对间隙 ψ、润滑油黏度 η 和表面粗糙度 Rz_1、Rz_2 等参数必须预先选定,才能进行设计计算。而这些参数选择得正确与否,对轴承的工作性能影响极大。因此,必须恰当地选择上述各参数。

(1) 长径比 B/d

长径比对轴承承载能力、耗油量和轴承温升影响较大。B/d 值越大,轴承承载能力也越强,但油不易从两端泄出,散热差,油的温升大,使油的黏度降低,且长轴颈易变形,制造和装配误差的影响也大。表 10-7 给出了推荐的轴承长径比。

表 10-7 推荐的轴承长径比

轴承名称	长径比 B/d	轴承名称	长径比 B/d
汽车及航空活塞发动机曲轴主轴承	0.75~1.75	铁路车辆轮轴支承	1.8~2.0
柴油机曲轴主轴承	0.6~2.0	汽轮机主轴承	0.4~1.0
柴油机连杆轴承	0.6~1.5	冲剪床主轴承	1.0~2.0
机床主轴承	0.8~1.2	电动机主轴承	0.5~1.5
轧钢机轴承	0.6~0.9	齿轮减速器轴承	0.6~1.5

(2) 轴承的相对间隙($\psi = \delta/r$)

从式(10-15)可见,相对间隙 ψ 值大,轴承的承载能力差。另外,因间隙增加,油易流出,其油温必下降;反之亦然。所以 ψ 值选择应恰当。设计时相对间隙主要是根据载荷

和速度来选取。速度愈高,ψ 值应愈大;载荷愈大,ψ 值应愈小。此外,直径大、长径比小,调心性能好;加工精度高时,ψ 值应取小些。设计时可按下式初步确定相对间隙 ψ 值:

$$\psi = 0.8 \times 10^{-3} v^{0.25} \tag{10-28}$$

式中:v——轴颈圆周速度,m/s。

一些典型的机器中常用的 ψ 值为:汽轮机、电动机、齿轮减速装置,$\psi = 0.001 \sim 0.002$;轧钢机、铁路机车,$\psi = 0.000\,2 \sim 0.001\,5$;机床、内燃机,$\psi = 0.000\,2 \sim 0.001$;鼓风机、离心泵,$\psi = 0.001 \sim 0.003$。

(3)黏度 η

黏度是轴承设计中的一个主要参数。在条件相同的情况下,提高润滑油的黏度,可显著提高轴承的承载能力,但也增大了摩擦阻力,使轴承温升增大,致使油的黏度降低,反而降低轴承的承载能力。选择润滑油黏度的原则是:载荷大、速度低时,选用黏度较大的润滑油;载荷小、转速高时,应选用黏度低的润滑油。

10.7 滑动轴承设计的实例分析及设计时应注意的事项

10.7.1 径向滑动轴承设计实例分析

例 10-1 设计一机床用的液体摩擦径向滑动轴承,已知轴承载荷 $F = 160\,000$ N,轴颈直径 $d = 200$ mm,转速 $n = 600$ r/min,工作情况稳定,装配要求采用对开式轴承。

解 (1)确定轴承结构形式

按题目要求,选用对开式结构,由水平剖分面侧供油,包角按 $\alpha = 180°$ 设计计算。

(2)选择轴承长径比 B/d,计算轴承长度 B

参考表 10-7,B/d 应在 $0.8 \sim 1.2$ 范围内,由于载荷较重,故选 $B/d = 1$,则轴承长度 $B = d = 200$ mm。

(3)计算轴颈圆周速度 v

$$v = \frac{\pi dn}{60 \times 1\,000} = \frac{3.14 \times 200 \times 600}{60 \times 1\,000} \text{ m/s} = 6.28 \text{ m/s}$$

(4)计算轴承工作压力 p

$$p = \frac{F}{Bd} = \frac{160\,000}{200 \times 200} \text{ MPa} = 4 \text{ MPa}$$

(5)计算 pv 值

$$pv = 4 \times 6.28 \text{ MPa} \cdot \text{m/s} = 25.12 \text{ MPa} \cdot \text{m/s}$$

(6)选择轴瓦材料

根据轴承的 p、v 和 pv 值,按表 10-2 选用轴瓦材料为铅青铜 ZCuPb30,其 $[p] = 15$ MPa,$[v] = 12$ m/s,$[pv] = 30$ MPa·m/s。轴颈作淬火处理。

(7)选定轴承的相对间隙 ψ

按式(10-28)

$$\psi = 0.8 \times 10^{-3} v^{0.25} = 0.8 \times 10^{-3} \times 6.28^{0.25} = 0.001\,266$$

取 $\psi = 0.001\,25$,则直径间隙

$$\Delta = \psi d = 0.001\,25 \times 200 \text{ mm} = 0.25 \text{ mm}$$

（8）选定润滑油

选平均油温 $t_m = 50\ ℃$，参照表 1-1，选用 L-AN68 全损耗系统用油，按 $t_m = 50\ ℃$，由图 1-27 查出 L-AN68 的运动黏度 $\gamma_{50} = 40\ mm^2/s$

换算出 L-AN68 在 50 ℃时的动力黏度，取 $\rho = 900\ kg/m^3$，则

$$\eta_{50} = \rho\gamma_{50} \times 10^{-6} = 900 \times 40 \times 10^{-6}\ Pa \cdot s \approx 0.036\ Pa \cdot s$$

（9）计算承载量系数

由式（10-16）

$$C_p = \frac{F\psi^2}{2\eta vB} = \frac{160\ 000 \times 0.001\ 25^2}{2 \times 0.036 \times 6.28 \times 0.2} = 2.764$$

（10）求轴承的相对偏心率 χ

根据 C_p 和 B/d 的值，查表 10-5，求出相对偏心率 $\chi = 0.766$。

（11）计算最小油膜厚度

由式（10-14）得

$$h_{min} = \frac{d}{2}\psi(1-\chi) = \frac{200}{2} \times 0.001\ 25 \times (1-0.766)\ mm = 0.029\ 3\ mm$$

确定轴颈、轴承孔表面粗糙度十点平均高度。因为是一般的轴承，轴颈和轴瓦表面粗糙度取为 $Rz_1 = 0.003\ 2\ mm$，$Rz_2 = 0.006\ 3\ mm$，取安全系数 $S = 2$，由式（10-17）得

$$h_{min} \geqslant (2\sim3)(Rz_1 + Rz_2)$$

$$0.029\ 3\ mm \geqslant 2 \times (0.003\ 2 + 0.006\ 3)\ mm = 0.019\ mm（通过）$$

（12）计算轴承与轴颈的摩擦系数

根据式（10-20），因为 $B/d = 1$，取 $\xi = 1$，得

$$f = \frac{\pi}{\psi}\frac{\eta\omega}{p} + 0.55\psi\xi = \frac{3.14 \times 0.036 \times (2 \times 3.14 \times 600/60)}{0.001\ 25 \times 4 \times 10^6} + 0.55 \times 0.001\ 25$$

$$= 0.001\ 4 + 0.000\ 68 = 0.002\ 1$$

（13）确定耗油量系数 C_q 及耗油量 q

由 $B/d = 1$，$\chi = 0.766$，查表 10-6，得 $C_q = 0.141\ 4$，由式（10-22）得

$$q = C_q\psi vBd = 0.141\ 4 \times 0.001\ 25 \times 6.28 \times 0.2 \times 0.2\ m^3/s$$

$$= 0.44 \times 10^{-4}\ m^3/s$$

（14）计算润滑油温升

取润滑油密度 $\rho = 900\ kg/m^3$，取比热容 $c = 1\ 800\ J/(kg \cdot ℃)$，表面散热系数 $\alpha_s = 80\ W/(m^2 \cdot ℃)$，由式（10-25）得

$$\Delta t = \frac{fFv}{q\rho c + \alpha_s\pi dB} = \frac{0.002\ 1 \times 160\ 000 \times 6.28}{0.44 \times 10^{-4} \times 900 \times 1\ 800 + 80 \times 3.14 \times 0.2 \times 0.2}\ ℃ = 26\ ℃$$

（15）计算润滑油入口温度

由式（10-27）得

$$t_1 = t_m - \frac{\Delta t}{2} = \left(50 - \frac{26}{2}\right)\ ℃ = 37\ ℃$$

因要求 $t_1 = 35\sim40\ ℃$，故上述入口温度合适。

（16）选择配合公差

轴承直径间隙为　　　　　$\Delta = \psi d = 0.001\ 25 \times 200 = 0.25\ mm$

按 GB/T 1801—1999 选配合 F6/d7，查得轴承孔尺寸公差为 $\phi 200^{+0.079}_{+0.050}$，轴颈尺寸公差为 $\phi 200^{-0.170}_{-0.216}$。

（17）求最小、最大间隙

$$\Delta_{max} = [0.079 - (-0.216)]\ mm = 0.295\ mm$$

$$\Delta_{min} = [0.050 - (-0.170)] \text{ mm} = 0.22 \text{ mm}$$

因 0.25 mm 在 Δ_{min} 和 Δ_{max} 之间,故所选配合合用。

（18）验算

验算在 Δ_{min} 和 Δ_{max} 时,轴承的工作可靠性和温升,符合工况要求。

重复上面的(11)至(16)步计算,得 Δ_{min} 和 Δ_{max} 的各项计算结果见表 10-8。

表 10-8　Δ_{min}、Δ_{max} 的各项计算结果

参数	$\Delta_{min} = 0.22$ mm	$\Delta_{max} = 0.295$ mm
ψ	1.1×10^{-3}	1.48×10^{-3}
C_p	2.14	3.875
χ	0.721	0.818
h_{min}	0.030 7 mm > 0.019 mm	0.026 9 mm > 0.019 mm
f	0.002	0.002
C_q	0.144	0.135
Δt	26.97 ℃	21.99 ℃
t_1	36.5 ℃ > 35 ℃	39.0 ℃ > 35 ℃
t_2	63.5 ℃ < 80 ℃	60.99 ℃ < 80 ℃

设计计算结果分析:

（1）从计算结果可以看到,在所选定的公差配合下,轴承在最小与最大配合间隙时,其负载能力、工作可靠性及温升都能满足要求,故选定的轴承各参数正确合理。

（2）计算结果表明,相对间隙 ψ 越小,轴承的承载能力越强。体现在载荷相同时,轴承的相对偏心率 χ 越小,h_{min} 增大。本例 $\psi_{min} = 1.1 \times 10^{-3}$ 时,$\chi = 0.721$,$h_{min} = 0.030\ 7$ mm；$\psi = 1.25 \times 10^{-3}$ 时,$\chi = 0.766$,$h_{min} = 0.029\ 3$ mm；$\psi_{max} = 1.48 \times 10^{-3}$ 时,$\chi = 0.818$,$h_{min} = 0.026\ 9$ mm。

（3）轴承间隙增大时,轴承工作温升减少,易于实现热平衡,但在同样工况条件下,最小油膜厚度减少,承载能力降低。

10.7.2　滑动轴承设计时应注意的事项

（1）要合理选择轴承的类型。例如:在轴承座孔不同心或在受载后轴线发生挠曲变形条件下要选择自动调心滑动轴承；高速轻载条件下的轴承要选用抗振性好的轴承；含油轴承不宜用于高速或连续旋转的场合,动静压轴承特别适用于要求负载起动而又要长期连续运行的场合。

（2）液体动压润滑的滑动轴承应根据 p 与 pv 值来选用材料。这是因为在起动停车时,这种轴承仍处于非液体摩擦状况的缘故。

（3）液体动压润滑的滑动轴承计算的思路见图 10-13。

（4）液体动压润滑滑动轴承的计算较为复杂,须根据计算结果与所选配合,验算在最小和最大配合间隙(Δ_{min} 与 Δ_{max})时轴承的工作可靠性与温升。若不满足要求,还要调整有关参数重新计算,直至得到最佳效果为止。

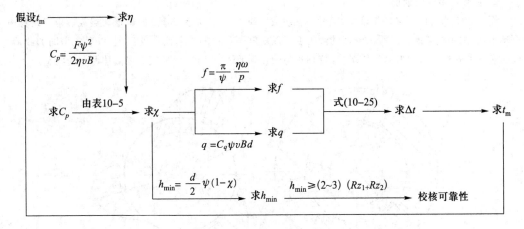

图 10-13 滑动轴承计算思路

* 10.8 其他形式滑动轴承简介

10.8.1 多油楔滑动轴承

上述液体摩擦径向滑动轴承只能形成一个油楔来产生液体动压油膜,故称为单油楔轴承。这种轴承结构简单、承载量大。但在轻载、高速条件下运转时,轴心容易偏离平衡位置(称为漂移),作有规律或无规律的运动,最终不能回到原来的平衡位置,这种状态称为轴承失稳。多油楔轴承的轴瓦可制成在轴承工作时产生多个油楔的结构形式,这种轴瓦可分成固定的和可倾的两类。

1. 固定瓦多油楔轴承

图 10-14 为几种常见的多油楔轴承,它们在工作时能形成二个或三个动压油膜,分别称为二油楔和三油楔轴承。工作时,各油楔中同时产生油膜压力,有助于提高轴的旋转精度及轴承的稳定性。但是与同样条件下的单油楔轴承相比,承载能力较差,功耗较大。

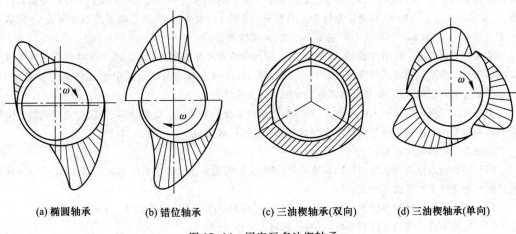

(a) 椭圆轴承   (b) 错位轴承   (c) 三油楔轴承(双向)   (d) 三油楔轴承(单向)

图 10-14 固定瓦多油楔轴承

2. 可倾瓦多油楔轴承

图 10-15 为可倾瓦多油楔轴承,轴瓦由三块或三块以上(通常为奇数)的扇形块组成。扇形块背面有球形窝,并用调整螺钉支承。轴瓦的倾斜度可以随轴颈位置的不同而自动调整,以适应不同的载荷、转速和轴的弹性变形及偏斜等情况,保持轴颈与轴瓦间的适当间隙,以便能形成液体摩擦的状态。

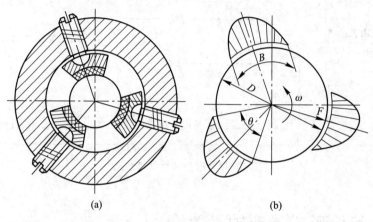

(a)　　　　　　　　　　(b)

图 10-15　可倾瓦多油楔径向滑动轴承

这种轴承的优点是,即使在空载运转时,轴与各个轴瓦也能处于某个偏心位置上,从而能形成几个承载油楔,使轴能稳定运转。

10.8.2　液体静压轴承

液体动压滑动轴承依靠轴颈回转时,把润滑油带进楔形间隙形成动压油膜来承受外载荷;但对经常起动,换向回转、低速、重载或有冲击载荷等的机器就不太合适,这时可考虑采用液体静压轴承。

液体静压轴承是依靠一个液压系统供给压力油,压力油进入轴承间隙里,强制形成压力油膜以隔开摩擦表面,靠液体的静压平衡外载荷。图 10-16 是液体静压轴承的示意图。高压油经节流器进入油腔,节流器是用来保持油膜稳定性的。当轴承载荷为零时,轴颈与轴孔同心,各油腔的油压彼此相等。当轴承受载荷 F 时,轴颈偏移,各油腔附近的间隙不同,受力大的油膜减薄,流量减小,因此经过这部分节流器的流量也减小,在节流器中的压力损失也减小;因油泵的进油压力保持不变,所以下油腔中的压力将加大,上油腔的压力将减小,轴承依靠这个压力差平衡载荷 F。由此可见,静压轴承的刚度很大,当外载荷 F 有所变动时,轴承的回转中心可基本不改变,回转精度很高。

常用的节流器有小孔节流器、毛细管节流器、滑阀节流器和薄膜节流器等。图 10-17 为毛细管节流器的结构图。当油流经细长的管道时,产生一压力降。压力降的大小与流量成正比,与毛细管的长度 l 和油的黏度的乘积成正比,而与毛细管直径 d 的 4 次方成反比。

上述静压轴承中供油压力是恒定的,所以称为恒压系统。如果用定量泵,则可以建立无节流器的恒流系统静压轴承。恒流系统是通过改变供油压力来平衡外载荷的。

液体静压轴承的优点是:

(1)润滑状态和油膜压力与轴颈转速的关系很小,即使轴颈不旋转也可以形成油膜,因此可应用在转速极低的条件下形成液体摩擦润滑。

(2)由于工作时轴颈与轴承不直接接触(包括起动、停车等),轴承不会磨损,故使用寿命长。

(3)转速不高的轴承摩擦系数极小,因此起动力矩小,效率高。

(4)油膜刚性大,具有良好的吸振性,运转平稳,精度高。

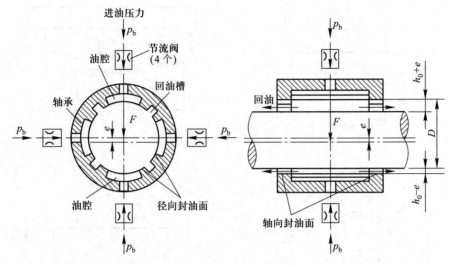

图 10-16　液体静压轴承示意图

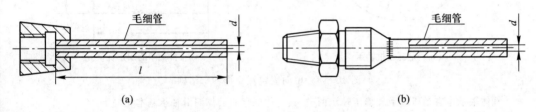

图 10-17　毛细管节流器结构图

（5）轴瓦加工精度远低于动压轴承。

但液体静压轴承必须有一套复杂的供给压力油的系统,故设备费用高,维护管理也较麻烦,因此只有当动压轴承难以胜任时才采用静压轴承。

10.8.3　液体摩擦动压止推轴承

非液体摩擦止推轴承,其推力面与止推面相互平行,不能形成楔形油膜,所以不能实现液体摩擦。为了满足高速重载的工作条件要求,可在止推轴承的推力面和止推面构成楔形间隙,并供给充足的润滑油,当推力面和止推面相对运动,其相对运动速度达到一定时,在楔形间隙中就能像径向轴承一样,形成动压油膜,把摩擦表面隔开、实现液体摩擦,这种轴承称为动压止推轴承(图 10-18)。

10.8.4　气体轴承

当轴颈转速极高($n>100\,000$ r/min)时,用液体润滑剂的轴承即使在液体摩擦状态下工作,摩擦损失还是很大的。过大的摩擦损失将降低机器的效率,引起轴承过热。采用气体轴承(gas biaring)可极大地降低摩擦损失。

气体轴承是用气体作润滑剂的滑动轴承。常用的气体为空气。由于空气的黏度只是润滑油的$1/4\,000\sim1/5\,000$,故气体轴承可以在高转速下工作,其转速可达几十万甚至百万转。气体轴承的摩擦阻力很小,因此功耗很小。此外空气黏度受温度的影响很小,所以可在很大的温度范围内应用。空气轴承广泛应用于各种精密测量仪器、超精密机床主轴、超高速离心机(几十万转)等设备的支承中。

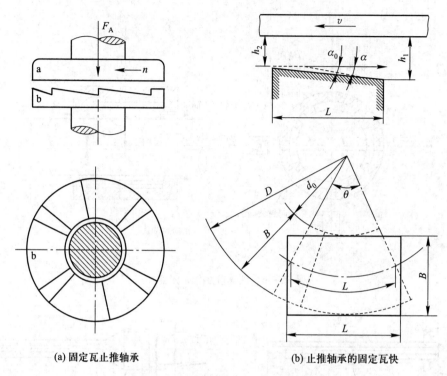

(a) 固定瓦止推轴承　　　　　　(b) 止推轴承的固定瓦快

图 10-18　单向固定瓦止推轴承结构

气体轴承也有动压轴承和静压轴承两类,其工作原理和液体润滑轴承基本相同。

气体润滑轴承中,轴承的间隙很小,因此要求提高轴承及轴颈的加工精度和降低表面粗糙度值。另外,由于气体润滑剂的黏度低,因而气体润滑轴承的承载能力和刚度也较低。它的实际平均承载能力约为 0.1 MPa。当载荷较大而又必须采用气体润滑剂时,就应采用气体润滑静压轴承,这时所需的设备费用比液体润滑静压轴承要高得多,因此限制了气体润滑轴承的应用。

10.8.5　含油轴承

含油轴承(oil-retaining bearing)是用不同的金属粉末(如铜粉、铁粉等)经压制、烧结而成的。这种材料是多孔结构,孔隙一般占体积的 10%~35%。在一定温度下,把它在润滑油中浸渍数小时,使孔隙充满润滑油,然后冷却到常温,结果,油就储存在轴承的孔隙中,故被称为含油轴承。工作时,由于轴颈转动的抽吸作用及轴承发热时油的膨胀作用,油便进入摩擦表面间起润滑作用;不工作时,随着轴承的逐渐冷却及毛细管作用,油便被吸回到轴承内部,故在相当长时间内,即使不加润滑油仍能很好地工作,因而也称为自润滑轴承。由于含油轴承具有这种特点,所以能在很长时间内工作而不需添加润滑油。

含油轴承的韧性较小,故宜用于轻载、低速和不易加油的情况。

含油轴承经烧结、压制成形,形状比较简单。烧结完毕后,不需要再进行机械加工,所以适合于大量生产。

10.8.6　磁流体轴承

磁流体轴承(hydro-magnetic bearing)与滑动轴承是不同的,磁流体轴承是利用磁性相斥与相吸的原理做成的。图 10-19 是磁流体轴承的结构示意图。这种轴承由永久磁铁(或电磁材料)做成的轴承、转子和轴所组成。

磁流体轴承也分为推力轴承(图 10-19a)和径向轴承(图 10-19b)两类。磁流体推力轴承利用永久磁铁异性相吸的原理,而磁流体径向轴承利用永久磁铁同性相斥的原理,它们都是利用吸引力或排斥力把转子悬浮起来。这些轴承承载量的大小与轴承内表面和转子外表面之间的距离的平方成反比,与磁铁间相互作用的吸引力或排斥力的乘积成正比。磁流体轴承可以保证轴承与转子之间无金属摩擦,这种轴承用在仪器、仪表中,可以提高仪器、仪表的灵敏度。

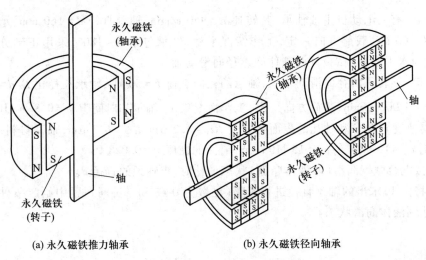

(a) 永久磁铁推力轴承   (b) 永久磁铁径向轴承

图 10-19　磁流体轴承

分析与思考题

10-1　对滑动轴承的轴瓦材料有哪些具体要求? 如何选用?

10-2　一般轴承的长径比在什么范围内? 为什么宽径比不宜过大或过小?

10-3　验算滑动轴承的压力 p、速度 v 和压力与速度的乘积 pv,是非液体摩擦滑动轴承设计的内容,对液体摩擦径向滑动轴承是否需要进行此项验算? 为什么?

10-4　在设计液体摩擦径向滑动轴承时,为什么要进行热平衡计算? 若计算出的润滑油入口温度过高($t_1 > 45\ ℃$)时,应如何调整参数来改进设计? 若润滑油入口温度过低($t_1 < 35\ ℃$)时,又应如何调整参数来改进设计?

10-5　设计液体摩擦径向滑动轴承时,若其最小油膜厚度不能满足轴承可靠工作条件,如何调整参数改进其设计?

习题

10-1　一非液体摩擦径向滑动轴承,轴颈直径 $d = 200$ mm,轴承宽度 $B = 200$ mm,轴承材料选用 ZCuAl10Fe3。求当轴转速为 120 r/min 时,轴承允许的最大径向载荷。

10-2　一起重机卷筒轴用非液体摩擦径向滑动轴承支承。已知:径向工作载荷 $F =$

100 kN,轴颈直径 $d = 90$ mm,转速 $n = 90$ r/min。试设计此滑动轴承,并选择润滑剂牌号。

10-3   一液体摩擦径向滑动轴承,承受径向载荷 $F = 70$ kN,转速 $n = 1\ 500$ r/min,轴颈直径 $d = 200$ mm,长径比 $B/d = 0.8$,相对间隙 $\psi = 0.001\ 5$,包角 $\alpha = 180°$,采用 32 号全损耗系统用油(无压供油),假设轴承中平均油温 $t_m = 50$ ℃,油的黏度 $\eta = 0.018$ Pa·s,求最小油膜厚度 h_{min}。

10-4   有一电动机主轴轴承,其转速 $n = 960$ r/min,轴颈直径 $d = 160$ mm,承受的径向载荷 $F = 60$ kN,载荷方向一定,工作情况平稳,轴承包角 $\alpha = 180°$,采用正剖分式结构(剖分面为水平的)。试设计此液体摩擦径向滑动轴承。

10-5   某转子的径向滑动轴承,轴承的径向载荷 $F = 50$ kN,轴承长径比 $B/d = 1.0$,轴的转速 $n = 1\ 000$ r/min,载荷方向一定,工作情况稳定,轴承相对间隙 $\psi = 0.8\sqrt[4]{v} \times 10^{-3}$($v$ 为轴颈圆周速度),轴颈和轴瓦的表面粗糙度 $Rz_1 = 3.2$ μm,$Rz_2 = 6.3$ μm,轴瓦材料的 $[p] = 20$ MPa,$[v] = 15$ m/s,$[pv] = 15$ MPa·m/s,油的黏度 $\eta = 0.028$ Pa·s。

1)按混合摩擦润滑(非液体摩擦)状态设计时,求轴颈的直径 d。

2)将由 1)求出的轴颈直径进行圆整(尾数为 0 或 5),试问在题中给定条件下此轴承能否达到液体润滑状态?

第 **11** 章

滚动轴承及其装置设计

11.1　滚动轴承的主要类型、代号及其选择

　　滚动轴承(rolling bearing)是现代机器中广泛应用的部件之一。它已标准化,由专门的轴承工厂成批生产。在机械设计中,只需根据工作条件选用合适的滚动轴承类型和尺寸并进行组合结构设计。

　　典型的滚动轴承构造如图 11-1 所示,主要由内圈、外圈、滚动体(rolling element)和保持架四种元件组成。

　　滚动轴承的内圈装在轴颈上,外圈装在轴承孔内。通常是外圈固定不动,内圈随轴颈回转。也可以是内圈不动,外圈回转,如汽车前轮上的轴承。还可以是内、外圈同时按不同转速转动,如行星轮轴上的轴承。滚动体是滚动轴承的核心元件,当内外圈相对转动时,滚动体即在内外圈的滚道间滚动。内外圈的滚道多为凹槽形,它起着降低接触应力和限制滚动体轴向移动的作用。滚动体的形状有球、圆柱滚子、圆锥滚子、鼓形滚子、滚针等(图 11-2)。保持架将滚动体均匀地隔开以避免滚动体间直接接触而产生的摩擦和磨损。

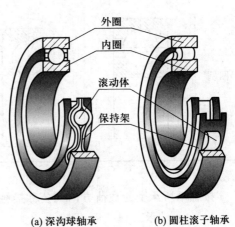

(a) 深沟球轴承　　　　(b) 圆柱滚子轴承

图 11-1　滚动轴承的构造

　　滚动轴承的内、外圈和滚动体用强度高、耐磨性好的含铬合金钢制造,常用的牌号如 GCr15、GCr15SiMn 等(G 表示专用的滚动轴承钢),淬火后硬度应不低于 60~65 HRC,工作表面要求磨削抛光。保持架多用软钢冲压而成,也有用铜合金或塑料的。

　　与滑动轴承比较,滚动轴承具有下列优点而获得了广泛应用:1) 摩擦系数小,起动力

矩小,效率高;2) 轴向尺寸(宽度)较小;3) 某
些滚动轴承能同时承受径向和轴向载荷,因此
可使机器结构简化、紧凑;4) 径向间隙小,还可
以用预紧方法消除间隙,因此运转精度高;
5) 润滑简单,耗油量少,维护保养简便;6) 它
是标准件,易于互换等。它的缺点是,抗冲击
能力较差,高速时噪声大,工作寿命不及液体
摩擦的滑动轴承长,径向尺寸比滑动轴承大。

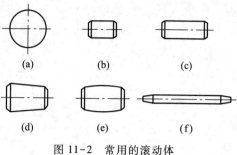

图 11-2 常用的滚动体

11.1.1 滚动轴承的主要类型和特点

滚动体与套圈接触处的法线与轴承的径向平面之间的夹角称为轴承的公称接触角
(nominal contact angle)α。它是滚动轴承的一个主要参数,滚动轴承的分类和受力分析都
与其有关。表 11-1 列出了各类轴承(以球轴承为例)的公称接触角。

表 11-1　各类球轴承的公称接触角

轴承类型	向心轴承		推力轴承	
	径向接触	向心角接触	推力角接触	轴向接触
公称接触角 α	$\alpha = 0°$	$0° < \alpha \leqslant 45°$	$45° < \alpha < 90°$	$\alpha = 90°$
图例				

按轴承所承受的载荷方向或公称接触角的不同可分为以下几种。

1. 向心轴承

向心轴承主要承受径向载荷。其公称接触角从 0° 到 45°。它又可分为:

(1) 径向接触轴承　公称接触角 $\alpha = 0°$ 的向心轴承。如深沟球轴承、圆柱滚子轴承
及滚针轴承等。

(2) 向心角接触轴承　公称接触角 $0° < \alpha \leqslant 45°$ 的向心轴承。如角接触球轴承、圆锥
滚子轴承等。

2. 推力轴承

推力轴承主要承受轴向载荷。其公称接触角 $45° < \alpha \leqslant 90°$。它又可分为:

（1）推力角接触轴承　公称接触角 $45° < \alpha < 90°$ 的推力轴承。如推力角接触球轴承等。

（2）轴向接触轴承　公称接触角 $\alpha = 90°$ 的推力轴承。如推力球轴承等。

常用的滚动轴承的类型及特性见表 11-2。

表 11-2　常用滚动轴承类型、尺寸系列代号及其特性（GB/T 272—2017）

轴承名称及类型、结构代号	结构简图、承载方向	三维简图	尺寸系列代号	组合代号	特性
调心球轴承（spherical ball bearing）10000［1000 型］	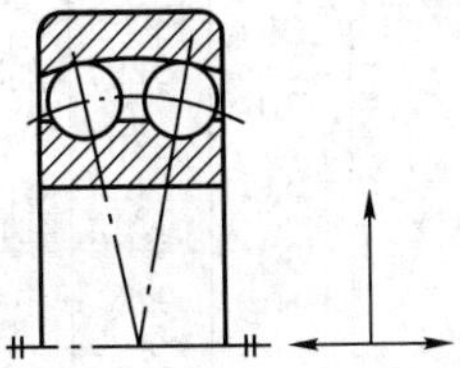		（0）2 22 （0）3 23	12 122 13 123	主要承受径向载荷，也可同时承受少量的双向轴向载荷，外圈滚道为球面，具有自动调心性能。内外圈轴线相对偏斜允许 $2° \sim 3°$，适用于多支点轴、弯曲刚度小的轴以及难以精确对中的支承
调心滚子轴承（spherical roller bearing）20000［3000 型］	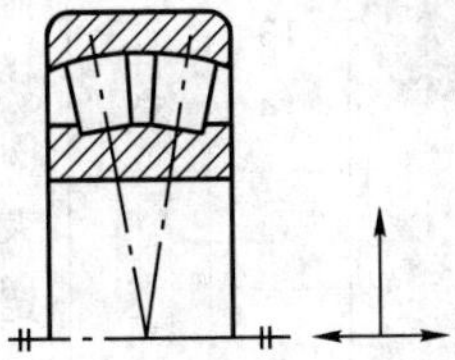		13 22 23 30 31 32 40 41	213 222 223 230 231 232 240 241	主要用于承受径向载荷，其径向承载能力比调心球轴承大，也能承受少量的双向轴向载荷。外圈滚道为球面，具有调心性能，内外圈轴线相对偏斜允许 $0.5° \sim 2°$，适用于多支点轴、弯曲刚度小的轴以及难于精确对中的支承
推力调心滚子轴承（spherical thrust roller bearing）29000［39000 型］	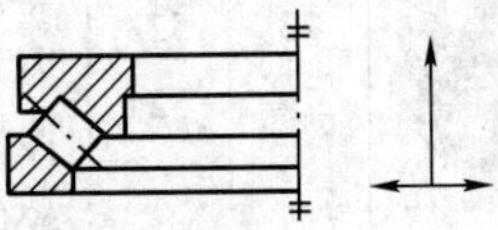		92 93 94	292 293 294	可以承受很大的轴向载荷和一定的径向载荷。滚子为鼓形，外圈滚道为球面，能自动调心，允许轴线偏斜 $2° \sim 3°$，转速比推力球轴承高，常用于水轮机轴和起重机转盘等

续表

轴承名称及类型、结构代号	结构简图、承载方向		三维简图	尺寸系列代号	组合代号	特性
圆锥滚子轴承（tapered roller bearing）30000 ［7000型］				02 03 13 20 22 23 29 30 31 32	302 303 313 320 322 323 329 330 331	能承受较大的径向载荷和单向的轴向载荷,极限转速较低。 内外圈可分离,故轴承游隙可在安装时调整。通常成对使用,对称安装。 适用于转速不太高、轴的刚性较好场合
推力球轴承（thrust ball bearing）51000 50000 ［8000型］	单向			11 12 13 14	511 512 513 514	推力球轴承的套圈与滚动体多半是可分离的。单向推力球轴承只能受单向轴向载荷,两个圈的内孔不一样大,内孔较小的是紧圈,装在轴上,内孔较大的是松圈,与轴有一定间隙,安放在机座上
推力球轴承（thrust ball bearing）52000 50000 ［8000型］	双向			22 23 24	522 523 524	双向推力轴承可以承受双向轴向载荷,中间圈为紧圈,与轴配合,另两个圈为松圈。 在高速时,由于离心力大,球与保持架因摩擦而发热严重,寿命较低。 常用于轴向载荷大,转速不高处

续表

轴承名称及类型、结构代号	结构简图、承载方向	三维简图	尺寸系列代号	组合代号	特性
深沟球轴承（deep groove ball bearing）60000 ［0000 型］	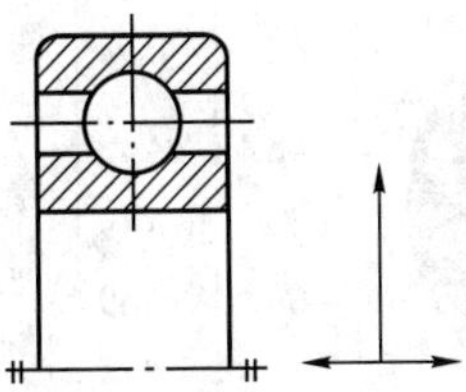		17 37 18 19 (0)0 (1)0 (0)2 (0)3 (0)4	617 637 618 619 160 60 62 63 64	主要承受径向载荷，也可同时承受少量双向轴向载荷，工作时内外圈轴线允许偏斜 $8'\sim16'$，摩擦阻力小，极限转速高，结构简单，价格便宜，应用最广泛。但承受冲击载荷能力较差，适用于高速场合。在高速时，可用来代替推力球轴承
角接触球轴承（angular contact ball bearing）70000C ［36000，$\alpha=15°$］ 70000AC ［46000，$\alpha=25°$］ 70000B ［66000，$\alpha=40°$］	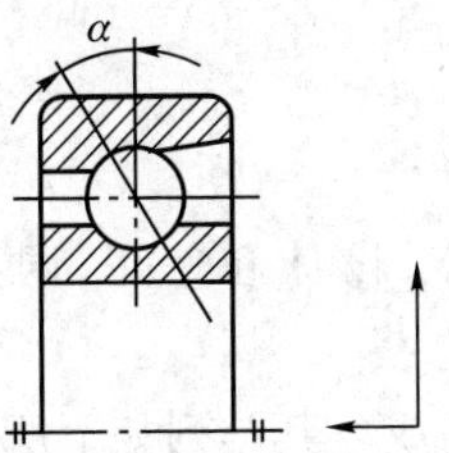		19 (1)0 (0)2 (0)3 (0)4	719 70 72 73 74	能同时承受径向载荷与单向的轴向载荷，公称接触角 α 有 15°、25°、40°三种。α 越大，轴向承载能力也越大。通常成对使用，对称安装。其极限转速较高。 适用于转速较高、同时承受径向和轴向载荷的场合
圆柱滚子轴承［2000 型］（cylindrical roller bearing）	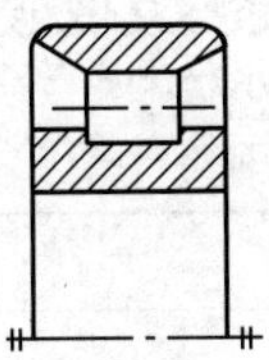 外圈无挡边圆柱滚子轴承 N0000		10 (0)2 22 (0)3 23 (0)4	N10 N2 N22 N3 N23 N4	只能承受径向载荷，不能承受轴向载荷。承载能力比同尺寸的球轴承大，尤其是承受冲击载荷能力大，极限转速高。 对轴的偏斜敏感，允许外圈与内圈的偏斜度较小（$2'\sim4'$），故只能用于刚性较大的轴上，并要求支承座孔很好地对中。
	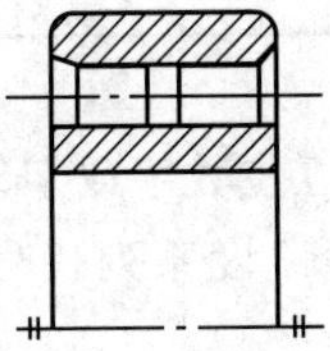 双列圆柱滚子轴承 NN0000		30	NN30	双列圆柱滚子轴承比单列轴承承载能力更高

续表

轴承名称及类型、结构代号	结构简图、承载方向	三维简图	尺寸系列代号	组合代号	特性
滚针轴承（needle roller bearing）NA0000［4000 型］	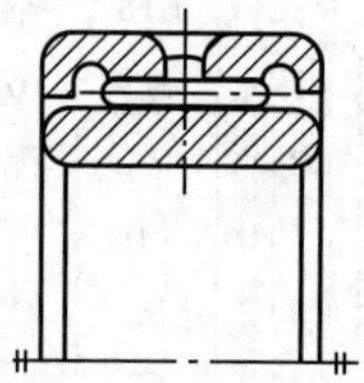		48 49 69	NA48 NA49 NA69	这类轴承采用数量较多的滚针作滚动体，一般没有保持架。径向结构紧凑且径向承载能力很大，价格低廉。缺点是不能承受轴向载荷，滚针间有摩擦，旋转精度及极限转速低，工作时不允许内、外圈轴线有偏斜。常用于转速较低而径向尺寸受限的场合

注："［　］"内数字是旧标准 GB/T 272—1988 的轴承类型代号；"（　）"内数字表示在尺寸组合代号中省略。

微视频：
滚动轴承的
代号

11.1.2　滚动轴承的代号

滚动轴承的类型和尺寸繁多，为了便于生产、设计和使用，国家标准规定用代号（code）表示轴承的类型、尺寸、结构特点及精度等。

轴承代号由基本代号、前置代号和后置代号构成。其排列如下所示：

前置代号　　基本代号　　后置代号

1. 基本代号

基本代号表示轴承的基本类型、结构和尺寸，是轴承代号的基础。它由轴承类型代号、尺寸系列代号、内径代号构成。其排列如表 11-3 所示。

表 11-3　轴承基本代号的排列

基本代号				
五	四	三	二	一
类型代号	尺寸系列代号		内径代号	
	宽（高）度系列代号	直径系列代号		

（1）类型代号　轴承类型代号用基本代号右起第五位数字或字母表示（见表 11-2）。

（2）尺寸系列代号　尺寸系列代号由轴承的宽（高）度系列代号和直径系列代号组合而成。

轴承的直径系列（即结构相同、内径相同的轴承在外径和宽度方面的变化系列）用基本代号右起第三位数字表示。例如,对于向心轴承和向心推力轴承,0和1表示特轻系列;2表示轻系列;3表示中系列;4表示重系列。推力轴承除了用1表示特轻系列外,其余和向心轴承的表示一致。

　　轴承的宽(高)度系列(即结构、内径和直径系列都相同的轴承在宽度方面的变化系列)用基本代号右起第四位数字表示。当宽度系列为0系列时,对多数轴承在代号中可不标出宽度系列代号0,但对于调心滚子轴承和圆锥滚子轴承,宽度系列代号0应标出。

　　向心轴承、推力轴承尺寸系列代号表示方法见表11-4。各类轴承的尺寸系列代号及由轴承类型代号和尺寸系列代号组成的组合代号见表11-2。

　　(3) 内径代号　轴承公称内径代号用基本代号右起第一、二位数字表示,见表11-5。

　　例如:代号为6204的深沟球轴承,其中,6为类型代号;2为尺寸系列(02)代号;04为内径代号。

　　又例如代号为N2210的圆柱滚子轴承,其中,N为类型代号;22为尺寸系列代号;10为内径代号。

表11-4　轴承尺寸系列代号表示法

直径系列代号及说明		向心轴承							推力轴承			
		宽度系列代号及说明							高度系列代号及说明			
		窄	正常	宽	特宽	特宽	特宽	特宽	特低	低	正常	正常
		0	1	2	3	4	5	6	7	9	1	2
		尺寸系列代号										
超特轻	7	—	17	—	37	—	—	—	—	—	—	—
超特轻	8	08	18	28	38	48	58	68	—	—	—	—
超特轻	9	09	19	29	39	49	59	69	—	—	—	—
特轻	0	00	10	20	30	40	50	60	70	90	10	—
特轻	1	01	11	21	31	41	51	61	71	91	11	—
轻	2	02	12	22	32	42	52	62	72	92	12	22
中	3	03	13	23	33	—	—	63	73	93	13	23
重	4	04	—	24	—	—	—	74	94	14	24

表11-5　滚动轴承的内径代号

内径尺寸/mm	代号表示		举　例	
	第二位	第一位	代号	内径/mm
10 12 15 17	0	0 1 2 3	深沟球轴承 6200	10

续表

内径尺寸/mm	代号表示		举　例	
	第二位	第一位	代号	内径/mm
20~495(5 的倍数) 22、28、32 除外	内径/5 的商		调心滚子轴承 23208	40
22、28、32 及 500 以上	/内径		调心滚子轴承 230/500 深沟球轴承 62/22	500 22

注:轴承内径小于 10 mm 的轴承代号见轴承手册。

2. 前置、后置代号

前置、后置代号是轴承在结构形状、尺寸、公差、技术要求等有改变时,在其基本代号左右添加的补充代号,其排列按表 11-6 所示。

常见的轴承内部结构、公差等级及配置代号见表 11-7。其余前置、后置代号的说明见有关的国家标准。

表 11-6　轴承代号的排列

		轴承代号							
前置代号	基本代号	1	2	3	4	5	6	7	8
成套轴承 分部件		内部结构	密封与 防尘套 圈类型	保持架及 其材料	轴承材料	公差等级	游隙	配置	其他

表 11-7　轴承内部结构、公差等级及配置代号

轴承内部结构代号		
代号	含　义	示例
C	1) 角接触球轴承,公称接触角 $\alpha = 15°$ 2) 调心滚子轴承,C 型	7005C 23122C
AC	角接触球轴承,公称接触角 $\alpha = 25°$	7210AC
B	1) 角接触球轴承,公称接触角 $\alpha = 40°$ 2) 圆锥滚子轴承,接触角加大	7210B 32310B
E	加强型(即内部结构设计改进,增大轴承承载能力)	

轴承公差等级代号		
代号 (GB/T 272—2017)	含　义	示例
/PN(P0)	公差等级符合标准规定的普通级(0)级,代号中省略不标	6203

续表

轴承公差等级代号		
代号 （GB/T 272—2017）	含　义	示例
/P6	公差等级符合标准规定的 6 级	6203/P6
/P6X（P6x）	公差等级符合标准规定的 6X 级	30210/P6X
/P5	公差等级符合标准规定的 5 级	6203/P5
/P4	公差等级符合标准规定的 4 级	6203/P4
/P2	公差等级符合标准规定的 2 级	6203/P2
轴承配置代号		
代号	含　义	示例
/DB	成对背对背安装	7210C/DB
/DF	成对面对面安装	32208/DF
/DT	成对串联安装	7210C/DT

注：括号内为旧标准 GB/T 272—1993 规定的轴承公差等级代号。

例 11-1　试说明轴承代号 6206、33215E、7312C 及 52412/P6 的含义。

解

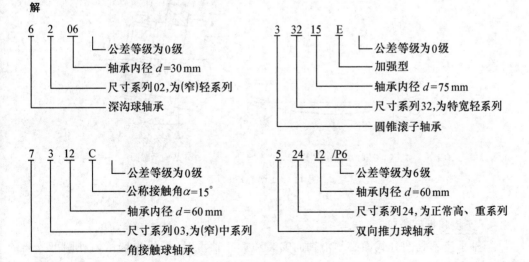

11.1.3　滚动轴承类型的选择

选择轴承类型时，必须先了解轴承所受工作载荷的大小、方向和性质，转速的高低，调心性能的要求，装拆方便及经济性等要求。具体选择时，可参考以下原则。

微视频：
滚动轴承类型的选择

1. 轴承所受的载荷

轴承所受载荷的大小、方向和性质是选择轴承类型的主要依据。

（1）载荷的大小与性质　通常，球轴承适用于轻、中及较小波动的载荷；滚子轴承适用于承受重载荷及较大波动的载荷。

（2）载荷的方向　纯径向载荷可选用深沟球轴承（6 类）、圆柱滚子轴承（N 类）及滚针轴承（NA 类）。纯轴向载荷可选用推力轴承（5 类）。当径向载荷和轴向载荷联合作用时，一般选用角接触球轴承（7 类）和圆锥滚子轴承（3 类）；当径向载荷很大而轴向载荷较小时，也可采用深沟球轴承（6 类）；当轴向载荷很大，径向载荷较小时，可用推力调心滚子轴承（2 类）或深沟球轴承与推力轴承组合的结构。

2. 轴承的转速

转速较高、载荷较小或要求旋转精度较高时，宜选用球轴承；转速较低、载荷较大或有冲击载荷时，宜选用滚子轴承。

推力轴承的极限转速均很低。工作转速较高时，若轴向载荷不十分大，可采用角接触球轴承或深沟球轴承。

3. 调心性能的要求

轴应具有足够的刚度，同轴的各个轴承孔应有良好的同轴度，使轴的偏转角 θ（图 11-3）控制在许用值以内，否则会缩短轴承寿命。当两轴承座孔不同轴线或由于加工、安装误差及轴挠曲变形大等原因使轴承内外圈之间偏转角较大时，应选用调心球轴承或调心滚子轴承。

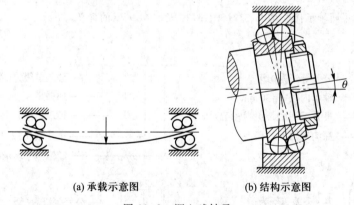

(a) 承载示意图　　　　　(b) 结构示意图

图 11-3　调心球轴承

4. 安装和拆卸方便

当轴承座不是剖分式而必须沿轴向安装和拆卸轴承时，可优先选用内外圈可分离的轴承（如圆锥滚子轴承）。当轴承在长轴上安装时，为了便于装拆，可以选用其内圈轴孔为 1∶12 的圆锥孔的轴承（如双列圆柱滚子轴承）。

此外，还应注意经济性。一般，深沟球轴承价格最低，滚子轴承比球轴承价格高。轴承精度愈高，则价格愈高。总之，选择轴承时，在满足工作要求的前提下，应使成本最低。

11.2 滚动轴承的载荷、应力、失效形式及计算准则

11.2.1 滚动轴承的载荷分布

以深沟球轴承为例,当深沟球轴承只受轴向力 F_A 时,如果轴承具有理想的精度,载荷也不偏心,可以认为轴向力是平均分布在所有滚动体上的,每个滚动体受的轴向载荷为

$$F_a = F_A / z \tag{11-1}$$

式中: z——滚动体个数。

因此在每个滚动体上产生的径向载荷 F_r 也是相等的(图 11-4)。

当深沟球轴承只受径向力 F_R 时,最多只有半圈滚动体受载。由于各接触点存在着弹性变形,使内圈沿 F_R 方向下移一距离 δ(图 11-5)。这时 F_R 作用线上接触点的变形量最大,在此处的滚动体承载也最大,根据力的平衡条件,可以求出承载最大的滚动体的径向载荷为

$$F \approx \frac{5}{z} F_R \quad (\text{深沟球轴承}), F \approx \frac{4.6}{z} F_R \quad (\text{圆柱滚子轴承}) \tag{11-2}$$

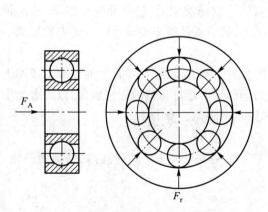

图 11-4 深沟球轴承受轴向载荷的分布

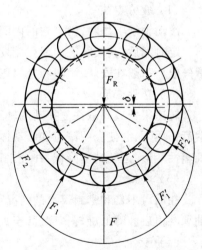

图 11-5 滚动轴承的载荷分布

由滚动轴承的载荷分布可知(图 11-5),由于滚动体所在位置不同,因而受载也不同。当滚动体进入承载区后,所受载荷就由零逐渐增大到 F_2、F_1 直到最大值 F,然后再逐渐减小到 F_1'、F_2' 直至零。

因此,对滚动体和转动内圈上的各点而言,其载荷和应力是周期性不稳定变化的(图 11-6a)。对于固定外圈的各点而言,承受稳定的脉动循环载荷与应力,如图 11-6b

所示。由图 11-6 可知,滚动轴承各元件受载后产生的应力都是脉动循环变化的接触应力。

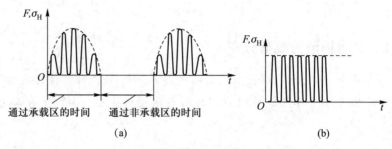

图 11-6 轴承元件上的载荷及应力变化

前文所述,深沟球轴承只受轴向力 F_A 时,各滚动体承载均匀;而只受径向力 F_R 时,载荷分配不均,最多只有半圈滚动体受载。因此,在 F_R 和 F_A 的联合作用下,载荷分配到各滚动体上的情况将随比值 F_A/F_R 的大小而定。比值越大,即 F_A 占的成分越大,则承载滚动体数目越多,载荷的分配越均匀。

11.2.2 滚动轴承的失效形式及计算准则

滚动轴承的失效形式主要有如下几种。

（1）疲劳点蚀

滚动轴承工作时,由于它的内圈、外圈和滚动体上任意点的接触应力都是变化的,工作一定时间后,其接触表面就可能发生疲劳点蚀。点蚀发生后,噪声和振动加剧,致使轴承失效。一般在安装、润滑和密封正常的情况下,疲劳点蚀是滚动轴承的主要失效形式。

（2）塑性变形

微视频:
滚动轴承的
设计——失效
形式与设计
准则

转速很低或间歇往复摆动的轴承,一般不会发生疲劳点蚀,但在很大的静载荷或冲击载荷作用下,会使套圈滚道和滚动体接触处的局部应力超过材料的屈服极限,以致表面出现塑性变形,运转精度降低,并会出现振动和噪声而不能正常工作。

（3）磨损

在润滑不良和密封不严的情况下,轴承工作时易发生磨损。转速愈高,磨损愈严重。轴承磨损后会降低旋转精度,甚至失效。

（4）胶合

在高速重载的情况下,轴承工作时易发生胶合,速度越高,发热量越大,发生胶合的可能性越高。胶合是高速重载条件下工作的滚动轴承的主要失效形式。

在确定轴承尺寸(型号)时,应针对轴承的主要失效形式进行必要的计算。其计算准则是:对一般工作条件下的回转滚动轴承,经常发生点蚀,主要进行寿命计算,必要时进行静强度校核;对于不转动、摆动或转速低(如 $n \leqslant 10$ r/min)的轴承,要求控制塑性变形,只需进行静强度计算;对于高速轴承,由于发热而造成的黏结磨损、烧伤胶合常常是突出的矛盾,除进行寿命计算外,还需校验极限转速。

11.3 滚动轴承的寿命计算

11.3.1 基本概念

滚动轴承寿命计算的目的是防止轴承在预期工作时间内产生疲劳点蚀破坏。

所谓轴承的寿命，是指轴承中任一滚动体或内、外圈滚道上出现疲劳点蚀前所经历的总转数或一定转速下工作的小时数。

大量试验证明，滚动轴承的疲劳寿命是相当离散的。同一批生产的同一型号的轴承，由于材质不均匀和工艺过程中存在差异等原因，即使在完全相同的条件下工作，寿命也不一样，相差可达数十倍。对于一个具体轴承很难预知其确切寿命，但对一批相同型号的轴承进行疲劳试验，可用数理统计方法求出其寿命规律。轴承疲劳失效概率（或破坏率）与总转数 L（寿命）之间的关系曲线如图 11-7 所示。随着运转次数的增加轴承疲劳失效概率也增加。

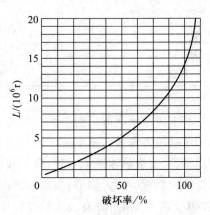

为了兼顾轴承工作的可靠性与经济性，将一批同型号的轴承，在相同的条件下运转，90% 的轴承不发生疲劳点蚀前轴承运转的总转数，定义为轴承的基本额定寿命，用 L_{10} 表示，单位为 10^6 转（或用一定转速下所能运转的总工作小时数 L_h 表示，单位为小时）。设计中，通常取基本额定寿命作为轴承的寿命指标。对于某单个轴承来说，意味着能达到此基本额定寿命的可靠度为 90%。

图 11-7 轴承寿命和破坏率的关系曲线

11.3.2 轴承寿命计算的基本公式

轴承的基本额定寿命与所受载荷的大小有关，作用载荷愈大，引起的接触应力也就愈大，因而在发生点蚀破坏前所经历的总转数也就愈少，即轴承的寿命愈短。可以证明，表征轴承载荷 P 与基本额定寿命 L_{10} 之间关系的载荷-寿命曲线（P-L_{10} 曲线），与一般金属疲劳强度的 σ-N 曲线相似。

轴承的 P-L_{10} 曲线见图 11-8，其方程为

$$P^\varepsilon L_{10} = 常数$$

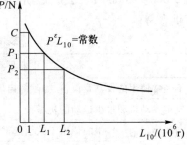

标准规定，基本额定寿命为 10^6 转时轴承能承受的载荷值，称为基本额定动载荷，以 C 表示，则

$$P^\varepsilon L_{10} = C^\varepsilon \times 10^6$$

故得

图 11-8 滚动轴承的 P-L_{10} 曲线

$$L_{10} = 10^6 \left(\frac{C}{P} \right)^\varepsilon \tag{11-3}$$

式中：P——当量动载荷(equivalent dynamic load)，N；

L_{10}——轴承的基本额定寿命，r；

ε——寿命指数，球轴承 $\varepsilon = 3$；滚子轴承，$\varepsilon = 10/3$。

实际计算时，用小时数表示轴承寿命比较方便。如轴承的转速为 n(r/min)，则以小时为单位的轴承寿命为

$$L_h = \frac{10^6}{60n} \left(\frac{C}{P} \right)^\varepsilon \tag{11-4}$$

当轴承工作温度高于 120 ℃时，因金属组织、硬度和润滑条件等的变化，轴承的基本额定动载荷 C 有所降低，故引进温度系数 f_t 对 C 值进行修正，f_t 可查表 11-8。因此，轴承寿命计算的基本公式可写为

$$L_h = \frac{10^6}{60n} \left(\frac{Cf_t}{P} \right)^\varepsilon \tag{11-5}$$

表 11-8 温度系数 f_t

轴承工作温度/℃	≤120	125	150	175	200	225	250	300	350
温度系数 f_t	1	0.95	0.90	0.85	0.80	0.75	0.70	0.60	0.50

基本额定动载荷是衡量承载能力的主要指标。基本额定动载荷大，轴承抵抗点蚀破坏的承载能力较强。基本额定动载荷分为两类：对主要承受径向载荷的向心轴承(如深沟球轴承、角接触球轴承、圆锥滚子轴承等)，为基本径向额定动载荷，以 C_r 表示；对主要承受轴向载荷的推力轴承，为基本轴向额定动载荷，以 C_a 表示。各种轴承的基本额定动载荷 C_r(或 C_a)值可查有关机械设计手册。

如果当量动载荷 P 和转速 n 均为已知，预期轴承计算寿命 L_h' 也已取定，可将式(11-5)变为求需要的额定动载荷 C_r' 的计算式

$$C_r' = \frac{P}{f_t} \sqrt[\varepsilon]{\frac{60nL_h'}{10^6}} \tag{11-6}$$

根据式(11-6)计算所得的 C_r' 值，从机械设计手册中选择轴承，使所选轴承的 $C_r \geqslant C_r'$。

设计时，通常取机器的中修或大修期限作为轴承的预期寿命。轴承的预期寿命一般为 5 000~20 000 h，间歇、短期工作时取小值，连续长期工作时取大值，表 11-9 的荐用值可供参考。

表 11-9 荐用的轴承预期寿命

机器种类及工作情况		预期寿命/h
不经常使用的仪器及设备，如闸门启闭装置等		500
航空发动机和很少运动的机械设备		500~2 000
间断使用的机器	中断使用不致引起严重后果的手动机械、农业机械等	4 000~8 000
	中断使用会引起严重后果的，输送机、吊车、动力站的辅助机械等	8 000~14 000

续表

机器种类及工作情况		预期寿命/h
每天 8 h 工作的机器	利用率不高的齿轮传动、电动机等	14 000~20 000
	利用率较高的通风设备、机床等	20 000~30 000
24 h 连续工作的机器	一般可靠性的空气压缩机、电动机、水泵等	50 000~60 000
	高可靠性的电站设备、给排水装置等	>100 000

11.3.3 滚动轴承的当量动载荷

滚动轴承可能同时承受径向和轴向复合载荷,为了计算轴承寿命时能与基本额定动载荷在相同条件下比较,需要将此复合载荷下的实际工作载荷转化为径向当量动载荷(简称当量动载荷)。在当量动载荷作用下,轴承寿命应与实际复合载荷下轴承的寿命相同。对向心轴承而言,其为一假定的径向当量载荷 P_r;对推力轴承而言,其为一假定的轴向当量载荷 P_a。

微视频:当量动载荷的计算

当量动载荷 P(P_r 或 P_a)的一般计算式为

$$P = XF_R + YF_A \tag{11-7}$$

式中,X——径向动载荷系数,其值见表 11-10;

Y——轴向动载荷系数,其值见表 11-10;

F_R——轴承所承受的径向载荷;

F_A——轴承所承受的轴向载荷。

对只能承受纯径向载荷 F_R 的圆柱滚子轴承及滚针轴承,当量动载荷为

$$P = F_R \tag{11-8}$$

对只能承受纯轴向载荷 F_A 的推力轴承,当量动载荷为

$$P = F_A \tag{11-9}$$

表 11-10 当量动载荷的系数 X、Y

轴承形式	iF_A/C_{0r} [①]	e	单列轴承				双列轴承或成对安装单列轴承(在同一支点上)			
			$F_A/F_R \le e$		$F_A/F_R > e$		$F_A/F_R \le e$		$F_A/F_R > e$	
			X	Y	X	Y	X	Y	X	Y
深沟球轴承	0.014	0.19				2.30				2.30
	0.028	0.22				1.99				1.99
	0.056	0.26				1.71				1.71
	0.084	0.28				1.55				1.55
	0.11	0.30	1	0	0.56	1.45	1	0	0.56	1.45
	0.17	0.34				1.31				1.31
	0.28	0.38				1.15				1.15
	0.42	0.42				1.04				1.04
	0.56	0.44				1.00				1.00

轴承形式		iF_A/C_{0r} [1]	e	单列轴承				双列轴承或成对安装单列轴承(在同一支点上)			
				$F_A/F_R \leqslant e$		$F_A/F_R > e$		$F_A/F_R \leqslant e$		$F_A/F_R > e$	
				X	Y	X	Y	X	Y	X	Y
调心球轴承		—	$1.5\tan\alpha$ [2]	1	0	0.40	0.40 $\cot\alpha$ [2]	1	0.40 $\cot\alpha$ [2]	0.65	0.65 $\cot\alpha$ [2]
调心滚子轴承		—	$1.5\tan\alpha$ [2]	1	0	0.40	0.40 $\cot\alpha$ [2]	1	0.40 $\cot\alpha$ [2]	0.65	0.65 $\cot\alpha$ [2]
角接触球轴承	$\alpha=15°$	0.015	0.38	1	0	0.44	1.47	1	1.65	0.72	2.39
		0.029	0.40				1.40		1.57		2.28
		0.058	0.43				1.30		1.46		2.11
		0.087	0.46				1.23		1.38		2.00
		0.12	0.47				1.19		1.34		1.93
		0.17	0.50				1.12		1.26		1.82
		0.29	0.55				1.02		1.14		1.66
		0.44	0.56				1.00		1.12		1.63
		0.58	0.56				1.00		1.12		1.63
	$\alpha=25°$	—	0.68	1	0	0.41	0.87	1	0.92	0.67	1.41
	$\alpha=40°$	—	1.14	1	0	0.35	0.57	1	0.55	0.57	(0.93)
圆锥滚子轴承		—	$1.5\tan\alpha$ [2]	1	0	0.4	0.4 $\cot\alpha$ [2]	1	0.45 $\cot\alpha$ [2]	0.67	0.67 $\cot\alpha$ [2]
推力调心滚子轴承			$1.5\tan\alpha$ [2]			$\tan\alpha$	1				

① 式中 i 为滚动体列数,C_{0r} 为径向额定静载荷;

② 具体数值按不同型号的轴承查有关设计手册。

表 11-10 中的 e 为轴向载荷影响系数。当 $F_A/F_R > e$ 时,表示轴向载荷对轴承的寿命影响较大,计算当量动载荷 P 时必须考虑 F_A 的影响,此时 $P=XF_R+YF_A$。当 $F_A/F_R \leqslant e$ 时,表示轴向载荷对轴承寿命的影响可以忽略不计,则计算当量动载荷时可忽略 F_A 的作用,此时:$X=1$,$Y=0$,$P=F_R$。深沟球轴承和角接触球轴承的 e 值将随 F_A/C_{0r} 的增加而增大(C_{0r} 为轴承的径向额定静载荷,见下节)。F_A/C_{0r} 反映了轴向载荷与径向载荷的相对大小,它通过接触角 α 的变化而影响 e 值。

上述当量动载荷 P 的计算公式,只是求出了名义值。实际上,考虑到机械在工作中有冲击,振动等影响,引入了冲击载荷系数 f_P(见表 11-11)。此时,上述各计算当量动载荷 P 的公式为

$$P = f_P(XF_R + YF_A) \tag{11-10}$$

$$P = f_P F_R \tag{11-11}$$

$$P = f_P F_A \tag{11-12}$$

表 11-11　冲击载荷系数 f_P

载荷性质	f_P	举例
载荷平稳,没有振动	1	受平稳载荷作用的机器上的摩擦传动的轴承,如带式输送机辊子的轴承
带有轻度振动的载荷,短时间超过基本载荷的125%	1~1.2	受比较平稳载荷作用的机器上的啮合传动中的轴承,主传动为旋转运动的机床、纤维加工机器等以及电动机、传送带、输送机的轴承
带有中度振动的载荷,短时间超过基本载荷的150%	1.3~1.8	火车车轮,拖拉机和汽车的变速箱、减速器的轴承($f_P = 1.3 \sim 1.5$),拖拉机和汽车车轮、内燃机、龙门刨床和牛头刨床等的轴承($f_P = 1.5 \sim 1.8$)
带有剧烈振动的载荷,短时间超过基本载荷的300%	2~3	锻压机、碎石机、大型和中型轧钢机轧辊和地辊等的轴承

11.3.4　角接触球轴承与圆锥滚子轴承轴向力 F_A 的计算

角接触球轴承与圆锥滚子轴承由于在滚动体滚道接触处存在着接触角 α,当轴上的径向载荷在 O 点的分量为 F_R 时,将派生出内部轴向力 F_S 作用于轴上(图11-9)。

如图 11-10 所示,将作用在承载区内第 i 个滚动体的法向力 F_i 分解为径向分力 F_{ri} 和轴向分力 F_{ai}。各滚动体上轴向力之和为轴承的内部轴向力 F_S,即

微视频:
滚动轴承轴
向力的计算

$$F_S = \sum_{i=1}^{n} F_{ai} \tag{11-13}$$

式中:n——受载的滚动体的数目。

如果只有最下的一个滚动体承受全部径向载荷 F_R 时,则

$$F_S = F_R \tan \alpha \tag{11-14}$$

当受载的滚动体的数目超过一个时,虽然各个滚动体上的径向分力 F_{ri} 的矢量和与 F_R 平衡,但它们的代数和则大于 F_R(参看图11-5)。所以内部轴向力 $F_S > F_R \tan \alpha$。根据研究,按一半滚动体受载进行分析,得

角接触球轴承　　　$F_S \approx 1.25 F_R \tan \alpha$　　　(11-15)

圆锥滚子轴承　　　$F_S = F_R / (2Y)$　　　(11-16)

式中:Y 为轴向动载荷系数,可按轴承型号从机械设计手册中查得。

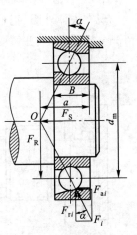

图 11-9　角接触球轴承的内部轴向力 F_S

角接触球轴承的内部轴向力 F_S 的具体数值见表 11-12。由分析可知, F_S 的方向总是沿着内圈和滚动体向外圈脱离的方向。

角接触球轴承和圆锥滚子轴承通常成对使用,应使两内部轴向力方向相反以免轴窜动。

角接触球轴承在计算支反力时,首先要确定载荷作用中心 O,它的位置应为各滚动体的载荷矢量与轴中心线的交点 O,如图 11-9 所示。角接触球轴承的载荷中心与轴承外侧端面的距离 a 可由下式计算,也可由机械设计手册查得。

$$a = \frac{B}{2} + \frac{d_m}{2} \tan \alpha \qquad (11-17)$$

式中: d_m ——滚动体中心所在圆的直径, $d_m = (D+d)/2$(其中 D 为轴承外径, d 为轴承内径);

B ——轴承宽度。

表 11-12 角接触球轴承内部轴向力 F_S

内部结构代号为 C 时 $\alpha = 15°$	内部结构代号为 AC 时 $\alpha = 25°$	内部结构代号为 B 时 $\alpha = 40°$
$F_S = 0.5 F_R$	$F_S = 0.7 F_R$	$F_S = 1.1 F_R$

接触角 α 及直径 d_m 越大,载荷作用中心距轴承宽度中点越远。为了简化计算,常假设载荷中心就在轴承宽度中点,但对跨距较小的轴,误差较大,不宜随便简化。

按式(11-10)、式(11-11)计算各轴承的当量动载荷时,其中径向载荷 F_R 就是根据轴上零件在外载荷的作用下,按力平衡条件所求得轴的支反力,而其中轴向载荷 F_A 的计算,就要同时考虑径向载荷 F_{R1}、F_{R2} 派生的内部轴向力 F_{S1}、F_{S2} 及作用在轴上的轴向外载荷的合力 F_a。

图 11-10a 中, F_r 和 F_a 分别为作用于轴上的径向和轴向载荷,两轴承的径向支反力为 F_{R1} 及 F_{R2},其内部轴向力为 F_{S1} 和 F_{S2}。

现在去掉外圈,把轴及内圈、滚动体一起取为分离体,根据轴的平衡关系按下列三种情况分析轴承 Ⅰ、Ⅱ 所受的轴向力。

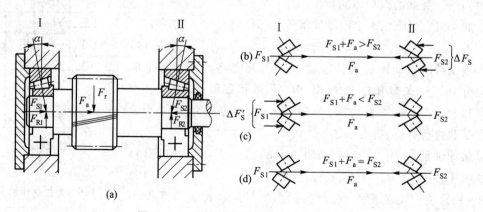

图 11-10 圆锥滚子轴承轴向载荷的分析

（1）如果 $F_{S1}+F_a>F_{S2}$（图 11-10b），因力不平衡，轴有向右移动并压紧轴承 Ⅱ 的趋势。这时轴承 Ⅱ 由于右端盖的止动作用，通过外圈，给分离体一个附加轴向力 ΔF_S。分离体轴向受力的平衡条件为

$$F_{S1}+F_a=F_{S2}+\Delta F_S \tag{11-18}$$

给分离体加上外圈后，显然轴承 Ⅰ、Ⅱ 所受的轴向载荷分别为

$$\left.\begin{array}{l}F_{A1}=F_{S1}\\F_{A2}=F_{S2}+\Delta F_S=F_{S1}+F_a\end{array}\right\} \tag{11-19}$$

由图 11-10b 可知，轴承 Ⅱ 所受的轴向载荷 F_{A2} 等于外加轴向力 F_a 与内部轴向力 F_{S1} 的合力。此合力经由轴肩通过内圈传给轴承滚动体，再传给外圈直到端盖。这时，轴承 Ⅰ 的端盖没有受外加轴向力，它的轴向力就只有内部轴向力 F_{S1}。所以轴承 Ⅰ 的轴向载荷 F_{A1} 就是 F_{S1}。

（2）如果 $F_{S1}+F_a<F_{S2}$（图 11-10c），则在轴承 Ⅰ 端盖上将产生附加轴向力 $\Delta F'_S$ 使分离体平衡，其条件为

$$\Delta F'_S+F_{S1}+F_a=F_{S2}$$

同理，可知轴承 Ⅰ、Ⅱ 所受所受轴向载荷分别为

$$\left.\begin{array}{l}F_{A1}=F_{S1}+\Delta F'_S=F_{S2}-F_a\\F_{A2}=F_{S2}\end{array}\right\} \tag{11-20}$$

（3）如果 $F_{S1}+F_a=F_{S2}$，则分离体处于平衡状态（图 11-10d），轴承 Ⅱ 所受的外加轴向力（$F_{S1}+F_a$）与其内部轴向力 F_{S2} 相平衡，而轴承 Ⅰ 所受的外加轴向力（$F_{S2}-F_a$）与其内部轴向力 F_{S1} 平衡。显然，轴承 Ⅰ、Ⅱ 所受轴向载荷分别为

$$\left.\begin{array}{l}F_{A1}=F_{S1}\\F_{A2}=F_{S2}\end{array}\right\} \tag{11-21}$$

以上为 F_a 与 F_{S1} 同向的情况，若 F_a 与 F_{S2} 同向也将得到类似的结果。

计算角接触球轴承及圆锥滚子轴承轴向力的方法可归纳如下：

1）判明轴上全部轴向力（包括外载荷 F_A 和内部轴向力 F_S），合力的指向，确定"压紧端"和"放松端"轴承；

2）"压紧端"轴承的轴向力等于除它本身的内部轴向力外其他所有轴向力的代数和；

3）"放松端"轴承的轴向力等于它本身的内部轴向力。

11.3.5 同一支点成对安装同型号角接触轴承的计算特点

当轴系中某一支点上对称安装相同型号的角接触轴承时，轴系受力处于三支点静不定状态（图 11-11），计算时需考虑轴承的变形及由于轴向力的大小导致轴承反力作用点的变化。

对于这类问题，一般情况下常用近似计算。将成对轴承看作双列轴承，并认为反力的作用点位于两轴承中点处。计算当量动载荷时的 X、Y 值应从表 11-10 中查取双列轴承的数值，额定静载荷 $C_{0\Sigma}$ 和基本额定动载荷 C_Σ 可按下列公式计算：

$$C_{0\Sigma}=2C_{0r} \tag{11-22}$$

角接触球轴承

$$C_\Sigma = 2^{0.7}C_r = 1.625C_r \tag{11-23}$$

圆锥滚子轴承

$$C_\Sigma = 2^{7/9}C_r = 1.71C_r \tag{11-24}$$

式中:C_r 和 C_{0r} 分别为单个轴承的基本径向额定动载荷和径向额定静载荷。

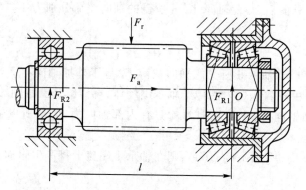

图 11-11　同一支点成对安装同型号角接触轴承

*11.3.6　滚动轴承的静载荷计算

为了限制滚动轴承在静载荷和冲击载荷作用下产生过大的塑性变形,需进行静载荷计算。

控制轴承塑性变形的静载荷计算公式为

$$\frac{C_{0r}}{P_{0r}} \geq S_0 \quad \text{或} \quad \frac{C_{0a}}{P_{0a}} \geq S_0 \tag{11-25}$$

式中:S_0——静载荷安全系数,见表 11-13。

表 11-13　静载荷安全系数 S_0

工作条件	回 转 轴 承						非回转轴承	
	对低噪声运行的需要						球轴承	滚子轴承
	较低		一般		较高			
	球轴承	滚子轴承	球轴承	滚子轴承	球轴承	滚子轴承		
平稳、无振动	0.5	1	1	1.5	2	3	0.4	0.8
一般	0.5	1	1	1.5	2	3.5	0.5	1
有振动	≥1.5	≥2.5	≥1.5	≥3	≥2	≥4	≥1	≥2

注:对推力调心滚子轴承,建议采用 $S_0 \geq 4$。

径向额定静载荷 C_{0r},是最大载荷滚动体与滚道接触中心处产生的、与下列计算接触应力所对应的径向静载荷:对调心球轴承为 4 600 MPa;对所有其他的向心球轴承为 4 200 MPa;对向心滚子轴承为 4 000 MPa。

对单列角接触球轴承,其径向额定静载荷是指使轴承套圈间仅产生相对径向位移的载荷的径向分量。

轴向额定静载荷 C_{0a},是最大载荷滚动体与滚道接触中心处产生的、与下列计算接触应力所对应的中心轴向静载荷:对推力球轴承为 4 200 MPa;对所有推力滚子轴承为 4 000 MPa。

径向当量静载荷 P_{0r},是指在最大载荷滚动体与滚道接触中心处产生的、与实际载荷条件下相同接触应力的径向静载荷。

轴向当量静载荷 P_{0a},是指在最大载荷滚动体与滚道接触中心处产生的、与实际载荷条件下相同接触应力的轴向静载荷。

当量静载荷的计算如下:

向心轴承的径向当量静载荷按下列公式计算。

对于 $\alpha=0°$ 的向心滚子轴承(圆柱滚子轴承、滚针轴承等),计算公式为

$$P_{0r}=F_R \tag{11-26}$$

对于向心球轴承和 $\alpha\neq0°$ 的向心滚子轴承(深沟球轴承、角接触轴承、调心轴承等),计算公式为

$$\begin{cases} P_{0r}=X_0F_R+Y_0F_A \\ P_{0r}=F_R \end{cases} \tag{11-27}$$

取上两式计算的较大值。

式中: X_0——径向静载荷系数;

Y_0——轴向静载荷系数。

X_0、Y_0 见表 11-14 与表 11-15。

表 11-14　向心球轴承的系数 X_0 和 Y_0 值

轴承类型		单列轴承		双列轴承	
		X_0	Y_0	X_0	Y_0
深沟球轴承		0.6	0.5	0.6	0.5
角接触球轴承 α	15°	0.5	0.46	1	0.92
	25°	0.5	0.38	1	0.76
	40°	0.5	0.26	1	0.52
调心球轴承 $\alpha\neq0°$		0.5	$0.22\cot\alpha$	1	$0.44\cot\alpha$

表 11-15　$\alpha\neq0°$ 的向心滚子轴承的 X_0 和 Y_0 值

轴承类型	X_0	Y_0
单列	0.5	$0.22\cot\alpha$
双列	1	$0.44\cot\alpha$

推力轴承的轴向当量载荷按下列公式计算。

对于 $\alpha=90°$ 的推力轴承(推力球轴承、推力滚子轴承等),计算公式为

$$P_{0a}=F_A \tag{11-28}$$

对于 $\alpha\neq90°$ 的推力轴承(推力角接触球轴承等),计算公式为

$$P_{0a}=2.3F_R\tan\alpha+F_A \tag{11-29}$$

11.4　滚动轴承装置设计

为了保证轴承的正常工作,除了正确选择轴承的类型和尺寸外,还要合理地进行轴承部件的组合设计。轴承部件的组合设计,要解决轴承的固定、调整、预紧、配合、装拆、润滑和密封等问题。

11.4.1　滚动轴承的轴向固定

滚动轴承的轴向固定(axial fix),包括轴承外圈与机座的固定和轴承内圈与轴的固定。对这两种固定的要求取决于轴系(轴、轴上零件、轴承与机座的组合)的使用和布置情况。一方面,轴和轴承相对于机座应有确定的位置,以保证轴上零件能正常地传递动力和运动;另一方面,由于工作中轴和机座的温度不相等(通常轴的温度高于机座的温度),而温差可能产生较大的温度应力,为保证轴系中不致产生过大的温度应力,应在适当的部位设置足够大的间隙,使轴可以自由伸缩。常见的滚动轴承的轴向固定形式有如下几种。

1. 两端固定

对于普通工作温度下的短轴(跨距 $L \leqslant 400$ mm),常采用较简单的两端固定方式,如图 11-12 所示,由两个支承各限制轴沿着一个方向的轴向移动,合起来就限制轴的双向移动。

轴承的轴向固定是利用内圈和轴肩、外圈和轴承盖来完成的(见图 11-12 中力的传递路线)。

为了补偿轴的受热伸长,深沟球轴承外圈端面与轴承盖之间留有间隙 $c = 0.2 \sim 0.4$ mm(图 11-12a),温差大时取大值。对于角接触球轴承部件组合,不是在外圈端面与轴承盖之间留有间隙 c,而是在装配时调整内圈与外圈的轴向相对位置。

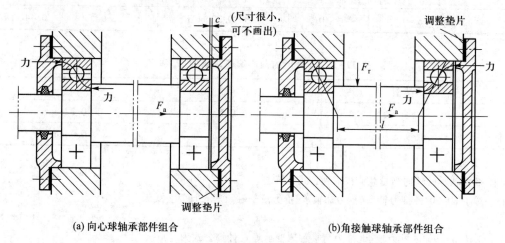

(a) 向心球轴承部件组合　　　　(b)角接触球轴承部件组合

图 11-12　两端固定的支承

2. 一端固定、一端游动

当轴较长或工作温度较高时,轴的伸缩量大,宜采用一端固定、一端游动的方式。

图 11-13 所示,右端为固定端,轴承外圈固定在机座上,内圈固定在轴上,这样就限制了轴沿轴向的移动;左端为游动端,选用深沟球轴承时,应在轴承外圈与端盖之间留有适当的间隙,当轴与机座的温度有差异时,容许它们之间作相对移动,如图 11-13a 所示。选用圆柱滚子轴承时,则轴承外圈应作双向固定,靠滚子与套圈间的游动来保证轴的自由

伸缩,以免外圈同时移动,造成过大错位,如图 11-13b 所示。

图 11-14 与图 11-15 也属于一端固定一端游动的类型,左端为游动端,右端为固定端。图 11-14 中的固定端用两个 7 类(图 11-14a)或 3 类(图 11-14b)轴承承受径向载荷与双向轴向载荷;图 11-15 中的固定端用 6 类轴承承受径向载荷,用 5 类轴承承受双向轴向载荷。

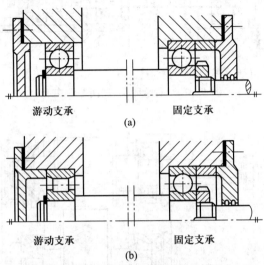

图 11-13 右端固定、左端游动支承

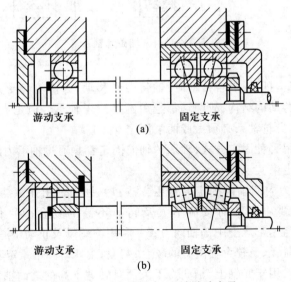

图 11-14 右端固定、左端游动支承

3. 两端游动

要求能左右双向移动的轴,可采用两端游动的轴系结构。如图 11-16 所示,人字齿轮小齿轮轴,两端支承为全游动式结构。由于人字齿轮轴的左、右螺旋角加工精度的原

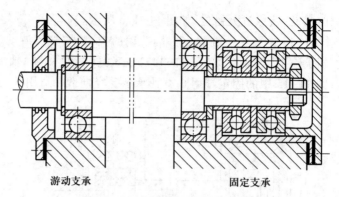

图 11-15　右端固定、左端游动支承

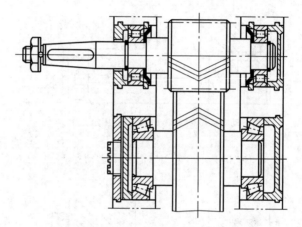

图 11-16　两端游动轴系

因,两轴向力不能完全抵消,啮合传动时,轴将左右移动,为使轮齿受力均匀,应采用允许轴系左右少量轴向游动的结构,故两端都选用圆柱滚子轴承。但是为确保轴系有确定位置,与其相啮合的大齿轮轴系必须做成两端固定支承。

　　显然无论是采用哪种固定方式,轴承的轴向固定都是通过轴承内圈与轴间的锁紧、外圈与机座孔间的固定来实现的。

　　图 11-17 所示为内圈轴向固定的常用方法:1) 利用轴用弹性挡圈嵌入轴的凹槽内(图 11-17a),它主要用于轴向载荷不大及转速不高的场合;2) 利用轴端挡圈锁紧(图 11-17b),可在高速下承受中等轴向力;3) 利用圆螺母及止动垫圈锁紧(图 11-17c),主要用于轴承转速高、承受较大轴向力的场合;4) 利用开口圆锥紧定套、止动垫圈和圆螺母锁紧(图 11-17d),用于光轴上、轴向力不大而且转速不高的球面轴承。

　　内圈的另一端一般用轴肩定位。为了使端面贴紧,轴肩处的圆角半径必须小于轴承的内圈的圆角半径(图 11-18)。同时轴肩高度通常不大于内圈高度的 3/4,否则轴承不好装拆。

　　图 11-19 所示为外圈轴向固定的常用方法:1) 利用嵌入轴承座孔内的孔用弹性挡圈固定(图 11-19a),它用于轴向力不大且需减小轴承组合尺寸的场合;2) 利用止动环嵌入

(a)
(b)
(c)
(d)

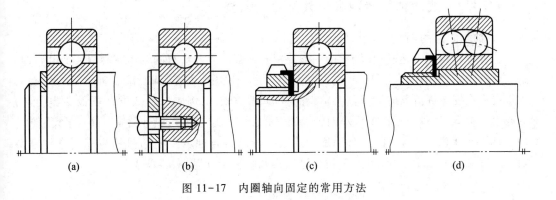

图 11-17　内圈轴向固定的常用方法

h
S
(a) 正确 (r_1<r)
(b) 错误(r_1>r)

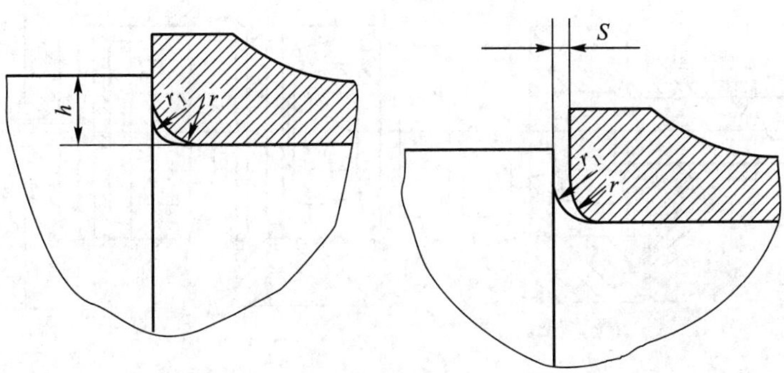

图 11-18　轴肩圆角与轴承内圈圆角的关系

轴承外圈止动槽内固定(图 11-19b)，它用于轴承座孔不便做凸肩且外壳为剖分式结构时；3) 利用轴承盖固定(图 11-19c)，它用于转速高、轴向力大的各类向心、推力和角接触球(或滚子)轴承；4) 利用螺纹环固定(图 11-19d)，用于轴承转速高、轴向载荷大且不适于使用轴承盖固定的场合。

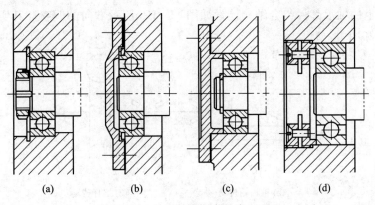

(a)
(b)
(c)
(d)

图 11-19　外圈轴向固定的常用方法

11. 4. 2　滚动轴承游隙和部件组合的调整

1. 轴承游隙的调整

为保证轴承正常运转,在轴承内一般要留有适当的间隙。有的轴承在制造装配以后,其游隙就确定了,称为固定游隙轴承,例如 6 类、1 类、N 类及 2 类(调心滚子轴承)轴承,有的轴承可以在安装进机器时调整其游隙,称为可调游隙轴承,例如 7 类、3 类、5 类及 2 类(推力调心滚子轴承)轴承。游隙的大小对轴承的寿命、效率、旋转精度、温升和噪声都有很大影响。

调整轴承游隙的方法有:1)用增加或减少轴承盖与轴承座间的垫片组来调整轴承游隙(图 11-20a);2)用碟形零件 3 和螺钉 1 来调整轴承间隙(图 11-20b)。

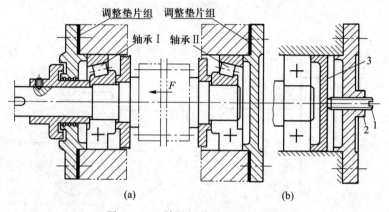

图 11-20　轴承间隙的调整与控制

2. 轴承部件组合的调整

由于轴承部件组合的各个零件尺寸都有一定的公差,装配后可能使轴上的传动零件(如齿轮、蜗轮等)不能处于正确位置,故需进行调整。有些传动件,如带轮、圆柱齿轮等,对轴向位置要求不高,一般不需要严格的调整。但对于锥齿轮,为了正确啮合,要求两个节锥顶点重合,因此必须使轴承部件组合结构能做如图 11-21a 所示的水平和垂直两个方向的调整。对于蜗杆蜗轮传动,为了正确啮合,要求蜗轮主平面通过蜗杆轴线,因此必须使蜗轮轴上的轴承部件组合结构能做如图 11-21b 所示方向的调整。其实现方法分别见图 11-22 和图 11-23。

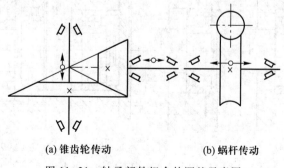

(a) 锥齿轮传动　　　　　　(b) 蜗杆传动

图 11-21　轴承部件组合的调整示意图

图 11-22a 中有两组调整垫片 1、2,套杯与机体之间的调整垫片组 1 用来调整锥齿轮的轴向位置;端盖和套杯之间的垫片组 2 用来调整轴承间隙。图 11-22b 中锥齿轮轴向位置的调整仍是靠套杯与机体之间的调整垫片组来实现,而轴承间隙却是靠轴上的圆螺母来调整的,操作不甚方便,更为不利的是在轴上制有螺纹,应力集中较严重,削弱了轴的强度。从图 11-22 中还可以看出,在轴承安装间距 L 相同的条件下,载荷作用中心间的距离 $L_b > L_a$,且图 11-22b 的齿轮悬臂较图11-22a短,支承刚性较好。

图 11-23 所示的轴承座包含左右各一个大端盖,它与机体之间的调整垫片组 1 主要用来调整蜗轮的轴向位置;而轴承端盖与大端盖之间的调整垫片组 2 主要用来调整轴承间隙。

轴承座的刚度和座孔的同轴度也影响轴上零件的工作。通常采用在机体上加支承或肋板等方法来提高刚度。同轴度是靠机床加工时的工艺来保证的。

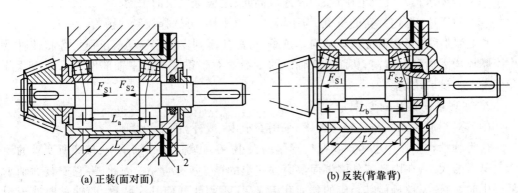

(a) 正装(面对面)　　　　　　　　(b) 反装(背靠背)

图 11-22　锥齿轮轴承部件组合的调整结构

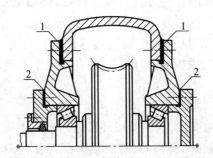

图 11-23　蜗轮轴轴承部件组合的调整

11.4.3　滚动轴承的预紧

滚动轴承在外载荷作用下,若其内、外圈之间产生相对移动,就会降低支承的刚性,引起轴的径向和轴向振动,而这种振动对于高速、高精度的轴承部件(例如精密机床主轴部件)是不允许的。如何减少和防止这种情况,可采用轴承预紧的方法来解决。

所谓滚动轴承的预紧(preloading),是指在安装轴承部件时,采取一定的措施,使轴承预先承受某一恒定的载荷,以消除轴承的游隙,并在滚动体和内、外圈接触处产生预变形,以保持内、外圈之间处于压紧状态。由于预紧时滚动体与滚道有了弹性变形,使轴承工作表面的接触面积增大,各滚动体受力也均匀得多,故可显著地提高支承的旋转精度和刚度;同时因有预加载荷,轴承的阻尼增大,提高了抗振性能。因此,内圆磨床及轴承磨床等精密机床主轴,都必须严格按规定的预加载荷值对轴承进行预紧;国内外一些轴承厂家生产的角接触球轴承,在出厂时已分别给出了预加载荷值。

滚动轴承的预紧包括轴向预紧与径向预紧,通常大多采用的是轴向预紧。

1. 确定预紧载荷大小的原则

预紧载荷的大小,应根据轴承受载荷的情况和使用要求确定,一般应考虑:

(1)若预紧的主要目的是减小支承系统的振动噪声,提高其旋转精度,则应选择较松的预紧;

(2)若要求提高支承的刚性,但转速较高时,也应选较松的预紧;

(3)对于中、低速旋转的机械,为了增加支承刚性,可选择较紧的预紧。

总之,轴承预紧载荷应选择适当。过小,可能达不到支承刚性的要求;过大,将使轴承中因摩擦增大而温升过高,从而降低轴承的寿命。对于重要机械主轴部件轴承的预紧载荷值一般由试验决定。

2. 实现轴向预紧的方法

(1)对于成对双联角接触球轴承,采用磨窄内(或外)圈来预紧

这类轴承在生产中已考虑预紧变形量的大小,在配套的两个轴承中,按照所要求的预紧变形量的大小,在内圈或外圈端面上磨去一定的预紧变形量 δ。因此,将它安装到轴承部件中时,用锁紧螺母使其相应的端面互相靠紧,不需要任何补充装置,两轴承即处于预紧状态。

成对双联角接触球轴承的安装方式共有三种:1)外圈宽端面相对(背靠背),轴承配置代号为 DB,示例见表 11-7;2)外圈窄端面相对(面对面)轴承配置代号为 DF,示例见表 11-7;3)外圈宽窄端面相对(成对串联),轴承配置代号为 DT,示例见表 11-7。背对背安装用于要求有较大抗弯强度的支承。同向安装用于承受较大的单方向轴向载荷的支承。

(2)采用间隔垫片和间隔套预紧

两个角接触球轴承成对安装,在内圈或外圈之间置以不同厚度的垫片,图 11-24a 表示背对背安装时,两外圈间置一薄垫片,拧紧轴上螺母使内圈两端面靠拢而产生预紧载荷。图 11-24b 表示面对面安装时,将垫片置于两内圈之间,拧紧轴承盖使外圈两端面靠拢而产生预紧载荷。

为了提高轴承组合部件的刚性,两个角接触球轴承常相隔一定距离安装,此时可采用在内圈和外圈之间置以不同长度的间隔套以实现预紧(图 11-25)。

(3)采用弹簧预紧

轴承安装在轴承部件中,始终由弹簧顶住不旋转的外圈,以实现预紧(图 11-26)。由于此法简单可靠,故在许多机械中获得应用。

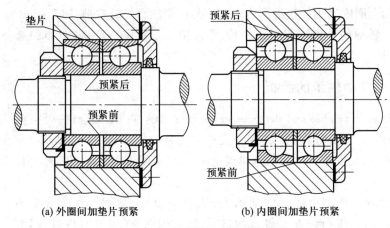

(a) 外圈间加垫片预紧   (b) 内圈间加垫片预紧

图 11-24 用垫片实现轴承的预紧

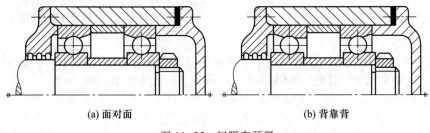

(a) 面对面   (b) 背靠背

图 11-25 间隔套预紧

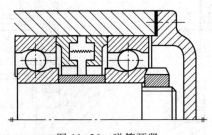

图 11-26 弹簧预紧

11.4.4 滚动轴承的配合

滚动轴承的配合(fit)主要是指轴承内孔与轴颈的配合及轴承外圈与机座孔的配合。滚动轴承的公差与配合和一般圆柱体配合相比较,有如下特点:1) 由于滚动轴承是标准件,选择配合时就把它作为基准件。因此轴承内圈与轴的配合采用基孔制,轴承外圈与座孔的配合采用基轴制。2) 轴承内孔的基准孔偏差为负值,而一般圆柱体的基准孔的偏差为正值。所以轴承内径与轴颈的配合比一般圆柱体公差标准中规定的基孔制同类配合要紧得多。3) 标注方法与一般圆柱体的方式的配合标注不同,它只标注轴颈及座孔直径公差带代号。

一般说来,转速愈高、载荷愈大或工作温度愈高处应采用紧一些的配合;而经常装拆的轴承或游动套圈则采用较松的配合。对于与内圈配合的旋转轴,通常用 n6、m6、k5、k6、j5、js6;对于不转动的外圈相配合的座孔,常选用 J6、J7、H7、G7 等,具体的选择可参考有关的设计手册。

11.4.5 滚动轴承的装拆

安装和拆卸(assemble and detachment)滚动轴承的方法必须合理,否则会损坏轴承。

对内、外圈不可分离的轴承,通常是先安装配合较紧的套圈。小轴承可用小铜锤轻轻均匀敲击套圈装入,安装尺寸大的轴承或批量大的轴承则应用压力机,禁止用重锤直接打击轴承。

对于尺寸较大而配合较紧的轴承,安装阻力很大,须把孔件加热或轴件冷却,形成适当的间隙后再进行装配。轴承可放入 80~90 ℃ 的油中加热或将轴颈部分用干冰冷却。

安装轴承时,应把力加在要装配的套圈上,不能在装一个套圈时加力于另一套圈上,因这样易使滚动体受损伤。如图 11-27 所示,借环状工具将力作用于内圈,把内圈装配到轴上。

对于同时要把内、外圈分别装在轴颈和座孔上时,须用图 11-28 所示或类似的安装工具同时打入内、外圈,以免内外圈沿轴向运动不一致而损伤滚动体。

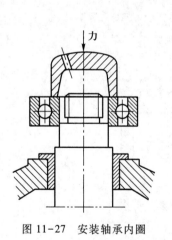

图 11-27 安装轴承内圈

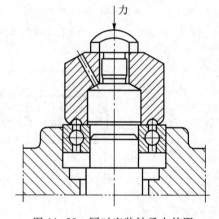

图 11-28 同时安装轴承内外圈

拆除轴承时加力原则与安装时相同。图 11-29b 所示为加力于内圈以拆卸轴承的专用工具。轴肩高度通常不大于内圈高度的 2/3,过高不便于轴承拆卸,必须在轴上制出沟槽以形成拆卸用的空间(图 11-29a)。加力于外圈以拆卸轴承时,其要求也如此,座孔的结构应留出拆卸高度 h_0 和宽度 b_0(b_0 一般取为 8~10 mm)(图 11-30a、b)或在壳体上制出供拆卸用的螺孔(图 11-30c)。

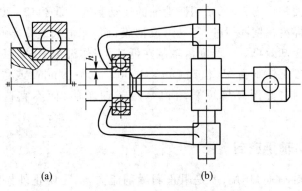

图 11-29　轴承的拆卸

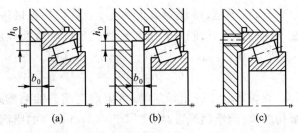

图 11-30　便于轴承拆卸的座孔结构

11.4.6　滚动轴承的润滑

滚动轴承润滑(lubrication)的目的是降低摩擦阻力和减轻磨损,也有吸振、冷却、防锈和密封等作用。

滚动轴承的润滑方式可根据速度因数 dn 值选择(d 为轴颈直径,mm; n 为工作速度,r/min),见表 11-16。

表 11-16　滚动轴承润滑方式的选择

轴承类型	速度因数 dn/(mm·r/min)				
	脂润滑	浸油飞溅润滑	滴油润滑	喷油润滑	油雾润滑
深沟球轴承				6×10^5	$>6\times10^5$
调心球轴承	1.6×10^5	2.5×10^5	4×10^5	—	—
角接触球轴承				6×10^5	$>6\times10^5$
圆柱滚子轴承	1.2×10^5				
圆锥滚子轴承	1.0×10^5	1.6×10^5	2.3×10^5	3×10^5	
推力球轴承	0.4×10^5	0.6×10^5	1.2×10^5	1.5×10^5	
调心滚子轴承	0.8×10^5	1.2×10^5	—	2.5×10^5	

脂润滑能承受较大的载荷,且结构简单,易于密封。速度较高的轴承都用油润滑,润滑和冷却效果均较好。滚动轴承润滑剂的选择主要取决于速度、载荷、温度等工作条件。

滚动轴承元件单位面积压力大时,采用润滑油的运动黏度不低于 12~20 mm²/s。载荷大、工作温度高时宜选择高黏度润滑油,容易形成油膜;而 dn 值大或喷雾润滑时宜选用低黏度油,搅油损失小,冷却效果好。脂润滑轴承在低速、工作温度 70 ℃ 以下可选钙基脂,较高温度时选钠基脂或钙钠基脂;dn 值高($dn>40\,000$ mm·r/min)或载荷工况复杂时可选用二硫化钼锂基脂,潮湿环境可采用铝基脂或钡基脂,而不宜选用遇水分解的钠基脂。

11.4.7　滚动轴承密封

滚动轴承的密封(seal)作用,一是阻止润滑剂流失,二是防止外界灰尘、水分及其他杂物进入轴承。密封按其原理不同可分为接触式和非接触式两大类。

1. 接触式密封

在轴承盖内放置软材料(毛毡、橡胶圈或皮碗等)与转动轴直接接触而起密封作用。这种密封多用于转速不高的情况下,同时要求与密封接触的轴表面硬度大于 40 HRC,表面粗糙度 Ra 值宜小于 1.6~0.8 μm。

(1)毡圈密封

如图 11-31a 所示,在轴承盖上开出梯形槽,将矩形剖面的细毛毡放置在梯形槽内与轴接触。这种密封结构简单,但摩擦严重,主要用于 $v<4$~5 m/s 的脂润滑场合。

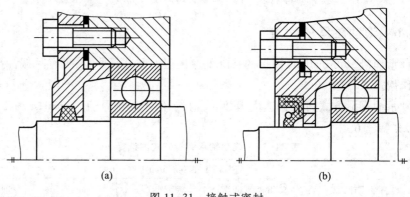

(a)　　　　　　　　　　　　(b)

图 11-31　接触式密封

(2)皮碗密封

如图 11-31b 所示,在轴承盖中放置一个密封皮碗,它是用耐油橡胶等材料组成的,并组装在一个钢外壳之中(有的无钢壳)的整体部件,皮碗直接压在轴上。为增强密封效果,用一环形螺旋弹簧压在皮碗的唇部。唇的方向朝向密封部位,唇朝里主要目的是防漏油;唇朝外主要目的是防灰尘。当采用两个油封相背放置时,则两个目的均可达到。这种密封安装方便,使用可靠,一般适用于 $v<10$ m/s 的油润滑场合。

2. 非接触式密封

这类密封没有与轴直接接触摩擦,多用于速度较高的场合。

(1)油沟式密封

如图 11-32a 所示,在轴与轴承盖的通孔壁间留 0.1~0.3 mm 的窄缝隙,并在轴承盖上车出沟槽,在槽内充满油脂。这种形式的密封结构简单,多用于 $v<5~6$ m/s 的情况。

(2)迷宫式密封

如图 11-32b 所示,将旋转和固定的密封零件间的间隙制成迷宫(曲路)形式,缝隙间填入润滑脂以加强密封效果。这种方式对脂润滑和油润滑都很有效。当环境比较脏时,采用这种形式密封效果相当可靠。

(3)用油环式与油沟式组合密封

如图 11-32c 所示,在油沟密封区内的轴上装一个甩油环,当向外流失的润滑油落在甩油环上时,由离心力甩掉后通过导油槽再流回油箱。这种组合密封形式在高速时密封效果好。

若联合采用两种以上的密封方法,密封效果更好,多适用于密封要求较高的场合。

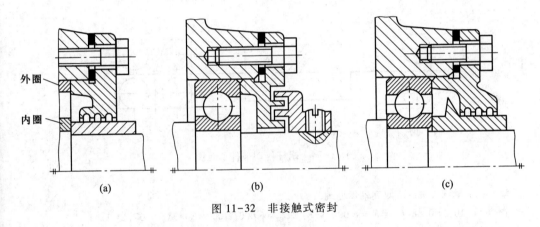

外圈

内圈

(a)　　　　　　(b)　　　　　　(c)

图 11-32　非接触式密封

11.5　滚动轴承设计的实例分析及设计时应注意的事项

11.5.1　滚动轴承设计实例分析

例 11-2　试求图 11-33 轴系中圆锥滚子轴承 I、II 的轴向载荷 F_{A1}、F_{A2}。

解　$F_a = F_{a2} - F_{a1} = (3\ 000 - 1\ 500)$ N = 1 500 N,方向指向轴承 I

因为　$F_{S2} + F_a = (2\ 500 + 1\ 500)$ N

$$= 4\ 000\ \text{N} > F_{S1} = 2\ 000\ \text{N}$$

所以　轴承 I 为压紧端,轴承 II 为放松端,故

$$F_{A1} = F_{S2} + F_a = (2\ 500 + 1\ 500)\ \text{N} = 4\ 000\ \text{N}$$

$$F_{A2} = F_{S2} = 2\ 500\ \text{N}$$

例 11-3　如图 11-34 蜗杆轴承部件所示,左支承为游动端,采用 6309 深沟球轴承,右支承为固定端,采用面对面安装的两个 7309AC 轴承(近似认为反力作用于两轴承中点)。已知蜗杆轴转速 n = 960 r/min,左轴承所受的径向载荷 F_{R1} = 1 000 N,右轴承所受的径向载荷 F_{R2} = 2 000 N,轴向载荷 F_a = 6 000 N(方向指向右端),工作情况平稳。试计算轴承 2 的寿命。

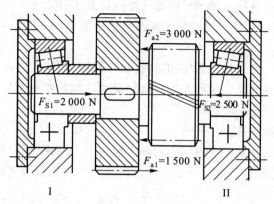

图 11-33   轴系

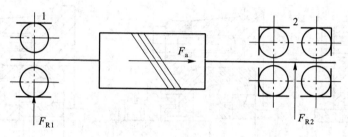

图 11-34   蜗杆传动部件示意图

解 （1）轴承 2 按一个双列轴承处理

查表 11-10，$e = 0.68$，$F_{A2} = F_a = 6\,000$ N，$F_{A2}/F_{R2} = 6\,000/2\,000 = 3 > e$，$X = 0.67$，$Y = 1.41$。

（2）求当量动载荷 P_2

因载荷平稳，按表 11-11，$f_p = 1$，按式（11-10）得

$$P_2 = f_p(XF_{R2} + YF_{A2}) = 1 \times (0.67 \times 2\,000 + 1.41 \times 6\,000) \text{ N} = 9\,800 \text{ N}$$

（3）求轴承寿命

利用基本公式（11-5），并以 C_r 代替 C，得

$$L_h = \frac{10^6}{60n}\left(\frac{C_r f_t}{P_2}\right)^\varepsilon$$

球轴承 $\varepsilon = 3$，常温下工作 $t < 100$ ℃，取 $f_t = 1$，因该支点成对安装同型号角接触球轴承，按式（11-23），$C_\Sigma = 1.625 C_r$。查手册，得 7309AC 轴承的额定动载荷 $C_r = 47\,500$ N，故 $C_\Sigma = 1.625 \times 47\,500$ N $= 77\,188$ N，则

$$L_h = \frac{10^6}{60 \times 960} \times \left(\frac{77\,188}{9\,800}\right)^3 \text{ h} = 8\,483 \text{ h}$$

例 11-4   图 11-35 为斜齿轮、轴、轴承、联轴器组合结构图。斜齿轮用油润滑，轴承用脂润滑，试改正图中的错误。

解 此滚动轴承组合设计错误分析如图 11-36 所示。各处错误原因如下：

① 闷盖无螺钉连接，无调整垫片或调整螺钉调整轴承间隙；

② 轴肩过高，其高度大于轴承内圈高度的 2/3，无法拆卸轴承；轴承用脂润滑而齿轮啮合油飞溅到轴承上，无挡油板；

③ 轴上键槽不在同一母线上；

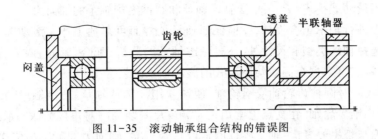

图 11-35 滚动轴承组合结构的错误图

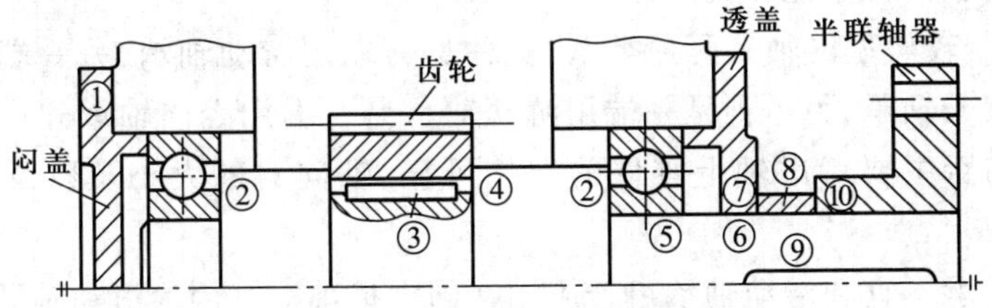

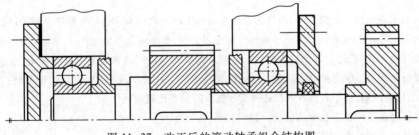

图 11-36 滚动轴承组合的错误结构分析图

④ 轴上齿轮(或其他零件)两边都用轴环(肩)固定,无法装配;齿轮改用套筒后,与齿轮配合的轴段长度应小于齿轮宽度 2~3 mm,以便于齿轮轴向固定;

⑤ 过渡配合零件装拆距离过长;

⑥ 透盖上无密封;

⑦ 透盖与轴不能直接接触,应留缝隙;

⑧ 转动零件与不转动零件不能作相互定位;

⑨ 键槽过长;

⑩ 轮毂宽度应大于相配合的轴段的长度。

改正后的轴系结构如图 11-37 所示。

图 11-37 改正后的滚动轴承组合结构图

11.5.2 滚动轴承设计时应注意的事项

(1) 合理选择轴承类型是成功进行滚动轴承设计的前提。要根据工作情况的要求,结合轴承的特性合理选择轴承的类型。具体选择轴承类型时要考虑的主要因素有轴承所受的载荷、转速、轴与支承箱体件的刚度、运转精度、发热情况和其他工作条件等。

(2) 正确进行设计计算才能保证轴承在预定的寿命期内不发生失效。计算的关键是求解轴承的当量动载荷 $P_r(P_a)$、角接触球轴承和圆锥滚子轴承的轴向力。

（3）合理进行轴承组合设计，才能保证轴承正常而可靠的工作。滚动轴承的组合设计除了正确选择轴承类型和尺寸外，还要考虑轴承的装拆、配合、紧固、调节、预紧、润滑、密封等问题，重点是掌握全固式与固游式的滚动轴承的组合设计。

1）全固式　对圆柱齿轮轴或蜗轮轴，两端常用深沟球轴承、角接触球轴承或圆锥滚子轴承；对于小锥齿轮轴，在支点上常用正安装或反安装的一对角接触球轴承或圆锥滚子轴承。其正确与否主要要考虑：轴上零件的定位是否可靠；轴向力能否正确传递给机座；轴承间隙及轴系的轴向位置能否便于调整。

2）固游式　较典型的轴有两种类型：一种是一端用游动轴承，另一端用一对角接触球轴承或圆锥滚子轴承；另一种是一端用游动轴承另一端用径向轴承和推力轴承的组合结构。其正确与否主要考虑轴上零件的定位可靠、轴向力的大小及以及轴承间隙的调整等。

（4）滚动轴承不宜和滑动轴承组合应用在同一根轴上。因为滑动轴承的径向间隙及磨损比滚动轴承大，从而导致滚动轴承的过载和歪斜，而滑动轴承负载不足。

（5）一般一根轴上只用两个轴承支承点，多支承点的轴刚度大，但产生超静定的问题，除了很长的轴，一般很少应用。

（6）滚动轴承的润滑与密封相当重要。油泄漏是齿轮箱常见的弊病，它不仅污染环境，而且使轴承缺油而过早失效。油泄漏一般都发生在外伸轴处，多是由于设计、制造、安装错误引起，如密封选用不合适或油封的唇口方向装反等。一般齿轮箱的轴承，常用飞溅润滑或油脂润滑；对于大型齿轮箱则可考虑用喷油润滑。

*11.6　滚动导轨简介

当滚动轴承直径趋向无穷大时，即成为直线运动的滚动导轨。轴承是轴类零件的支承件，而导轨是滑座或滑台在床身上的支承件。滚动导轨作为标准零部件，由专业化厂家生产。

与滑动导轨比较，滚动导轨的特点是：① 摩擦系数小，并且静、动摩擦系数之差很小，故运动灵便，不易出现爬行现象；② 导向和定位精度高，且精度保持性好；③ 磨损较小，寿命长，润滑简便；④ 结构较为复杂，加工比较困难，成本较高；⑤ 对脏物及导轨面的误差比较敏感。

滚动导轨已在各种精密机械和仪器中得到广泛应用。

滚动导轨的类型很多，不同的分类方式有不同的类型。

1. 按滚动体的类型分

（1）滚珠导轨　如图 11-38a 所示，滚珠为点接触，摩擦阻力小，结构紧凑、制造容易，但承载能力较差，刚度低。设计时注意载荷作用点位于两导轨中间，以便载荷分布均匀。

（2）滚柱导轨　如图 11-38b 所示，滚柱为线接触，摩擦阻力增大，但承载能力在同等规格下比滚珠式高一个数量级，刚度高。滚柱对导轨面的平行度误差比较敏感，容易侧向偏移，引起应力集中和磨损。

（3）滚针导轨　如图 11-38c 所示，承载能力强，径向尺寸比滚珠导轨紧凑，缺点是摩擦阻力稍大。

（4）十字交叉滚柱导轨　如图 11-38d 所示，滚柱长径比略小于 1，具有精度高、动作灵敏、刚度大、结构较紧凑、承载能力强且能够承受多方向载荷等优点,缺点是制造比较困难。

(5)滚动轴承导轨 如图 11-38e 所示,直接用标准的滚动轴承作滚动体,结构简单,易于制造,调整方便,广泛应用于一些大型光学仪器上。

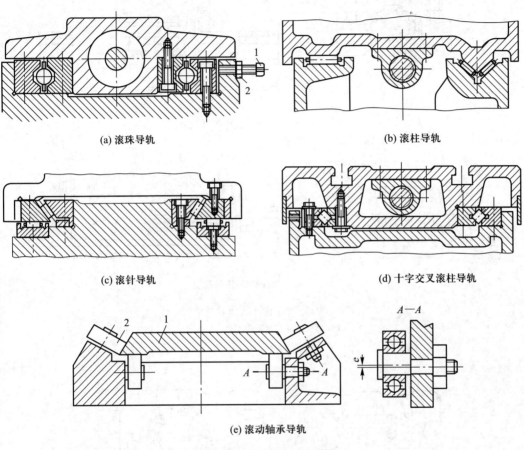

(a) 滚珠导轨   (b) 滚柱导轨

(c) 滚针导轨   (d) 十字交叉滚柱导轨

(e) 滚动轴承导轨

图 11-38 滚动导轨常用结构

2. 按循环方式分

(1)循环式 滚动体在运行过程中沿自己的循环通道自动循环,因而行程不受限制。

(2)非循环式 滚动体在运行过程中不循环,因而行程有限。

目前常用的为循环式滚动导轨,如图 11-39 所示。

3. 按导轨的截面形状分

(1)矩形(GGB 型) 如图 11-40a 所示,能承受较大载荷,刚性好,垂直和水平的额定载荷是等同的,但对安装基准误差较为敏感,适用于重载荷机床。

(2)梯形(GGA 型) 如图 11-40b 所示,能承受较大的垂直和水平载荷,其他方向的承载能力较差,对安装基准误差有一定的自动调整能力。

4. 按滚道沟槽形状分

(1)单圆弧沟槽 如图 11-41a 所示,滚动体为两点接触,对安装基准误差的平均效应较强,但刚度稍低,应用广泛。

(2)双圆弧沟槽 如图 11-41b 所示,滚动体为四点接触,其特点与单圆弧沟槽正好相反。

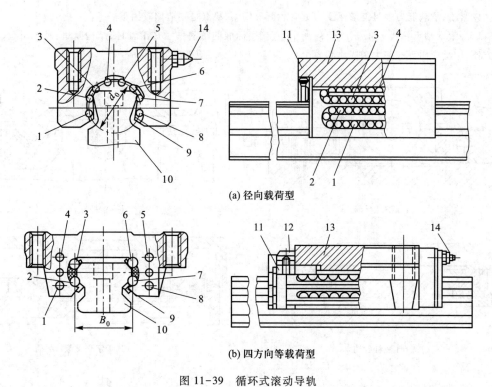

(a) 径向载荷型

(b) 四方向等载荷型

图 11-39　循环式滚动导轨

1~8—钢球；9—保持架；10—导轨；11—橡胶密封垫；12—反向器；13—滑块；14—油杯

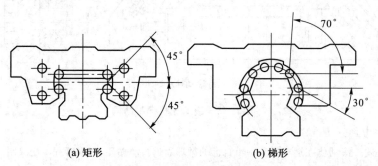

(a) 矩形　　　　　　　　　(b) 梯形

图 11-40　滚动导轨截面形状

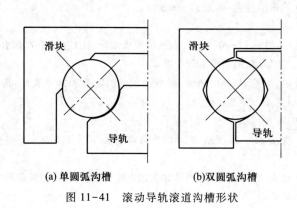

(a) 单圆弧沟槽　　　　　　(b)双圆弧沟槽

图 11-41　滚动导轨滚道沟槽形状

分析与思考题

11-1 说明图示密封装置的名称、所属密封类型及其密封原理。

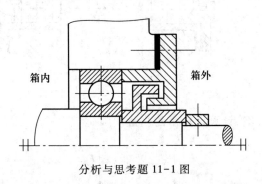

箱内 箱外

分析与思考题 11-1 图

11-2 带式输送机中单级蜗杆减速器,其设计参数为:$z_1=2$、$z_2=30$,$n_1=1\,440$ r/min,蜗杆下置,蜗杆轴直径 $d_1=40$ mm,轴承浸油润滑,蜗轮轴直径 $d_2=60$ mm,轴承用油脂润滑。试选择各轴与轴承之间的密封方式。

习题

11-1 根据国家标准规范,说明下列轴承代号的含义及其主要特性(直接填入下表中)。

	30209	N2314	7320AC	6306/P5
内径 d				
尺寸系列				
类型				
公差等级				
内部结构				

11-2 某传动装置,轴上装有一对 6309 轴承,两轴承上的径向载荷分别为 $F_{R1}=5\,600$ N,$F_{R2}=2\,500$ N,轴向外载荷 $F_a=1\,800$ N,轴的转速为 $n=1\,450$ r/min,预期寿命为 $L_h'=2\,500$ h,工作温度不超过 100 ℃,但有中等冲击。试校核轴承的工作能力。若工作能力不满足要求,如何改进?

11-3 在斜齿圆柱齿轮减速器的输出轴上安装有一对 70000AC 角接触球轴承。已知 $F_{R1}=3\,500$ N,$F_{R2}=1\,800$ N,斜齿圆柱齿轮的轴向力 $F_a=1\,000$ N,载荷有轻微冲击。试

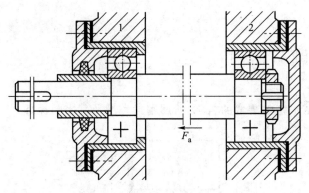

习题 11-2 图

分别按图中两种装配方案,计算两轴承的当量动载荷。

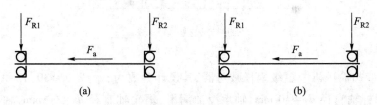

习题 11-3 图

11-4　试选择小锥齿轮轴上的一对 30000 类轴承型号。已知齿轮传递的功率 $P =$ 4 kW,转速 $n = 550$ r/min。锥齿轮平均模数 $m_m = 2.3$ mm,齿数为 $z = 21$,分度圆锥角 $\delta_1 = 18°$,要求基本额定寿命为 $L_h' = 5\ 000$ h,轴颈直径 $d = 25$ mm,有中等冲击,工作温度 $<100\ ℃$。

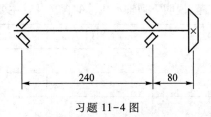

习题 11-4 图

11-5　蜗轮轴上安装有一对 30207 轴承,轴承上的载荷分别为 $F_{R1} = 5\ 000$ N,$F_{R2} =$ 2 800 N,轴向载荷 $F_a = 1\ 000$ N,工作温度低于 125 ℃,载荷平稳,$n = 720$ r/min。试计算两轴承的寿命。

习题 11-5 图

11-6 下图为双级斜齿圆柱齿轮减速器输出轴的轴系结构图,齿轮用油润滑,轴承采用脂润滑。试分析轴系结构的错误,在有错误处标明序号,说明原因并提出改正方法。

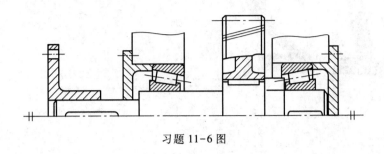

习题 11-6 图

11-7 图示为小锥齿轮轴的组合结构,采用一对 30000 类轴承支承,要求刚性较好。图中设计有多处错误,请用序号标出错误的位置,说明理由,并提出改进方案,画出合理的组合结构图。(要点提示:a. 轴及轴上零件是否有确定的位置和可靠固定;b. 轴承是否能承受轴向力,并将轴向力传至机座;c. 轴承装拆、轴承间隙及轴向位置调整是否方便)

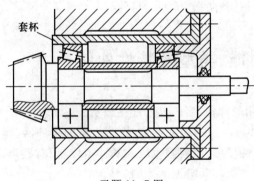

习题 11-7 图

第 12 章

防振、缓冲零部件概述

利用弹性物体具有蓄能的特性,设计用于防止振动或缓和冲击的装置分别称为防振装置与缓冲装置。这些装置一般是利用金属弹簧、橡胶弹簧、空气弹簧、液体弹簧的弹性力、摩擦力或流体阻力以达到防振、缓冲的目的。

12.1 弹簧的功能、类型及特性曲线

弹簧(spring)是常用的弹性零件,其功能主要有:

1) 缓冲吸振。例如汽车中的缓冲弹簧、铁路机车的缓冲器、弹性联轴器中的弹簧等。这类弹簧具有较大的弹性变形,以便吸收较多的冲击能量;有些弹簧在变形过程中能依靠摩擦消耗部分能量以增加缓冲和吸振的作用。

2) 控制运动。例如内燃机的阀门弹簧,离合器、制动器和凸轮机构中的弹簧等。这类弹簧常要求在某变形范围内作用力变化不大。

3) 储存和释放能量。例如自动机床的刀架自动返回装置中的弹簧、经常开闭的容器中的弹簧、钟表和仪器中的发条等。这类弹簧既要求有较大的弹性,又要求有稳定的作用力。

4) 测量力或力矩。例如测力器,弹簧秤中的弹簧等。这类弹簧要求有稳定的载荷-变形性能。

弹簧的载荷(F,T)-变形(λ,φ)曲线,称为弹簧特性曲线,特性曲线的形式与弹簧的结构有关。

弹簧的种类很多,按其承受载荷的性质的不同可分为压缩弹簧(compressional spring)、拉伸弹簧(extensional spring)、扭转弹簧(torsional spring)和弯曲弹簧(bending spring)等。

弹簧按其形状不同可分为圆柱螺旋(等节距或不等节距的)弹簧(cylindric helical-coil spring)、圆锥螺旋弹簧(conical helical-coil spring)、碟形弹簧(belleville spring)、环形弹簧

（ring spring）、盘弹簧（power spring）、板弹簧（flat spring）等。

　　表 12-1 列出了常用金属弹簧的类型、特性曲线、特点和应用。本章主要介绍圆柱形压缩（拉伸）螺旋弹簧的设计计算。

表 12-1　常用金属弹簧的类型、特性曲线、特点和应用

类　型		弹簧的结构简图和特性曲线	特点和应用
圆柱螺旋弹簧	等节距	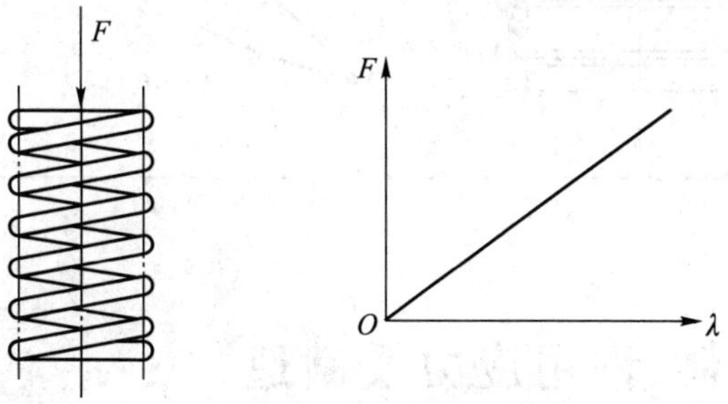	此种圆截面簧丝的圆柱形弹簧结构简单，制造方便。特性曲线呈线性，刚度稳定，应用最广
圆柱螺旋弹簧	扭转	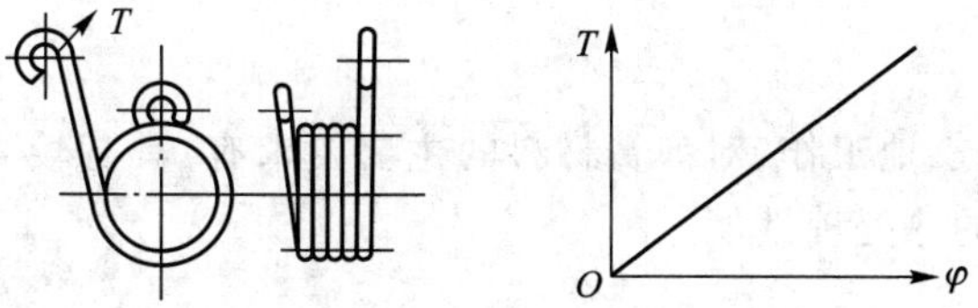	主要用于各种装置中的压紧和蓄能
圆锥螺旋弹簧		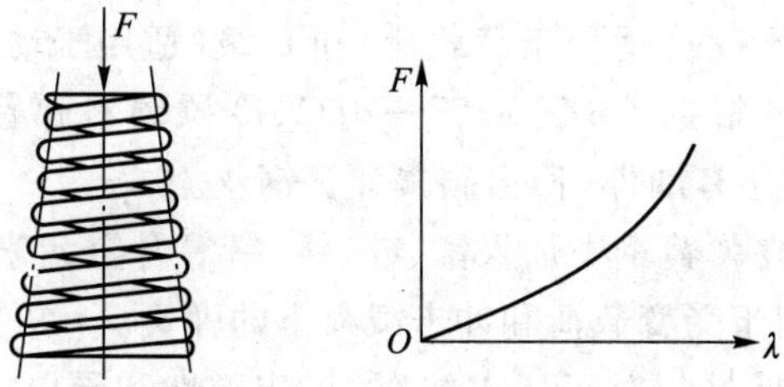	结构紧凑，稳定性好，多用于承受较大载荷和减振，其防共振能力比不等节距圆柱螺旋弹簧为好
碟形弹簧		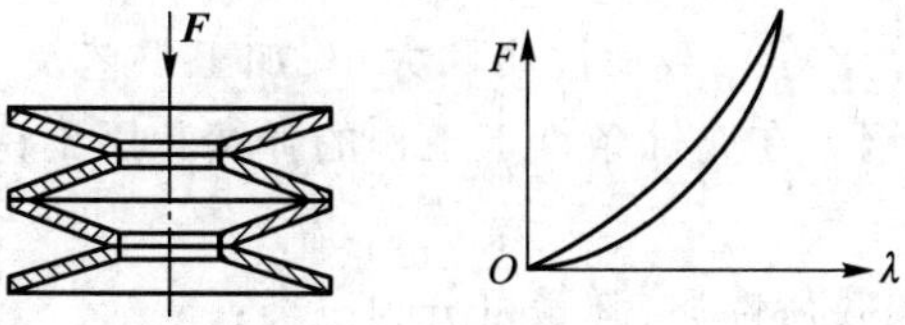	缓冲及减振能力强。采用不同的组合可能得到不同的特性曲线。常用于重型机械的缓冲及减振装置

续表

类　型	弹簧的结构简图和特性曲线	特点和应用
环形弹簧	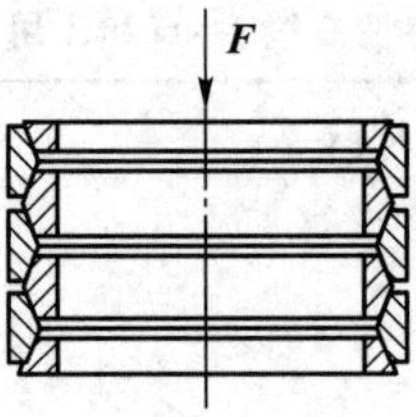 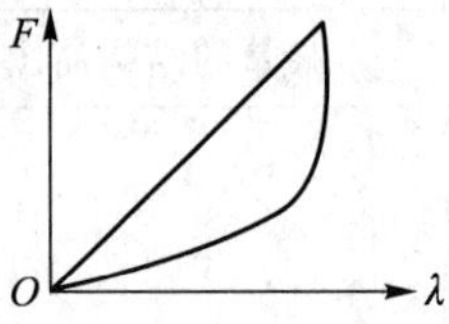	具有很高的消振能力,是最强力的缓冲弹簧。常用在铁路车辆、飞机着陆装置的缓冲装置中

12.2　弹簧的材料、许用应力及制造

12.2.1　弹簧的材料和许用应力

1. 弹簧材料

为了使弹簧能够可靠地工作,对弹簧材料的主要要求有:具有较高的弹性极限、疲劳极限、冲击韧性和良好的热处理性能。

弹簧常用的材料有:

(1) 碳素弹簧钢丝　它价格便宜,材料来源方便,缺点是弹性极限较低,淬透性较差,适合于一般用途的小尺寸螺旋弹簧和板弹簧。对应弹簧的应力水平,冷拉碳素弹簧钢丝可分为三种强度等级:低抗拉强度(L)、中等抗拉强度(M)和高抗拉强度(H);对应弹簧承受的载荷类型,钢丝分为 S 级(适用于静载荷)和 D 级(适用于动载荷或以动载荷为主,或成形时承受剧烈弯曲)。根据 GB/T 4357—2022,冷拉碳素弹簧钢丝代号有 SL、SM、DM、SH 和 DH 五种。另外还有油淬-回火碳素弹簧钢丝。

(2) 合金弹簧钢丝　在弹簧钢中加入锰、硅、铬、钒等合金元素,提高了钢的淬透性,改善了钢的力学性能,适用于受变载荷和冲击载荷下的弹簧。

(3) 不锈钢和铜合金材料　对于要求防腐蚀、防磁性和导电的弹簧,采用不锈耐酸钢、耐热合金钢、锡青铜、硅青铜和铍青铜等。

(4) 非金属材料　橡胶和纤维增强塑料等。

选择弹簧材料时,应根据弹簧的具体工作要求考虑以下几个方面:功能及重要程度;工作条件(工作温度、环境介质等);载荷性质和大小;加工工艺及热处理。从经济性方面考虑,应优先采用碳素弹簧钢。在腐蚀条件下工作的弹簧宜用不锈钢。

2. 许用应力

根据弹簧的重要程度和载荷性质,弹簧可分为三类:

Ⅰ类　用于承受载荷循环次数在 10^6 以上的变载荷弹簧;

Ⅱ类　用于承受载荷循环次数在 $10^3 \sim 10^6$ 范围内的变载荷或承受动载荷的弹簧和承

受静载荷的重要弹簧；

Ⅲ类 用于承受载荷循环次数在 10^3 以下的变载荷弹簧和承受静载荷的一般弹簧。

常用金属弹簧材料的力学性能列于表 12-2、表 12-3 中。

表 12-2 弹簧常用材料和许用应力

材料牌号	载荷	许用剪切应力 $[\tau]$ /MPa			许用弯曲应力 $[\sigma]$/MPa		拉压弹性模量 E/MPa	剪切弹性模量 G/MPa	推荐使用温度 /℃	推荐硬度 /HRC	特性及用途
		Ⅰ类弹簧	Ⅱ类弹簧	Ⅲ类弹簧	Ⅱ类弹簧	Ⅲ类弹簧					
（碳素弹簧丝 L、M、H 级）25~80 40Mn~70Mn		$0.3\sigma_B$	$0.38\sigma_B$	$0.5\sigma_B$	$0.64\sigma_B$	$0.8\sigma_B$	206 000	79 000	-40~130	—	强度高，加工性能好，适用于小尺寸弹簧 L、M、H 级分别用于低、中、高等应力弹簧
65Mn	压	340	455	570	570	710					
	拉	285	325	380							
60Si2Mn	压	445	590	740	740	925	206 000	79 000	-40~200	45~50	弹性好，回火稳定性好，易脱碳，用于承受大载荷弹簧
	拉	370	420	495							
50CrV	压	445	590	740					-40~210		疲劳性能好，淬透性、回火稳定性好
	拉	370	420	495							
不锈钢丝 12Cr18Ni9 06Cr18Ni11Ti	压	$0.31\sigma_B$	$0.36\sigma_B$	$0.45\sigma_B$	$0.6\sigma_B$	$0.75\sigma_B$	193 000	71 000	-200~300		耐腐蚀、耐高、低温，有良好工艺性，适用于小弹簧
	拉	$0.25\sigma_B$	$0.28\sigma_B$	$0.36\sigma_B$							

注：① 各类螺旋拉、压弹簧的极限工作应力 τ_{lim} 不应超过材料的剪切屈服极限（一般取为 $0.56\sigma_B$）。

② 对重要的、其损坏会引起整个机械损坏的弹簧，许用剪应力 $[\tau]$ 应适当降低。例如受静载荷的重要弹簧，可按Ⅱ类选取许用应力。

③ 经强压、喷丸处理的弹簧，许用应力可提高约 20%。

表 12-3 弹簧钢丝抗拉强度极限 σ_B MPa

弹簧钢丝公称直径(d)/mm	抗拉强度/MPa				
	SL 级	SM 级	DM 级	SH 级	DH 级
0.43		2 250~2 520	2 250~2520	2 530~2 800	2 530~2 800
0.45		2 240~2 500	2 240~2 500	2 510~2 780	2 510~2 780
0.48		2 220~2 480	2 220~2 480	2 490~2 760	2 490~2 760
0.50		2 200~2 470	2 200~2 470	2 480~2 740	2 480~2 740
0.53		2 180~2 450	2 180~2 450	2 460~2 720	2 460~2 720
0.56		2 170~2 430	2 170~2 430	2 440~2 700	2 440~2 700
0.60		2 140~2 400	2 140~2 400	2 410~2 670	2 410~2 670
0.63		2 130~2 380	2 130~2 380	2 390~2 650	2 390~2 650
0.65		2 120~2 370	2 120~2 370	2 380~2 640	2 380~2 640
0.70		2 090~2 350	2 090~2 350	2 360~2 610	2 360~2 610
0.80		2 050~2 300	2 050~2 300	2 310~2 560	2 310~2 560
0.85		2 030~2 280	2 030~2 280	2 290~2 530	2 290~2 530
0.90		2 010~2 260	2 010~2 260	2 270~2 510	2 270~2 510
0.95		2 000~2 240	2 000~2 240	2 250~2 490	2 250~2 490
1.00	1 720~1 970	1 980~2 220	1 980~2 220	2 230~2 470	2 230~2 470
1.05	1 710~1 950	1 960~2 220	1 960~2 220	2 210~2 450	2 210~2 450
1.10	1 690~1 940	1 950~2 190	1 950~2 190	2 200~2 430	2 200~2 430
1.20	1 670~1 910	1 920~2 160	1 920~2 160	2 170~2 400	2 170~2 400
1.25	1 660~1 900	1 910~2 130	1 910~2 130	2 140~2 380	2 140~2 380
1.30	1 640~1 890	1 900~2 130	1 900~2 130	2 140~2 370	2 140~2 370
1.40	1 620~1 860	1 870~2 100	1 870~2 100	2 110~2 340	2 110~2 340
1.50	1 600~1 840	1 850~2 080	1 850~2 080	2 090~2 310	2 090~2 310
1.60	1 590~1 820	1 830~2 050	1 830~2 050	2 060~2 290	2 060~2 290
1.70	1 570~1 800	1 810~2 030	1 810~2 030	2 040~2 260	2 040~2 260
1.80	1 550~1 780	1 790~2 010	1 790~2 010	2 020~2 240	2 020~2 240
1.90	1 540~1 760	1 770~1 990	1 770~1 990	2 000~2 220	2 000~2 220
2.00	1 520~1 750	1 760~1 970	1 760~1 970	1 980~2 200	1 980~2 200
2.10	1 510~1 730	1 740~1 960	1 740~1 960	1 970~2 180	1 970~2 180
2.25	1 490~1 710	1 720~1 930	1 720~1 930	1 940~2 150	1 940~2 150
2.40	1 470~1 690	1 700~1 910	1 700~1 910	1 920~2 130	1 920~2 130
2.50	1 460~1 680	1 690~1 890	1 690~1 890	1 900~2 110	1 900~2 110

弹簧钢丝公称	抗拉强度/MPa				
直径(d)/mm	SL 级	SM 级	DM 级	SH 级	DH 级
2.60	1 450~1 660	1 670~1 880	1 670~1 880	1 890~2 100	1 890~2 100
2.80	1 420~1 640	1 650~1 850	1 650~1 850	1 860~2 070	1 860~2 070
3.00	1 410~1 620	1 630~1 830	1 630~1 830	1 840~2 040	1 840~2 040
3.20	1 390~1 600	1 610~1 810	1 610~1 810	1 820~2 020	1 820~2 020
3.40	1 370~1 580	1 590~1 780	1 590~1 780	1 790~1 990	1 790~1 990
3.50	1 360~1 570	1 580~1 770	1 580~1 770	1 780~1 980	1 780~1 980
3.60	1 350~1 560	1 570~1 760	1 570~1 760	1 770~1 970	1 770~1 970
3.80	1 340~1 540	1 550~1 740	1 550~1 740	1 750~1 950	1 750~1 950
4.00	1 320~1 520	1 530~1 730	1 530~1 730	1 740~1 930	1 740~1 930
4.25	1 310~1 500	1 510~1 700	1 510~1 700	1 710~1 900	1 710~1 900
4.50	1 290~1 490	1 500~1 680	1 500~1 680	1 690~1 880	1 690~1 880
4.75	1 270~1 470	1 480~1 670	1 480~1 670	1 680~1 840	1 680~1 840
5.00	1 260~1 450	1 460~1 650	1 460~1 650	1 660~1 830	1 660~1 830
5.30	1 240~1 430	1 440~1 630	1 440~1 630	1 640~1 820	1 640~1 820
5.60	1 230~1 420	1 430~1 610	1 430~1 610	1 620~1 800	1 620~1 800
6.00	1 210~1 390	1 400~1 580	1 400~1 580	1 590~1 770	1 590~1 770
6.30	1 190~1 380	1 390~1 560	1 390~1 560	1 570~1 750	1 570~1 750
6.50	1 180~1 370	1 380~1 550	1 380~1 550	1 560~1 740	1 560~1 740
7.00	1 160~1 340	1 350~1 530	1 350~1 530	1 540~1 710	1 540~1 710
7.50	1 140~1 320	1 330~1 500	1 330~1 500	1 510~1 680	1 510~1 680
8.00	1 120~1 300	1 310~1 480	1 310~1 480	1 490~1 660	1 490~1 660
8.50	1 110~1 280	1 290~1 460	1 290~1 460	1 470~1 630	1 470~1 630
9.00	1 090~1 260	1 270~1 440	1 270~1 440	1 450~1 610	1 450~1 610
9.50	1 070~1 250	1 260~1 420	1 260~1 420	1 430~1 590	1 430~1 590
10.00	1 060~1 230	1 240~1 400	1 240~1 400	1 410~1 570	1 410~1 570
10.50		1 220~1 380	1 220~1 380	1 390~1 550	1 390~1 550
11.00		1 210~1 370	1 210~1 370	1 380~1 530	1 380~1 530
12.00	—	1 180~1 340	1 180~1 340	1 350~1 500	1 350~1 500
12.50		1 170~1 320	1 170~1 320	1 330~1 480	1 330~1 480
13.00		1 160~1 310	1 160~1 310	1 320~1 470	1 320~1 470

注:中间尺寸弹簧钢丝抗拉强度值按表中相邻较大弹簧钢丝的规定执行。

12.2.2   螺旋弹簧的制造与结构

1. 螺旋弹簧的制造

螺旋弹簧的制造工艺包括卷制、挂钩制作(拉簧)或端面圈加工(压簧)、热处理、工艺试验等过程,特别重要的弹簧还要进行强压或喷丸处理。

卷制又分为冷卷和热卷两种,当弹簧丝直径 $d<6\sim8$ mm 时,直接使用经过预先热处理后的弹簧丝在常温下卷制,称为冷卷。经冷卷后,一般需要进行低温回火,以消除卷制时所产生的内应力。对于直径较大的弹簧丝,要在 $800\sim1\,000$ ℃ 的温度下卷制,称为热卷。热卷后,必须进行淬火和中温回火等处理。冷卷和热卷的螺旋压缩与拉伸弹簧分别用代号 Y、L 和 RY、RL 表示。

2. 螺旋弹簧的结构与几何尺寸

(1)圆柱螺旋压缩(拉伸)弹簧的结构

圆柱螺旋压缩(拉伸)弹簧端部有多种结构形式,表 12-4 列出了部分常用的形式及代号。

表 12-4   圆柱螺旋弹簧的端部结构形式及代号

类型	代号	简 图		端部结构形式
冷卷拉伸弹簧(L)	L I			半圆钩环
	L II			圆钩环
	L VII			可调式拉簧
热卷压缩弹簧(RY)	RY I			两端圈并紧并磨平 $n_2=1.5\sim2.5$
	RY II			两端圈制扁并紧磨平或不磨 $n_2=1.5\sim2.5$

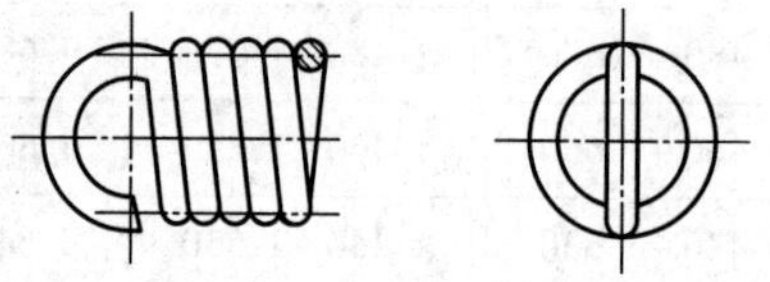

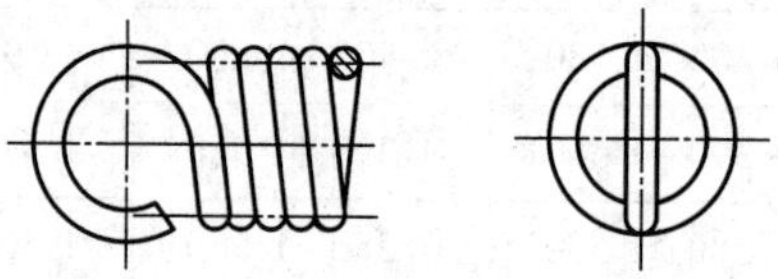

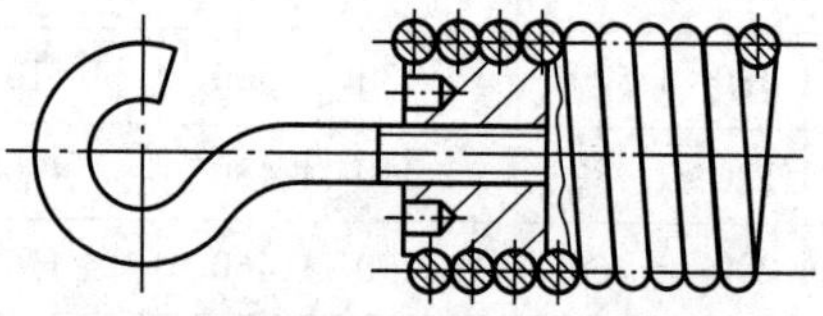

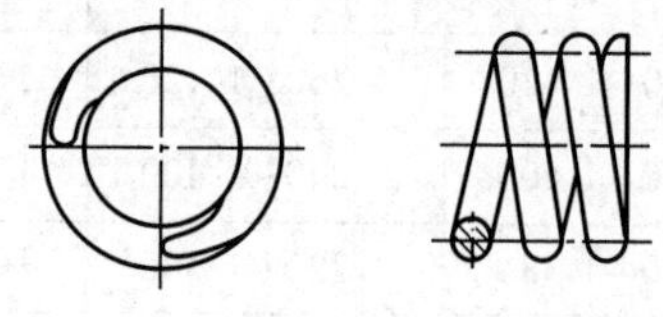

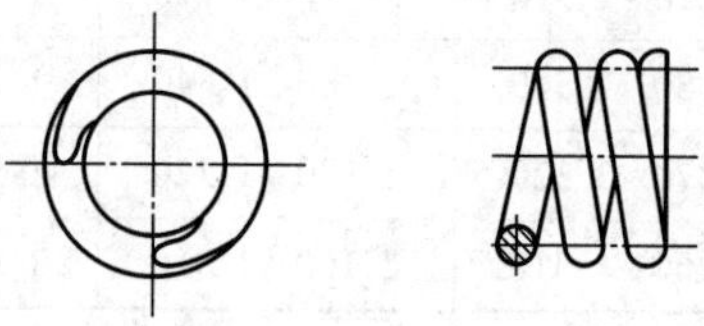

续表

类型	代号	简　图	端部结构形式
热卷拉伸弹簧（RL）	RL Ⅰ	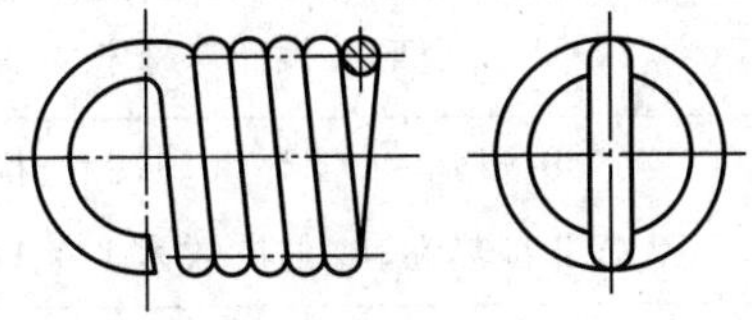	半圆钩环
	RL Ⅱ	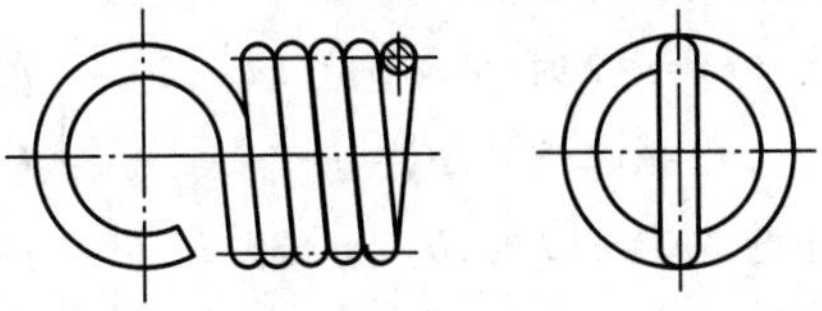	圆钩环
冷卷压缩弹簧（Y）	Y Ⅰ	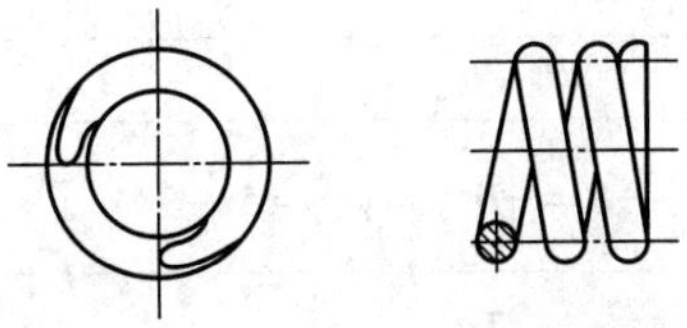	两端圈并紧并磨平 $n_2 = 1 \sim 2.5$
	Y Ⅱ	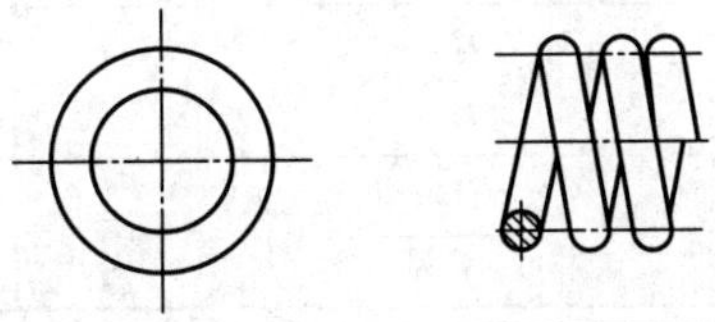	两端圈并紧不磨 $n_2 = 1.5 \sim 2$
	Y Ⅲ	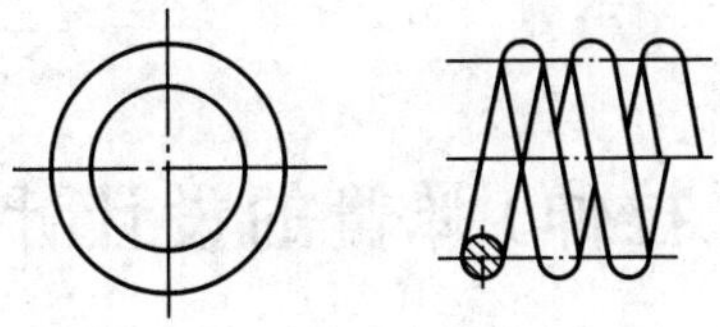	两端圈不并紧 $n_2 = 0 \sim 1$

（2）圆柱螺旋压缩（拉伸）弹簧的几何尺寸

圆柱螺旋弹簧的主要几何尺寸有：弹簧钢丝直径 d、弹簧外径 D、中径 D_2、内径 D_1、节距 p、螺旋角 γ、自由高度 H_0、有效圈数 n、总圈数 n_1 和螺旋的旋向（常用右旋）等。圆柱螺旋压缩（拉伸）弹簧的几何尺寸计算公式见表 12-5。

表 12-5　圆柱螺旋压缩、拉伸弹簧的几何尺寸计算公式

名称与符号	螺旋压缩弹簧	螺旋拉伸弹簧
弹簧丝直径 d	由强度计算公式确定	
弹簧中径 D_2	$D_2 = Cd$	
弹簧内径 D_1	$D_1 = D_2 - d$	
弹簧外径 D	$D = D_2 + d$	
弹簧指数 C	$C = D_2/d$，一般 $4 \leqslant C \leqslant 16$	
螺旋角 γ	$\gamma = \arctan \dfrac{p}{\pi D_2}$，对压缩弹簧，推荐 $\gamma = 5° \sim 9°$	

续表

名称与符号	螺旋压缩弹簧	螺旋拉伸弹簧
有效圈数 n	由变形条件计算确定，一般 $n>2$	
总圈数 n_1	压缩 $n_1 = n+(2 \sim 2.5)$ 冷卷；拉伸 $n_1 = n$ $n_1 = n+(1.5 \sim 2)$ ⅤⅡ型热卷；n_1 的尾数为 $1/4$、$1/2$、$3/4$ 或整圈，推荐 $1/2$ 圈	
自由高度或长度 H_0	两端圈磨平 $n_1 = n+1.5$ 时，$H_0 = np+d$ $n_1 = n+2$ 时，$H_0 = np+1.5d$ $n_1 = n+2.5$ 时，$H_0 = np+2d$ 两端圈不磨平 $n_1 = n+2$ 时，$H_0 = np+3d$ $n_1 = n+2.5$ 时，$H_0 = np+3.5d$	$L\,Ⅰ$ 型 $H_0 = (n+1)d+D_1$ $L\,Ⅱ$ 型 $H_0 = (n+1)d+2D_1$ $L\,Ⅲ$ 型 $H_0 = (n+1.5)d+2D_1$
工作高度或长度 H_n	$H_n = H_0 - \lambda_n$	$H_n = H_0 + \lambda_n$，λ_n 为变形量
节距 p	$p = d + \dfrac{\lambda_{max}}{n} + \delta_1 = \pi D_2 \tan \gamma \,(\gamma = 5° \sim 9°)$	$p = d$
间距 δ	$\delta = p - d$	$\delta = 0$
压缩弹簧高径比 b	$b = \dfrac{H_0}{D_2}$	
展开长度 L	$L = \dfrac{\pi D_2 n_1}{\cos \gamma}$	$L = \pi D_2 n +$ 钩部展开长度

12.3 圆柱螺旋压缩(拉伸)弹簧的设计计算

12.3.1 弹簧的特性曲线

工作中要求弹簧受载与变形间有一定的关系，并保持相对的稳定。表示弹簧受载与变形关系的曲线称为弹簧的特性曲线。图 12-1b 所示为螺旋压缩弹簧(helical-coil compressional spring)的特性曲线，它表示了弹簧受载与变形呈线性关系。

1. 螺旋压缩弹簧的特性曲线

如图 12-1a 所示，H_0 为弹簧未受载时的自由高度，F_{min} 为最小工作载荷，它是为了使弹簧能可靠地安装在工作位置上所预加的初始载荷。在 F_{min} 作用下，弹簧从自由高度 H_0 被压缩到 H_1，此时弹簧的压缩变形量为 λ_{min}。F_{max} 为弹簧的最大工作载荷，在它的作用下，弹簧的高度被压缩到 H_2，弹簧的压缩变形量增加到 λ_{max}。弹簧的工作行程 $h = H_1 - H_2 = \lambda_{max} - \lambda_{min}$。$F_{lim}$ 为弹簧的极限载荷，在该力的作用下，弹簧丝内的应力达到了材料的弹性极限，弹簧的高度相应地为 H_{lim}，变形量为 λ_{lim}。

2. 螺旋拉伸弹簧的特性曲线

如图 12-2a 所示，按照制造方法的不同，螺旋拉伸弹簧(helical-coil extensional spring)

分为"无初应力"和"有初应力"两种。拉伸弹
簧冷卷绕制后若不进行其他热处理,弹簧钢丝
内存在与工作应力相反方向的残余切应力,称
为初应力。热卷拉伸弹簧或冷卷后进行热处理
的拉伸弹簧无初应力。无初应力的拉伸弹簧,
其特性曲线和压缩弹簧的特性曲线相同,如
图 12-2b 所示。有初应力的拉伸弹簧的特性曲
线,如图 12-2c 所示,图中增加了一段假想的变
形量 x,相应的初拉力 F_0 是使弹簧开始变形时
所需的初拉力,即当工作载荷大于 F_0 时,弹簧
才开始伸长。

　　螺旋弹簧的最小工作载荷通常取 $F_{min} \geqslant$
$0.2F_{lim}$,对于有初应力的拉伸弹簧,$F_{min} > F_0$;弹
簧的最大工作载荷应小于极限载荷,通常取
$F_{max} < 0.8F_{lim}$。因此,弹簧的工作变形量应取在
$(0.2 \sim 0.8)\lambda_{lim}$ 范围内,以便保持弹簧的线性特
性曲线。

　　等节距的圆柱螺旋压缩、拉伸弹簧的特性

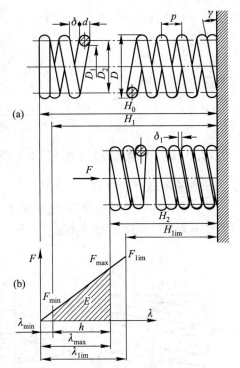

图 12-1　圆柱螺旋压缩弹簧的特性曲线

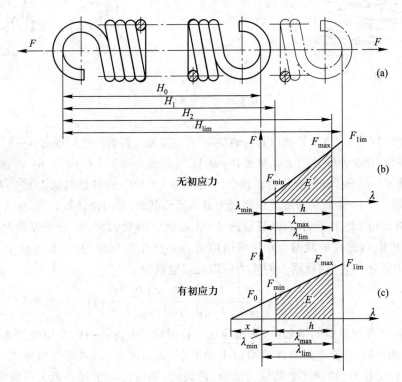

图 12-2　圆柱螺旋拉伸弹簧的特性曲线

曲线为一直线,即压缩、拉伸(无初应力)弹簧

$$\frac{F_{min}}{\lambda_{min}} = \frac{F_{max}}{\lambda_{max}} = \frac{F_{lim}}{\lambda_{lim}} = 常数 \qquad (12-1)$$

有初应力的拉伸弹簧

$$\frac{F_0}{x} = \frac{F_{min}}{x+\lambda_{min}} = \frac{F_{max}}{x+\lambda_{max}} = \frac{F_{lim}}{x+\lambda_{lim}} = 常数 \qquad (12-2)$$

12.3.2 弹簧受载时的应力与变形计算

1. 弹簧受载时的应力

圆柱螺旋弹簧受压或受拉时,弹簧丝的受力情况完全相同。现就如图 12-3a 所示的承受轴向载荷的螺旋压缩弹簧进行分析。

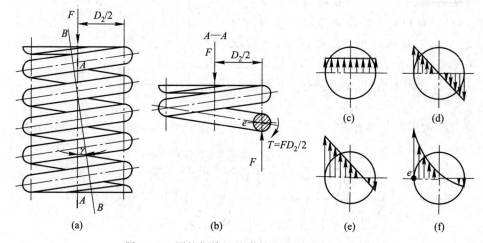

图 12-3 圆柱螺旋压缩弹簧的受力及应力分析

由图 12-3a 可知,由于弹簧丝具有螺旋角 γ,故在通过弹簧的轴向截面 A—A 上,弹簧丝截面呈椭圆形,而在弹簧丝的法线截面 B—B 上,其截面为圆形。A—A 与 B—B 截面之夹角等于螺旋角 γ。由于弹簧的螺旋升角较小,一般取 $\gamma = 5° \sim 9°$,故可近似地认为 $\gamma = 0°$,这样就可以把弹簧丝的 A—A 截面看成是以直径为 d 的圆形截面,从而使计算大为简化。

现分析如图 12-3b 所示的弹簧丝的 A—A 截面上的受力情况,由于弹簧丝承受轴向载荷 F 的作用,因此在该截面上作用着由切向力 F 产生的切应力 τ_F 及由转矩 $T = FD_2/2$ 产生的扭转切应力 τ_T,则截面上的应力可以近似地取为

$$\tau_\Sigma = \tau_F + \tau_T = \frac{F}{\pi d^2/4} + \frac{FD_2/2}{\pi d^3/16} = \frac{8FD_2}{\pi d^3}\left(\frac{1}{2C}+1\right) \qquad (12-3)$$

式中:$C = D_2/d$ 称为弹簧的指数(或称旋绕比),C 值的范围为 $4 \sim 16$,常用值为 $5 \sim 8$。弹簧材料、直径相同时,C 值小说明弹簧圈的中径也小,其刚度大,但弹簧的曲率也大,卷绕成形困难,并且工作时,弹簧产生的应力大;C 值大时,则情况与上述相反。C 值太大时,弹簧易发生颤动。C 值可参考表 12-6 选取。

表 12-6 弹簧指数 C 的选用范围

d/mm	0.2~0.4	0.5~1.0	1.1~2.2	2.5~6	7~16	18~50
C	7~14	5~12	5~10	4~9	4~8	4~6

在图 12-3 中,图 c 表示为切向力引起的切应力 τ_F 分布简图;图 d 表示为转矩引起的切应力 τ_T 的分布简图;图 e 为上述两种应力合成简图;实际上由于弹簧丝螺旋角和曲率的影响,弹簧丝截面中的应力将如图 f 所示。由图可知,最大应力产生在弹簧丝截面内侧的 e 点上。实践证明,弹簧的破坏也大多由这点开始。考虑到弹簧丝螺旋角和曲率对弹簧丝中应力的影响,而引入一个<u>曲度系数 K</u>,则弹簧丝内侧的最大应力及强度表达式为

$$\tau_{\max} = K\frac{8F_{\max}D_2}{\pi d^3} \leqslant [\tau] \tag{12-4}$$

式中,曲度系数(或称补偿系数)按下式计算:

$$K = \frac{4C-1}{4C-4} + \frac{0.615}{C} \tag{12-5}$$

弹簧丝直径 d 的设计计算式为

$$d \geqslant 1.6\sqrt{\frac{KF_{\max}C}{[\tau]}} \tag{12-6}$$

式中:$F_{\max}$——弹簧的最大工作载荷,N;

  $[\tau]$——许用切应力,MPa,按表 12-2 选取。

应用式(12-6)计算时,因弹簧指数 C 和许用切应力 $[\tau]$ 均与直径 d 有关,所以需要试算才能得出弹簧丝的直径 d。

2. 弹簧的变形

圆柱螺旋弹簧受载后的轴向变形量 λ 可根据材料力学公式求得,即

$$\lambda = \frac{8FC^3n}{Gd} \tag{12-7}$$

式中:G——弹簧材料的切变模量,见表 12-2。

如以 $F_{\max}$ 代表 F,则最大轴向变形量为

压缩弹簧和无初应力的拉伸弹簧
$$\lambda_{\max} = \frac{8F_{\max}C^3n}{Gd} \tag{12-8}$$

有初应力的拉伸弹簧
$$\lambda_{\max} = \frac{8(F_{\max}-F_0)C^3n}{Gd} \tag{12-9}$$

有初应力的拉伸弹簧选取初拉力时,推荐初应力 τ_0' 值在图 12-4 的阴影区内选取。

初拉力按下式计算

$$F_0 = \frac{\pi d^3 \tau_0'}{8KD_2} \quad (12-10)$$

根据式（12-8）、式（12-9）可得圆柱螺旋弹簧的有效圈数 n 的计算式。

压缩弹簧和无初应力的拉伸弹簧

$$n = \frac{Gd}{8 F_{max} C^3} \lambda_{max} \quad (12-11)$$

有初应力的拉伸弹簧

$$n = \frac{Gd}{8 (F_{max} - F_0) C^3} \lambda_{max} \quad (12-12)$$

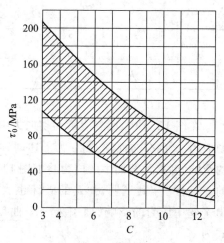

图 12-4　弹簧初应力的选择范围

一般要求有效圈数 $n \geqslant 2$ 才能保证弹簧具有稳定的性能；否则，应重新选择弹簧指数 C，并计算 d 和 n。对于拉伸弹簧，弹簧的总圈数 $n_1 > 20$ 时，一般圆整为整圈数，$n_1 < 20$ 时，则可圆整为 1/2 圈。对于压缩弹簧总圈数 n_1 的尾数宜取 1/4、1/2 或整圈数，常用 1/2 圈。

弹簧的刚度 k 是弹簧产生单位轴向变形时所需的载荷，弹簧刚度是表征弹簧性能的主要参数之一。由式（12-7）可得弹簧刚度的计算式，即

$$k = \frac{F}{\lambda} = \frac{Gd}{8 C^3 n} \quad (12-13)$$

从式（12-13）可知，当其他条件相同时，弹簧刚度越大，单位变形所需要的力就越大，则弹簧的弹力也越大。影响弹簧刚度的因素很多，其中弹簧指数 C 对刚度的影响最大。C 值越小的弹簧，刚度越大；反之则越小。另外，弹簧刚度 k 还和 G、d、n 等有关，设计过程中，调整弹簧刚度时，应当综合考虑这些因素的影响。

12.3.3　弹簧的稳定性计算

当作用在压缩弹簧的载荷过大，而高径比 $b = H_0/D_2$ 超过下列规定范围时，弹簧就会产生较大的侧向弯曲（图 12-5）而失去稳定性。

一般规定，两端固定时，取 $b < 5.3$；一端固定，另一端自由时，取 $b < 3.7$；两端自由时，应取 $b < 2.6$。当弹簧的高径比大于上述数值时，要进行稳定性验算，并应满足

$$F_{max} < F_{cr} = C_B k H_0 \quad (12-14)$$

式中：F_{cr}——稳定时的临界载荷，N；

　　F_{max}——弹簧的最大工作载荷，N；

　　k——弹簧的刚度；

　　H_0——弹簧的自由高度，mm；

　　C_B——不稳定系数，见图 12-6。

若 $F_{max} > F_{cr}$，应改变高径比 b 值或重新选取其他参数来提高 F_{cr}，以保证弹簧的稳定性。

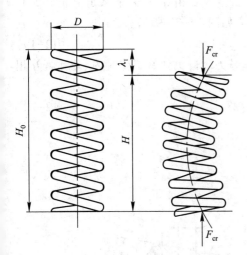

图 12-5　压缩弹簧的失稳

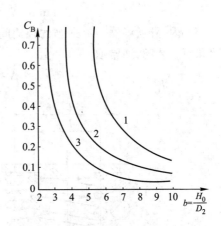

图 12-6　不稳定系数 C_B

1—两端固定;2—一端固定、一端自由;3—两端自由

12.3.4　组合压缩弹簧的设计

组合压缩弹簧是采用两个直径不同的压缩弹簧同心地套合在一起的弹簧组件(图 12-7a)。采用组合弹簧可以增加弹簧的刚度和减少安置弹簧的空间,且可避免因高径比值太大而导致弹簧失稳。为了保证组合压缩弹簧的正常工作和每个弹簧都能发挥其作用,设计这种弹簧时,应满足下列五个条件:

(1) 相邻弹簧的旋向应相反。这是为了防止弹簧工作时,支承面产生歪斜或相邻弹簧相互嵌入。

(2) 组成的弹簧应具有等强度。为使组成的弹簧具有等强度,就必须在弹簧受载后使 $\tau_1 = \tau_2$,即

$$K_1 \frac{F_1 D_{21}}{d_1^3} = K_2 \frac{F_2 D_{22}}{d_2^3} \tag{12-15}$$

式中:K_1、K_2——内、外层弹簧的曲度系数;

　　　F_1、F_2——作用在内、外层弹簧的载荷,N。

(3) 受载后,内、外层弹簧的变形量相等 $\lambda_1 = \lambda_2$,即

$$\frac{F_1 n_1 D_{21}^3}{d_1^4} = \frac{F_2 n_2 D_{22}^3}{d_2^4} \tag{12-16}$$

式中:n_1、n_2——内、外层弹簧的工作圈数。

(4) 压缩到各圈并紧时,内、外弹簧应具有相同的高度,即

$$H_1 = H_2, \quad n_1 d_1 = n_2 d_2 \tag{12-17}$$

由式(12-15)至式(12-17)可得

$$C_1^2 / K_1 = C_2^2 / K_2 \tag{12-18}$$

由于 K 是 C 的函数,所以只有当内、外层的弹簧指数 C 相等时,才能满足上述第 2、3、4 条件。要使内、外弹簧指数 C 相等,弹簧丝截面应如图 12-7b 所示。这时

$$\tan\theta = d_1/D_{21} = d_2/D_{22} = 1/C \tag{12-19}$$

（5）内、外层弹簧应有适当的径向间隙 Δ。这是为了避免弹簧工作时内、外弹簧互相摩擦和便于装配,通常取

$$\Delta = (d_2 - d_1)/2 \tag{12-20}$$

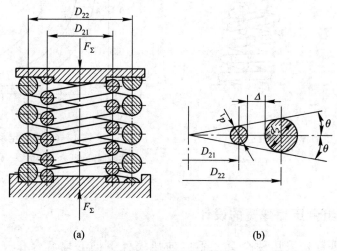

图 12-7　组合压缩弹簧

由图 12-7b 可见

$$\Delta = \frac{(D_{22} - D_{21}) - (d_2 + d_1)}{2} \tag{12-21}$$

因此,可得

$$d_2 = (D_{22} - D_{21})/2 \tag{12-22}$$

等号两边均除以 d_1,经换算后得

$$\frac{d_2}{d_1} = \frac{C}{C-2} \tag{12-23}$$

因载荷分配应与弹簧丝的横截面面积成正比,并考虑到式（12-23）的关系,可得

$$\frac{F_2}{F_1} = \left(\frac{d_2}{d_1}\right)^2 = \left(\frac{C}{C-2}\right)^2 = j \tag{12-24}$$

因 $F_\Sigma = F_1 + F_2$,故

$$F_1 = \frac{F_\Sigma}{1+j} \tag{12-25}$$

$$F_2 = \frac{jF_\Sigma}{1+j} \tag{12-26}$$

根据作用在内、外圈弹簧上的载荷 F_1 和 F_2，可分别求出内、外圈弹簧的几何参数及尺寸，其设计方法同单个圆柱螺旋压缩弹簧。

12.3.5　弹簧设计实例分析

对于承受不随时间变化载荷的弹簧，或者载荷虽有变化，但重复次数不超过 10^3 次的变载荷时，按静强度来设计弹簧。

单个圆柱螺旋压缩(拉伸)弹簧的一般设计步骤如下：

(1) 选择弹簧丝材料，确定许用应力　对于碳素弹簧钢丝，根据弹簧的使用要求，从表 12-2 选取材料，查得许用切应力 $[\tau]$。因为 σ_B 与 d 有关，要先假设材料直径 d，查表 12-3 得 σ_B。

(2) 初选弹簧指数 C 值　从表 12-6 中进行选取。

(3) 求弹簧丝直径 d　按式(12-6)计算出 d 值。d 如果在所假设的范围内，则圆整为符合的直径系列值；如果 d 不在所假设的范围内，要重新改选 C 值。

(4) 求符合中径系列的 D_2 值　$D_2=Cd$，D_2 值查有关标准。

(5) 求弹簧有效圈数 n 和总圈数 n_1　压缩(拉伸)弹簧的总圈数 n_1 和有效圈数 n 按式(12-11)或式(12-22)计算。

(6) 求弹簧的几何尺寸　利用表 12-5 中的计算式进行计算，并画出弹簧零件工作图及特性曲线。

(7) 校核弹簧的稳定性。

根据设计的具体要求，上述步骤可进行适当的调整。

例 12-1　试设计一圆柱螺旋压缩弹簧，簧丝截面为圆形。已知最小载荷 $F_{min}=200$ N，最大载荷 $F_{max}=500$ N，工作行程 $h=10$ mm，弹簧Ⅱ类工作，要求弹簧外径不超过 28 mm，端部并紧磨平。

解　(1)根据外径要求，初选 $C=7$

采用试算法。

由 $C=D_2/d=(D-d)/d$ 得 $d=3.5$ mm。由表 12-3 查得选用 SM 级碳素弹簧钢丝时，$\sigma_B=1\ 580$ MPa。查表 12-2 知，$[\tau]=0.38\sigma_B=0.38\times1\ 580$ MPa $=600$ MPa。由式(12-5)得，$K=1.21$。由式(12-6)计算得 $d\geqslant4.25$ mm 与原假设 3.5 mm 相差较大，应重新计算。

改选 $C=6$，$K=1.253$，得 $d=4$ mm。查表 12-3 得 $\sigma_B=1\ 530$ MPa，$[\tau]=0.38\sigma_B=581$ MPa。

校核所选直径 d

$$d\geqslant1.6\sqrt{\frac{KF_{max}C}{[\tau]}}=1.6\sqrt{\frac{1.253\times500\times6}{581}}\ \text{mm}=4.07\ \text{mm}$$

计算得出的 d 与改选后所选的直径基本一致，故确定 $d=4$ mm，$D_2=24$ mm。

(2) 求有效工作圈数 n

变形量 λ_{max} 由图 12-1 确定，即

$$\lambda_{max}=h\frac{F_{max}}{F_{max}-F_{min}}=10\times\frac{500}{500-200}\ \text{mm}=16.7\ \text{mm}$$

查表 12-2，得 $G=79\ 000$ MPa，所以由式(12-11)得

$$n=\frac{G\lambda_{max}d}{8F_{max}C^3}=\frac{79\ 000\times16.7\times4}{8\times500\times6^3}=6.11$$

取 $n=6.5$ 圈。考虑到两端各并紧一圈,则弹簧总圈数

$$n_1 = n+2 = 6.5+2 = 8.5$$

(3)确定变形量 λ_{lim}、λ_{max}、λ_{min} 和实际最小载荷 F_{min}

弹簧的极限载荷为

$$F_{lim} = \frac{F_{max}}{0.8} = \frac{500\ \text{N}}{0.8} = 625\ \text{N}$$

因为工作圈数由 6.11 改为 6.5,故弹簧的变形量和最小载荷也相应有所变化。按式(12-8),将 F_{lim} 和 λ_{lim} 分别代替 F 和 λ 得

$$\lambda_{lim} = \frac{8nF_{lim}C^3}{Gd} = \frac{8\times6.5\times625\times6^3}{79\,000\times4}\ \text{mm} = 22.22\ \text{mm}$$

将 F_{max} 和 λ_{max} 分别代替 F 和 λ 得

$$\lambda_{max} = \frac{8nF_{max}C^3}{Gd} = \frac{8\times6.5\times500\times6^3}{79\,000\times4}\ \text{mm} = 17.77\ \text{mm}$$

按图 12-1 可知

$$\lambda_{min} = \lambda_{max} - h = (17.77-10)\ \text{mm} = 7.77\ \text{mm}$$

$$F_{min} = \frac{G\lambda_{min}d}{8nC^3} = \frac{79\,000\times7.77\times4}{8\times6.5\times6^3}\ \text{N} = 218.6\ \text{N}$$

(4)求弹簧的节距 p、自由高度 H_0、螺旋升角 γ 和簧丝展开长度 L

在 F_{max} 作用下压缩弹簧相邻两圈的间距 $\delta_1 \geqslant 0.1d = 0.4$ mm,取 $\delta_1 = 0.5$ mm,则无载荷作用下弹簧的节距为

$$p = \frac{d+\lambda_{max}}{n+\delta_1} = \frac{4+17.77}{6.5+0.5}\ \text{mm} = 7.23\ \text{mm}$$

p 基本符合在 $\left(\dfrac{1}{2} \sim \dfrac{1}{3}\right) D_2$ 的规定范围。

端面并紧磨平的弹簧自由高度为

$$H_0 = np+1.5d = (6.5\times7.23+1.5\times4)\ \text{mm} = 52.995\ \text{mm}$$

取标准值 $H_0 = 52$ mm。

无载荷作用下弹簧的螺旋角为

$$\gamma = \arctan\frac{p}{\pi D_2} = \arctan\frac{7.23}{\pi\times24} = 5.48°$$

基本满足 $\gamma = 5° \sim 9°$ 的范围。

弹簧丝的展开长度

$$L = \pi D_2 n_1 / \cos\gamma = \pi\times24\times8.5/\cos 5.48°\ \text{mm} = 643.5\ \text{mm}$$

(5)稳定性计算

$$b = H_0/D_2 = 52/24 = 2.17$$

采用两端固定支座,$b = 2.17 < 5.3$,故不会失稳。

(6)参考图 12-1 绘制特性线和零件工作图(图 12-8)

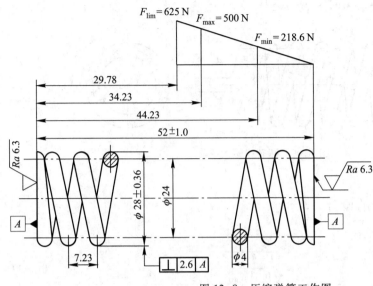

图 12-8 压缩弹簧工作图

技术要求

1. 旋向：右旋；
2. 有效圈数：n=6.5；
3. 总圈数：n_1=8.5；
4. 载荷偏差：±0.10F(二级)；
5. 表面处理：涂防锈漆；
6. 展开长度：L=643.5；
7. 制造技术条件：GB/T 1239—2009；
8. 热处理后硬度：45～50 HRC。

*12.4 圆柱螺旋扭转弹簧的设计计算

12.4.1 扭转弹簧的应力和变形

圆柱螺旋扭转弹簧(cylindric helicd-coil torsion spring)常用于压紧、储能和传递转矩等,使用较为广泛,可作为汽车起动装置的弹簧、电动机电刷上的弹簧等。在自由状态下,弹簧圈之间不并紧,一般留有少量间隙(约为 0.5 mm),以防止工作时各圈互相接触,并产生磨损。扭转弹簧的端部结构应能够施加绕弹簧轴线的扭矩 T(图 12-9),此时在垂直于弹簧丝轴线的任一截面上将作用着弯矩 $M_1 = T\cos\gamma$,转矩 $T' = T\sin\gamma$。由于螺旋角 γ 很小,所以 T' 可以忽略不计,而弯矩 $M_1 = T$,故扭转弹簧的弹簧丝主要受弯矩。可以近似地按受弯矩的曲梁来计算,其最大弯曲应力和强度条件为

$$\sigma_{bmax} = \frac{K_1 T_{max}}{W} = \frac{K_1 T}{0.1d^3} \leqslant [\sigma_B] \qquad (12-27)$$

式中：W——圆形截面弹簧丝的抗弯截面系数,$W \approx 0.1d^3$；

K_1——曲度系数,$K_1 = \dfrac{4C-1}{4C-4}$,一般可以取 $C = 4\sim 16$；

$[\sigma_B]$——许用弯曲应力,可由表 12-2 查得。

扭转弹簧的簧丝主要受弯矩,用方截面弹簧丝较为合适,但由于圆形截面弹簧丝容易获得,因此仍以圆形截面的弹簧丝应用普遍。扭转弹簧受转矩 T 作用时产生的扭转变形为

$$\varphi = \frac{T\pi D_2 n}{EI} \qquad (12-28)$$

式中：φ——扭转角，rad；

　　　I——弹簧丝截面轴惯性矩，mm^4，对于圆截面，$I=\pi d^4/64$；

　　　E——弹簧材料的弹性模量，MPa，见表 12-2。

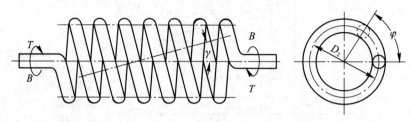

图 12-9　扭转弹簧的载荷

12.4.2　扭转弹簧的设计

由式（12-27），可求出弹簧丝直径

$$d \geqslant \sqrt[3]{\dfrac{K_1 T}{0.1[\sigma_B]}} \qquad\qquad (12\text{-}29)$$

再由求扭转角 φ 的公式，求出需要的弹簧圈数

$$n = \dfrac{EI\varphi}{\pi T D_2} \qquad\qquad (12\text{-}30)$$

扭转弹簧的设计步骤与压缩螺旋弹簧类似。

例 12-2　某航空工厂欲设计一个在高温 200 ℃ 左右工作的螺旋扭簧。已知：预加转矩为 $T_1=2\,\text{N}\cdot\text{m}$，最大工作转矩 $T_2=6\,\text{N}\cdot\text{m}$。要求有效工作圈数 n 在 6~10 之间，弹簧中径 D_2 在 16~30 mm 的范围内，弹簧丝直径可以在 2~6 mm 的范围内选取。希望弹簧的重量尽可能轻。

解　由于弹簧要求在高温下工作，应选择 50CrV 钢作为弹簧丝材料（Ⅲ类工作），其许用弯曲应力 $[\sigma_B]=925\,\text{MPa}$，弯曲弹性模量 $E=206\times10^3\,\text{MPa}$，钢材的密度 $\rho=7.55\,\text{g/cm}^3$。根据安装要求，选择如图 12-10 所示的扭转弹簧。由于扭转弹簧是用于航空机械上，要求尽量减轻其重量，在选择设计方案时，要挑选满足使用要求、结构要求、强度要求，且重量最轻的弹簧。其重量 F_Q 的公式约为

$$F_Q = \dfrac{\pi^2}{4}\rho g D_2 n d^2$$

扭簧的设计计算需要初选弹簧丝直径 d、弹簧指数 C，然后用上述公式校核强度。

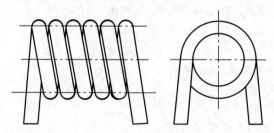

图 12-10　扭转弹簧

表 12-7 列举了七种设计方案的计算结果。从表中可看出，其中方案三弹簧的最大弯曲应力 $\sigma_{B\max}=823\,\text{MPa}<[\sigma_B]=925\,\text{MPa}$，比较理想。

表 12-7 弹簧的计算结果

方　案	一	二	三	四	五	六	七
d/mm	3.5	4.0	4.5	5	3.5	4	4.5
C	4	4	4	4	5	5	5
D_2/mm	14	16	18	20	17.5	20	22.5
n	6	6	6	6	6	6	6
F_Q/N	0.188	0.280	0.399	0.547	0.235	0.350	0.499
σ_{Bmax}/MPa	1 749	1 171.8	823	600	1 661.8	1 113.2	781.13
结论	不合格	不合格	合格	不理想	不合格	不合格	不理想

*12.5　防振装置简介

所谓防振装置(shockproof device),就是利用弹性元件具有防振的这一特性来达到消振、隔振及减少机械振动的一种装置。如图 12-11a 所示,它是应用金属弹簧的弹性变形和空气的阻力来达到防振作用;图 12-11b 是利用流体的黏度和活塞上小孔的阻尼作用而起到防振作用的。

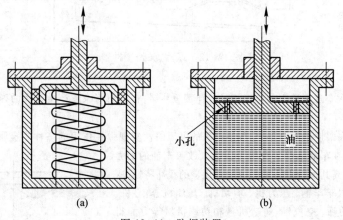

图 12-11　防振装置

除采用金属弹簧(metal spring)、空气、液体作为弹性元件的防振装置外,还有采用橡胶等作为弹性元件。橡胶弹簧(balata spring)在机械工程中的应用日益广泛,由于它的弹性模量小,所以可以得到较大的弹性变形,且容易实现理想的非线性特性;它还具有较高的内阻,这对于突然冲击和高频振动的吸收以及隔音具有良好的效果;橡胶弹簧的形状不受限制,能同时承受多向载荷,因而可使结构设计简化、制造、安装、拆卸和维护较简便。它的主要缺点是耐高低温和耐油性比金属弹簧差,且要精确计算它们的弹性特性比较困难。

我国橡胶弹簧使用的材料有天然橡胶、丁腈橡胶、氯丁橡胶等。

橡胶弹簧用于防振装置的有弹性联轴器、机器防振机架及车辆的减振装置等。

*12.6 缓冲装置简介

机器在很大冲击载荷的作用下,将受到损坏甚至可能造成人身事故,为了防止、减少机器产生过大的冲击载荷的装置称为**缓冲装置**(shock-absorber)(也称缓冲器)。

缓冲器所依据的工作原理是:当物体受到具有一定动能的另一物体冲击时,将对受力物体作功,则物体的动能应等于受力物体所作的功。当受力物体的位移量较大时,则物体所受的力较小,根据这一原理设计的缓冲器将大大减少机器的冲击载荷;同时,由于缓冲器利用弹性元件、流体和气体等消耗的阻力功使其具有蓄能和阻止能量传递的作用,从而达到缓冲的目的。

缓冲器的种类很多,有金属弹簧、橡胶弹簧、液压、空气弹簧(air spring)及摩擦缓冲器等。

如图12-12所示的摩擦、弹簧缓冲器,它是利用楔面之间的摩擦力和弹簧的弹性变形的作用而起到缓冲的效果。

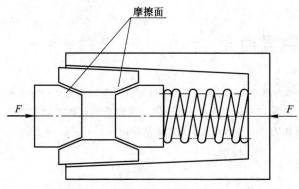

图 12-12 摩擦、弹簧缓冲器

图12-13是火车连接器上的压缩型橡胶弹簧缓冲器,它是利用橡胶产生较大的弹性变形而起到缓冲作用的。

空气弹簧是在柔性密闭容器中,利用空气的可压缩性实现弹性作用的一种非金属弹簧。它具有优良的弹性特性,用在车辆悬挂装置中可以大大改善车辆的动力性能,从而显著提高其运行舒适度。由于其优良的缓冲特性,所以在汽车和铁路机车车辆、压力机、剪切机、压缩机、离心机、振动输送机、振动筛、空气锤、铸造机械和纺织机械等方面得到广泛应用,作为防振和缓冲装置。

图12-14是我国铁道车辆上采用的直筒约束膜式空气弹簧的结构简图,它是由橡胶囊、外筒和内筒等组成。约束膜式空气弹簧有一个约束裙(或外筒),以限制橡胶囊向外扩展,使它的挠曲部分集中在约束裙和活塞(即内筒)之间变化。

图12-11b也可作为**液体弹簧**(liquid spring)缓冲器,它由活塞、气缸和液体组成。当活塞杆承受冲击载荷时,活塞压缩液体,使液体压力增大,并通过活塞上的阻尼小孔流向上方。由于液体被压缩和阻尼小孔的阻尼作用使能量受到消耗,从而获得了较好的缓冲效果。

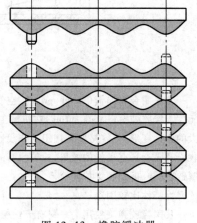

图 12-13 橡胶缓冲器

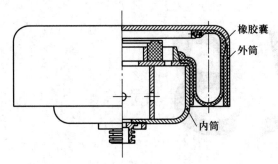

图 12-14 直筒约束膜式空气弹簧结构简图

分析与思考题

12-1 常用的弹簧材料有哪些？简述弹簧材料应具备的性质。

12-2 试简述冷卷和热卷螺旋弹簧的方法和应用场合,螺旋弹簧有哪些强化方法？

12-3 弹簧指数 C 对弹簧性能有什么影响？设计时如何选取？

12-4 弹簧特性曲线表达弹簧的什么性能？它的作用是什么？

12-5 试简述影响圆柱螺旋压缩弹簧强度和刚度的因素,其中何者影响最大？

12-6 螺旋弹簧强度计算中引入曲度系数 K,理由何在？

习题

12-1 试设计阀门圆柱螺旋压缩弹簧。已知:阀门开启时弹簧承受 220 N 的载荷,阀门关闭时弹簧承受 150 N 的载荷,工作行程 $h=5$ mm,弹簧外径不大于 16 mm,两端固定。

*第 *13* 章*

机械结构设计基础

13.1 机械结构设计基础知识

13.1.1 结构设计的基本要求

结构设计(structural design)是在产品计划阶段和方案设计阶段创造性工作的基础上进一步创造的过程。结构设计的任务是将原理设计方案结构化,确定机器各零部件的形状、尺寸、加工和装配。若有几种方案时,需进行评价决策,最后选择最优方案。

在进行结构设计前,要详细了解设计对象(系统)的功能、性能参数、使用条件、工艺条件、材料、各种标准零部件、相近机器的通用件等。结构设计是从定性到定量、从抽象到具体、从粗略到详细的设计过程。

结构设计的基本原则是明确、简单、安全,并便于制造、装配及检修。

13.1.2 结构的强度与刚度

为了使机械零件能正常工作,必须使零件具有足够的强度(strength)和刚度(stiffness)。通过合理选择机械系统的总体方案,使零件受力合理;正确设计各零件的结构和形状,使它所受的应力和产生的变形较小;选用合理的加工工艺等,都能保证机械零件有足够的强度和刚度。

1. 结构静应力强度

为了提高静应力下零件的强度,必须设法降低受载时零件的最大应力。设计时应注意几点。

(1) 应尽量采用等强度设计原则,以缩小零件尺寸,充分发挥材料性能和节约材料。

(2) 设法改善零件的受力状况,降低其内部应力从而提高零件的强度。通常可采用:1)载荷分担原理,即把作用在一个零件上的载荷,经采取结构措施后,由两个或更多的零件承担,从而减轻单个零件的载荷。图 13-1 中的行星轮传动,采用多个行星轮的结构(图示 3 个),这样总的结构尺寸可大大减小。2)采取对称布置,如图 13-1 的行星齿轮传动,行星轮采用对称布置,齿轮啮合产生的径向力被抵消,太阳轮、内齿轮及转臂只传递扭矩。3)使有关零件受力相互平衡。如采用人字齿轮的结构,则可使轴向力互相抵消。

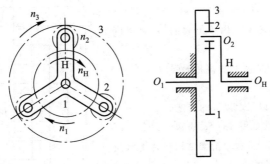

图 13-1 行星齿轮传动

1—外齿轮(太阳轮);2—行星轮;3—内齿轮

(3) 避免细杆受弯曲应力。细杆受弯曲应力时,变形很大,承载能力很小。通过改变杆的截面尺寸和形状可提高其抗弯能力。一般采用工字形截面的结构承受弯矩较为合理。

(4) 避免铸件结构受拉。因钢材的抗压强度一般为抗拉强度的 1.2~1.6 倍,而铸铁的抗压强度更远优于抗拉强度,因此应尽量避免铸铁结构受拉。应根据受力情况,将应力分布与材料的特性结合起来考虑,合理地确定截面的形状(包括配置肋板的位置)。例如,从图 13-2 所示两支架的受力和应力分布状况可看出,在相同载荷 F 作用下应力分布不同。图 b 中的拉应力小于压应力,符合材料特性,故采用图 b 方案较合理。

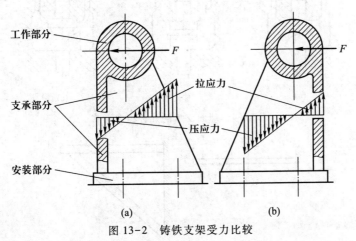

图 13-2 铸铁支架受力比较

(5) 避免悬臂(cantilever)结构。对于悬臂支承的轴应尽量减小悬臂长度,且要合理选择支承间的距离。

(6) 对于直径较大的轴类零件,可采用空心轴结构。空心轴受弯矩和扭矩时,其正应力和切应力能合理分布,使材料得以充分利用。图 13-3 所示是不同 d/D 值的环形截面及实心圆截面轴的强度、刚度变化曲线。从图中可看出,当 d/D 值大于 0.4 时,用相同重量的材料,空心轴可获得较实心轴大得多的强度和刚度。

2. 提高接触强度

通过合理的结构设计,可提高接触强度。

(1) 增加圆柱体的接触宽度,以减小接触点的应力。

(2) 增大两接触物体在接触面的曲率半径。在图 13-4a 的两球面曲率半径相等,接触强度差;而图 b 增大一个球面的曲率半径,可提高接触强度;图 c 增大接触面的曲率半径,而且采用内接触表面,接触强度最高。

（3）以面接触代替线接触,可提高接触强度。

3. 提高结构刚度

提高零件结构刚度可以采取以下的措施。

（1）采用合理的结构,如图 13-5a 的悬臂梁受载时产生弯曲,可采用图 13-5b 所示的桁架结构代替受弯曲的悬臂梁,其刚度上有明显的改善。

（2）用构件受拉、压代替弯曲。图 13-6 所示的铸造支座受横向力,当把结构 a 改为结构 b 时,腹板则由受弯曲改变为受拉、压,改善了受力状态。

（3）在零件上面加肋,以提高零件的刚度（图 13-7）。又如图 13-8a 的平置梁受弯曲,采用图 13-8b 矩形截面结构时的抗弯惯性矩小,所以刚度很低。可采用图 13-8c 的结构,用肋板加强刚度。

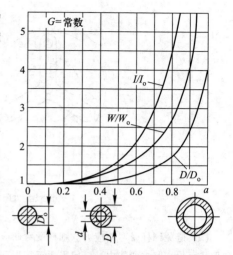

$a=d/D$；G 为质量；I、I_o 分别为空心轴与实心轴的惯性距；W、W_o 分别为空心轴与实心轴的抗弯截面模量

图 13-3　环形截面轴的强度与刚度变化曲线

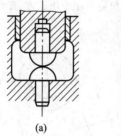 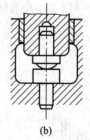 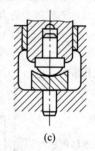

(a) (b) (c)

图 13-4　球面支承的几种组合形式

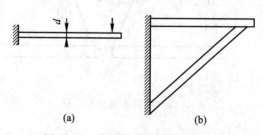

(a) (b)

图 13-5　采用桁架结构受弯曲应力

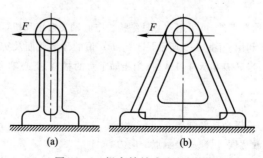

(a) (b)

图 13-6　提高铸铁支座的刚度

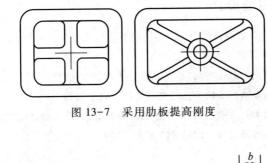

图 13-7 采用肋板提高刚度

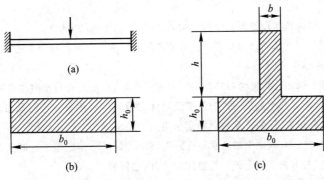

图 13-8 在平置矩形加肋增强刚度

（4）采用合理的截面形状提高构件刚度。截面形状对构件的强度和刚度有着很大的影响。正确设计构件的截面形状，可在既不增大截面面积，又不增大（甚至减小）零件质量的条件下，增大截面系数及截面的惯性矩，从而提高构件的强度和刚度。

在铸造箱体零件中常常使用空心方形截面，为了加强其刚度，可在里面加不同形式的隔板。表 13-1 列出了三种不同隔板形式及空心方形截面的抗弯惯性矩 I_b 与抗扭惯性矩 I_T 的比较，供设计时参考。

表 13-1　四种不同截面的刚度比较

截　面	I_b	I_T	截　面	I_b	I_T
□	1	1	▧	1.55	3
▤	1.17	2.16	▨	1.78	3.7

13.1.3　结构的造型设计

结构造型设计(shape design)的目的是把产品功能要求与外形美观二者加以协调与统一。

1. 结构造型设计的基本要求

(1) 布局合理。明晰可见的总体布局,是良好造型的前提。几何体的组合,应力求用最紧凑的空间和简洁而又有个性的形体来表达产品的功能与结构特征。对于结构对称的产品,常取对称的造型,具有庄重、稳固的性格;对于结构不对称的产品,要考虑实际均衡要求,以求造型稳定。

(2) 结构紧凑。结构方式是实现功能的重要因素,结构直接影响造型形态。紧凑的结构能减小设计产品的总体尺寸。

(3) 功能合理。结构造型设计要充分体现功能的科学性,使用的方便性。

(4) 良好的工艺性。产品的结构造型设计应使产品在结构上具有良好的工艺性,易于维修及制造。

2. 造型设计的要点

(1) 稳定与均衡。稳定是指造型对象在物理上实现平衡,均衡是指造型对象在视觉(心理)上达到平衡。需要指出的是,两者并不总是一致的。造型设计时应巧妙运用各种造型元素,通过形态、色彩等的体量关系及位置的合理安排,使产品达到稳定与均衡的目的。

(2) 统一与变化。协调、成比例的轮廓是良好造型的关键。结构造型设计时要注意将产品各组成部分在"形""色""质"各方面都给予统一的整体效果,以达到和谐一致。

3. 造型设计的基本原则

实用、经济、美观是结构造型设计的基本原则。

13.1.4　结构的工艺设计

设计机械零部件时,必须考虑结构工艺性,使机械零部件在满足使用功能的前提下,能实现生产率高,生产成本低的目的。在考虑零部件结构工艺性时,首先应全面考虑在零部件生产和使用中,各阶段的工艺性问题,如毛坯制造、机械加工和热处理、装配、检验、运输、使用、维护、废弃后回收再用等。此外,在生产批量、生产设备条件、使用维护条件不同时,应在结构上作相应的改变。如单件生产的机器底座用焊接件较经济,而中小批生产甚至大批生产采用铸件更合理。

1. 铸件的工艺性

设计铸件时,除了考虑机械结构的强度和刚度外,还要考虑铸件的工艺性,使所设计的铸件结构尽量合理,达到较好的使用效果。

(1) 设计铸造零件时,应尽可能采用最简单的表面(如圆柱面、平面、共轭曲面等),以便于机械加工并易于保证精度。

(2) 合理确定铸件壁厚。为了降低铸件重量,希望减薄壁厚,但受强度与材料流动性限制,壁厚又不可太薄。表 13-2 给出了各种材料从流动性要求出发的允许最薄壁厚值,它与铸件尺寸有关。

表 13-2　砂型铸件最薄壁厚　　　　mm

铸件尺寸	铸钢	灰铸铁	球墨铸铁	可锻铸铁	铝合金	铜合金
<200×200	6~8	5~6	6	4~5	3	3~5
200×200~500×500	10~12	6~10	12	5~8	4	6~8
>500×500	18~25	15~20			5~7	

铸件两相邻部位壁厚应是平稳而圆滑地过渡,要使厚壁的截面逐渐过渡到薄壁的截面,并且不应有壁厚突变或尖角等(图 13-9)。

差　　　　　较差　　　　　较好

图 13-9　铸件壁厚应逐渐过渡

2. 焊接件的工艺性

焊接件主要用于钢结构、机架和机械零件中,设计焊接件时要合理选择焊接方法和焊接材料。焊接件在焊接时温度很高,而且温度分布不均匀,焊缝及母体金属在焊接时产生很大的变形,在冷却时由于各部分温度变化不同,还会产生很大的变形和内应力,甚至产生裂纹。因此减少焊接件的内应力与变形,不但要在焊接工艺方面采取必要措施,而且还要进行合理的结构设计,如避免由于焊缝过度集中而产生过多的热量,尽可能采用对称的焊缝等。

13.2　机架与机座的结构设计

13.2.1　机架的结构设计

1. 机架的作用及设计要求

在机器中用于容纳和支承各种零部件的零件称为机架(frame),主要包括机器的箱体、底座、床身等,机架通常直接或间接地承受着机器中的各种工作载荷,其设计的质量对机器的精度、振动和噪声等工作性能会产生重要影响。

机架按外形结构可分为箱壳式、框架式、梁柱式和平板式,按制造方法可分为铸造机架和焊接机架。常用材料为铸铁、铸钢和铸铝合金。

机架在设计中应满足以下要求:

(1) 具有足够的强度和刚度。例如锻压机床、冲剪机床等机器的机架,应以满足强度条件为主。金属切削机床及其他要求精确运转的机器的机架,以满足刚度条件为主。

(2) 结构设计合理,便于其他零部件的安装、调整与修理,并具有良好的抗振性和工艺性。

(3) 选择合理的截面形状和肋板,在满足强度和刚度的前提下,使机架尽可能重量轻,成本低。

(4) 造型美观。

2. 机架的结构设计

机架支承着机器的零部件及工件的全部重量,并处于复杂的受载状态,因此机架的结构设计,如截面形状的选择、肋板的布置以及壁厚的大小等,对机架的工作能力、材料消耗和制造质量等均有重大影响。

(1) 截面形状的选择

对于仅仅受压或受拉的零件,当其他条件相同时,其刚度和强度只决定于截面积的大小,而与截面

（cross section）形状无关。但是对于承受弯矩和转矩的零件,其抗弯、抗扭强度和刚度不仅与截面积的大小有关,而且还与其截面形状有关。表 13-3 列举了几种截面积相近而截面形状不同的相对强度和相对刚度。从表中可以看出：圆形截面的抗扭强度最高,但抗弯强度较差,所以适用于受扭为主的机架；相反,工字形截面的抗弯强度最高,而抗扭强度较低,所以适用于受弯为主的机架。空心矩形截面的抗弯强度低于工字形截面,抗扭强度低于圆形截面,但其综合刚性最好,并且由于空心矩形内腔较易安装其他零部件,故多数机架的截面形状常采用空心矩形截面。

表 13-3　几种截面积相近而截面形状不同的零件的相对强度和相对刚度

截面形状	相对强度		相对刚度	
	弯曲	扭转	弯曲	扭转
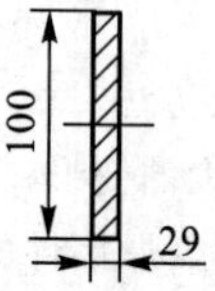	1	1	1	1
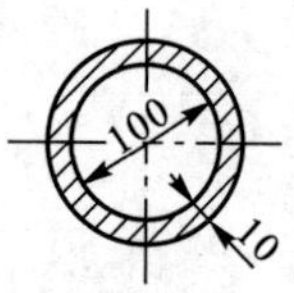	1.2	43	1.15	8.8
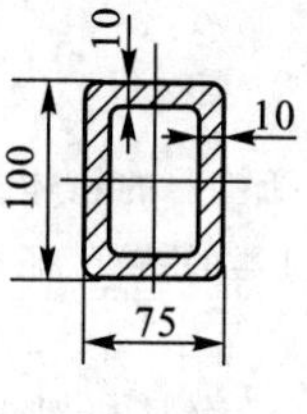	1.4	38.5	1.6	31.4
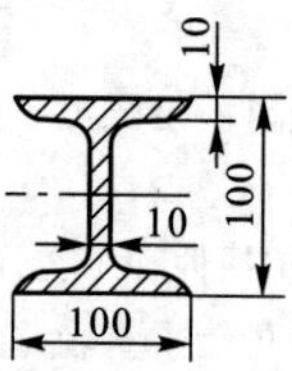	1.8	4.5	1.8	1.9

截面面积相等而结构不同的矩形截面弯曲刚度相差很大。如图 13-10 所示,三种矩形截面的面积均为 3 600 mm^2,而图 a 的弯曲刚度比图 b 大 10 倍,比图 c 大 49 倍。

（2）肋板的布置

在机架结构设计中,通常以布置肋板（rib）的方式来提高机架的强度和刚度,并减轻机架的重量。特别对于铸造机架,不宜采用增加截面厚度的方法来提高强度,因为厚大截面会由于金属堆积而产生缩

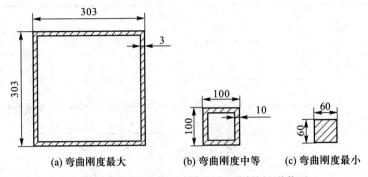

(a) 弯曲刚度最大   (b) 弯曲刚度中等   (c) 弯曲刚度最小

图 13-10 面积相等而弯曲刚度不同的矩形截面

孔和裂纹等缺陷,从而导致性能的下降。布肋能否有效地提高机架的强度和刚度,在很大程度上取决于布肋的方式是否合理。不合理的布置不仅达不到要求,而且会增加铸造困难和材料浪费。表 13-4 给出了不同形式肋板的空心矩形截面梁在刚度方面的比较。若以方案 Ⅰ 的相对质量、相对弯曲刚度和相对扭转刚度作为比较基准,从表中可知:方案 Ⅱ 的相对质量增加了 14%,而相对弯曲刚度仅提高了 7%;方案 Ⅲ 的相对弯曲刚度和相对扭转刚度虽然均有所增加,但材料却需多耗费 49%;方案 Ⅳ 的质量仅需增加 26%,却能够获得超过一半的弯曲刚度和近两倍的扭转刚度。从经济性角度来看,方案 Ⅳ 最佳,而方案 Ⅱ 一般不可取。

表 13-4 不同形式肋板的空心矩形截面梁在刚度方面的比较

肋板布置形式	Ⅰ	Ⅱ	Ⅲ	Ⅳ
相对质量	1	1.14	1.49	1.26
相对弯曲刚度	1	1.07	1.78	1.55
相对扭转刚度	1	2.04	3.69	2.94

(3) 壁厚的合理选择

机架壁厚的选择取决于其强度、刚度、材料和尺寸等因素。一般原则是:在满足强度、刚度和振动稳定性等条件下,尽量选择最小的壁厚,以减轻零件的重量。按照目前的工艺水平,灰铸铁和铸铝机架的壁厚可根据当量尺寸分别按表 13-5 来选择,可锻铸铁的壁厚比灰铸铁减少 15%~20%,球墨铸铁的壁厚比灰铸铁增加 15%~20%。当量尺寸的定义为

$$N = \frac{2L+B+H}{3}$$

式中,L、B 和 H 分别为铸件的长度、宽度和高度。

对于焊接机架,其壁厚可按相应铸件壁厚的 2/3~4/5 来选择。

表 13-5   灰铸铁和铸铝机架的壁厚

当量尺寸 N/m	灰铸铁机架		铸铝机架/mm
	外壁厚/mm	内壁厚/mm	
0.3	6	5	4
0.5	6	5	4
1.0	10	8	6
1.5	12	10	8
2.0	16	12	10
2.5	18	14	12

13.2.2   机座的结构设计

1. 机座的作用及设计要求

机座(stator frame/base/engine seat)是设备的基础部件,常见的机座类型如图 13-11 所示。机器的零部件安装在机座上或在其导轨面上运动。所以机座既起支承作用,承受其他零部件的重量;又起基准作用,保证部件之间的相对位置。机座的设计要求同于箱体,但更强调以下几点:

(1) 机座的尺寸和位置精度对机器产生整体性的影响,必须合理选择机座的各项精度。

(2) 要有足够的刚度。通常机座以刚度作为主要设计准则,故其截面形状和尺寸主要由刚度条件决定。一般情况下,机座达到刚度要求,其强度也是足够的。对于承受重载,冲击及变载荷的机器,其机座则以强度为设计准则。

(3) 机座导轨的耐磨性要好。

(4) 大型机座的结构要满足加工、操作、搬运装吊等的特殊工艺要求。

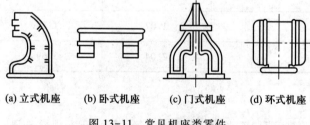

(a) 立式机座   (b) 卧式机座   (c) 门式机座   (d) 环式机座

图 13-11   常见机座类零件

2. 机座的结构设计

(1) 截面形状的选择

为保证机座的刚度和强度,减轻重量和节约材料,必须根据设备的受力情况,选择经济合理的截面形状。当机座受弯、扭作用时,其强度和刚度不仅和截面积有关,而且还与截面形状(截面抗弯、抗扭惯性矩)有关。表13-6列举截面积相等而截面形状不同的常见机座截面的抗弯和抗扭惯性矩的相对值。

表 13-6　常见机座截面的抗弯、抗扭惯性矩相对值

截面形状	抗弯惯性矩 I 的相对值	抗扭惯性矩 I_e 的相对值	截面形状	抗弯惯性矩 I 的相对值	抗扭惯性矩 I_e 的相对值
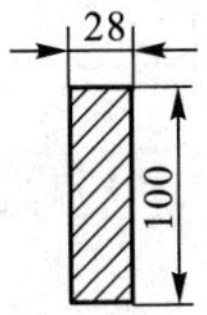 28 × 100	1	1	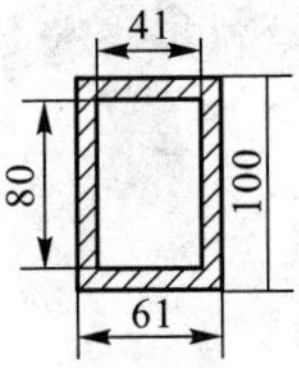 41/61, 80/100	1.5	5.1
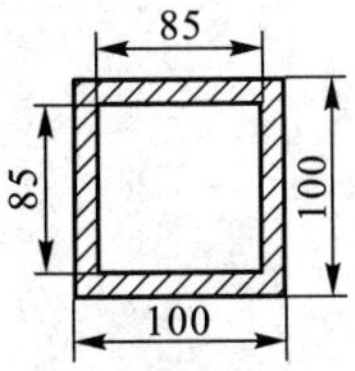 85 × 85, 100 × 100	1.7	1.0	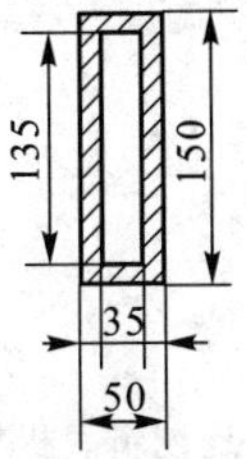 35/50, 135/150	2.9	9.2
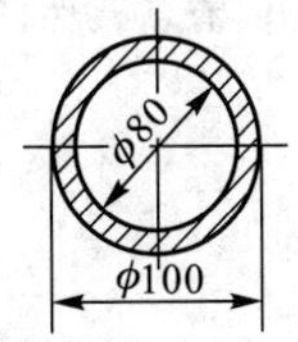 φ80 / φ100	1.2	9.7	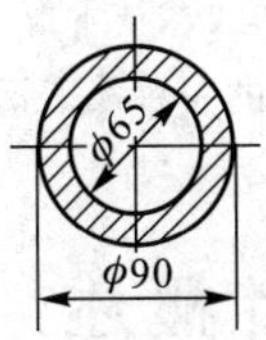 φ65 / φ90	1.04	8.1

从表 13-6 可以看出：

1）空心结构的刚度比实心结构的刚度大；

2）封闭圆形截面的抗扭刚度好，而封闭方形截面的抗弯和抗扭都较好；

3）加大横截面轮廓尺寸和减小壁厚时，可提高刚度。

（2）隔板与加强筋

具有封闭空心截面机座的刚度较好，但为了铸造清砂及其内部零部件的装配和调整，必须在机座壁上开"窗口"，其结果使机座整体刚度大大降低。若单靠增加壁厚提高刚度，势必使机座笨重、浪费材料，故常用增加隔板和加强筋办法来提高刚度，如图 13-12。加强筋和隔板的厚度一般取壁厚的0.8 倍。

提高机座接合表面的连接刚度的措施同于箱体，如图 13-13，在安装螺钉处加厚凸缘，或用壁龛式螺钉孔，或用加强筋等办法增加局部刚度，从而提高连接刚度。

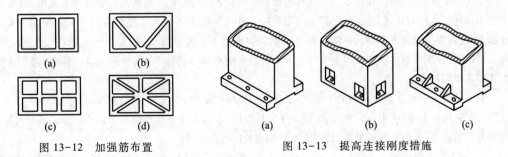

(a)　(b)　(c)　(d)

图 13-12　加强筋布置

(a)　(b)　(c)

图 13-13　提高连接刚度措施

*第 14 章

机械创新设计

设计是创造性的劳动,创造就是创新。机械创新设计是指充分发挥设计者的创造力,利用人类已有的相关科学技术成果(包括理论、方法、技术等),进行创造性思维和创新构思,设计出具有新颖性、创造性及实用性的机械产品(或装置)的一种实践活动。

14.1 机械创新设计概述

14.1.1 机械创新设计的意义

设计是产品创新的核心,机械创新设计(mechanical creative design, MCD)是机械产品设计者基于已有的相关科技成果,发挥创造力,进行创新构思,提出新方案,革新现有产品,开发新产品,以提高产品的国内外市场竞争力,满足市场需求的创造性活动。

创新是技术和经济发展的源泉,它对人类科学的发展产生巨大的影响。人类历史上有无数的发现、发明和创新,对人类的生产、生活产生了非常深远的影响,极大地推动了生产力的发展,使人类的生活水平不断提高。历史上,创新为建立近代科学体系奠定了知识基础;在现代,创新使人类的视野进一步拓展。因此,创新是一个民族进步的灵魂,是国家兴旺发达的不竭动力。一个没有创新能力的民族,难以屹立于世界民族之林。

近代科学技术的发展,经历了从蒸汽机到计算机 200 余年的过程。从蒸汽机的发明及应用,到当今的电子信息技术对工业发展的促进,都表明创新对经济增长的作用远远超过资本和劳动的投入。没有创新发明,人类物质财富的增长只能依赖于资本和劳动投入的缓慢增加,经济运转只能在低水平上重复。可以说,世界工业文明的发展史是一部由无数技术创新构成的创新史,技术创新是推动人类文明、进步与经济发展的原动力。

中国从古至今有很多发明闻名于世,除了众所周知的指南针、造纸术、印刷术和火药四大发明以外,我国古代的机械发明、使用和发展,均远远早于其他国家,尤其是实施专利法和知识产权法以来,中国人发挥创新精神,每年的发明成果数以万计,不断推动我国社会的发展。

自 1962 年美国学者马克鲁普(F. Machlup)提出"知识产业"的概念,到 1996 年联合国世界经济合作与发展组织(OECD)在《以知识为基础的经济》的年度报告中给出知识经济的定义以来,当今世界已进入知识经济的时代。在知识经济时代,创新能力的大小是一个国家国民经济能否持续发展的重要因素。世界各国之间在政治、经济、军事和科学技术方面的激烈竞争,实质上又是创新人才的竞争。因此世界各国都对高科技领域的创新给予高度重视。例如,中国海尔集团在短短的 15 年中,由一个亏损 140 万元的集体小厂奇迹般地以平均每年 82.8% 的增长速度发展成为国际化企业集团,而被美国《家电》杂志评为全球增速最快的企业。海尔的奇迹在于一开始就紧紧抓住了技术创新这一企业的生命线,目前海尔集团达到了每天开发一个新品种,申请两项专利,每月投放市场十多个新品种的水平,1998 年以后销售收入 75% 来自新产品,显示出技术创新在促进经济发展中的巨大作用。

"创新则兴,不创新则亡",这是市场经济的一条铁律。

14.1.2 常规设计与创新设计的异同

工程设计按其性质可分为常规设计(conventional design)和创新设计(creation design)。

常规设计以成熟的结构和技术为基础,运用常规方法进行产品设计。本书前 13 章所述内容,绝大部分属于常规设计,当然,其中也包括前人不断积累和创造的成果,正是由于前人的不断创新,才使得常规设计内容更加丰富和成熟。

创新设计是在设计中更强调发挥设计者的创造力,采用最新的技术手段、技术原理和非常规的方法,在现代设计原理和方法的指导下设计出满足市场需求,更具竞争能力的新颖产品。

14.1.3 创新设计的类型和特点

1. 创新设计的类型

根据设计内容的特点,创新设计一般可分为开发设计、变异设计和反求设计三种类型。

(1) 开发设计(developing design) 针对新任务,提出新方案,完成从产品规划、原理方案论证、技术设计、样机试制和试验、技术经济评价、修改设计、生产设计到正式投产的全过程。

(2) 变异设计(variational design) 在已有产品的基础上,针对新的市场要求,对原有产品从功能到结构等方面进行一定变异,设计新一代的变型产品以适应市场需要,即在基本型产品的基础上,开发不同参数、不同尺寸或不同功能的变型系列产品。变异设计已在各生产厂家广为应用。

(3) 反求设计 反求设计也称为适应性设计(adaptive design)。它是针对已有的先进产品或设计,进行深入分析研究,特别是试验研究,探索掌握其关键技术,在消化、吸收的基础上,开发出同类型的创新产品。有些国家称这种设计为"二次性开发"或"1.5 次性开发"。

开发设计以开创、探索创新,变异设计通过变异创新,反求设计在吸取中创新。创新是各种类型设计的共同点,也是设计的生命力所在。为此,设计人员必须发挥创新思维,掌握基本设计规律和方法,在实践中不断提高创新设计的能力。

2. 创新设计的特点

创新设计必须具有独创性和实用性,而获得创新方案的基本方法是多方案选优,创新设计一般具有如下 6 个特点。

(1) 独创性

创新设计必须具有其独创性和新颖性。独创性又称突破性、求异性,它是基础研究的发展和拓广。要求设计成果不是简单的重复和模仿,而是在继承的基础上有新发展、新开拓;敢于怀疑,敢于突破常规惯例,提出独具卓识的新功能、新原理、新机构、新材料,在求异和突破中体现创新。

例如,洗衣机是重要的家用电器。它的基本原理是:通过水流的冲刷带走衣服中的污物,洗衣机有搅拌式、滚筒式、波轮式,近来又开发出内桶可旋转加强搓洗的离心式,洗净效果更好。而突破机械搅水方式的真空洗衣机、臭氧洗衣机、电磁洗衣机、超声波洗衣机、纳米洗衣机等又为洗衣机创出新路,洗衣机正是在原理、结构不断创新的过程中发展和取得市场效益的。

（2）推理性

又称联动性。对于某种现象或想法,善于开启思路,由已知探求未知,由此及彼进行纵向（纵深思考）、横向（特征转移）和逆向推理。

（3）多向性

善于从不同角度思考问题,通过发散（提出多种设想、答案,扩大选择余地）、换元（变换诸多因素中的某一个或几个）、转向（从受阻的思维方向转向）、选优（不满足已有解答再用心寻优）等途径,以获得新的思路和方案。

（4）综合性

善于进行综合思维,把已有的信息、现象、概念等通过巧妙的组合,形成新的技术思想或设计出新产品。综合就是创造,善于把现有的技术、已有的科学原理囊括起来,重新组合,使其系统化,从而创造出具有新功能的新产品。

（5）实用性

任何形式的创造性设计成果,都是具有主观能动性的人的目的明确的活动,不能停留在创意设计上面,而要构思成有利于社会的新产品,即具有实用性、有效性和可靠性,体现一定的社会价值和经济价值。因此,创新设计必须具有实用性。纸上谈兵无法体现真正的创新。

发明创造成果只是一种潜在的财富,只有将它们转化为现实生产力或市场商品,才能真正为经济发展和社会进步服务。1985—1995 年中国发明协会向社会推荐和宣传的发明创造成果有 11 000 多项,其中只有 15% 转化为生产力;而随后 10 年中我国的专利实施率仅为 25%～30%,看来专利、科研成果和设计的实用化都是需要解决的问题。

设计的实用化主要表现为市场的适应性和可生产性两方面。

市场适应性指创新设计必须针对社会的需要,满足用户对产品的需求。20 世纪 70 年代,科学家已开始发现氟利昂会破坏高空臭氧层对紫外线的吸收,并影响到人类的生活。上海第一冷冻机厂较早地抓住制冷设备中的这个关键问题,积极设计研制新原理的溴化锂制冷机,代替原来大中型空调机上的氟利昂制冷设备,这种创新设计取得成功,并带来巨大经济效益。

可生产性要求创新设计有较好的加工工艺性和装配工艺性,能以市场可接受的价格加工产品,并投入使用。某冰箱厂家,要求技术人员对冰箱进行不断的创新完善其功能,改善其外观,但冰箱价格不应提高,目的为了提高产品的市场竞争力。

（6）多方案选优

机械设计都是多方案设计,而创新设计更需要从多方面、多角度、多层次寻求多种解决问题的途径,在多方案比较中求新、求异、选优。

设计者应以发散性思维乃至异想天开去探求多种方案,再通过收敛评价、技术经济评价来确定最佳方案,这是创新设计方案的特点。

如打印设备多年来一直沿用字符打印,虽有各种形式,但很难提高打印速度。随着计算机的发展,推出通过信号控制进行点阵式打印的新模式,引起打印设备领域的一场革命。点阵打印一开始采用针式打印机,完全是机械动作,结构复杂,要经常维修,打印清晰度也不够理想。后来不断引出不同原理的喷墨式、激光式、热敏式打印机,正是在多方案的比较中得到了各种符合市场需要的新型打印设备。

14.1.4 创新设计的内容

传统设计主要是进行原理方案设计、技术设计和施工设计,传统设计的任务是完成产品的总装配图、部件装配图、零件图及相关的设计计算。

概念设计是设计的前期工作过程,概念设计阶段主要是构思和选择(或确定)产品的工作原理。对于新产品设计,必须构思并选择全新的原理;而对于已有产品的改进设计,主要是改进部分工作原理。因此,创新设计是概念设计的核心。概念设计是广泛意义上的创新设计,其简化的设计过程模型如图 14-1 所示。

产品设计要求 → 概念设计 → 常规设计 → 图样或数据文件

图 14-1 简化的产品设计过程模型

机械创新设计的内容包括功能的创新设计(其核心是机械运动方案的创新和构思)、机械零部件的创新设计和工业艺术造型的创新设计。通过概念设计所产生的新的方案原理应具有市场竞争力和实际实现的可能性。

机械设计工程师主要研究机械或机构的创新原理,设计者主要是在已有的普适性原理中选择知识含量高、可操作性强的原理,并与自己的技术经验及领域知识相结合,开发更多更好的产品,提高企业的竞争力。

14.2 创新思维的类型和特点

14.2.1 创新思维的概述

什么是创新思维(creative thinking)? 众说纷纭。研究创新思维过程的学者认为:它是采用新颖的思维方式的过程;它是经主体努力,使思维过程产生突破性转化和飞跃的过程;它是产生有社会价值的、前所未有的新成果的思维过程。研究创新思维的形式或形态的学者认为:只有灵感思维或非逻辑思维或扩散思维(发散思维)或求异思维才是创新思维。

综上所述,所谓创新思维就是一种突破常规约束,充分发挥个人的创造力和想象力,进行全新的、独创性的、最富生命力的思维。

机械创新设计是人类创造活动的具体领域,设计者只有在掌握创新思维的特点、本质、形成过程的基础上,才能充分进行创新思维、发挥创新能力。

14.2.2 创新思维的类型

创新思维没有单一的思维形式,也没有专门的一两种思维形式,而是多种思维形式的复合体,它常常根据思维主体的不同情况,根据所要解决问题的不同情况,综合运用多种思维形式,以获得有社会价值的、前所未有的新成果。下面介绍创新思维经常运用的几组基本思维形式。

1. 形象思维和抽象思维

形象思维(imagery thinking)也称具体思维或具体形象思维,是人脑对客观事物或现象的外在特点和具体形象的反映活动。这种思维形式表现为表象、联想和想象。表象是对同类事物形象的一般特征的反映而不是抽象的概念。在工程技术的创新活动中,形象思维是基本的思维活动,工程师在构思新产品时,无论是新产品的外形设计,还是内部结构设计以及工作原理设计,形象思维都起着不可忽视的作用。运用形象思维,可以激发人们的想象力和联想、类比能力。

抽象思维(abstract thinking)又称逻辑思维,是以抽象的概念、判断、推理而进行的思维方式,是反映事物或现象的属性或本质的思维活动。掌握概念,是进行抽象思维、从事科学创新活动的最基本的手段。

形象思维具有灵活、新奇的特点,而抽象思维较为严密,在实际的创新过程中,应该把二者很好地结合起来,以发挥各自的优势,相辅相成,相得益彰。

2. 发散思维和集中思维

发散思维(divergent thinking)又称扩散思维、辐射思维、开放思维、求异思维等。它是一种求出多种答案的思维形式,其特点是根据问题提供的信息,不依常规,多方位地寻求尽可能多的答案,并由此及彼引导思路转移和跃进。例如砖可作建筑材料,还可作锤子、压纸块、攻击武器等。

集中思维(convergent thinking)又称收敛思维、求同思维,它是一种在大量设想或多种方案的基础上,寻求某种最佳答案的思维方式。

这两种思维活动在一个完整的创造活动中是互补的。发散思维的能力越强,提出的可能方案就越多,才能为集中思维提供较为广阔的空间,也才能真正体现集中思维的意义。反之,如果只是毫无限制地发散而无集中思维,发散也就失去了意义。因为在严格的科学试验和工程技术设计等活动中,试验结果或设计方案最终只能是有限的几个。因此,一个创新成果的出现,既需要以充分的信息为基础,设想多种方案,又需要对各种信息进行综合、分析、归纳,从多种方案中找出较好方案,即通过多次的发散、收敛、再发散、再收敛的循环,才能真正完成。

3. 逻辑思维和非逻辑思维

逻辑思维(logical thinking)是一种严格遵循逻辑规则、按部就班、有条不紊地进行思考的思维方式,它注重分析、综合、归纳和演绎。

非逻辑思维(non-logical thinking)是一种不严格遵循逻辑规则、突破常规、更具灵活的自由思维方式,其思维方式是联想、想象、直觉和灵感。

4. 直觉思维和创新思维

直觉思维(intuitive thinking)是创新思维的主要表现形式,是一种非逻辑抽象思维,是人脑基于有限的信息,调动已有的知识积累,按照非逻辑思维规则,对新现象、新问题进行直接、迅速、敏锐的洞察和跳跃式判断,始终根据解决问题的要求而进行思考,它对解决简单问题较为有效。

创新思维既是一种思维类型,又是一种高层次的思维活动,它是建立在上述各种思维基础上的人脑的思维活动。其特点是综合性、跳跃性、新颖性、独特性、思想方法的多样灵活性、开放性、潜意识的自觉性、顿悟性等。例如,美国的莫尔斯根据马车到每个驿站要换马的启发,采用设立放大站的方法,解决了有线电视远距离信号传递衰减的问题,就是创新思维的例子。

14.2.3　创新思维的特点

1. 求异性

创新思维具有求异性,敢于对司空见惯或"完美无缺"的事物提出怀疑,敢于向传统的习惯和权威挑战,敢于否定自己思想上的"框框",从新的角度分析问题。

例如灯的开关许多年来一直是机械式的,随着科学技术的发展,出现了触摸式、感应式、声控式、光控式开关。光控式开关能在一定暗度下使路灯自动点亮,而在天明时又自动熄灭。红外线开关在人进入室内时自动亮灯,并准确做到"人走灯灭"。

2. 联动性

由此及彼的联动思维引导人们由已知探索未知,开阔了思路。联动思维表现为纵向联动、横向联动和逆向联动三种形式。

(1)纵向联动是针对问题和现象进行纵向思考,探寻其原因和本质,从而得到新的启示。

（2）横向联动是根据某一现象联想到特点与其相似或相关的事物,进行"特征转移"而进入新的领域。

（3）逆向联动思维是针对现象、问题或解法,分析其相反的方面,从"顺推"到"逆推",从另一角度探寻新的途径。如法拉第把人们公认的"电流产生磁场"的原理从相反方面进行研究,针对磁能否产生电的设想,提出了电磁感应定律,从而诞生了世界上第一台发电机。

3. 多向性

在 14.1 节中已作介绍。

4. 偶然性

在无意之中做出发明,这反映了偶然性中的洞察力。如居里夫人发现镭,诺贝尔发明甘油、炸药都是抓住了偶然的苗头,深入研究取得成果。

5. 综合性

其定义如 14.1 节所述。要成功地进行综合思维,必须具备以下能力:

（1）智慧融会能力,即选取前人智慧宝库中的精华,通过巧妙结合,形成新的成果;

（2）思维统摄能力,即把概念、事实和观察材料综合在一起,加以概括整理,形成科学概念和系统;

（3）辩证分析能力,它是一种综合性思维能力,即对已有的材料进行深入分析,把握它们的个性特点,然后从这些特点中概括出事物的规律。

14.2.4　影响创新思维的因素

1. 创新思维的形成和发展

从神经解剖学知道,人脑中有 1 000 亿个左右的神经元,形成一个有千万亿节点的非常巨大的精细网络,人的创新思维与神经网络的构成和神经元内形成信息流的物质密切相关。

因此,人们的思维主要取决于:1)大脑中数以兆计的神经细胞之间的连接;2)传递、控制神经网络中信息流的化学物质。试验证明,大脑神经网络中的突触可通过训练改变,递质(在神经网络中传递信息的物质)也随输入信息和积极有效的思索而有所变化,另外人体摄入的食物和药物对递质等化学物质也可产生影响。因此,可以说创新思维是人类生命本质的属性,是每个人都具有的,关键在于如何把握、训练和应用,"脑子越用越灵"就是这个道理。

2. 影响创新思维的因素

影响创新思维能力的主要因素有:一是天赋(遗传的大脑生理结构),二是生活实践的影响(环境对大脑机能的影响),三是科学合理的思维训练,可促进大脑机理的发展和掌握一定创新思维的方法和技巧。

"天赋"只是一种资质、一种倾向,一旦遇到合适的条件,"天赋"便能够充分地展现出来,如果缺少必要的现实条件,"天赋"再高的人也无能为力。后天的实践活动对于个人思维能力具有积极意义,所谓"天才源于勤奋、聪明在于积累"就是这个道理。

思维能力可以通过训练而得到提高,这一点已成为众多成功人士的共识。对于一般的人来说,接受还是没接受过思维训练,结果是不一样的,思维学家做过很多试验已证明了这一点。问题的关键在于,训练方法必须具有科学性和简单易行的特点。通过思维能力的训练,应使受训者在大脑机理发展的同时,掌握一些常用的创新思维的方法和技巧。

3. 激发创新思维的主要方法

（1）突破思维定式法　贝尔纳说:"妨碍人们学习的最大障碍,并不是未知的东西,而是已知的东西",这些已知的东西就是人自身由于经验、阅历所产生的思考问题的模式。突破思维定式法就是主体在思维时,一定要努力思考:在常规之外,还存在别的方法吗? 在常见的领域中还存在新的领域吗? 思维时一定要随机应变、灵活机动地抛弃旧的思维框框,采用各种不同的思维方法来攻克面临的问题。

(2)生疑提问法 爱因斯坦说过:"提出一个问题往往比解决一个问题更重要,因为解决一个问题也许仅是一个科学上的实验技能而已,而提出新的问题、新的可能性,以及从新的角度看旧的问题,却需要有创造性的想象力,而且标志着科学的真正进步"。生疑提问会使思索者找到新的解决问题的方向和突破口。科学发现始于问题,而问题则是由怀疑产生的,因此生疑提问是创新思维的开端,是激发创新思维的方法。其主要内容为:问原因,每看到一种现象、一种事物,均可以问一问产生这些现象(事物)的原因是什么;问结果,在思考问题时,要想一想"这样做,会导致什么后果呢"? 问规律,对事物的因果关系、事物之间的联系要勇于提出疑问;问发展变化,设想某一情况发生后,事物的发展前景或趋势。

(3)欲擒故纵松弛法 欲擒故纵,用点"缓兵计",是人们激发创新思维的常用方法。其作用有:一是寻找触媒;二是使进入死胡同的头绪换一个进攻方向;三是可调动潜意识。当碰到某一个问题冥思苦想而不得其解时,就干脆放下工作,到外面散散步、走一走或听听音乐,让大脑轻松一下,也许能找到解决问题的钥匙。

(4)智慧碰撞法 智慧只有在碰撞中才会生出动人的火花,因此创造者之间的切磋、探讨和争辩,是激扬创造智能、突破思维障碍的利器。

4. 创新思维的捕捉

创新思维是大脑皮层紧张的产物,神经网络之间的一种突然闪过的信息场。这种信息场难以持久,甚至稍纵即逝。如不紧紧抓住使之物化,等思维"温度"一低,连接线断了,就再难寻回。郑板桥对此深有体会,他说:"偶然得句,未及写出,旋又失去,虽百思不能续也。"

发明家爱迪生,从小有个习惯,就是把各种闪过脑际的想法记下来,这是一条重要的经验:先记下来再说,无论是睡觉还是休闲,心记不如笔记,切记此经验。

14.2.5 创新思维与创造力

1. 创新思维与创造力的关系

创新思维的外延就是人的创造活动,创新思维所形成的方法和方案需通过人的实际活动才能物化,在物化创新思维过程中表现出的人类适应自然、改造自然的能力和品质称之为创造力。创造力是影响创造成果数量和水平的重要因素。因此,人的创新思维能力,是创造力的源泉和核心,创造力是创新思维的延伸和结果。创新思维的结果转化为某种物化的结果时,光靠创新思维是不行的,还需要其他的人类品性和相关因素,这些因素有:智力因素、非智力因素、技术因素、方法因素、环境和信息因素、身心因素等。

2. 创造力(creativity)的构成要素

(1)智力和知识因素

知识是创新思维的基础,也是创造力发展的基础,智力因素是创造力充分发挥的必要条件。对工程技术人员来说,其学科基础知识、专业知识是从事工程创造发明的前提。知识给创新思维提供加工的信息,知识结构是综合新信息的奠基石。

(2)创造技法

创造技法(technique method of creative)是根据创新思维的形式和特点,在创造实践中总结提炼出来的规律、技巧和方法,它是创造力的构成要素之一。关于创造技法,在下文将另有介绍。

(3)技术因素(技能因素)

创造力的最终成果是物化了的创新思维,物化的过程就需要一定的技术和掌握一定的技能。对工程技术人员来讲,是使用设计工具(包括计算机及软件)进行设计、表达和使用仪器设备进行检测试验的实际动手能力。

（4）非智力因素

非智力因素也称情感智力。它指的是良好的道德情操，乐观向上的品性，克服困难的勇气，锲而不舍的钻研精神，良好的人际关系和团队精神。

（5）环境和信息因素

环境因素是影响创造力发展的因素之一。环境的不同，输入大脑的信息不同，对大脑皮层的刺激不一样，大脑神经网络的反应及相应的输出就不一样。创造技法中的智力激励法可以说是环境对创造力发展产生影响的例证。

信息因素是创造力发展的关键因素，新颖有效的信息是创新思维活动的开端，也是创造活动顿悟、明朗阶段的导火索。

（6）身心因素

它指创造主体的心理、生理状态。人脑功能是人体整体功能的一部分，整体功能健全，对创造活动是有影响的。

创新思维是创造发明的源泉和核心，创造原理是建立在创新思维之上的人类从事创造发明的途径和方向的总结，创造技法则是以创造原理为指导，在实践的基础上人们总结出的从事发明创造的具体操作步骤和方法，它们均是进行创造发明、创新设计的理论基础。

14.3 创新设计的基本原理

创新设计是一种有目的的探索活动，它需要一定的理论指导。创造原理是人们进行无数次创造实践的理性归纳，也是指导人们开展创新设计的基本法则。

14.3.1 综合创新原理

综合创新是指运用综合法则进行创新设计。

在机械创新设计实践中，可以看到许多综合创新的成果。

如图 9-6 所示的双万向联轴器，就是为了克服单万向联轴器（图 9-5）存在的当主动轴 1 匀速转动时，从动轴 3 作变速转动，从而产生惯性力和振动这一缺点，而设计出来的。从创新设计方面分析，可以认为双万向联轴器的创意是将两个单万向联轴器进行综合的结果。

大量成功的创新设计实例表明，综合就是创造。从创造机制来看，综合创新具有以下基本特征：1）综合能发掘已有事物的潜力，并使已有事物在综合过程中产生出新的价值；2）综合不是将研究对象的各个构成要素进行简单的叠加或组合，而是通过创造性的综合使综合体的性能发生质的飞跃；3）综合创新比起创造一种全新的事物来在技术上更具可行性和可靠性，是一种实用性的创造思路。

14.3.2 分离创新原理

分离创新原理是与综合创新原理思路相反的另一个创新原理。它是把某一创造对象进行科学的分解或离散，便于人们抓住主要矛盾或寻求某种设计特色。分离创新原理在创新设计过程中，提倡将事物打破并分解，而综合原理则提倡组合和聚集。虽然两者思路相反，但相辅相成。

在机械领域，组合夹具、组合机床、模块化机床等也都可以说是分离创新原理的应用。

14.3.3 移植创新原理

移植创新原理是一个把研究对象的概念、原理和方法运用于另一个研究对象并取得创造性成果的创新原理。"他山之石,可以攻玉"正是移植创新原理的真实写照。移植创新原理的实质是借用已有的创造成果进行创新目标下的再创造,是使现有的成果在新的条件下进一步延续、发挥和拓展。应用移植原理,可以促进事物间的渗透、交叉和综合。

14.3.4 压力创新原理

压力可以成为创新的动力。压力可以驱散人的惰性,激发强烈的事业心,提高求知欲和探索精神。

压力有求生存、扩大生存范围、改造自然界的自然压力;有社会体制、制度、政策、法律的社会压力。社会压力应建立在充分发挥人的智力的基础上,造成每个人都有压力感的环境,通过社会压力来提高专业水平和激发进取精神。

14.3.5 刺激创新原理

广泛留心和接受各种外来刺激,善于吸纳各种知识和信息,对各种新奇刺激有强烈兴趣,并跟踪追击。

14.3.6 希望创新原理

不安于现状,不满足既得经验和既有成果,追求产品的完善化和理想化。

此外,还有还原创新原理、价值优化原理等创新设计原理。

14.4 常用的创新设计方法

创新设计方法也称创造性设计方法或技法,是以创造学理论(原理)特别是以创新思维为基础,通过对广泛的创造活动的实践经验进行概括、总结、提炼而得到的关于创造发明的一些原理和方法。创新设计的基本出发点是打破传统的思维习惯,走出思维误区,克服思维定式和阻碍创新设想产生的各种消极心理因素,充分发挥各种积极心理,以提高创造力为目标,多出高水平的创造性成果。

创造发明就是要异想天开,千万不能"画地为牢",禁锢自己的思想,认为自己这一辈子不可能有创造发明了。实际上每个人都具有潜在的创造意识,正如陶行知先生所说:"时时是创造之时,处处是创造之地,人人是创造之人。"只要掌握一些创新设计原理和方法,并努力去实践,一定会到达成功的彼岸。

"创新是民族进步的灵魂,是国家兴旺发达的不竭动力"。创新设计是随着现代科学技术的迅速发展而发展和形成的新学科。因此,关于创新设计方法(技法)的名词术语和分类,处于百花齐放阶段,尚未统一(也无统一的必要)。下面介绍几种常用的创新设计方法。

14.4.1 系统分析法

系统分析法又称分析和综合法,是为了达到目的,选择多个替代方案,根据其费用与效果的关系进行分析,从中确定最佳方案的方法。具体运作时,是先将设计所提出的各项要求,分解为各层次和各种因素分别加以研究,分析其本质和解决途径,然后综合成一个新的系统(或新方案、新产品)。因此,分析是基础,关键在综合,只有两者有机结合,才能产生创造性的新发现。

1. 系统分析法的运作程序

系统分析法的运作程序如图 14-2 所示,需要经历四个阶段:第一是设定目标;第二是调查和设计替代方案;第三是分析和数学建模;第四是评价及决策。

系统分析的最大特点,不是像线性规划那样,只求得局部现象的最佳结果,而是在更广泛围内对整体进行研究,分析多个目的替代方案,对费用和效果进行综合评价和判断,从中选择最佳方案。

例如,设立以缓和某大城市交通拥挤和改善环境为目标的交通改善方案,就需要搜集各种各样的数据,提出各种替代方案:1)维持现状,但用运筹学的方法对交通指挥系统的改善及重新调整线路、车辆及发车时间、站台设置等进行线性规划;2)假定建设若干条地铁和轻轨线路;3)假定绕市区建立内环线、外环线,甚至三环线、四环线,让过城车辆不进入市区,绕城而走等"替代方案"。

一方面对维持现状的小改方案,在时间上的损失及车辆对市区环境的影响进行量化;对替代方案2)、3)的效益,用数学模型在费用和效果上进行对比分析,考虑方案1)交通拥挤时,在时间上的损失以及经济上的损失进行计算,并确定维持现状的小改方案的价值。另一方面对新建地铁、轻轨及建设环城公路所需的费用及给环境、流通领域、市场及房地产业等带来的效益等,对比方案1)与方案2)、3)进行全面而系统的评价和决策。其评价结果还应考虑社会评价、群众的想法和利益,以及该城市的经济承受能力等,进行最终评价,得出结论。

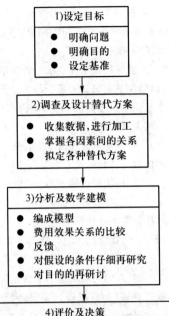

图 14-2 系统分析的运作程序

2. 常用的分析方法

创新寓于解决问题之中,所谓分析就是分析问题的矛盾。常用的方法有以下几种。

(1) 提问推理法

以提问方式系统质疑,询问设计(或方案):1)能否改善产品性能,或稍加改变扩大它的用途?2)能否借鉴别的经验,取其他产品之长?3)能否改变颜色、式样、形状和尺寸?4)能否代用其他动力、材料、工艺?5)能否进行功能组合?目的能否综合?创新设想能否综合?6)其他能想到的各种问题。

因为提问能促使人们思考、激发人们的创意。而提问推理更是一种强制思考,从多角度进行发散性思考,广思之后再度深思和精思,这是创新思维的规律。我国早有"三思而行,再思可以"之说。在机械设计专家系统中,关键问题之一是推理机的设计,其中常用的推理方法有正向推理、反(逆)向推理和正、反向混合推理。

(2) 列举法

列举法又分为希望点列举法、特性列举法、缺点列举法等。运用列举法时,一般可采用两种方式:一是制订表格,列举新方案(新产品)的希望点、原方案(产品)的特性及缺点(即存在的问题),希望表格越详细越好,便于回答征询者;二是邀集一些专家,通过3~5天的会议来列举。

设计者从市场需求或个人愿望出发,通过列举希望点来形成创新目标或课题,在创造性技法上称为希望点列举法。

设计者对需要改进设计的产品,要具有"吹毛求疵"和"鸡蛋里挑骨头"的精神,去发掘该产品的缺点,一一列举并提出改进设想,从而创造新产品,相应的创新技法称为缺点列举法。

特性列举法是一种基于任何事物都具有的特性,将问题化整为零,抓住特性,有利于产生创造性设想等基本原理而提出的创新技法。

(3) 技术综合创造法

1) 先进技术成果综合法 将同类产品及相近原理产品的多种先进技术成果,按其特点、优势、适应性等,通过分析与综合,创造出新性能、高品质的新产品或新工艺,从而获得最大的经济效益和社会效益。例如首都钢铁公司的高炉,综合了各国高炉的先进技术成果,综合应用后,使高炉的许多性能指标达到国际先进水平。

2) 多学科技术综合法 将多学科、多领域的有关科学技术成果,综合应用于某一新兴技术或产品上,创造出从未有过的最新技术或产品。例如,电子计算机包括:微电子技术,如大规模集成电路(LSI)、超大规模集成电路(VLSI)、生物芯片;计算数学;精密机械等多学科的技术成果。又例如智能机器人、各种航天器、宇宙飞船等。

3) 新技术与传统技术综合法 例如数控(NC)机床、电子化照相机、电子医疗器械、智能复印机及其他机电一体化的产品都是应用集成电路及微电子技术、智能技术与传统的机械技术综合而创造的成果。因此,传统的机械产品,也由单一的机械产品向机电一体化方面发展。

4) 自然科学与社会科学的综合 随着经济的全球化,人们对生活资料和消费资料的需求不断变化。社会需求是创新的动力之一,可以说有什么样的需求,就会产生相应的创造。因此,将心理学、市场学、预测学、社会经济学等社会科学同自然科学相结合,就会综合出各种满足人们需要的新产品、新工艺或产生新的行业。

例如,人们的需求是不断变化的,首先是食品和服装等日常用品的需求,由吃饱、穿暖到吃好(注意营养)、穿好(追求时尚),需要各种家用电器、住宅等;其次当物质需求得到充分满足之后,就希望参加各种休闲娱乐,欣赏音乐,拥有小汽车,到国内各地旅游,参观风景、名胜古迹等;最后是带领全家到国外去度假,例如去夏威夷、西班牙海岸的度假村住上一周,作逍遥自在的漫游……

例 14-1 试用特性列举法提出电风扇创新设计的新设想。

(1) 现有电风扇的组成及特点分析

观察待改进的电风扇,搞清其工作原理、组成、结构、性能、外观特点及存在的问题。

(2) 对电风扇进行特性列举

整体:落地式电风扇;部件:电动机、扇叶、立柱、底座、网罩、开关(控制器);材料:铸铁、钢、铝合金、工程塑料;制造方法:铸造、压模、机加工、手工装配;功能:扇风、调速、摇头、升降;性能:风量、转速、转角范围;外观:圆形网罩、圆形截面立柱、圆形底座;颜色:浅蓝、米黄、乳白。

(3) 提出改进新设想

设想 1:扇叶能否再增加一个? 即用两头有轴的电动机,轴的两端装上相同的扇叶,组成"双叶电风扇",再使电动机旋转 180°,从而实现球面送风。

设想 2:扇叶材料可否改变? 比如用檀香木制成扇叶,再在特配的中药浸剂中加压浸泡,制成含保健元素的"保健风扇"或"香水风扇"。

设想 3:可否改为计算机遥控"智能电风扇",使电风扇吹出自然风? 是否可设计出风速、功率随不同温度变化的"自适应智能电风扇"?

设想 4:能否将有级调速改为无级调速?

设想 5:网罩能否多样化? 可否将清一色的圆形网罩改用椭圆形、方形、菱形、海水波浪形、动物造型?

设想 6:颜色:能否按用户要求多样化,使其具有个性特点。如果能用温控变色材料,则可开发一种色彩斑斓的"迷幻式电风扇",运转中给人以鲜花一样的感觉。

设想 7:可否装上电蚊香、驱蚊香水或直接采用超声波技术,设计出"驱蚊电风扇"?

设想 8:可否设计出消毒电风扇,定时喷洒空气净化剂以消毒,此种电风扇尤其适合大众流动场所及医院病房。

设想 9:可否设计"全天候电风扇"? 夏扇凉风、冬出热风、春秋季用作通风。

设想 10:可否设计"风锤式"理疗电风扇? 不仅带来凉意,还能起保健按摩等理疗作用。

上述设想,有些已经实现,有些看似"异想天开",其实从技术的角度来讲,完全可以设计和开发出一种包括上述主要设想的智能型、全天候、自适应并具有驱蚊、消毒、保健、理疗作用的迷幻式电风扇。然而从经济和市场价格需求分析,这种具有多功能的电风扇,必然因造价过高而无人问津,这种创新不具备实用性是不可行的。但是若开发包括上述设想中某一项或两项的电风扇,必然具有广阔的市场前景。

14.4.2 群体集智法

俗话说:"三个臭皮匠,顶个诸葛亮",就是说群众中储藏着无穷的智慧和创造力。群体集智法简言之就是集中群体智慧的一种创造技法,即在短时间内邀集(或以书面形式咨询)多人,针对所要研究的问题,通过集体努力,各抒己见,自由讨论,畅所欲言,提出各种新思路、新概念、新方案,最后经过加工整理而获得创新结果。常用的方法有以下几种。

1. 智力激励法

（1）智力激励法的原则

智力激励法往往通过召开智力激励会来实施,在会上应力求贯彻以下原则:1) 自由思考和畅所欲言的原则,与会者应尽可能地解放思想,无拘无束地思考问题和提出问题,畅所欲言,不管自己的想法是否"离谱";2) 延迟评判原则,在讨论问题时对发言者不过早地进行评判,而是采取"事后诸葛亮"的方式,组织有关专家进行分析,以免挫伤发言者的积极性,甚至扼杀一些新创意;3) 以量求质原则,因为没有一定的数量就没有一定的质量,故会上提出的问题和设想越多,就越有可能获得有价值的创意,即以大量的设想来保证高质量设想的存在。4) 综合改善原则,激励会参与者可获得知识互补、智力互激和信息互增,将自己的想法与他人的想法加以综合,再提出更完善的创意或方案。

（2）智力激励会的运行程序

智力激励会的运行程序如图 14-3 所示。

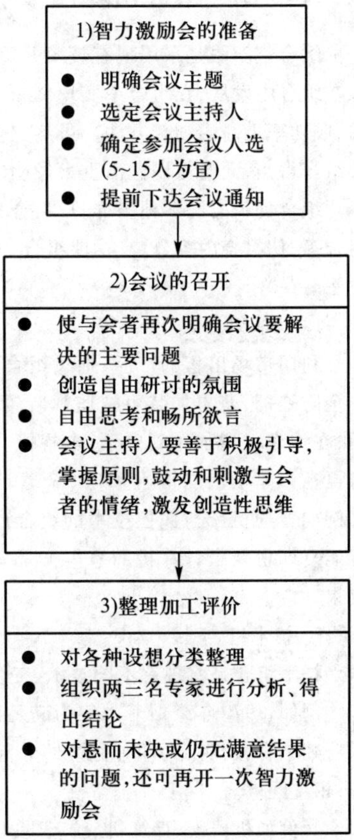

例 14-2 清除电缆积雪问题的求解。

美国北方,冬季严寒,常发生大跨度电缆被积雪压断的事故,为解决这一问题,电力公司召开了一次智力激励会,让与会者畅谈自己对清除电缆积雪的新设想(方案)。会上有人提出用电热化解冰雪;有人建议用震荡技术来清除积雪;更有人提出设计一种专用的电缆清雪机……

后来有人提出能否带上几把大扫帚,乘直升机去清扫电缆上的积雪。这个想法看似滑稽可笑,但会上无人提出批评,更无人"讥笑"。而一位工程师在自己的方案百思不得其解时,听到"用飞机扫雪"的想法,大脑突然受到刺激,一种简单高效的清雪方案便形成了。他想,每当大雪过后,出动直升机沿积雪严重的电缆飞行,依靠高速旋转的螺旋桨的风速即可将电缆上的积雪迅速扇落。他马上提出直升机扇雪的新设想,顿时又引起其他与会者的联想,有关"除雪飞机""特种螺旋桨"之类创意又被激发出来。最后电力公司选择了直升机扇雪的方案,一种专门用于清除电缆积雪的小型直升机也就应运而生。

2. 德尔菲法

德尔菲法(专家征询调查收敛法)既是一种创新的方法,也是一种预测的方法。它是美国兰德公司开发的方法。当预测对

图 14-3 智力激励会的运行程序

象不存在过去的时间序列系统,此时进行预测就需要运用专家的知识、经验和直观力。其基本原理是以某一行业专家的知识和经验为基础,借助于信息反馈,反复征求专家的书面意见来获得新的创意或预测未来。

具体做法是:当预测某一领域时,首先选择这一领域的若干名专家进行函询调查。先将函询内容、要求设计成的表格寄给专家,限期回收表格。其次是汇总第一轮调查结果,将所得到的设想或建议加以总结,概括成一份综合表格,从回答者的评论中找出不明确之处,再次反馈给专家进行第二轮调查。通过反复征询,就可获得许多有价值的新设想或预测未来若干年的珍贵资料和结论。一般经过两三轮征询,专家的观点会趋于一致。

这种预测的准确率极高。美国的大公司及政府的许多大的预测多委托兰德公司进行。因此,兰德公司被誉为美国的“思想库”,德尔菲法也被世界各国广为采用。

例如,日本科技厅对日本未来技术发展,每五年就要进行一次大规模的德尔菲法预测。这种预测因其领域相当广泛,参加预测专家达 2 000 多人。

1985 年原机械工业部组织“21 世纪中国齿轮技术的发展方向的研究”,国内 100 名专家参加预测,所使用的方法为德尔菲法。得出的结论之一是:20 世纪末,我国减速器齿轮材料,无论从提高齿轮的承载能力,还是从节约材料或提高综合经济效益考虑,软齿面齿轮将逐渐被硬齿面或中硬齿面齿轮所取代。为此,原机械部于十几年前发文规定,从 20 世纪 90 年代起,各减速器厂家生产的新系列减速器齿轮的材料,必须用硬齿面或中硬齿面。

14.4.3　组合创新法

组合创新法是采用现有技术并重新进行组合,从而形成新的设计方案、新产品、新工艺的创新方法,即在组合中发展,在组合中实现创新。因为这种创新方法是在成熟技术基础上的重组,故是一种高起点的、成功率极高的创新方法。虽然它使用的技术元素是已有的,但组合的结果所实现的功能却是新的,若组合得当,同样可以做出重大发明。

组合创新方法多种多样:从组合方法分,有同类组合、异类组合等;从组合手段分,有技术组合、信息组合等;从组合内容分,有功能组合、原理组合、材料组合和结构组合等。下面简单介绍两种常用的组合方法。

1. 功能组合法

利用市场出售的产品,通过组合而增加新的附加功能。例如,在普通门和锁上加装安全装置成为安全防盗门,若再加装可视监视装置,成为电子安全门;在单制式空调上增加暖风装置,成为双制式空调;在汽车上增加车载电话、电视机、空调、计算机、安全报警装置等附加装置,使汽车功能更加完善。若再在汽车上增加雷达、GPS(全球定位系统)、预警系统及自动制动装置,可最大限度防止交通事故。又例如普通机床与数控技术的组合产生 NC 机床及 CNC 机床。电子化和数码照相机、医疗电子设备、智能复印机及带计算机的家电产品等,都是传统的机械技术与微电子技术、计算机技术组合的创新成果。

2. 技术组合

技术组合是将现有不同技术、工艺、设备等加以组合,形成解决新问题的新技术手段的发明方法。

例如,1979 年豪斯菲尔德为满足医学界对脑疾病诊断手段的需要,将计算机技术与 X 射线照相技术巧妙结合,发明了“CT 扫描仪”。随着软件技术的发展,三维彩色 B 超、三维彩色 CT 等医疗电子设备,相继问世。

又例如机器人、计算机、航天飞机、宇宙空间站……都是由人类多项技术成果组合的产物。

又例如美国的“阿波罗”登月计划是 20 世纪最伟大的科学成就之一。20 世纪 60 年代初,当时的肯尼迪总统就宣称："在1969年以前把人送上月球,并在国会通过经费预算"。恰恰到了1969年夏天,"阿波罗11号"登月成功。人类第一次登上了月球,而实际花的费用与预测的数字相符。当时,NASA(美国宇航局)的负责官员乌赫兹普博士说过,阿波罗计划是以现有的技术为基础制订的计划。它是将总体计划划分为若干单元来完成,然后将这些单元组合成系统。该计划的负责人还说,"阿波罗"宇宙飞船技术中没有一项是新的突破,都是现有技术的组合。

因此,可以说阿波罗计划的预期完成所应用的创新方法,包括了系统分析法和组合创新法,更是经营管理系统的胜利。换言之,是智能技术的成果。

14.4.4　仿生法

仿生法来源于"仿生学(生物工程)(bionics)",而所谓"生物"这种东西,具有奇妙的能力,其神奇的变化令人吃惊。研究和利用生物奇妙的机能,这就是仿生学。因为创造起源于模仿,而模仿生物的复杂结构和奇妙功能,将它应用于人造产品中的方法,称为仿生法。现在,对许多生物的行为机制还未完全弄清楚。也有理论上已搞清楚的动物的行动。

1. 原理仿生

模仿生物生理的原理,创造新事物的方法称为原理仿生法。在仿生学中又称之为生物机械技术。

(1) 蛇的启示

蛇的视力极差,可它行进如飞,灵活异常。南美洲的响尾蛇,眼睛几乎看不见,却能在漆黑的夜晚及时发现并准确地捕获几十米以外活动的白鼠。科学家对蛇的研究发现,蛇的两只眼睛与鼻孔之间各有一个颊窝器官,是一个对热十分灵敏的热传感器,科学家称为"热眼"。蛇靠"热眼"能感到红外线的热,扑向猎物或逃避人的捕捉。

在蛇"热眼"的启示下,军事仿生学家设计出了各种红外线跟踪装置。美国经过多年研究、试验,使用对红外线特别敏感的硫化铅,制造出了"响尾蛇"导弹。这种导弹装有"热眼"红外线自动跟踪制导系统,它不仅可以根据发动机发出的少量热量来跟踪飞机和舰艇,而且还能根据目标在空中或水域中留下的"热痕"顺藤摸瓜,直到击中目标。之后美国还研究出性能更好的锑化铟替代硫化铅,开发出更先进的红外探测仪。

在"热眼"功能的启迪下,还研制出了先进的夜视仪,可以将月亮和星辰投下的微弱光线增强6.4万倍,先进的夜视仪已使现代战争中的黑夜变成了"白"夜。

(2) 蝙蝠飞行原理的应用

蝙蝠不是用眼睛而是靠超声波辨别物体位置的原理,使人类大开眼界。经研究发现,蝙蝠喉内能发出十几万赫兹的超声波脉冲,这种脉冲发出后遇到物体会反射回来,产生报警回波。蝙蝠根据回波的时间确定障碍物的距离,根据回波到达左右耳的微小时间差确定障碍物的方位。

人们利用蝙蝠飞行原理,为全盲人制造了超声波眼镜。早在1984年戴上这种眼镜的全盲人在无陪跑人员的情况下,参加马拉松赛跑,而且得了第三名。还有戴这种眼镜的全盲人,骑着摩托车疾驶。至于利用超声波制成的"导盲犬"和"盲人手杖"已应用日增。

人们利用超声波的探测本领,测量海底地貌、探测鱼群、寻找潜艇、探测物体内部伤痕等。

2. 结构仿生

模仿生物结构取得创新成果的方法称为结构仿生法。在仿生学上称为仿生机械技术。

(1) 潜水艇的发明

鱼儿在水中能自由自在,一会儿浮出水面,一会儿又潜入水中。鱼之所以能在水中自由游弋,是因鱼腹内有一个"鳔"。于是人们想能否造一条像大鱼那样的船潜在水中? 人们给船仿造一个像鱼那样的"鳔",制成了可在水下潜行的秘密船——潜水艇。

（2）"船鳍"的发明

鲸鱼死后，仍保持浮游体态的现象引起了科学家的兴趣，苏联科学家研究发现，正是鲸鱼身上的"鳍"在起作用。"百足之虫死而不僵"也是这个道理。仿照鲸鱼的外形结构在船的水下部位两侧各安装十个"船鳍"，这些鳍和船体保持一定的角度，并可绕轴转动。当波浪打得船体左右摇摆时，水的冲击力就会同时在"船鳍"上分解为两个分力，它一可以防摇扶正，二可以推动船前行。故"船鳍"不仅可以减少海上船舶航行时倾覆的危险，还可降低驱动功率，提高航速。

还有仿生电动机、仿生机械手、人造心脏、人造肾脏等都是仿生学的研究成果。

此外，还有模仿蛙眼的视觉原理，发明的"电子蛙眼"；模仿乌贼靠喷水前进，且十分灵活、迅速的原理，制成的靠喷水前进的"喷水船"；模仿狗鼻子的嗅觉异常灵敏的原理，发明的"电子鼻"。

除上述四种创新设计方法之外，还有形态分析法、联想类比法、转向创新法、移植法、延伸法、机构演绎法等多种创新方法。

14.5　机械创新设计的实例分析

14.5.1　实例一　点线啮合齿轮传动的开发[①]

1. 齿轮的发展及点线啮合齿轮的产生

齿轮发展大致经历了五个主要阶段，即拨挂齿轮阶段、等齿距齿轮阶段、摆线齿轮阶段、渐开线齿轮和20世纪各种齿形同时并存的阶段。

20世纪继摆线齿轮、渐开线齿轮之后，相继出现了圆弧齿轮、抛物线齿轮、曲线齿轮等多种齿轮，它们各具特点，相互补充，彼此并存。而按齿轮的接触状态可分为两大类：线啮合齿轮——渐开线齿轮、摆线齿轮、抛物线齿轮及曲线齿轮等；点啮合齿轮——圆弧齿轮。

（1）各种齿轮的优缺点

1）摆线齿轮

优点：凹凸齿廓啮合，接触应力小，滑动力小，磨损小，无根切现象，最少齿数较少。

缺点：互换性差，中心距发生变化时不能实现定传动比传动，传递动力时法向力 F_n 不断发生变化，轴承上力的大小和方向也不断变化，影响传动的平稳性。

2）渐开线齿轮

优点：制造简单，中心距具有可分性，法向力 F_n 恒定。

缺点：当采用外啮合齿轮传动时，综合曲率半径 ρ_Σ 小，承载能力低，要提高承载能力，需要增大齿轮直径 d 或宽度 B。因此，通常采取如下措施：① 采用合金钢，进行渗碳淬火、磨齿，以提高材料的许用接触应力 σ_{HP}；② 采用大变位，提高综合曲率半径 ρ_Σ，以提高承载能力。

3）圆弧齿轮

优点：凹凸齿廓接触，ρ_Σ 大，接触应力小，承载能力强。

缺点：① 没有端面重合度，依靠轴向重合度才能连续传动，齿宽较大，只能做成斜齿轮，不能做成直齿轮；② 没有可分性，当中心距变化及有加工误差时，承载能力会下降；③ 加工制造需要专用滚刀，刀具较贵，推广不方便，磨削加工很困难，只能应用在软齿面及中硬齿面的场合。

① 由点线啮合齿轮发明者武汉理工大学厉海祥教授提供素材。

4) 抛物线齿轮

优点:凹凸齿廓接触的线啮合,承载能力强。

缺点:需要专用的抛物线齿轮滚刀,推广受到一定的限制。

5) 曲线齿圆柱齿轮

优点:凹凸齿廓接触,接触应力小,承载能力强。

缺点:制造、尺寸测量和控制比较困难,推广也受到一定限制。

(2) 新齿形必须具备的条件

从上述可知,要想使新齿形得到普遍推广和应用,必须具备下列条件:

1) 刀具制造简单,或者采用已有的齿轮加工刀具,如采用渐开线齿轮滚刀在滚齿机上加工齿轮;

2) 一对齿轮的齿廓应为凹凸齿廓接触,以减小接触应力,提高承载能力;

3) 制造、测量方便,并且齿轮传动的中心距具有可分性,法向力 F_n 恒定。

(3) 点线啮合齿轮的产生

发明者综合了渐开线齿轮加工方便、具有可分性及圆弧齿轮承载能力高的优点,研制成功了点线啮合齿轮传动(已获国家发明专利)。它是一种具有线啮合性质又具有点啮合性质的齿轮传动。其小齿轮为一个渐开线变位短齿齿轮,大齿轮齿廓上部为渐开线凸齿廓,下部为过渡曲线的凹齿廓,大小齿轮相互啮合时,既有接触线为直线的线啮合,又有凹凸齿廓接触的点啮合,因此称之为点线啮合齿轮传动。如图 14-4 所示,它是一种新型的啮合传动。

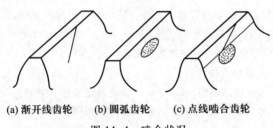

(a) 渐开线齿轮　　(b) 圆弧齿轮　　(c) 点线啮合齿轮

图 14-4　啮合状况

2. 点线啮合齿轮的基本原理

点线啮合齿轮的加工,通常是在普通渐开线齿轮滚齿机上用渐开线齿轮滚刀滚切而成的。点线啮合齿轮中渐开线部分和过渡曲线部分的方程式,均可由普通方程式求得。

一对点线啮合齿轮啮合时,其啮合过程包括两部分:一部分为两齿轮的渐开线部分相互啮合,形成线接触,端面有重合度;另一部分为小齿轮的渐开线与大齿轮的渐开线和过渡曲线的交点 J 相互接触,形成点啮合。点线啮合齿轮传动符合齿廓啮合基本定律,满足连续传动条件和正确啮合的要求。

点线啮合齿轮传动大部分做成斜齿轮。它的变位系数选择不能用渐开线齿轮的封闭图,发明者研制了点线啮合齿轮的封闭图,根据封闭图及设计要求可求出合适的螺旋角 β 和变位系数 x_Σ,因而解决了设计计算的难题。

3. 点线啮合齿轮传动的特点及应用

(1) 点线啮合齿轮的类型

点线啮合齿轮按啮合原理可做成如下三种传动形式:

1) 单点线啮合齿轮传动　如图 14-5 所示,小齿轮为一个变位的渐开线短齿齿轮,大齿轮齿廓上部为渐开线凸

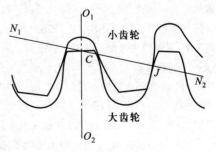

图 14-5　单点线啮合齿轮

齿廓,下部为过渡曲线的凹齿廓,大小齿轮啮合组成单点线啮合齿轮传动,可做成直齿和斜齿。

2) 双点线啮合齿轮传动 大小齿轮齿高的一半为渐开线凸齿廓,另一半为过渡曲线凹齿廓,大小齿轮啮合时形成双点啮合和线啮合,因此称为双点线啮合齿轮传动,可做成直齿或斜齿,如图 14-6 所示。

3) 少齿数点线啮合齿轮传动 这种传动的小齿轮,最少齿数可以达到 2~3 齿。因此传动比可以很大,如图 14-7 所示。

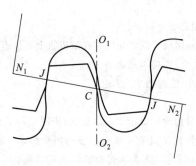

图 14-6 双点线啮合齿轮

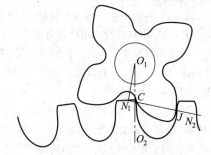

图 14-7 少齿数啮合齿轮

（2）点线啮合齿轮的特点

1) 制造简单 点线啮合齿轮可用普通渐开线齿轮滚刀在滚齿机上滚切而成,并可在磨齿机上磨齿,因此一般的机械加工厂均能制造。

2) 具有可分性 点线啮合齿轮传动与普通渐开线齿轮传动一样,具有可分性,因此中心距的制造误差不会影响瞬时传动比和接触线的位置。

3) 强度高,寿命长 试验结果表明,软齿面和中硬齿面点线啮合齿轮传动的齿面接触强度比普通渐开线齿轮提高 1~2 倍,弯曲强度提高 15% 左右。因此在承载能力相同条件下,前者比后者寿命长得多。

4) 噪声低 试验结果表明,点线啮合齿轮传动的噪声要比普通渐开线齿轮低得多（5~10 dB）,并且随着载荷加大,噪声还会降低。

5) 可制成各种齿面硬度的齿轮 点线啮合齿轮可做成软齿面、中硬齿面齿轮。其精度要求相对比渐开线齿轮低些。

（3）点线啮合齿轮传动的工业应用

点线啮合齿轮传动广泛应用于起重、运输、冶金、矿山、水泥、化工等行业的减速器中,也可应用于汽车、拖拉机、机床等行业。模数的大小、中心距的大小与渐开线齿轮一样不受限制。目前有四十多台减速器在二十多个单位使用,最长时间已超过 10 年。例如,汉阳集装箱码头 40 吨门机行走机构,武汉钢铁集团公司薄板厂辊道输送机构,邢台钢铁厂 DNK1570、DNK1110 中硬齿面减速器,上海中华船厂十一辊板材矫正机,四川东风电机厂三辊卷板机等。目前已完成系列产品设计,南京高精齿轮公司已批量生产 DNK 系列中硬齿面点线啮合减速器。

4. 创新启示

（1）本实例所运用的是组合创新法中的技术组合法,它利用已有成熟的技术进行重新组合,从而形成新的发明。在列举和研究各种已有齿轮优缺点的基础上,综合了线啮合的渐开线齿轮和点啮合圆弧齿轮的长处而开发了性能优良的点线啮合齿轮。

在组合中求发展,在组合中实现创新,这已经成为现代技术创新活动的一种趋势,因此组合创新法值得大力推广。

（2）本创新以专业知识为基础,经历了理论分析→试验研究→工业应用考核→理论再提高→工业试验和推广应用的多次循环反复,经过十多年的艰苦努力,使点线啮合齿轮在理论和实践上日趋成熟。该创新告诉我们:专业知识是创造发明的基础;创新原理和方法是创造发明的工具;锲而不舍、理论联系实际去开拓和实践是创造发明成功的保证。

14.5.2 实例二 变速传动轴承的开发①

1. 变速传动轴承的结构和传动原理

变速传动轴承(图 14-8)主要由异形轴承(包括外圈、中圈、内圈和滚动体)、内齿圈 1、传动圈 2、双偏心套 3、传动杆 4、滚柱 5 和滚动轴承 6 组成。异形轴承的外圈、中圈、内圈可相对转动,内齿圈与异形轴承的外圈铆接,传动圈与异形轴承的中圈铆接,两端包容着滚柱 5 的传动杆 4 置于传动圈的径向导槽内,传动杆 4 与滚柱 5 构成活齿。

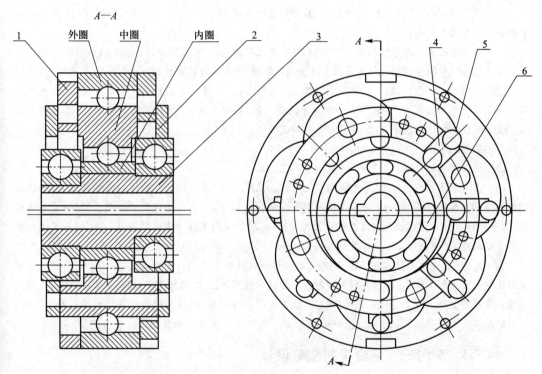

图 14-8 变速传动轴承
1—内齿圈；2—传动圈；3—双偏心套；4—传动杆；5—滚柱；6—滚动轴承

变速传动轴承的双偏心套、传动圈及内齿圈三者任意固定其一,另外两者之间可作相对减速或增速传动。当内齿圈固定,双偏心套输入,传动圈输出时(图 14-9),驱动双偏心套顺时针方向转动,滚动轴承的外圈与滚柱接触点离偏心套回转中心的几何距离随之变动,驱使活齿沿径向导槽向外移动,由于活齿受内齿圈的约束,传动杆向外移动的同时驱动传动圈顺时针方向慢速转动,偏心套相对活齿转 360°,传动圈转过内齿圈一个齿间角,实现减速传动比为内齿数加 1;当传动圈固定,双偏心套输入,内齿圈输

① 由变速轴承发明者湖北省机电研究院朱绍仁高工提供材料。

出时,实现减速传动,传动比等于内齿数;当双偏心套固定,内齿圈输入,传动圈输出,实现减速传动,传动比为内齿数加 1 比内齿数。输入与输出互换可实现增速传动。

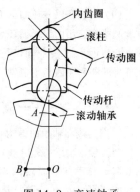

图 14-9   变速轴承
传动原理

2. 变速传动轴承的特点

(1)变速传动轴承是对谐波齿轮传动的改进。与谐波齿轮传动相比,内齿圈相当于刚轮,双偏心套相当于波发生器,传动圈及其径向导槽内活齿相当于柔轮,它用刚性零件取代柔轮,克服了柔轮承受交变应力的致命弱点。

(2)它首创将减速器集成为外形及安装方式如同普通轴承的整体,可以直接装入机械产品,大大地缩短了传动链,方便机械的制造、维修及输出参数的变更。它使机械设备兼有专用机械及通用机械的优点,因而成为我国获得国外发明专利产品之一。[①]

(3)传动效率高,传动比大,噪声低,一般传动效率大于 90%,噪声小于 70 dB,单级传动比 6~60,多级串联可获得更大传动比。

(4)由于理论上有半数活齿参与承载,并且承受压应力,因此承受重载、抗冲击、过载的能力强。

应用变速传动轴承成功地开发了数十种全新的机械产品如电动滚筒、建筑卷扬机、平衡吊、工业试压泵、漆包线检查仪、电梯开门机、鱼池增氧机等。另外,应用变速传动轴承生产的推杆减速器,其外形尺寸与摆线针轮减速器一致,部分取代摆线针轮减速器、齿轮减速器、蜗杆蜗轮减速器,广泛应用于轻工、化工、农机、渔机、建筑等 40 多种不同行业的机械中。

3. 创新启示

通过变速传动轴承的发明过程,可获得如下启示:

(1)在一般机械中,滚动轴承都是用作支承件。然而,人们应用创新思维的突破性和求异性,提出能否将滚动轴承用作传动件,于是应用设问探求法和缺点列举法,在滑动螺旋的基础上,发明了滚动螺旋(又称滚珠丝杠),使螺旋副的摩擦性质发生变化,由滑动摩擦副变为滚动摩擦副,从而提高了传动效率和传动精度。(滚动螺旋的工作原理及特点参见 7.7 节及图 7-31。)

(2)滚动螺旋副中虽然应用了滚动轴承,对比普通丝杠而言仅改变了摩擦性质,于是发明者采用联想对比法和缺点列举法,在深入分析了谐波齿轮传动具有传动比大、结构整凑、体积小等优点,但其最大的缺点是柔轮受交变应力的作用,故寿命短。能否发明一种装置,既保留谐波齿轮传动的优点,又改进柔轮的缺点呢?经过反复联想对比及试验研究,终于发明了变速传动轴承。

14.5.3   实例三   联合密封创新设计

各种密封装置的特点,决定了它们的应用场合不同。不同的机器设备及各部位机械零件的密封要求是各不相同的:有的是以密封内部流体为主,有的是为了防止外界物体的进入,有的是两种要求兼而有之。因此,在考虑设计和选用密封装置时,必须充分分析密封要求,尽量满足各种密封需要,才能获得较好的密封效果。下面所介绍的某磨床电主轴的密封设计,就是成功地应用了创新设计中"组合创新法"的一个典型示例。

现代机床的转速都比较高,故机床主轴轴承大多采用非接触式密封形式。对于高速主轴部件的密封,因速度高,润滑油的黏度下降,其流动性增强,密封更为困难。尤其是磨床主轴轴承的密封,除考虑

---

① 变速传动轴承已获中国、美国、欧洲等专利:美国发明专利号 4736654;欧洲发明专利号 0196650;中国实用新型专利号 85200523 及多次改进专利。

一般机床主轴的密封要求外,还要考虑磨削过程中的磨粒和乳化液的防护,而使结构更为复杂。

图 14-10 为某磨床电主轴的密封结构。它是由油沟、螺旋、迷宫密封组成的一种联合密封装置。该电主轴原设计的电主轴磨头,由于采用了单一迷宫密封,在产品使用过程中发现在磨削时,乳化液严重侵入轴承中,不仅冲走了轴承中的锂基润滑剂,使轴承摩擦、磨损增大,而且浸入电主轴的定子和转子之间,使线圈受潮,造成主轴烧坏的严重事故。

对以上的密封要求进行分解可知,该主轴密封所要解决的主要问题是:1)轴承中润滑脂的外溢;2)乳化液的浸入;3)浸入的乳化液的排出。按单独满足以上各种要求设计出相应的密封结构。

使用现在的联合密封结构后,在主轴 1 上切制出右螺纹,主轴的旋转方向如图 14-10 所示,则主轴与密封环 3 工作时越旋越紧而不致松脱;盖板 2 上开有油沟,可部分地防止乳化液的浸入;密封环 3 上切制左螺纹,可有效地将浸入的部分乳化液排出,并从小孔流出;迷宫密封可防止轴承润滑脂外溢并起到防尘作用。该联合密封装置经试验证明效果良好。

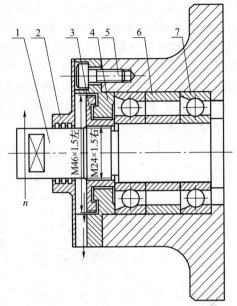

图 14-10 磨床电主轴联合密封装置
1—主轴;2—盖板(带油沟);3—密封环;
4—密封盖;5—螺钉;6—隔套;
7—向心推力球轴承

14.5.4 实例四 滑动轴承的变异与创新

随着生产的发展和科技的进步,滑动轴承由木制而演变为金属制品;其摩擦原理也由干摩擦、非液体摩擦而发展到液体摩擦润滑;由动压轴承发展到静压轴承等新型轴承。在本书第 10 章中,曾介绍过单油楔径向滑动轴承存在"漂移"的缺点,为了解决"漂移"问题而开发出了多油楔轴承。图 14-11 所示为整体球形表面多油楔轴承,它具有 12 个楔形油楔,轴承外表面为球形(图 b),因此整个轴承可以自我调整,但因各楔都做在同一轴瓦上,故不能单独调整。这种整体球形多油楔轴承工作可靠,轴心的"漂移"较普通圆柱形轴承小,但油楔浅,加工精度要求高,不宜用于速度、载荷变化大的场合。

为改进整体多油楔轴承的缺点,避免加工成形多油楔的困难,于是人们进行换向思维,发明了一种薄壁变形轴承,其轴承内孔仍为一般简单的圆柱形,利用薄壁轴瓦容易产生径向弹性变形的特点,在轴

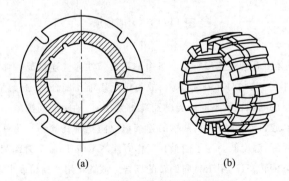

(a)　　　　　　　　(b)

图 14-11 整体球形表面多油楔轴承

瓦内孔圆周上可产生多个油楔。这种轴承在外圆磨床上广为应用,其类型也较多,如马更生轴承、大隈轴承、整体五瓦弹性变形轴承、装配四瓦弹性变形轴承等。

图 14-12 所示为马更生轴承,图 a 表示装配情况,图 b 为轴瓦结构。这种轴承轴瓦外圆柱成锥形,仅有三条弧面与轴承座相应的圆锥孔接触。安装时从轴向拉紧轴瓦,使它产生变形,轴瓦内圆与轴颈接触部位向中心凸出,在轴瓦内孔圆周上形成均布的三个油楔。主轴可双向回转,轴心位置较稳定,"漂移"少,工作可靠,但油楔面积小,调整困难,适宜于高速轻载高精度的场合,如螺纹磨床、平面磨床的砂轮主轴轴承均采用这种轴承。

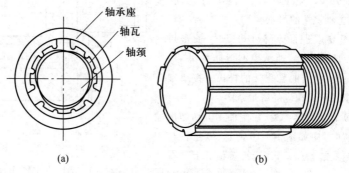

(a) (b)

图 14-12　马更生轴承

图 14-13 所示为大隈轴承,图 a 为装配情况,用 b 为轴瓦结构。与马更生轴承一样,装配时利用轴瓦的弹性变形形成油楔。不同之处是承载后轴瓦的局部可绕轴瓦背与轴承座的接触处略微偏转,继续产生变形,增大油楔大小口的间隙差,更有利于压力油膜的形成。此种轴承一般宽径比 $b/d \approx 2$,故承载能力强,但制造工艺较复杂,温度较高,需要进行压力供油润滑。

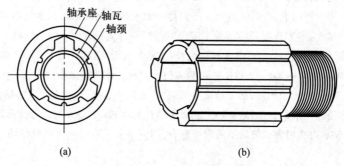

(a) (b)

图 14-13　大隈轴承

图 14-14 所示为整体五瓦弹性变形轴承。各个轴瓦由弹性薄壁连接成一体,每个轴瓦的背部圆弧(圆弧半径小于轴承座半径)均匀分布在锥体上,故与轴承座锥孔配合时,原始情况呈五条线接触。轴瓦安装的松紧不同,轴承的间隙也就不同。当轴瓦装得紧些时,轴承的间隙就小,反之则大些。各个轴瓦工作时还能微量偏转,起自动调位作用,薄壁的连接可以防止轴瓦倾斜。此种轴承的回转精度高,润滑油流通畅快,冷却效果好,温度低。为了使轴瓦工作时能产生偏转,轴瓦背部圆弧位置与轴瓦不对称,偏于一边,故只宜向一方偏转,只适用于单向回转的场合。该轴承用作高精度半自动外圆磨床砂轮主轴轴承,加工轴的表面粗糙度可达镜面以上。

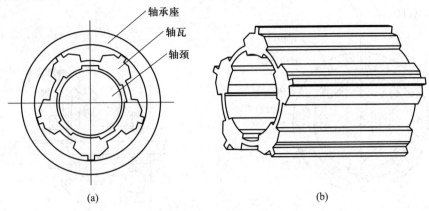

图 14-14 整体五瓦弹性变形轴承

上述薄壁多油楔动压轴承,虽然简化了轴承孔的加工,但整体的结构还是比较复杂的,轴承的加工和调整也比较困难。于是人们又发明了可倾瓦多油楔径向滑动轴承。根据瓦数不同,又分为长三瓦、短三瓦、长五瓦、短五瓦轴承。这类轴承是多种类型磨床的砂轮主轴上较普遍采用的轴承。

图 14-15 所示为双向支承多瓦轴承。图 a 为轴瓦结构,图 b 为装配情况。轴瓦数有三块和四块两种,其中一块可用螺钉调节径向间隙。每块轴瓦用两个球面销支承在两个相互垂直的平面上,轴瓦可在径向和轴向两平面内进行自动调整。采用强制压力润滑,当轴承内部润滑油的工作压力达到一定数值后方能起动。

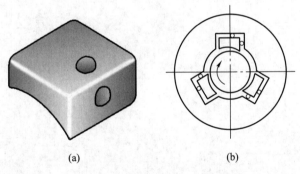

图 14-15 双向支承多瓦轴承

上述各种滑动轴承的变异和创新,都是以流体动力润滑理论为基础,通过改变轴瓦或轴承的结构而进行的创新。那么可否通过一套外部系统将压力油送入轴承的间隙里,强制形成油膜,靠液体的静压力来平衡外载荷呢? 这就是 10.8 节所介绍的液体静压轴承。

是否可以设想,将动压轴承与静压轴承的优点综合起来,创新设计出动静压结合的滑动轴承呢? 图 14-16 为此种轴承的示意图。压力油进入静压油腔,通过动压油腔(油的进口间隙大,出口间隙小)才进入回油槽,所以具有动静两种效果,低速时依靠静效应保持完整的压力油膜,高速时动压效果将显现出来。

是否还可以设想,将滚动轴承与滑动轴承的优点综合起来,创新设计出滚滑结合的轴承呢? 图 14-17 即为滚滑结合的轴承简图,它应用于航空燃气轮机的主轴上。现代飞机速度很高,燃气轮机主轴的转速也很高,原来采用滚动轴承寿命极低,改用滚滑结合的轴承后,轴承的相对速度降低,滚动轴承的寿命大为提高。

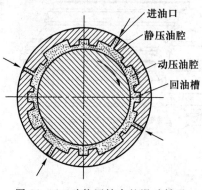

图 14-16　动静压结合的滑动轴承

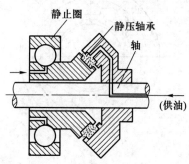

图 14-17　滚滑结合的轴承

* 第 **15** 章

机械系统设计

15.1 现代机械系统的组成

任何现代机械系统,尽管构造和用途繁多,其结构组成均包括原动机、传动系统和执行机构(actuator)三个基本部分;此外,为保证机械系统的正常工作,还应有操纵装置或控制系统。例如,普通车床(图 15-1)是由原动机驱动传动系统带动主轴作旋转运动和拖板作往复直线运动(执行机构)来实现切削加工的。现代机械系统的结构组成如图 15-2 所示,各组成部分的作用主要是:

(1)原动机(prime mover) 是机械系统完成工作任务的动力源,提供或转换机械能,最常用的为电动机。

(2)传动系统(transmission system) 是将原动机的运动和动力传给工作机构的中间传动装置,常用的有各种机械传动和液压传动。机械传动系统可用于传递平行轴、相交轴或交错轴间的回转运动和动力,有时也用作完成运动形式的转换,如将回转运动或摆动变换为往复直线运动或间歇运动等。机械传动系统的作用是通过减速(或增速)、变速、换向或变换运动形式,将原动机的运动和动力传递并分配给执行机构,使其获得所需要的运动形式和生产能力。

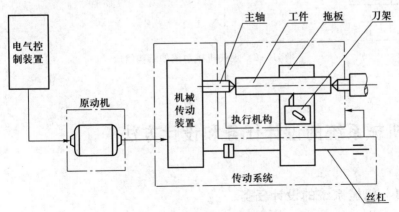

图 15-1 C6140 型普通车床的组成

（3）执行机构　是直接完成生产任务的执行装置，又称工作机构。其结构形式完全取决于机械系统本身的用途。

（4）操纵及控制装置（operation control device）　是操纵及控制机械系统各组成部分协调动作并能可靠地完成工作任务的装置。如操纵机械系统的启动或停车，改变传统系统的运动状态和工作参数，调节执行机构行程或速度以及控制各工作机构之间的协调动作等。它们通常由各种形式的连杆机构、凸轮机构或组合机构组成。

此外，为保证机械系统的正常工作和使用寿命，现代机械系统还需装设一些辅助装置，如冷却、润滑、计数及照明装置等。

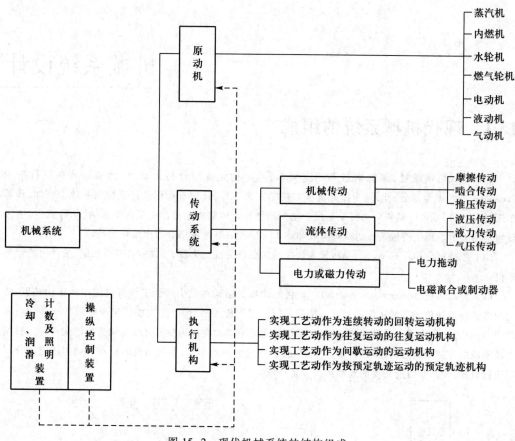

图 15-2　现代机械系统的结构组成

15.2　机械系统的设计任务和设计方法

15.2.1　机械系统的设计任务

机械产品的设计可作为系统进行研究。机械系统的设计任务，就是根据设计任务书的要求，运用一定的知识和方法，设计机械系统的方案，即进行总体结构设计。为使所设计的机械系统合理，必须满足一定的要求。

1. 机械系统必须满足的要求

（1）具有确定的功能要求　为了满足人们的生产和生活上的需要,必须设计和制造出各式各样的机械。为此,所设计制造的机械必须具有预定的解决生产或生活上某种问题的功能,才能达到根本的目的。为了使所设计的机械能够具有确定的功能,首先要在设计阶段正确选择机械的工作原理。

（2）经济性要求　机械的经济性是一个综合性的指标,它体现在设计、制造、使用的全过程中。设计和制造的经济性表现为降低设计制造成本;使用经济性则表现为高生产率、高效率、低能耗、原材料及辅助材料消耗少和管理维护费用低。

（3）安全性要求　在机械的设计阶段,必须对机械的使用安全予以足够的重视,确保机械工作时操作者的人身安全和机械本身的安全。为此,必须设计使用一定的防护装置。

（4）可靠性要求　可靠性是衡量机械系统质量的主要指标之一,但也不能认为愈可靠愈好或使用寿命愈长愈好。为此,必须经济合理确定使用寿命,在此基础上,再进一步考虑如何在使用寿命期限内充分地保证机械系统正常有效的工作。

（5）其他要求　对于不同的机械,还有一些该机械所特有的要求,例如重量小输出功率大的要求、便于安装拆卸的要求、便于运输的要求等。设计机械系统时,在满足上述基本要求的前提下,还应着重满足一些特殊要求,以提高机械系统的使用性能和工作质量。

2. 合理确定机械系统的功能

确定机械系统的功能可使用功能分析法,借助"黑箱",通过功能分析解剖机械系统,寻找解答,参见本书 15.3 节。

15.2.2　机械系统的设计方法

机械系统(机械设备或机械产品)种类繁多,形式多样,用途各异。其设计方法大致有理论设计、经验设计和模型实验设计三种。

为了适应人类对物质文明和精神文明不断发展的需要,产生和发展了机械系统的现代设计理论和方法。常用的现代设计方法有功能分析设计法、可靠性设计法、计算机辅助设计法、优化设计法、动态分析设计法和虚拟设计法等。

1. 功能分析设计法

功能分析设计法是指针对某一确定的功能要求,寻求一些物理效应并借助某些作用原理来求得一些实现该功能目标的解法原理。例如,为了实现直线移动的功能要求,可以寻求液气效应或电力效应或磁效应等物理效应,通过液压缸、气缸或直线运动电动机等作用原理来求得实现直线移动功能目标的解法原理。由此可见,功能分析设计法的主要工作内容是构思能实现功能目标的新的解法原理,参见本书15.3 节。

2. 动态分析设计法

一般而言,经典的设计方法是一种静态或稳态分析设计方法。鉴于机械系统实际上都是由一个稳态过渡到另一个稳态的情况,因此,动态分析设计方法已成为当前机械系统设计的一种重要的现代设计方法。

动态分析设计法是基于控制论的一种现代设计方法。任何机械系统总是处在各种物料、能量、信号的正常信号和外界环境的非正常信号的作用下,这些作用对机械系统产生重要的影响,在设计中必须给予考虑,不少设计参数必须通过动态分析获得。

动态分析设计法是一种从动态情况分析出发进行设计的现代设计方法,其关键是求取传递函数(定义为输出信号与输入信号的算式符号多项式之比),然后根据传递函数进行定性分析,并对动态影响较大的部件与子系统进行定量计算。有关详细介绍参见专门文献。

此外,尚有虚拟设计、可靠性设计、计算机辅助设计和优化设计等方法,有关内容参见专门文献。

15.2.3 拟订机械系统方案应注意的问题

由于在设计机械系统时提出的要求是多方面的,而各种机械系统的要求又各不相同,因此在拟订机械系统的方案时没有现成的规律可循。下面简单介绍拟订机械系统方案应注意的几个问题。

(1) 应尽量简化和缩短传动链　在保证实现机械系统的预期功能的前提下,应尽量缩短和简化传动链。传动链愈简单、愈短,机械系统中的零部件就愈少,制造费用也愈低;同时也降低了能量消耗,提高了传动效率。此外,传动链愈短,则其累积误差愈小,因而有利于提高机械系统的传动精度。

(2) 应使机械系统有较高的机械效率　机械效率愈高,损失功率愈小。对于传递较大功率的机械系统,机械效率的高低应作为选择机械传动系统的形式和执行机构类型的主要依据。

(3) 合理安排机械系统内各传动装置和机构的顺序　一般说来,变换运动方式的机构,如凸轮机构、连杆机构等,通常总是安排在传动链的末端,靠近工作机构(例如铣床的铣刀)。因为这样安排,传动链最简单。变换速度的传动装置一般都安排在靠近传动链的始端,即靠近原动机;带传动则应安排在传动装置的高速级。因为带传动的转速高,传递的转矩小,可以缩小传动装置乃至整个机械系统的尺寸。

(4) 合理分配系统中各级传动机构的传动比　传动比的分配原则参阅 15.4 节。

15.3　机械系统的构思设计方法

15.3.1　构思设计方法的原理

构思设计方法是研究如何合理地进行设计思维的科学,是研究解决设计课题进程的一般性理论,一方面研究进程的战略即进程总路线,另一方面研究各工作步骤相应的战术方法,在总结规律性的同时,启发创造性,采用现代化的先进技术和理论方法,使设计过程完善合理。在机械设计中采用这种方法,能使所设计的机械系统(产品)推陈出新,在质量、经济价值、进程速度等方面有较大的改进。

1. 技术过程和技术系统

构思设计方法的重要理论基础是“系统工程”理论。系统是混乱、无秩序的反义词,它有各种各样的定义,比较有代表性的定义是:它是由相互关联、相互制约的多个元素(元件、零件、部件……)有机地结合而能执行特定功能、达到特定目的的综合体。根据需要它可以进一步划分为子系统和系统单元。系统的功能是指具有特定结构的系统,在其内部和外部的联系和关系中表现出来的能够满足需要的特性和能力。

人类在社会发展过程中有各种形式的需要,这些需要可以概括为“物料”“能量”和“信号”的转换。这种转换过程就称为技术过程。技术过程是一种人工过程,它是在人和技术系统的共同作用下,按照预期的目标实现物料、能量和信号的转换过程。

技术系统是设计时分析研究的对象,简言之,就是要设计的机械系统。构思设计方法把机械、设备、仪器、零件、部件均看作系统。对应技术过程中不同转换的需要,可以认为机械是主要传递能量的技术系统,设备是主要传递物料的技术系统,仪器是主要传递信号的技术系统。

2. 黑箱法

黑箱(black box)法是一种寻求系统总功能的创造性思维方法。“黑箱”就是一个其内部机理和结构未知的箱子。“黑箱法”就是将所研究的复杂系统看作一个黑箱,在不打开它的前提下,暂时忽略次要因素,首先集中考虑系统的输入、输出关系,通过观测和分析黑箱与外部环境的相互关系,求解待设计系统的功能,从而进一步了解其内部结构的机理。

黑箱的示意图如图 15-3 所示。

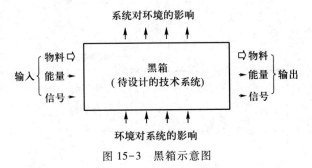

图 15-3　黑箱示意图

例如:

电铃(功能:机械信号变为声音信号)

(机)→ 黑　　箱 →(声)

发电机(功能:机械能转变为电能)

(机)→ 黑　　箱 →(电)

泵(功能:产生压力液体)

液体 ↻
能量→ 黑　　箱 ↻压力液体

3. 功能分析和模幅箱

功能,简言之,就是产品的用途或技术系统能独立完成的任务。

功能分析是从功能的角度寻求设计问题的解决办法。首先根据设计任务确定系统的总功能。系统的总功能体现在将输入条件转换为系统的输出条件上。总功能确定后,进行功能分解,将总功能分解为分功能、子功能,直至功能元。功能元是最小的功能单位,是可以直接从物理效应、逻辑关系等方面找到解法的基本功能单元。一般把功能元分为物理功能元和逻辑功能元。

例如,拉伸材料试验机的总功能是拉伸试样,测量力和相应的变形值(图 15-4a)。可将拉伸材料试验机的总功能分解为分功能、子功能直至功能元(图 15-4b)。

物理功能元反映了系统中物料、信号和能量的物理基本作用。常用的基本物理功能元是六个,见表 15-1。

各功能元的作用如下:

功能元"变换":反映物料、能量和信号的转换;

功能元"缩放":反映物料、能量和信号的变化;

功能元"连接":反映物料、能量和信号在数量上的结合;

功能元"传导""离合":反映物料、能量和信号在位置上的变化;

功能元"储存":反映物料、能量和信号在一定时间内保存的功能。

逻辑功能元为"与""或""非"三元,主要用于控制功能。

物理功能元可用物理基本效应求解。机械、仪器中常用的物理效应有:力学效应、液气效应、电力效应、磁效应、光学效应、热力学效应、核效应等。同一物理效应能完成不同的功能,同一功能可用不同的物理效应解决。为有利于设计者的工作,已编制一些解法目录。

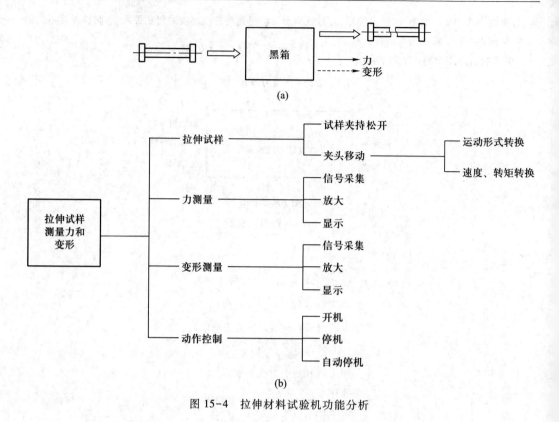

图 15-4　拉伸材料试验机功能分析

表 15-1　常用的基本物理功能元

能量、物料、信号的特征	类型	大小	数量	位置	时间
物理功能元	变换	缩放	连接	传导	储存
				离合	

　　例如,要分析行走式挖掘机的各种原理方案。挖掘机的总功能是"取(挖掘)运物"。因为一般工程系统都比较复杂,难以直接求得满足总功能的系统解,但可按系统分解方法进行功能分解,建立功能结构图(或称功能树)。功能树起于总功能,它分为一级子功能、二级子功能……其末端是功能元。前级功能是后级功能的目的功能,后级功能是前级功能的手段功能。行走式挖掘机的功能树如图 15-5 所示。

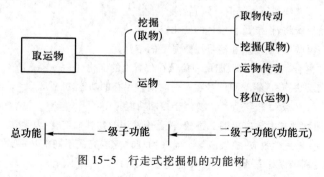

图 15-5　行走式挖掘机的功能树

功能分解的最终原则是找到功能元,即找到能实现功能单元的技术物理效应或技术装置时就不再分解。

在技术系统中,各种功能只有建立在以自然科学为基础的技术装置上才能实现。现代设计方法将技术装置称为功能元的局部解或功能载体。一个功能元局部解或功能载体可能是多个。上例中各个功能元可由表 15-2 中各个局部解或功能载体来实施。

表 15-2 挖掘机的模幅箱

功能元	局部解					
	1	2	3	4	5	6
A. 动力源	电动机	汽油机	柴油机	蒸汽透平	液动机	气动马达
B. 运物传动	齿轮传动	蜗杆传动	带传动	链传动	液力耦合器	
C. 移位	轨道及车轮	轮胎	履带	气垫		
D. 挖掘传动	拉杆	绳传动	气压传动	液压传动		
E. 挖掘	挖斗	抓斗	钳式斗			

所谓模幅箱(morphology box),实际上是一种形态学矩阵表格,即把机械(系统)的各个分功能和功能元作为"列",而把它们的各种解答作为"行"。

表 15-2 称为挖掘机的模幅箱。将表中各功能元的局部解相互组合,产生挖掘机的各种原理方案,其可能组合的方案数为

$$N = 6 \times 5 \times 4 \times 4 \times 3 = 1\ 440$$

例如,A1+B4+C3+D2+E1　就组合成履带式挖掘机;

A5+B5+C2+D4+E2　就组合成液压轮胎式挖掘机。

由形态学矩阵组成的设计方案是一种多方案设计,但设计方案数目过大,难以进行评选,一般根据以下原则筛选少数几个设计方案供评价决策使用:

(1)相容性,即分功能解之间必须相容,否则不能组合;

(2)优先选用主要分功能的最佳解,由该解法出发,选择与它相容的其他分功能解;

(3)删除对设计要求、约束条件不满足,或不令人满意的解答,如成本偏高、效率低、污染严重、不安全、加工困难等。

15.3.2 构思设计方法的工作步骤

构思设计方法的主要工作步骤如下:

(1)编制设计任务书。根据订货或市场需要提出的设计任务,进行市场调查和可行性分析,确定设计目标,编制设计任务书。

(2)制订任务要求明细表。为了使以后的设计工作能够有效、可靠地进行,并且能够减轻工作,必须制订任务要求明细表,以此作为设计、制造、评价和决策的依据。制订任务要求明细表时必须考虑:1)设计任务必须无条件达到的要求;2)反映设计的约束条件(如效率、噪声的限制)的最低要求;3)在可能的条件下希望考虑的要求。

(3)分析要求,拟订总功能。机械产品的功能是从使用角度提出的,应当满足使用者的要求。

这些要求可概括为"物料""能量"和"信息"的转移。通常,为了实现总功能,在制作要求明细表时,可先忽略那些次要的、不影响功能的要求。然后,还要把定量数据作定性处理,并将其简化为最主要的要求,在最后扼要提出。机械产品的用途或任务,就是它的总功能。可将这一机械产品看作一个"黑箱",暂时忽略次要因素,集中考虑机械的输入、输出关系,分析了解它的功能和结构。

(4) 把总功能分解为局部功能,制订功能结构。机械系统是多种多样的,其功能也是各式各样的。黑箱法只是把机械系统的功能加以抽象。对一般较复杂的机械系统来说,难以直接求得满足总功能的系统解,所以要把总功能进行分解,分解到能直接求解的基本分功能,即功能元。

(5) 求出每个局部功能的可能解答。同一功能可能有不同的解答。为了得到各种可能的解答,可使用系统研究的方法即所谓分类示意图的方法,或在本身的局部功能内寻求解答。

(6) 制作模幅箱。将分功能解综合为设计方案的整体解。

(7) 评价和决策。评价比较最后得到的几个整体设计方案,筛选出一两个最优的设计方案,进行技术设计。

15.3.3　评价与决策

为了选出拟采用的方案,必须对各候选方案进行评价(evaluation)。所谓评价,即对方案的质量、价值或就其某一性质作出说明;所谓决策(decision making)就是对评价结果或对所提供的某些情况,根据预定目标作出选择或决定,决策的结果就是拟采用的方案。

从理论上讲,所有的各局部功能组合的各种结构构造,都可得到一个总的设计方案,但并不是所有的方案都具有实用价值。因此,必须进一步分析所组合的各种可能的设计方案是否能满足"任务要求明细表"的要求,是否具备实现此方案的技术条件等。在决定方案时,应排除那些无意义的、对给定条件不利的功能结构方案,保留那些较好的方案,并对每个方案进行评价,选出具有最优"品质因素"的方案。

常用的评价方法有经验评价法、数学分析法和试验评价法三大类。当方案不多、问题不太复杂时,可采用经验评价法,即根据评价者的经验,对方案作粗略的定性评价。数学分析法是使用数学工具进行分析、推导和计算得到定量的评价参数供决策者参考,常用的方法有名次计分法、评分法、技术经济评价法和模糊评价法等。对于比较主要的方案,当用数学分析法计算后仍没有足够把握时,应通过模拟试验或样机试验对方案进行试验评价,这种方法得到的评价参数准确但代价较高。下面介绍评分法和技术经济评价法。

1. 评分法

评分法根据规定的标准用分值作为衡量方案优劣的尺度,对方案进行定量评价。评分标准一般按5分制或10分制评分(表15-3),"理想状态"取为最高分,"不能用"取为0分。当设计方案的具体化程度较低、有些特征尚不清楚时,建议采用5分制评分标准;当设计方案较具体、特征较明显时,建议采用10分制评分标准。

表 15-3　评 分 标 准

10 分制	0	1	2	3	4	5	6	7	8	9	10
	不能用	缺陷多	较差	勉强可用	可用	基本满意	良	好	很好	超目标	理想
5 分制	0		1		2		3		4		5
	不能用		勉强可用		可用		良好		很好		理想

对于多评价目标的方案,其总分可按分值相加法、分值连乘法、均值法、相对值法或加权计分法(有效值法)等方法进行计算(表 15-4)。其中,综合考虑各评价目标分值及加权系数的有效值作为方案的评价依据较为合理,应用最多。

表 15-4 中,Q_i 为方案的总分值,$i=1\sim m$;P_{ij} 为各评价目标的评分值,$i=1\sim m,j=1\sim n$;Q_0 为理想方案的总分值;g_j 为各评价目标的加权系数,$j=1\sim n$。

加权系数是反映评价目标重要程度的量化系数,又称目标重要性系数,主要用以考虑定量评价时,各评价目标的重要程度,加权系数大,则重要程度高。为了便于分析计算,一般取各评价目标加权系数 $g_j<1$,且 $\sum g_j=1$。

表 15-4 总分计分方法

编号	方 法	公 式	特 点
1	分值相加法	$Q_i = \sum_{j=1}^{n'} P_{ij}$ (a)	计算简单,直观
2	分值连乘法	$Q_i = \prod_{j=1}^{n} P_{ij}$ (b)	各方案总分值相差较大,便于比较
3	均值法	$Q_i = \frac{1}{n}\sum_{j=1}^{n} P_{ij}$ (c)	计算较简单,直观
4	相对值法	$Q_i = \sum_{j=1}^{n} P_{ij}/(nQ_0)$ (d)	$Q_i \leqslant 1$,能看出与理想方案的差距
5	加权计分法(有效值法)	$Q_i = \sum_{j=1}^{n} P_{ij}g_j$ (e)	总分(有效值)中考虑到各评价目标的重要程度

加权系数的确定方法有两种:

(1)经验法 根据以往或他人经验,人为地给定各评价目标的加权系数 $g_j<1$,并满足 $\sum g_j=1$。

(2)判别表计算法 此法是根据评价目标的重要程度两两加以比较,并给分加以计算。两目标同等重要,各给 2 分;某一项比另一项重要,分别给 3 分和 1 分;某一项比另一项重要得多,则分别给 4 分和 0 分。将各评价目标的分值列于表中,并分别计算出各加权系数

$$g_j = K_i \Big/ \sum_{i=1}^{n} K_i \tag{15-1}$$

式中:K_i——各评价目标的总分;

n——评价目标数;

$$\sum_{i=1}^{n} K_i = \frac{n^2-n}{2}\times 4$$

2. 技术经济评价法

技术经济评价法(technical and economic evaluation)的特点是,对方案进行评价时不但考虑各评价目标的加权系数,而且所取的技术价和经济价都是相对于理想状态的值,更便于决策时进行判断和选择,也有利于改进方案。其做法是,分别求出被评价方案的技术价和经济价,然后进行综合评价。

(1)技术评价

技术价 x 由下式求得:

$$x = \sum_{j=1}^{n} (P_{ij}g_j/P_{max}) \sum_{j=1}^{n} g_j \tag{15-2}$$

式中:P_{ij}——各技术评价指标的评分值;

　　g_j——各技术评价指标的加权系数,一般情况下,$\sum_{j=1}^{n} g_j = 1$;

　　P_{max}——最高分值(10 分制为 10 分,5 分制为 5 分)。

技术价 $x \leqslant 1$ 时,x 值越大,则技术性能越好。理想方案的技术价为 1。在一般情况下,$x>0.8$,则方案的技术性能很好;x 为 0.7 左右,则方案良好;$x<0.6$,则方案不能令人满意,需要改进。

（2）经济评价

经济价 y 由下式求得:

$$y = \frac{H_0}{H} = \frac{0.7[H]}{H} \tag{15-3}$$

式中:$[H]$——允许制造费用;

　　H——实际制造费用;

　　H_0——理想制造费用,建议取 $H_0 = 0.7[H]$。

y 值越大,则实际生产成本越低,经济价值越高。

（3）技术经济综合评价

综合价值 K 由下式求得:

$$K = \sqrt{xy} \tag{15-4}$$

K 值越大,表示被评方案的技术经济性能越好。一般取 $K \geqslant 0.65$,该方案即为可采用的较好方案。

15.4　机械系统执行机构的方案设计

15.4.1　执行机构的运动参数

带动工作头(例如挖掘机的铲斗、起重机的吊钩、铣床的铣刀、工业机器人的手爪等)进行工作运动并使之获得工作力的机构称为执行机构。例如,推动挖掘机铲斗运动的多杆机构、工业机器人的手臂、带动起重吊钩运动的起重臂等。

执行机构的运动形式不同,它的运动参数也就不同。现将执行机构常见的基本运动形式及其运动参数简述如下:

（1）回转运动　回转运动又分为连续回转运动和间歇回转运动。连续回转运动(例如机床的主轴)的运动参数为转速,通常以每分钟转数(r/min)表示,转速的大小应根据工作要求确定;间歇回转运动常用作分度运动或转位运动,每次转动角度的大小应根据工作要求确定。

（2）直线运动　常见的直线运动有往复直线运动、带停歇的往复直线运动和单向带停歇的直线运动三种形式。往复直线运动的运动参数有工作头的行程长度和每分钟往复运动次数;带停歇的往复直线运动形式多用于自动机床或半自动机床中;单向带停歇的直线运动可用作牛头刨床或插床的进给运动,其运动参数为工作头(刀具)每往返一次工件移动的距离。

15.4.2　工作头运动的协调配合

在某些机械系统的传动方案中,各工作构件的运动是相互独立的,因此设计时不需要考虑它们之间的协调配合问题。此时,为了简化传动链,通常分别为每一种运动设计一独立的运动链,由单独的原动机驱动。但是,在某些机械系统的传动方案中,各工作头的运动之间必须密切协调配合,才能实现该机械系统的功能。机械系统中工作头运动的协调配合,按其性质不同可分为两类:一类是各工作头运动速度的协调;一类是各工作头动作在位置和时间上的协调配合。

(1) 各工作头运动速度的协调　有些机械系统由于工作需要,要求各工作头某些运动之间必须保持严格的速比关系。例如,用展成法加工齿轮时,刀具与工件的展成运动必须保持某一固定的传动比。

(2) 各工作头动作的协调配合　某些机械系统要求各工作头的动作必须准确而协调地相互配合,才能实现其工作的功能。例如,牛头刨床的滑枕和工作台的动作就必须协调配合,工作台的进给运动,必须在非切削时间内进行。为了使机械系统中各工作头的动作互相协调,设计时应编制运动循环图,这是因为各工作构件的动作是按一定的周期循环进行的。在编制运动循环图时,可选定一个工作头作为参考件,然后按照各执行机构的运动要求和各工作头动作之间的协调配合关系进行编制。

15.4.3　执行机构的选择

执行机构或工作头是直接实现特定的工艺动作的部分。由于生产内容多种多样,执行机构的形式和运动规律也是多种多样的,选择机械系统中的执行机构应当视具体情况而定。通常,执行机构是和传动机构相连的,因此,在选择工作机构时,必须同时考虑与之相连的传动机构。选择执行机构的类型是一个比较复杂的问题,一方面要明确机构系统对它的工艺要求,另一方面要了解各种机构的运动特点,这样才能恰当地进行选择。

执行机构有实现往复移动的机构、实现往复摆动的机构、实现单向步进运动的机构和实现回转运动的机构。生产实践中,常采用连杆机构、凸轮机构、螺旋机构和齿轮机构来实现往复移动,采用摆动从动件的凸轮机构和曲柄摇杆机构来实现往复摆动,采用槽轮机构和棘轮机构来实现间歇运动,采用摩擦轮传动、带传动、链传动、齿轮传动和蜗杆传动来实现回转运动。

几种常用的执行机构的基本特性列于表 15-5 中。

表 15-5　几种常用的执行机构的基本特性

机构类型	基本特性
连杆机构	结构简单,制造方便,行程距离较大,能承受较大载荷,能近似满足所需运动规律
凸轮机构	可实现工作所需的任何运动规律,行程较短,凸轮制造较复杂,凸轮和从动杆接触表面易磨损,高速时冲击较大
齿轮齿条机构	结构简单,制造方便,行程距离较大,运动精度及平稳性不如螺旋机构
螺旋机构	运动精度较高,工作平稳,能以较小的转矩得到很大的轴向力,容易实现反行程自锁,机械效率较低,螺纹易磨损,采用滚珠螺旋,可大为改善
槽轮机构	结构简单,冲击噪声低,效率较高,传力不可太大
棘轮机构	结构简单,调整转角方便,传动平稳性较差,只适用于低速场合

15.5　机械传动系统方案的设计

15.5.1　传动系统方案的设计

传动方案的设计是整个机械系统设计中至关重要的一个环节。传动方案设计的好坏,在很大程度上决定了所设计机械产品是否先进合理、质高价廉及具有市场竞争力。

在机械系统设计中,为完成(实现)某一特定的运动和动力要求,可以采用不同的传动方案去实现。例如,加工齿轮可以采用仿形法或展成法,由于加工原理不同,实现这一原理的传动方案也就不同。即使加工原理相同,也可以拟订多种传动方案。例如,在滚齿机上用齿轮滚刀加工齿轮和在插齿机上用齿轮插刀加工齿轮时,同样用的是展成原理,但由于所使用的刀具不同,故两种齿轮加工机床的传动方案就会不一样。

因此,在设计机械产品时,应综合考虑各方面的因素,对各种传动方案加以比较,选择其中的最佳方案。

15.5.2　机械传动系统的基本类型

机械传动(mechanical transmisson)系统的主要作用是传递动力和运动(减速、增速、变速和换向)或变换运动方式。

根据不同的传动原理,机械传动可分为摩擦传动、啮合传动和推压传动等。常用类型如图 15-6 所示,其中以啮合传动应用最为广泛。

根据传动比能否改变,机械传动可分为固定传动比传动和可调传动比传动。可调传动比传动又可分为有级变速和无级变速两种。固定传动比传动和有级调速传动主要由各种形式的齿轮传动、蜗杆传动、带传动和链传动等组成。无级变速传动通常做成各种形式的无级变速器。

几种常用的机械传动及其特性列于表 15-6 中,供选用时参考。

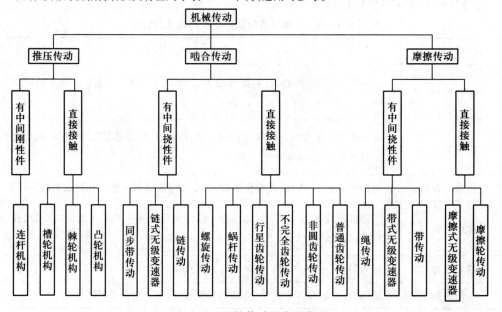

图 15-6　机械传动的常用类型

表 15-6　常用的机械传动及其特性

传动形式		传递功率/kW	传动效率	圆周速度/(m/s)	单级传动比	外廓尺寸	成本	主要优缺点
带传动	V带、平带	大、中、小(一般~40,最大~1000)	0.92~0.96	5~30	≤5~7	大	低	结构简单;传动平稳;维修方便;能缓冲吸振;中心距变化范围广;使用寿命低(5000~10000 h);摩擦起电,不适于高温下工作;压轴力大。有过载保护作用,不能保证定传动比
带传动	同步带		0.96~0.98	一般:0.1~50 最大:~80	一般:5~8 最大:~30	中	低	能保证固定的平均传动比
链传动	滚子链、齿形链	大、中、小(一般~100,最大4000)	开式:0.90~0.93 闭式:0.95~0.99	5~25	≤6~10	大	中	平均传动比准确;中心距变化范围广;传动承载能力强;能缓冲吸振;高速时有严重冲击振动,寿命短
渐开线圆柱齿轮传动和锥齿轮传动	开式	大、中、小(常用范围不限,最大~60000)	0.92~0.96	≤5	≤3~5	中、小	中	适用速度和功率范围广;传动比准确;工作环境温度可高些;瞬时传动比准确;寿命长;效率高;能缓冲;噪声较大;要求制造精度高;结构紧凑
渐开线圆柱齿轮传动和锥齿轮传动	闭式		0.96~0.99	≤200	≤7~10			
圆弧齿轮传动		大、中、小	0.98~0.99	4~50 (高速传动:~100)	≤3~5	中、小	中	承载能力强;制造及安装精度要求高;复杂
交错轴斜齿轮传动		小	0.94~0.96		≤3	中	中	相对滑动较大,不适于重载

续表

传动形式		传递功率/kW	传动效率	圆周速度/(m/s)	单级传动比	外廓尺寸	成本	主要优缺点
蜗杆传动	自锁	中小(常用:25~50,最大750)	0.40~0.45	$v_s \leq 15 \sim 50$	10~100 常用:10~70	小	高	传动比大且准确;传动平稳;可实现自锁;尺寸小;效率低,常需用贵重有色金属;制造精度要求高;发热大,不适于长期连续运转
	不自锁		0.70~0.90					
渐开线行星齿轮传动	2K-H型、3K型	中、小	一般:≥0.80,最高:0.97~0.99		3~60	小	高	传动比大;结构较定轴齿轮传动紧凑;安装较复杂,不同类型的传动比与效率相差大;大传动比时效率低
	K-H-V型(少齿差)	小	0.80~0.94		7~83	小	高	传动比大;体积小,重量轻;但高速轴转速受限制
摆线针轮行星传动		中、小	0.90~0.97		9~87	小	高	传动比大;体积小,重量轻,寿命长,承载能力较少,齿差传动比大;制造精度要求高;高速轴转速有限制
谐波齿轮传动		小	0.90		~260	小	高	传动比大;结构紧凑;工作平稳;能过载打滑,对材料热处理要求高
摩擦轮传动		中、小	0.85~0.95	≤15~25	≤5~7	大	低	工作平稳;结构简单;能过载打滑,适用于冲压机械;不能保证定传动比;压轴力大
机械无级变速器		小	0.85~0.95		≤4~6	中	中	可均匀变化转速;结构紧凑;使用方便;寿命低;传递功率小

15.5.3 机械传动系统的选择和评价

1. 选择机械传动系统的基本原则

机械传动的类型选择关系到整个机械系统的传动方案设计和工作性能参数。比较合理地选用机械传动的类型,需要经过多种方案的分析和比较。

(1) 选择机械传动类型的依据 机械传动类型选择的依据是:1) 执行机构的性能参数和工况;2) 原动机的机械特性和调速性能;3) 对机械传动系统的性能、尺寸、重量和安装布置的要求;4) 工作环境(例如高温、低温、潮湿、粉尘、腐蚀、易燃、防爆等)的要求;5) 制造工艺性和经济性(例如制造和维修费用、使用寿命和传动效率等)的要求。

(2) 选择机械传动系统的原则

可按下述原则选择机械传动系统。

1) 简化传动环节

① 当原动机的功率、转速或运动方式完全符合执行机构的工况要求时,可将原动机的输出轴与执行机构的输入轴用联轴器直接连接。此种方式的结构最简单,传动效率也最高。但是,当原动机的输出轴和执行机构的输入轴不在同一轴线上时,如两轴平行、相交或交错,就需要采用一定类型的机械传动装置。

② 在固定传动比的机械传动系统中,若原动机可调速而执行机构的载荷又变化不大,或者执行机构有调速要求并与原动机的调速范围相适应,可采用固定传动比的机械传动装置。

③ 当执行机构要求的调速范围较大,或用原动机调速的机械特性不能满足要求时,可采用可调传动比的机械传动装置。在满足工作要求的前提下,应尽量采用有级变速传动,而不用结构复杂、造价较高的无级变速传动。

2) 提高机械传动效率

① 对高速、大功率、长期工作的工况,应选用承载能力强、传动平稳、传动效率高的传动类型。

② 对速度较低,中、小功率,要求传动比较大的工况,可采用单级蜗杆传动、多级齿轮传动、带-齿轮传动、带-齿轮-链传动等多种方案,并进行分析比较,从中选择综合性能较好的方案。

③ 传动比较大时,应优先选用结构紧凑的蜗杆传动和行星齿轮传动,原动机输出轴和执行机构输入轴平行时,可采用圆柱齿轮传动;中心距较大时,可采用带传动或链传动。两轴平面相交时,可用锥齿轮传动;两轴空间交错时,可用蜗杆传动;两轴同轴布置时,可用两级同轴式圆柱齿轮传动或行星齿轮传动。

3) 合理安排传动件的顺序

① 带传动为摩擦传动,故承载能力较差,传递相同转矩时,结构尺寸较其他传动形式大,但传动平稳,能缓冲减振,应布置在高速级,使所传递的转矩较小。

② 链传动由于瞬时传动比不断变化,而使运转不均匀,有冲击,不宜用于高速级,应布置在低速级。

③ 蜗杆传动的传动比大,传动平稳,效率较低,适用于中、小功率和间歇运转的场合;当与齿轮传动同时应用时,宜布置在高速级,使其传递较小转矩,以减小蜗轮尺寸,节约有色金属。

④ 锥齿轮的加工较困难,特别是大模数锥齿轮,因此只在需要改变轴的方向时才采用,且应尽量布置在高速级,并限制其传动比,以减小其直径和模数。

⑤ 斜齿轮传动的平稳性较直齿轮传动好,常用在高速级或要求传动平稳的场合。

⑥ 开式齿轮传动的工作环境较差,润滑条件不好,磨损较严重,寿命较短,应布置在低速级。

4) 确保机械系统安全运转

工作环境恶劣、粉尘较多时,尽量采用闭式传动,以延长传动零件寿命。工作环境温度较高或易燃易爆场合,不宜采用带传动等。

5) 合理分配传动机械的传动比

2. 机械传动系统的传动比分配原则

当设计方案确定后,合理分配传动比,是机械传动系统设计中的一个重要问题,它不仅对机械传动系统,而且对整个机械系统的结构布局、动力传递、外廓尺寸、重量和润滑系统的设计都有着重大的影响。各级传动比的分配一般原则如下:

(1) 各级传动的传动比都应在各自允许的合理范围内(见表 15-6),以保证符合各种传动形式的工作特点并使其结构紧凑。当单级传动比虽在允许范围但结构仍嫌较大时,宜采用多级传动。

(2) 分配各种传动形式的传动比时,应注意使各传动零件尺寸协调,结构匀称合理,不会造成互相干涉碰撞。例如,带传动和单级齿轮减速器组成的传动装置,一般应使带传动的传动比小于齿轮的传动比,以避免大带轮半径大于减速器输入轴中心高度而与机座底架相碰。

(3) 当传动链较长、传动功率较大时,应使大多数传动在较高速度下工作,最后再进行较大的减速,使较少数量的传动在低速下工作。当为减速传动时,从原动机开始按照“传动比递增”的原则分配传动比较为有利,且相邻两级传动比的差值不要太大。这样,可使中间轴有较高的转速和较小的转矩,因而该轴及轴上传动零件的尺寸较小,从而获得较为紧凑的结构。若为了减轻动载荷的影响,则可按“传动比递减”的原则分配各级传动比。

(4) 对于两级或多级齿轮减速器,传动比的合理分配直接影响减速器外廓尺寸的大小,承载能力能否充分发挥,以及各级传动零件润滑是否方便等。因此,在分配传动比时应考虑以下三点:1) 使各级传动的承载能力接近相等;2) 使减速器获得最小的外廓尺寸和重量;3) 使各级传动中的大齿轮的浸油深度大致相等。

(5) 各类两级齿轮减速器传动比的分配参见《机械设计课程设计》。

3. 机械传动系统的评价

在进行机械传动系统的方案分析对比时,为确定最佳方案,可以采用最优化设计的方法,即将设计中的实际问题抽象为优化的数学问题,建立起数学模型,借助于计算机求解,从而得到一最优化的方案,以满足预定的要求。优化设计的一般概念可参阅有关专著。

在评价机械传动系统的方案时,为了减少评价时间,保证必要的评价准确性,可采用技术经济评价法,参见本书 15.3 节。

常用的机械传动及其性能指标评分标准的参考值列于表 15-7 中。

表 15-7　常用机械传动及其性能指标评分标准的参考值

性能指标	传 动 类 型									
	带传动	链传动	摩擦轮传动	齿轮传动	圆弧齿轮传动	行星齿轮传动	摆线针轮行星传动	蜗杆传动	齿条传动	连杆传动
	评 分 分 值									
效率	4	4	3~4	5	5	3~4	4	2~3	5	4
重量	4	4	4	4	3	5	5	5	4	5
寿命	3	4	3	5	5	4	4	4	5	4

续表

性能指标	传动类型									
	带传动	链传动	摩擦轮传动	齿轮传动	圆弧齿轮传动	行星齿轮传动	摆线针轮行星传动	蜗杆传动	齿条传动	连杆传动
	评分分值									
运动平稳性	5	3	5	4~5	4~5	4~5	4~5	5	4	4
外廓尺寸	3	4	3~4	5	5	5	5	5	4	4
结构繁简	5	5	4	5	4	3~4	3~4	4	4	5
使用维护	4	4	4	闭式5 开式4	4~5	4~5	4~5	闭式5 开式4	3	4
成本	5	4	4~5	4	3~4	3~4	3~4	3	4	4
连续工作时间	5	4	4	5	5	4~5	4~5	2	5	4
功率	3	4	3	5	5	3~4	4	4	4	3
速度	3	3	3	5	5	3	3	3	4	3

15.6　机械传动系统方案设计的实例分析及评价

　　设计机械传动系统时,可根据前述"选择机械传动系统的原则"合理选择方案。应使所选机械传动系统尽量满足机械系统的生产过程和工艺动作的要求;机械传动系统应力求简单,并尽可能采用最合理的传动级数,以减小传动装置的外廓尺寸和提高传动系统的运动精度及效率;当机械系统需长期连续运转或功率较大时,应选用高效率的机械传动系统;各种传动在机械传动系统中的排序应充分考虑各自的传动特点和适用条件。

　　例 15-1　设计一带式输送机的机械传动系统。已知:输送机工作轴上的功率 $P_w = 3.2$ kW;工作轴的转速 $n_w = 95$ r/min;双班制工作,有轻微振动;批量生产;使用期限为 5 年;选用 Y132 M_1-6 型电动机,额定功率 $P_电 = 4$ kW,满载转速 $n_电 = 960$ r/min,电动机轴径 $D = 38$ mm,外廓尺寸为 515 mm×45 mm×315 mm。

　　解　(1) 传动系统的总传动比

　　总传动比
$$i = \frac{n_电}{n_w} = \frac{960}{95} \approx 10.11$$

　　(2) 传动系统的方案选择

　　根据总传动比要求和给出的已知条件,有 11 个方案可供选择,见表 15-8。

表 15-8　带式输送机的机械传动系统方案的比较

序号	传动名称	方案简图	优　点	缺　点
1	一级 V 带传动加单级直齿圆柱齿轮减速器	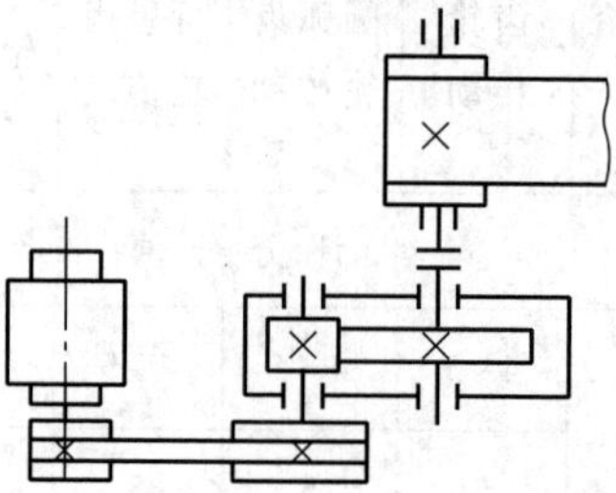	带传动易加工;可缓冲减振;效率较高,工艺简单,容易实现;应用比较广泛	轮廓尺寸较大,带传动寿命低,需经常更换
2	单级蜗杆减速器	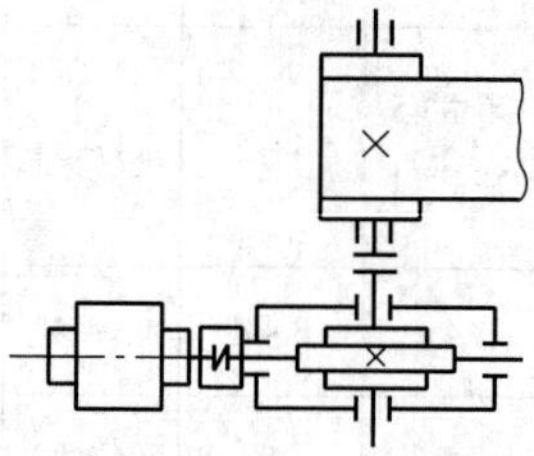	结构简单,尺寸较小,适用于载荷较小、间歇工作场合,重量轻,减速比大	效率较低,蜗轮易磨损,需用青铜制造,制造较复杂
3	二级锥齿轮－圆柱齿轮减速器	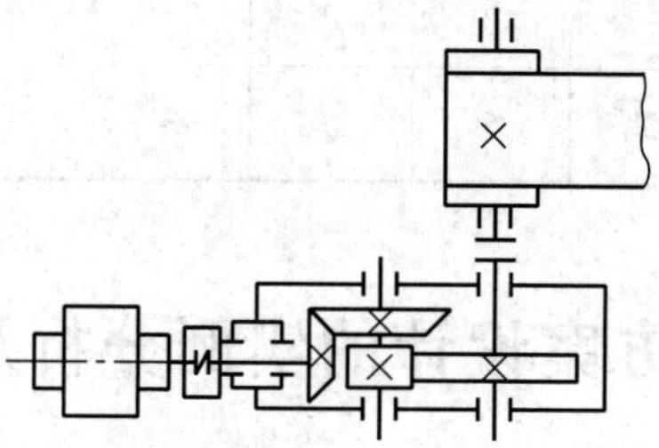	能用于输入轴和输出轴垂直相交的机构中	锥齿轮制造较复杂,故仅在机构布置上需要时才应用
4	单级圆柱直齿齿轮减速器加单级链传动	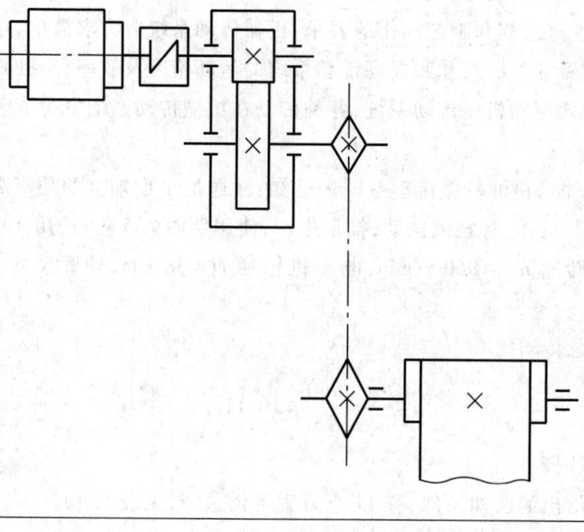	容易实现,效率较高,应用较普遍	轮廓尺寸较大,链传动易磨损,寿命较短

续表

序号	传动名称	方 案 简 图	优　点	缺　点
5	单级斜齿圆柱齿轮减速器加单级链传动	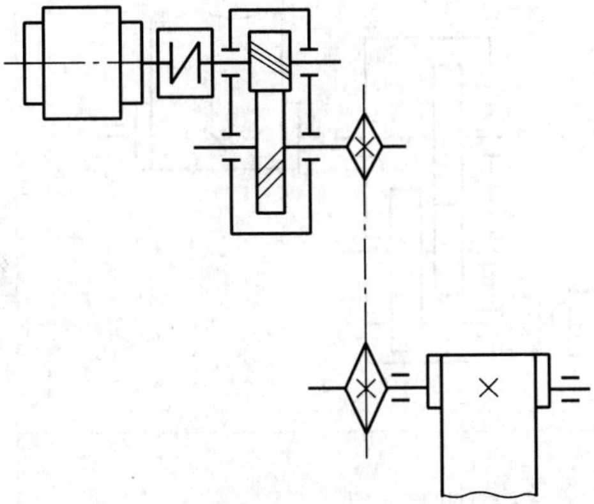	结构简单,布置合理,容易实现;效率较高;斜齿较直齿传力大,传动平稳,适用于变载荷场合	轮廓尺寸较大;链传动易磨损,寿命较短
6	单级锥齿轮减速器加单级链传动	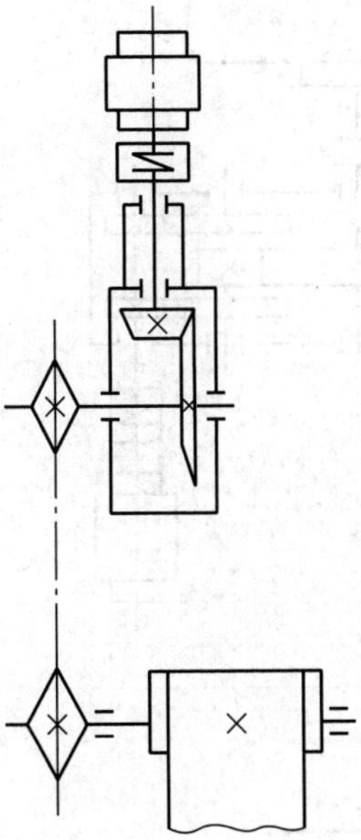	可用于输入轴和输出轴垂直相交的场合	锥齿轮制造复杂,链传动易磨损,寿命较短
7	二级同轴式直齿圆柱齿轮减速器	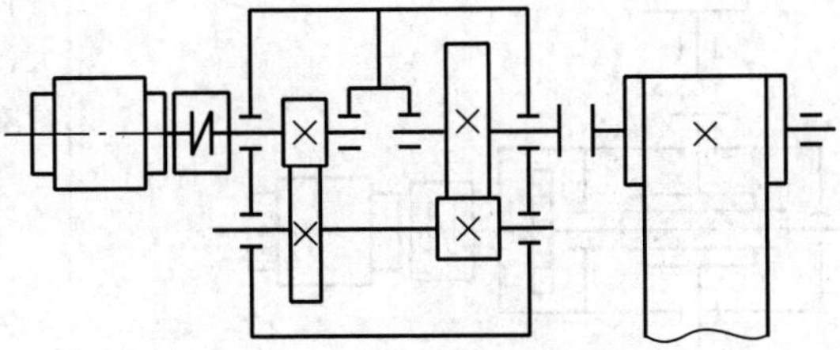	箱体长度较小,两对齿轮浸入油中深度大致相同,有利于润滑	轴间尺寸和重量较大,中间轴较长,刚性差,中间轴承润滑困难

序号	传动名称	方 案 简 图	优　点	缺　点
8	二级展开式直齿圆柱齿轮减速器	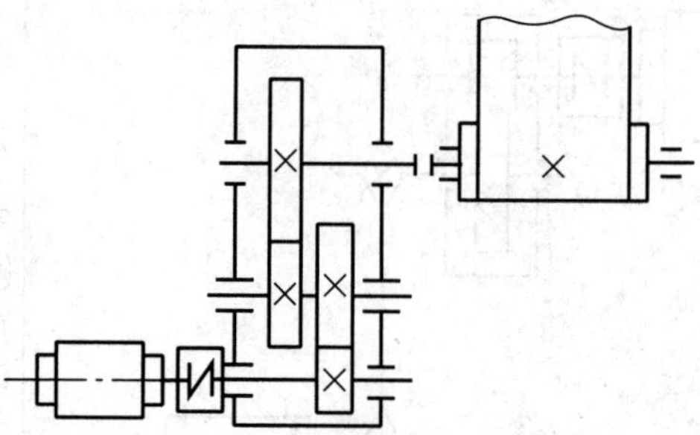	结构简单、紧凑,应用比较广泛,传动效率较高	齿轮相对于轴承为不对称布置,沿齿向载荷分布不均,要求轴有较大的刚度
9	二级分流式直齿圆柱齿轮减速器	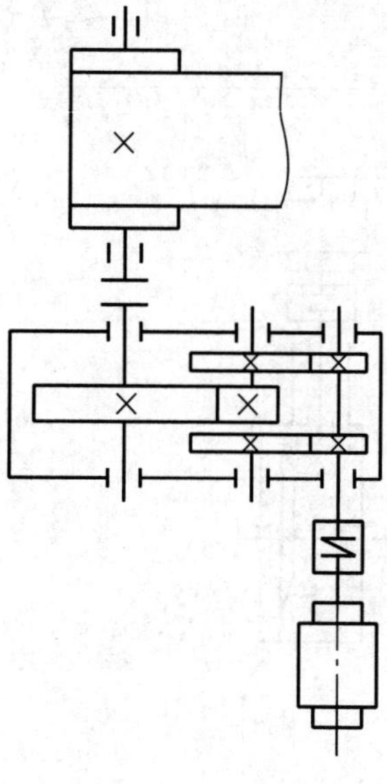	齿轮相对于轴承为对称布置,传递转矩较大的低速级齿轮载荷分布均匀,常用于较大功率、变载荷场合	结构较复杂
10	二级齿轮-蜗杆减速器	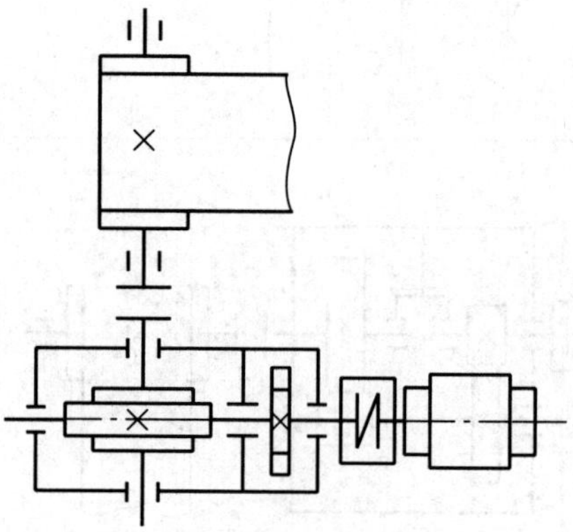	传动比较大,结构比较紧凑	效率较低,蜗轮要用青铜制造

续表

序号	传动名称	方 案 简 图	优 点	缺 点
11	展开式二级斜齿圆柱齿轮减速器	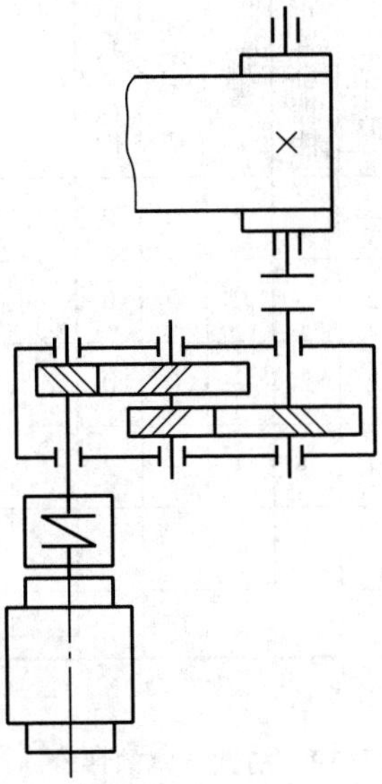	结构简单、紧凑,应用比较广泛,传动较平稳,适用于变载荷场合	齿轮相对于轴承为不对称布置,沿齿向载荷分布不均

分析表 15-8 中 11 个传动方案的优缺点,可知方案 1、4、5、8、11 五种较好,可以初步选用。

(3) 方案评价

对初选的五种方案,从结构尺寸大小、重量轻重、寿命长短、效率高低、成本高低、使用维护是否方便、布置是否合理、温度高低、连续工作和运转平稳性 10 项指标,采用本书 15.3 节中所述的技术经济评价法进行评价。

10 项评价指标的重要程度依次为成本、寿命、连续工作、运转平稳性、尺寸大小、重量、效率、布置合理性、温度及使用维护。加权系数(weighting coefficient)的判别计算见表 15-9,评价情况列于表 15-10 中。

表 15-9 加权系数判别计算表

评价指标	比 较 指 标									K_i	$g_j = K_i / \sum_{i=1}^{n} K_i$
	尺寸大小	重量	寿命	效率	成本	使用维护	布置合理性	温度	连续工作	运转平稳性	
尺寸大小	—	2	1	2	0	3	3	3	1	1	16	0.089
重量	2	—	1	2	0	3	3	3	1	1	16	0.089
寿命	3	3	—	3	1	4	4	4	2	2	26	0.145 3
效率	2	2	1	—	1	3	3	3	1	1	16	0.089
成本	4	4	3	3	—	4	4	4	3	3	32	0.178 8

续表

评价指标	比较指标										K_i	$g_j = K_i / \sum\limits_{i=1}^{n} K_i$
	尺寸大小	重量	寿命	效率	成本	使用维护	布置合理性	温度	连续工作	运转平稳性		
使用维护	1	1	0	1	0	—	2	2	0	0	7	0.039 1
布置合理性	1	1	0	1	0	2	—	2	0	0	7	0.039 1
温度	1	1	0	1	0	2	2	—	0	0	7	0.039 1
连续工作	3	3	2	3	1	4	4	4	—	2	26	0.145 3
运转平稳性	3	3	2	3	1	4	4	4	2	—	26	0.145 3
											$\sum K_i = 179$	$\sum g_j = 1$

表 15-10　初选方案的评价

评价指标		方案									
指标	加权系数 g_j	1		4		5		8		11	
		P_{ij}	$P_{ij}g_j$	P_{ij}	$P_{ij}g_j$	P_{ij}	$P_{ij}g_j$	P_{ij}	$P_{ij}g_j$	P_{ij}	$P_{ij}g_j$
尺寸大小	0.089	4.0	0.356	4.5	0.400 5	4.5	0.400 5	5.0	0.445	5.0	0.445
重量	0.089	3.5	0.311 5	3.5	0.311 5	3.5	0.311 5	3.0	0.267	3.0	0.267
寿命	0.145 3	4.0	0.681 2	4.5	0.653 85	4.5	0.653 85	5.0	0.726 5	5.0	0.726 5
效率	0.089	4.5	0.400 5	4.5	0.400 5	4.5	0.400 5	5.0	0.455	5.0	0.445
成本	0.178 8	4.5	0.804 6	4.0	0.715 2	4.0	0.715 2	3.5	0.625 8	3.5	0.625 8
使用维护	0.039 1	4.5	0.175 95	4.5	0.175 96	4.5	0.175 96	5.0	0.195 5	5.0	0.195 5
布置合理性	0.039 1	5.0	0.195 5	5.0	0.195 5	5.0	0.195 5	5.0	0.195 5	5.0	0.195 5
温度	0.039 1	3.0	0.117 3	5.0	0.195 5	5.0	0.195 5	5.0	0.195 5	5.0	0.195 5
连续工作	0.145 3	5.0	0.726 5	4.0	0.581 2	4.0	0.581 2	5.0	0.726 5	5.0	0.726 5
运转平稳性	0.145 3	4.5	0.653 85	3.5	0.508 55	3.7	0.537 6	4.0	0.581 2	4.2	0.610 3
$\sum P_{ij}$ 或 $\sum P_{ij}g_j$		42.5	4.322 9	43.0	4.138 3	43.2	4.167 3	45.5	4.403 5	45.7	4.432 6
技术价 x 值		0.865		0.828		0.835		0.881		0.887	

由表 15-10 可知,根据 10 项技术指标评价,初选的五种方案,其技术价 x 值均大于 0.8,说明此五种方案的技术性能均很好,都可以选用。其中方案 11 和方案 8 的 x 值最高,只需一台两级圆柱齿轮减速器;其次为方案 1,只需一台圆柱齿轮减速器和一级 V 带传动,但此方案有低分项,其中 V 带传动不宜在高温下工作;再次为方案 5 和方案 4,只需一台单级圆柱齿轮减速器和一级链传动。

机械传动系统的方案选定以后,根据本书第 1 章所述即可进行技术设计和主要零部件的工作能力计算,绘制装配图和零件工作图,编写说明书,进行样机试制等工作。

机械设计名词术语中英文对照

第 1 章

边界摩擦	boundary friction
变载荷	fluctuating load
动载荷	dynamic load
腐蚀磨损	corrosion wear
干摩擦	dry friction
混合摩擦	mix friction
计算应力	calculating stress
计算载荷	calculating load
计算转矩	calculating moment
接触疲劳磨损	contact fatigue wear
静载荷	static load
曼耐尔定理	Miner's law
名义载荷	nominal load
磨料磨损	abrasive wear
磨损	wear
牛顿黏性定律	Newton's law of viscosity
疲劳极限	fatigue limit
液体摩擦	hydraulic friction
应力集中	stress concentration
黏度	viscosity
黏着磨损	adhesive wear

第 2 章

载荷分配系数	load partition factor
齿轮传动设计准则	criteria for the design of gear drive
疲劳点蚀	fatigue pitting
齿面胶合	tooth flank scuffing
齿面接触应力	Hertz stress on tooth
齿面塑性变形	plastic deformation
齿面硬度	tooth flank hardness
载荷分布系数	load distribution factor
齿形系数	form factor

动载系数	dynamic load factor
法向力	normal force
赫兹公式	Hertz equation
机械传动	mechanical drive
接触疲劳强度	contact fatigue strength
径向力	radial force
轮齿折断	tooth breakage
名义功率	nominal power
软齿面	soft tooth flank
失效形式	types of failure
使用系数	application factor
弯曲疲劳强度	bending fatigue strength
许用接触应力	allowable contact stress
许用弯曲应力	allowable bending stress
许用应力	allowable stress
硬齿面	hard tooth flank
圆周力	tangential force
载荷系数	load factor
轴向力	axial force
转速	rotate speed
锥齿轮	bevel gear

第 3 章

阿基米德圆柱蜗杆	Archimedean worm
当量摩擦角	equivalent friction angle
导程角	lead angle
法向直廓圆柱蜗杆	convolute worm
环面蜗杆	toroid worm
渐开线圆柱蜗杆	involute helicoids worm
热平衡	heat balance
散热量	heat emission
散热面积	radiation area
蜗杆	worm
蜗杆传动	worm drive
蜗杆头数	number of worm threads
蜗杆直径系数	diameter factor
蜗杆轴	worm axis
蜗杆轴向齿廓	axial tooth profile
蜗轮	worm wheel
蜗轮齿数	number of worm gears
蜗轮分度圆直径	diameter of worm reference circle

蜗轮分度圆柱螺旋角	helix angle at worm reference cylinder
直径系数	diameter factor
锥面包络圆柱蜗杆	milled helicoids worm
总效率	total efficiency

第 4 章

V 带	V belt
包角	include angle
打滑	slip
带传动	belt drive
多楔带	poly V belt
复合平带	compound flat belt
高速带	high speed belt
滑动率	sliding ratio
紧边	tight side
联组 V 带	build-up V belt
平带	flat belt
松边	slack side
弹性滑动	elasticity sliding motion
同步带	synchronous belt
有效拉力	effective tension
圆带	round belt
窄 V 带	narrow V belt
张紧力	tension

第 5 章

齿形链	inverted tooth chain
从动链轮	chain wheel, sporocket-wheel
多边形效应	polygonal action
多排链	multiple strand chain
滚子	roller
滚子链	roller chain
链条	chain
内链板	inner plate
双排链	double strand chain
套筒	bushing
外链板	outer plate
销轴	pin
主动链轮	driving chain wheel

第 6 章

| 半圆键 | woodruff key |

导向平键	feather key
钩头楔键	gib head taper key
过盈配合连接	interference fit joints
花键连接	spline joints
滑键	feather key
键连接	key joints
渐开线花键	involute spline
矩形花键	rectangle spline
内花键	internal spline
盘形铣刀	disk milling cutter
膨胀连接	expanding ring joints
普通平键	general flat key
普通楔键	general taper key
切向键	tangential key
外花键	external spline
无键连接	keyless joints
楔键	wedge key
斜键	taper key
型面连接	profile shaft connection
指状铣刀	finger milling cutter

第 7 章

大径	major diameter
导程	lead
垫圈	washer
紧定螺钉	set screw
矩形螺纹	square thread
锯齿形螺纹	buttress thread
螺钉	screw
螺距	pitch
螺母	nut
螺栓	bolt
螺纹	screw tread
螺旋转动	power screw transmission
三角形螺纹	vee thread
升角	lead angle
双头螺柱	stud
梯形螺纹	acme thread
小径	minor diameter
中径	mean diameter

第 8 章

表面质量系数	surface quality factor
传动轴	transmission shaft
当量弯矩	equivalent moment
倒角	chamfer
钢丝软轴	wire soft shaft
计算弯矩	calculated bending moment
键槽	key way
阶梯轴	diameter-change shafts
绝对尺寸系数	absolute dimensional factor
脉动循环	pulsation cycle
曲轴	crankshaft
砂轮越程槽	grinding wheel groove
退刀槽	tool withdrawal groove
弯矩	bending moment
心轴	spindle shaft
循环应变力	symmetry cycle stress
圆角	fillet
圆角半径	fillet radius
直轴	straight shaft
轴	shaft
轴肩	shaft shoulder
转矩	torsional moment
转轴	revolving shaft

第 9 章

安全离合器	safety clutch
超越离合器	overrunning clutch
齿式联轴器	gear coupling
刚性联轴器	rigid coupling
滚子链联轴器	chain coupling
离合器	clutch
离心离合器	centrifugal clutch
联轴器	coupling
轮胎式联轴器	coupling with rubber type element
膜片联轴器	diaphragm coupling
挠性联轴器	flexible coupling
蛇形弹簧联轴器	serpentine steel flex coupling
十字滑块联轴器	oldham coupling
弹性套柱销联轴器	pin coupling with elastic sleeve

弹性柱销联轴器	elastic pin coupling
凸缘联轴器	flange coupling
万向联轴器	universal coupling
牙嵌离合器	jaw clutch
摩擦离合器	friction clutch
制动器	brake

第 10 章

承载量系数	loading carrying capacity coefficient
磁流体轴承	magnetic fluid bearing
含油轴承	oil-retaining bearing
滑动轴承	plain bearing
灰铸铁	grey cast iron
径向滑动轴承	plain journal bearing
雷诺方程	Reynolds's equation
流体动力润滑	hydrodynamic lubrication
气体轴承	gas bearing
青铜	bronze
球墨铸铁	nodular cast iron
润滑剂	lubricant
润滑脂	grease
相对间隙	relative clearance
相对偏心率	relative eccentricity
止推滑动轴承	plain thrust bearing
轴承	bearing
轴承衬	bearing liner
轴承合金	bearing alloy
轴承座	bearing pedestal
轴瓦	bearing pad
最小油膜厚度	minimum oil film thickness

第 11 章

安装和装拆	installation and detachment
代号	code
当量动载荷	equivalent dynamic load
公称接触角	nominal contact angle
滚动体	rolling element
滚动轴承	rolling bearing
滚针轴承	needle roller bearing
角接触球轴承	angular contact ball bearing
密封	seal

配合	fit
润滑	lubrication
深沟球轴承	deep groove ball bearing
调心滚子轴承	spherical roller bearing
调心球轴承	spherical ball bearing
推力调心滚子轴承	spherical thrust roller bearing
推力球轴承	thrust ball bearing
双向推力球轴承	double-roll thrust bearing
预紧	preloading
圆柱滚子轴承	cylindrical roller bearing
圆锥滚子轴承	tapered roller bearing
轴向固定	axial fix

第 12 章

板弹簧	flat spring
碟形弹簧	belleville spring
防振装置	shockproof device
环形弹簧	ring spring
缓冲装置	shock absorber
金属弹簧	metal spring
空气弹簧	air spring
拉伸弹簧	extensional spring
螺旋拉伸弹簧	helical-coil extensional spring
螺旋压缩弹簧	helical-coil compressional spring
扭转弹簧	torsional spring
盘簧	power spring
弹簧	spring
弯曲弹簧	bending spring
橡胶弹簧	balata spring
压缩弹簧	compressional spring
液体弹簧	liquid spring
圆柱螺旋弹簧	cylindric helical-coil spring
圆锥螺旋弹簧	conical helical-coil spring

第 13 章

刚度	stiffness
工艺设计	process design
机架	frame
机座	base
截面	cross section
结构设计	structure design

强度	strength
悬臂	cantilever
造型设计	shape design

第 14 章

变异设计	aberrance design
常规设计	conventional design
抽象思维	abstract thinking
创新设计	creative design
创新思维	creative thinking
创造技法	technique method of creative
创造力	creativity
发散思维	divergent thinking
仿生法	bionics
非逻辑思维	non-logical thinking
机械创新设计	mechanical creative design
集中思维	convergent thinking
开发设计	developing design
逻辑思维	logical thinking
适应性设计	adaptive design
形象思维	imagery thinking
直觉思维	intuitive thinking

第 15 章

操作及控制装置	operation control device
传动系统	transmission system
黑箱	black box
机械传动	mechanical transmission
技术经济评价法	technical and economic evaluation
加权系数	weighting coefficient
模幅箱	morphology box
评价与决策	evaluation and decision making
原动机	prime mover
执行机构	actuator

参 考 文 献

[1] 彭文生,等. 机械设计[M]. 2 版. 武汉:华中理工大学出版社,2000.

[2] 彭文生,等. 机械设计[M]. 长沙:湖南科学技术出版社,1993.

[3] 黄华梁,彭文生. 机械设计基础[M]. 3 版. 北京:高等教育出版社,2001.

[4] 黄华梁,彭文生. 机械设计基础[M]. 4 版. 北京:高等教育出版社,2007.

[5] 彭文生,杨家军,王均荣. 机械设计与机械原理考研指南:上、下册[M]. 2 版. 武汉:华中科技大学出版社,2005.

[6] 黄华梁,彭文生. 创新思维与创造性技法[M]. 北京:高等教育出版社,2007.

[7] 翁海珊,王晶. 第一届全国大学生机械创新设计大赛决赛作品集[M]. 北京:高等教育出版社,2006.

[8] 濮良贵,陈国定,吴立言. 机械设计[M]. 10 版. 北京:高等教育出版社,2019.

[9] 邱宣怀. 机械设计[M]. 4 版. 北京:高等教育出版社,1997.

[10] 傅祥志. 机械原理[M]. 武汉:华中理工大学出版社,1998.

[11] 邹慧君,郭为忠. 机械原理[M]. 2 版.北京:高等教育出版社,2016.

[12] 孙恒,陈作模,葛文杰. 机械原理[M]. 9 版. 北京:高等教育出版社,2021.

[13] 邱丽芳,唐进元,高志. 机械创新设计[M]. 3 版. 北京:高等教育出版社,2020.

[14] 杨家军. 机械系统创新设计[M]. 武汉:华中理工大学出版社,2000.

[15] 吴宗泽. 机械设计禁忌 500 例[M]. 北京:机械工业出版社,2000.

[16] 井沢実. 機械設計工學[M]. 東京:理工學社,1982.

[17] 王时任,彭文生. 轴承基础知识[M]. 上海:上海科学技术出版社,1983.

[18] 孟宪源. 现代机构手册[M]. 北京:机械工业出版社,1994.

[19] 蔡春源. 新编机械设计手册[M]. 沈阳:辽宁科学技术出版社,1993.

[20] 吕庸厚. 组合机构设计[M]. 上海:上海科学技术出版社,1996.

[21] 廖林清,王化培,等. 现代设计方法学[M]. 重庆:重庆大学出版社,1996.

[22] 刘令勋,刘英贵. 动态密封设计技术[M]. 北京:中国标准出版社,1993.

[23] 陆凤仪,钟守炎.机械设计[M].2 版.北京:机械工业出版社,2010.

[24] 朱孝录.齿轮传动设计手册[M].2 版.北京:化学工业出版社,2010.

[25] 常德功,樊智敏,孟兆明.带传动和链传动设计手册[M].北京:化学工业出版社,2009.

[26] 闻邦椿.机械设计手册[M].5 版.北京:机械工业出版社,2010.